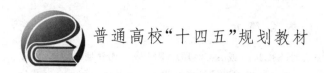

普通高校"十四五"规划教材

嵌入式系统原理与应用技术
（第 4 版）

主　编　袁志勇

副主编　蔡贤涛　刘树波

北京航空航天大学出版社

内 容 简 介

本书以 51 系列单片机和 S3C24xx 系列（S3C2410 或 S3C2440）ARM 嵌入式处理器为例,讲述嵌入式系统硬件工作原理与接口应用技术、嵌入式程序设计及嵌入式 Linux 基础应用。全书共分为 10 章,主要内容包括嵌入式系统概论、单片机技术基础、ARM 体系结构、ARM 指令系统、时钟及电源管理、存储器与人机接口原理、中断与 DMA 技术、串行通信与网络接口技术、Linux 程序设计基础、嵌入式技术综合应用等。与旧版本相比,本书增加了 51 系列单片机和嵌入式技术综合应用两章,并对相关知识进行了更新。

本书既可作为高等院校计算机、电子信息、自动化等专业本科生和相关专业研究生的教材,也可作为从事嵌入式系统研究与开发的工程技术人员的参考书。

图书在版编目(CIP)数据

嵌入式系统原理与应用技术 / 袁志勇主编. -- 4 版.
北京 ： 北京航空航天大学出版社,2024. 9. -- ISBN
978 - 7 - 5124 - 4424 - 9

Ⅰ. TP360.21

中国国家版本馆 CIP 数据核字第 2024KW8681 号

嵌入式系统原理与应用技术(第 4 版)
主　编　袁志勇
副主编　蔡贤涛　刘树波　武小平
责任编辑　董立娟
*
北京航空航天大学出版社出版发行

北京市海淀区学院路 37 号(邮编 100191)　http://www.buaapress.com.cn
发行部电话:(010)82317024　传真:(010)82328026
读者信箱: emsbook@buaacm.com.cn　邮购电话:(010)82316936
涿州市新华印刷有限公司印装　各地书店经销
*
开本:710×1 000　1/16　印张:26　字数:554 千字
2024 年 9 月第 4 版　2024 年 9 月第 1 次印刷　印数:1 000 册
ISBN 978 - 7 - 5124 - 4424 - 9　定价:89.00 元

前　言

为深入贯彻党的二十大精神,提高新工科人才的质量,本书对旧版的内容进行了更新和补充。本书以 51 系列单片机和 S3C24xx 系列(S3C2410 或 S3C2440)ARM 嵌入式处理器为例,讲述嵌入式系统硬件工作原理与接口应用技术、嵌入式程序设计及嵌入式 Linux 基础应用。

本书自第 1 版出版以来,深受读者欢迎。与旧版本相比较,本书第 4 版主要更新和补充如下:

➤ 更新了 ARM Cortex - M/A 系列处理器介绍;

➤ 补充了 RISC - V 架构嵌入式微处理器简介;

➤ 补充了 Free RTOS 简介及国内嵌入式操作系统 RT - Thread、Harmony LiteOS 简介;

➤ 补充了 51 系列单片机基础知识;

➤ 补充了嵌入式系统中的人机接口设计及应用技术实例;

➤ 补充了嵌入式技术综合应用。

全书共分为 10 章,主要内容包括嵌入式系统概论、单片机技术基础、ARM 体系结构、ARM 指令系统、时钟及电源管理、存储器与人机接口原理、中断与 DMA 技术、串行通信与网络接口技术、Linux 程序设计基础、嵌入式技术综合应用等。

本书由袁志勇教授任主编,蔡贤涛副教授、刘树波教授、武小平副教授任副主编。第 1 章、第 3 章和第 4 章和附录由袁志勇编写,第 6 章、第 7 章和第 9 章由蔡贤涛编写,第 5 章和第 8 章由刘树波编写,第 2 章和第 10 章由武小平编写。袁志勇对全书进行了修订和完善。

虽然作者有多年从事嵌入式系统教学与科研工作的经历,但由于嵌入式系统发展迅速,加之作者水平有限,书中还存在一些不足之处,敬请广大读者批评指正。有兴趣的读者可以发送电子邮件到 esatbook@163.com 与作者进一步交流;也可发送电子邮件到 xdhydcd@sina.com 与本书策划编辑进行交流。

本书配套课件,读者可以免费获取。

① 百度网盘下载链接:

https://pan.baidu.com/s/148LooivHwrLf5pPDIosX6A

提取码:esat

② 扫描微信二维码下载：

作　者

2024 年 8 月

目　录

第1章　嵌入式系统概论 ·· 1

　1.1　嵌入式系统简介 ·· 1

　　1.1.1　嵌入式系统的定义 ·· 1

　　1.1.2　嵌入式系统的组成 ·· 2

　　1.1.3　嵌入式系统的应用与发展 ·· 5

　1.2　嵌入式微处理器 ·· 8

　　1.2.1　嵌入式微处理器分类 ·· 8

　　1.2.2　ARM嵌入式微处理器 ··· 10

　　1.2.3　RISC－V架构嵌入式微处理器简介 ······································ 15

　　1.2.4　嵌入式微处理器选型 ··· 15

　1.3　嵌入式操作系统 ··· 16

　　1.3.1　概　况 ·· 16

　　1.3.2　嵌入式Linux简介 ·· 17

　　1.3.3　μC/OS-Ⅲ简介 ··· 18

　　1.3.4　Free RTOS简介 ··· 19

　　1.3.5　RT－Thread简介 ·· 20

　　1.3.6　Harmony LiteOS简介 ·· 20

　习　题 ··· 21

第2章　单片机技术基础 ··· 22

　2.1　单片机概述 ··· 22

　　2.1.1　单片机概念 ··· 22

　　2.1.2　单片机发展概况 ··· 23

　2.2　80C51单片机原理 ··· 24

　　2.2.1　80C51单片机硬件结构 ··· 25

　　2.2.2　80C51单片机存储空间 ··· 27

　　2.2.3　80C51单片机I/O接口 ··· 31

　　2.2.4　80C51单片机最小系统 ··· 32

　2.3　80C51单片机应用 ··· 34

　　2.3.1　80C51单片机扩展 ·· 34

　　2.3.2　80C51 单片机应用系统设计 ……………………………………… 39

　习　题 ……………………………………………………………………… 45

第 3 章　ARM 体系结构 ……………………………………………………… 46

　3.1　ARM 嵌入式微处理器 ……………………………………………… 46

　　3.1.1　ARM 的结构特点 …………………………………………… 46

　　3.1.2　ARM 指令集特点 …………………………………………… 51

　　3.1.3　ARM 工作模式 ……………………………………………… 52

　3.2　ARM 存储器组织结构 ……………………………………………… 53

　　3.2.1　大端存储和小端存储 ………………………………………… 54

　　3.2.2　I/O 端口的访问方式 ………………………………………… 55

　　3.2.3　内部寄存器 …………………………………………………… 56

　3.3　ARM 异常 …………………………………………………………… 61

　　3.3.1　异常的类型及向量地址 ……………………………………… 61

　　3.3.2　异常的优先级 ………………………………………………… 63

　　3.3.3　进入和退出异常 ……………………………………………… 64

　3.4　S3C2410 嵌入式微处理器 ………………………………………… 68

　　3.4.1　S3C2410 及片内外围简介 …………………………………… 68

　　3.4.2　S3C2410 引脚信号 …………………………………………… 70

　　3.4.3　S3C2410 专用寄存器 ………………………………………… 75

　　3.4.4　ARM920T 总线接口单元简介 ……………………………… 80

　3.5　ARM Cortex ………………………………………………………… 81

　3.6　GPIO 端口 …………………………………………………………… 83

　　3.6.1　简　介 ………………………………………………………… 83

　　3.6.2　GPIO 端口操作举例 ………………………………………… 83

　习　题 ……………………………………………………………………… 85

第 4 章　ARM 指令系统 ……………………………………………………… 86

　4.1　ARM 指令集 ………………………………………………………… 86

　　4.1.1　ARM 指令分类及格式 ……………………………………… 86

　　4.1.2　ARM 指令寻址方式 ………………………………………… 88

　　4.1.3　常用 ARM 指令 ……………………………………………… 94

　4.2　ARM 汇编伪指令与伪操作 ………………………………………… 108

　　4.2.1　常用 ARM 汇编伪指令 ……………………………………… 109

　　4.2.2　常用 ARM 汇编伪操作 ……………………………………… 110

　4.3　Thumb 和 Thumb2 指令集简介 …………………………………… 115

　4.4　ARM 编程基础 ································· 116
　　4.4.1　ARM 程序常用文件格式 ··············· 117
　　4.4.2　ARM 预定义变量 ······················ 117
　　4.4.3　C 语言与汇编混合编程 ················ 118
　　4.4.4　ARM 系统引导程序简介 ··············· 120
　4.5　使用 RealView MDK 设计 I/O 接口应用程序 ······· 123
　　4.5.1　RealView MDK 集成开发工具及实验平台简介 ······· 123
　　4.5.2　使用 RealView MDK 设计 I/O 接口程序举例 ······· 124
　习　题 ·· 132

第 5 章　时钟及电源管理 ································· 134
　5.1　S3C24xx 时钟结构 ······················· 134
　5.2　S3C24xx 电源管理模式 ·················· 134
　5.3　相关特殊功能寄存器 ····················· 139
　5.4　常用单元电路设计 ······················· 144
　　5.4.1　电源电路设计 ························· 144
　　5.4.2　晶振电路设计 ························· 145
　　5.4.3　复位电路设计 ························· 146
　习　题 ·· 147

第 6 章　存储器与人机接口原理 ····················· 148
　6.1　存储器概述 ······························· 148
　　6.1.1　SRAM 和 DRAM ······················ 149
　　6.1.2　NOR Flash 和 NAND Flash ··········· 154
　6.2　存储系统机制 ····························· 159
　　6.2.1　高速缓存 ····························· 159
　　6.2.2　虚拟存储 ····························· 161
　6.3　人机接口 ································· 163
　　6.3.1　键　盘 ······························· 163
　　6.3.2　LED 显示器 ·························· 165
　　6.3.3　LED 接口举例 ······················ 168
　　6.3.4　LCD 显示器 ·························· 170
　　6.3.5　ADC 和触摸屏 ······················ 172
　6.4　S3C2410 存储系统和 I/O 端口 ············ 174
　　6.4.1　S3C2410 存储空间 ··················· 174
　　6.4.2　S3C2410 存储器接口设计 ············· 181

6.4.3　S3C2410 I/O 端口控制 ………………………………………… 187

6.5　S3C2410 人机接口设计 ………………………………………………… 189

　　6.5.1　S3C2410 键盘接口设计 ……………………………………… 189

　　6.5.2　S3C2410 LCD 控制器 …………………………………………… 191

　　6.5.3　S3C2410 LCD 寄存器 …………………………………………… 195

　　6.5.4　S3C2410 LCD 接口 ……………………………………………… 203

　　6.5.5　S3C2410 ADC 和触摸屏 ………………………………………… 205

　　6.5.6　S3C2410 ADC 和触摸屏接口 …………………………………… 210

习　题 ……………………………………………………………………………… 214

第 7 章　中断与 DMA 技术 ……………………………………………… 216

7.1　中断概述 …………………………………………………………………… 216

7.2　S3C2410 中断系统 ………………………………………………………… 218

　　7.2.1　概　述 ……………………………………………………………… 218

　　7.2.2　中断控制寄存器 …………………………………………………… 222

　　7.2.3　中断举例 …………………………………………………………… 232

7.3　定时器工作原理 …………………………………………………………… 235

7.4　S3C2410 定时器 …………………………………………………………… 236

　　7.4.1　定时器及 PWM …………………………………………………… 236

　　7.4.2　看门狗定时器 ……………………………………………………… 246

　　7.4.3　RTC ………………………………………………………………… 248

7.5　DMA 概述 ………………………………………………………………… 258

　　7.5.1　DMA 简介 ………………………………………………………… 258

　　7.5.2　DMA 传输过程 …………………………………………………… 259

7.6　S3C2410 DMA …………………………………………………………… 260

　　7.6.1　DMA 请求源 ……………………………………………………… 260

　　7.6.2　DMA 模式 ………………………………………………………… 261

　　7.6.3　DMA 操作过程 …………………………………………………… 262

　　7.6.4　DMA 时序 ………………………………………………………… 263

7.7　S3C2410 DMA 寄存器 …………………………………………………… 265

　　7.7.1　传输控制寄存器 …………………………………………………… 266

　　7.7.2　状态寄存器 ………………………………………………………… 269

7.8　DMA 操作编程 …………………………………………………………… 270

　　7.8.1　DMA 操作初始化 ………………………………………………… 270

　　7.8.2　DMA 操作编程举例 ……………………………………………… 270

习　题 ……………………………………………………………………………… 272

第 8 章　串行通信与网络接口技术…………………………………………… 273

8.1　串行通信基础知识 ………………………………………………………… 273

8.2　S3C24xx 串行接口 ………………………………………………………… 278

8.2.1　S3C24xx UART 结构 ………………………………………………… 278

8.2.2　S3C24xx UART 工作原理 …………………………………………… 279

8.2.3　S3C24xx UART 专用寄存器 ………………………………………… 281

8.3　串行通信举例 ……………………………………………………………… 288

8.3.1　RS‐232C 接口设计 ………………………………………………… 288

8.3.2　串口初始化 …………………………………………………………… 289

8.3.3　发送/接收程序举例 ………………………………………………… 291

8.4　IIS 串行数字音频接口 ……………………………………………………… 292

8.4.1　IIS 接口总线格式 …………………………………………………… 296

8.4.2　IIS 接口应用举例 …………………………………………………… 297

8.5　IIC 接口 ……………………………………………………………………… 300

8.5.1　IIC 总线 ……………………………………………………………… 300

8.5.2　S3C24xx IIC 接口 …………………………………………………… 304

8.6　以太网接口 ………………………………………………………………… 311

8.6.1　嵌入式以太网基础知识 ……………………………………………… 311

8.6.2　S3C24xx 以太网接口 ………………………………………………… 316

8.6.3　socket 网络编程 ……………………………………………………… 317

习　题 …………………………………………………………………………… 326

第 9 章　Linux 程序设计基础 ………………………………………………… 327

9.1　Linux 操作系统 …………………………………………………………… 327

9.1.1　Linux 的特点 ………………………………………………………… 327

9.1.2　Linux 内核的结构 …………………………………………………… 328

9.1.3　Linux 设备管理 ……………………………………………………… 336

9.2　Linux 操作系统安装与使用 ……………………………………………… 342

9.2.1　环境搭建 ……………………………………………………………… 342

9.2.2　Linux 的使用 ………………………………………………………… 345

9.3　Linux 程序设计 …………………………………………………………… 352

9.3.1　BootLoader 引导程序 ………………………………………………… 352

9.3.2　Linux 的移植 ………………………………………………………… 360

9.3.3　驱动程序开发 ………………………………………………………… 362

9.3.4　应用程序开发 ………………………………………………………… 364

9.4　Linux 驱动程序设计实例 ……………………………………………… 369

9.4.1　S3C2440 上 LED 驱动开发 ……………………………………… 370

9.4.2　S3C2440 上 ADC 驱动开发 ……………………………………… 377

习　题 …………………………………………………………………………… 385

第 10 章　嵌入式技术综合应用 ……………………………………………… 386

10.1　基于 51 单片机的模拟电梯控制系统 …………………………………… 386

10.2　基于 S3C2410 的定位及北斗短报文系统 ……………………………… 389

习　题 …………………………………………………………………………… 394

附　录　ARM 汇编程序上机实验举例 ……………………………………… 396

参考文献 ………………………………………………………………………… 404

第1章 嵌入式系统概论

嵌入式系统是后 PC 时代广泛使用的计算机平台。在日常生活、学习或工作中所接触到的许多仪器设备里都涉及嵌入式系统应用技术,如 MP4、智能手机和机顶盒等。本章简要介绍嵌入式系统基本知识,主要内容有:嵌入式系统基本概念及应用、嵌入式微处理器的分类及选型、嵌入式操作系统。

1.1 嵌入式系统简介

嵌入式系统已经广泛应用于科技领域和日常生活的各个角落,由于其自身的特性,人们很难发现它的存在。本节从嵌入式系统的定义开始,阐述嵌入式系统的含义、组成及应用领域等,以使读者对嵌入式系统基本概念有比较完整的了解。

1.1.1 嵌入式系统的定义

嵌入式系统是一个较复杂的技术概念,目前国内外关于嵌入式系统尚无严格、统一的定义。*Computers as Components-Principles of Embedded Computing System Design* 一书的作者 Wayne Wolf 认为:如果不严格地定义,嵌入式计算系统是任何一个包含可编程的计算机设备,但是它本身却不是一个通用计算机。*Embedded Microcontrollers* 一书的作者 Todd D. Morton 认为:嵌入式系统是一种电子系统,它包含微处理器或者微控制器,但不认为它是计算机——计算机隐藏或者嵌入在系统中。*An Embedded Software Primer* 一书的作者 Davie E. Simon 认为:人们使用嵌入式系统这个术语,指的是隐藏在任一产品中的计算机系统。*An Introduction to the Design of Small Scale Embedded System with Example from PIC*,80C51 *and* 68HC05/08 *Microcontrollers* 一书的作者 Tim Wilmshurst 认为:嵌入式系统的首要功能并不是计算,而是受嵌入到系统中的计算机控制的一个系统;"嵌入"暗示了它存在于整个系统中,从外部观察不到,形成了更大整体的一个完整部分。

根据美国电气与电子工程师学会 IEEE(Institute of Electrical and Electronics Engineers)的定义,嵌入式系统是用于控制、监视或辅助操作机器和设备的装置(原文:devices used to control, monitor, or assist the operation of equipment, machinery or plants)。需指出的是,本定义并不能充分体现嵌入式系统的精髓,从根本上说,嵌入式系统的概念应从应用的角度予以阐述。在国内的很多嵌入式网站和相关书籍中,一般都认为嵌入式系统是以应用为中心,以计算机技术为基础,并且软/硬件可裁减,可满足应用系统对功能、可靠性、成本、体积和功耗有严格要求的专用计算机系统。

与通用计算机系统相比,嵌入式系统具有以下重要特征:

➤ 通常是面向特定应用的。具有功耗低、体积小和集成度高等特点。

➤ 硬件和软件都必须高效率地设计,量体裁衣,力争在同样的硅片面积上实现更高的性能,这样才能满足功能、可靠性和功耗的苛刻要求。

➤ 实时操作系统支持。尽管嵌入式系统的应用程序可以不需要操作系统的支持就能直接运行,但为了合理调度多任务、充分利用系统资源,用户可以自行选配实时操作系统开发平台。

➤ 嵌入式系统与具体应用有机结合在一起,升级换代也同步进行。因此,嵌入式系统产品一旦进入市场,具有较长的生命周期。

➤ 为了提高运行速度和系统可靠性,嵌入式系统中的软件一般都固化在存储器芯片中。

➤ 专门开发工具的支持。嵌入式系统本身不具备自主开发能力,即使在设计完成以后,用户通常也不能对程序功能进行修改,必须有一套开发工具和环境才能进行嵌入式系统开发。

1.1.2　嵌入式系统的组成

嵌入式系统是指嵌入各种设备及应用产品内部的专用计算机系统,而非 PC 系统。嵌入式系统一般由嵌入式微处理器、外围硬件设备、嵌入式操作系统以及用户应用软件四个部分组成,用于实现对其他设备的控制、监视或管理等功能。

1. 嵌入式微处理器

嵌入式微处理器是嵌入式系统的核心。嵌入式微处理器通常把通用 PC 中许多由板卡完成的任务集成到芯片内部,这样可以大幅减小系统的体积和功耗,具有质量轻、成本低、可靠性高等优点。由于嵌入式系统通常应用于比较恶劣的工作环境中,因此嵌入式微处理器在工作温度、电磁兼容性及可靠性要求方面都比通用的标准微处理器要高。嵌入式微处理器可按数据总线宽度划分为 8 位、16 位、32 位和 64 位等不同类型,许多大的半导体厂商都推出了自己的嵌入式微处理器,目前比较流行的有 Power PC、MC68000、MIPS、ARM 等。

嵌入式微处理器的体系结构可以采用冯·诺依曼体系结构或哈佛体系结构,指令系统可以选用精简指令集系统 RISC(Reduced Instruction Set Computer)或复杂指令集系统 CISC(Complex Instruction Set Computer)。

(1) 冯·诺依曼体系结构

冯·诺依曼结构的计算机由 CPU 和存储器构成,其程序和数据共用一个存储空间,程序指令存储地址和数据存储地址指向同一个存储器的不同物理位置;采用单一的地址及数据总线,程序指令和数据的宽度相同。

　　程序计数器(PC)是 CPU 内部指示指令和数据的存储位置的寄存器。CPU 通过程序计数器提供的地址信息,对存储器进行寻址,找到所需要的指令或数据,然后对指令进行译码,最后执行指令规定的操作。处理器执行指令时,先从储存器中取出指令译码,再取操作数执行运算,即使单条指令也要耗费几个甚至几十个周期,在高速运算时,在传输通道上会出现瓶颈效应。

　　目前 80x86 系列 CPU、ARM Cortex - A、ARM7、MIPS 等采用冯·诺依曼结构。

(2) 哈佛结构

　　哈佛(Harvard)结构的主要特点是将程序和数据存储在不同的存储空间中,即程序存储器和数据存储器是两个相互独立的存储器,每个存储器独立编址、独立访问。系统中具有程序的数据总线与地址总线,数据的数据总线与地址总线。这种分离的程序总线和数据总线可允许在一个机器周期内同时获取指令字(来自程序存储器)和操作数(来自数据存储器),从而提高执行速度,提高数据的吞吐率。又由于程序和数据存储在两个分开的物理空间中,因此取指和执行能完全重叠,具有较高的执行效率。

　　目前广泛使用的 51 系列单片机(MCU,嵌入式微控制器)、典型的 STM32 单片机、ARM9/ARM10/ARM11 等采用哈佛结构。

　　实际上,当代许多微处理器/单片机采用了冯·诺依曼结构和哈佛结构的混合式结构设计。例如,基于 Exynos 4412 微处理器的开发板配备有 1 GB 的 DDR SDRAM 和 8 GB 的 eMMC 闪存。正常工作时,所有程序和数据都从 eMMC 加载到 SDRM 中,即不管是程序还是数据都存储在 eMMC 中,运行在 SDRAM 中,并通过高速缓存寄存器将它们送到 Exynos 4412 微处理器处理,这就是典型的冯·诺依曼结构。然而,Exynos 4412 微处理器芯片内部仍有一定容量的 64 KB IROM 和 64 KB IRAM 存储器,这些 IROM 和 IRAM 用于引导和启动微处理器,加电后微处理器芯片首先执行 IROM 中固化的程序,此时 Exynos 4412 芯片就像一个单片机,这又是典型的哈佛结构。因此,Exynos 4412 是混合式结构设计。

(3) 精简指令集计算机

　　早期的计算机采用复杂指令集计算机(CISC)体系,如 Intel 公司的 80x86 系列 CPU,从 8086 到 Pentium 系列,采用的都是典型的 CISC 体系结构。采用 CISC 体系结构的计算机各种指令的使用频率相差悬殊,统计表明,大概有 20% 比较简单的指令被反复使用,使用量约占整个程序的 80%;而有 80% 左右的指令则很少使用,其使用量约占整个程序的 20%,即指令的 2/8 规律。在 CISC 中,为了支持目标程序的优化,支持高级语言和编译程序,增加了许多复杂的指令,用一条指令来代替一串指令。通过增强指令系统的功能,虽然简化了软件,却增加了硬件的复杂程度。而这些复杂指令并不等于有利于缩短程序的执行时间。在 VLSI 制造工艺中要求 CPU 控制逻辑具有规整性,而 CISC 为了实现大量复杂的指令,控制逻辑极不规整,给 VLSI 工艺造成很大困难。

精简指令集计算机 RISC(Reduced Instruction Set Computer)体系结构于 20 世纪 80 年代提出,RISC 是在 CISC 的基础上产生并发展起来的。RISC 的着眼点不是简单地放在简化指令系统上,而是通过简化指令系统使计算机的结构更加简单合理,从而提高运算效率。在 RISC 中,优先选取使用频率最高的、很有用但不复杂的指令,避免使用复杂指令;固定指令长度,减少指令格式和寻址方式种类;指令之间各字段的划分比较一致,各字段的功能也比较规整;采用 Load/Store 指令访问存储器,其余指令的操作都在寄存器之间进行;增加 CPU 中通用寄存器数量,算术逻辑运算指令的操作数都在通用寄存器中存取;大部分指令控制在一个或小于一个机器周期内完成;以硬布线控制逻辑为主,不用或少用微码控制;采用高级语言编程,重视编译优化工作,以缩短程序执行时间。

尽管 RISC 架构与 CISC 架构相比有较多的优点,但 RISC 架构并不能取代 CISC 架构。事实上,RISC 和 CISC 各有优势。现代的 CPU 往往采用 CISC 的外围,内部加入了 RISC 的特性,如超长指令集 CPU 就融合了 RISC 和 CISC 两者的优势,成为未来的 CPU 发展方向之一。在 PC 和服务器领域,CISC 体系结构是市场的主流。在嵌入式系统领域,RISC 结构的微处理器将占有重要的位置。

2. 外围硬件设备

嵌入式硬件系统通常以嵌入式微处理器为中心,包含电源电路、时钟电路和存储器电路的电路模块,其中操作系统和应用程序都固化在模块的 ROM/Flash 中。外围硬件设备是指在嵌入式硬件系统中,除嵌入式微处理器以外的完成存储、显示、通信、调试等功能的部件。根据功能外围硬件设备可分为存储器(ROM、SRAM、DRAM 和 Flash 等)和接口(并行口、RS-232 串口、IrDA 红外接口、IIC、IIS、USB、CAN、以太网、LCD、键盘、触摸屏、A/D 和 D/A 等)两大类。

3. 嵌入式操作系统

嵌入式操作系统 EOS(Embedded Operating System)是一种用途广泛的系统软件,它负责嵌入式系统的全部软、硬件资源的分配、调度、控制和协调。嵌入式操作系统具有通用操作系统的基本特点,如能够有效管理越来越复杂的系统资源;能够把硬件虚拟化,使开发人员从繁忙的驱动程序移植和维护中解脱出来;能够提供库函数、驱动程序、工具集以及应用程序。

嵌入式操作系统除具备一般操作系统的最基本特点外,还具有以下特点:

➤ 强稳定性,弱交互性。嵌入式系统一旦开始运行就不需要用户过多的干预,这就要求负责系统管理的嵌入式操作系统具有很强的稳定性。

➤ 较强的实时性。嵌入式系统实时性一般较强,可用于各种设备的控制中。

➤ 可伸缩性。嵌入式系统具有开放、可伸缩性的体系结构。

➤ 外围硬件接口的统一性。嵌入式操作系统提供了许多外围硬件设备驱动接口。

由于嵌入式系统中的存储器容量有限,嵌入式操作系统核心通常较小。不同的应用场合,用户会选用不同特点的嵌入式操作系统,但无论采用哪一种嵌入式操作系统,它都有一个核心(kernel)和一些系统服务(system service)。嵌入式操作系统必须提供一些系统服务供应用程序调用,包括文件系统、内存分配、I/O 存取服务、中断服务、任务(task)服务和定时(timer)服务等,设备驱动程序(device driver)则是建立在 I/O 存取和中断服务基础之上的。有些嵌入式操作系统也会提供多种通信协议以及用户接口函数库等。嵌入式操作系统的性能通常取决于核心程序,而核心的工作主要在任务管理(task management)、任务调度(task scheduling)、进程间通信(IPC)及内存管理(memory management)中。

在工业控制领域,一般对嵌入式系统有实时性方面的要求。根据响应时间的不同,嵌入式操作系统可分为以下 3 类:

① 强实时嵌入式操作系统(系统响应时间在微秒或毫秒级);

② 一般实时嵌入式操作系统(系统响应时间在毫秒至几秒数量级,实时性要求没有强实时系统要求高);

③ 弱实时嵌入式操作系统(系统响应时间在数十秒或更长)。

4. 应用软件

嵌入式系统的应用软件是设计人员针对专门的应用领域而设计的应用程序。通常,设计人员把嵌入式操作系统和应用软件组合在一起,作为一个有机的整体存在。

嵌入式系统软件的要求与 PC 有所不同,其主要特点如下:

➤ 软件要求固态化存储;

➤ 软件代码要求高效率、高可靠性;

➤ 系统软件(嵌入式操作系统)有较高的实时性要求。

1.1.3　嵌入式系统的应用与发展

嵌入式系统的应用已逐步渗透到金融、航天、电信、网络、信息家电、医疗、工业控制及军事等各个领域,以至于一些学者断言,嵌入式系统将成为后 PC 时代的主宰。形式多样的嵌入式系统与移动通信、传感器网络等技术一道,改变了现有的计算环境。

嵌入式系统的应用按照市场领域划分,可以分为以下几类。

1. 信息家电

信息家电是一种价格低廉、操作简便、实用性强,并带有 PC 主要功能的家电产品,是利用计算机、电信和电子技术与传统家电(包括白色家电:电冰箱、洗衣机、微波炉等;黑色家电:电视机、录像机、音响、VCD、DVD 等)相结合的创新产品,是为数字化与网络技术更广泛地深入家庭生活而设计的新型家用电器。信息家电包括 PC、机顶盒、HPC、DVD、超级 VCD、无线数据通信设备、视频游戏设备、WebTV 及网络电话等,所有能够通过网络系统交互信息的家电产品,都可以称为信息家电。目前,音频、视频和通信设备是信息家电的主要组成部分。另外,在目前传统家电的基础上,将信息技术融入传统的家电中,使其功能更加强大,使用更加简单、方便和实用,为家庭创造更高品质的生活环境,如模拟电视发展成数字电视,VCD 变成 DVD,电冰箱、洗衣机和微波炉等也将会变成数字化、网络化和智能化的信息家电。

从广义的分类来看,信息家电产品实际上包含了网络家电产品,但如果从狭义的定义来界定,可以这样简单分类:信息家电主要指带有嵌入式微处理器的小型家用信息设备,它的基本特征是与网络(主要指互联网)相连而有一些具体功能,可以是成套产品,也可以是一个辅助配件。而网络家电则指具有网络操作功能的家电类产品,这种家电可以理解为原来普通家电产品的升级。

2. 汽车电子

汽车电子是车体汽车电子控制装置和车载汽车电子控制装置的总称。车体汽车电子控制装置包括发动机控制系统、底盘控制系统和车身电子控制系统,车身电子控制系统的核心硬件是嵌入式微处理器。汽车电子最显著特征是向控制系统化推进,是用传感器、嵌入式微处理器、执行器、数十甚至上百个电子元器件及零部件组成的电控系统。车载汽车电子包括汽车信息系统、汽车导航系统和汽车娱乐系统等。

目前,嵌入式微电子技术发展的方向是向集中综合控制方向发展:将发动机管理系统和自动变速器控制系统,集成为动力传动系统的综合控制(PCM);将制动防抱死控制系统(ABS)、牵引力控制系统(TCS)和驱动防滑控制系统(ASR)综合在一起进行制动控制;通过中央底盘控制器,将制动、悬架、转向和动力传动等控制系统通过总线进行连接。控制器通过复杂的控制运算,对各子系统进行协调,将车辆行驶性能控制到最佳水平,形成一体化底盘控制系统(UCC)。

3. 工业控制

过去,在工业过程控制、数字机床、电力系统、电网安全、电网设备监测和石油化工系统等方面,大部分低端设备主要采用 8 位单片机。目前,工业设备的微控制器通常采用 16 位以上的嵌入式微处理器。随着嵌入式技术的不断发展,32 位和 64 位嵌入式微处理器将逐渐成为工业控制设备的核心。

4. 机器人

随着嵌入式系统和机器人技术的普及和发展,机器人本体功能越来越趋于模块化、智能化、微型化。同时,机器人的价格也在大幅度下降,使其在军事、工业、家庭和医疗等领域获得更广泛的应用。例如,国内最近开发了一种"医疗服务机器人",其核心部件主要由 CPLD 和多个 EMCU 组成。它可将大脑脱离机器人本体并置于母环境中,采用无线通信与本体进行交互;而服务机器人本体中的小脑具体实现接收机器人大脑发出的各种命令,控制机器人各个执行和感知机构,进而实现机器人本体各个功能模块之间相互协调配合的功能。

5. 军事国防领域

军事国防历来就是嵌入式系统的重要应用领域。20 世纪 70 年代,嵌入式计算机系统应用在武器控制系统中,后来用于军事指挥控制和通信系统。目前,在各种武器控制装置(火炮、导弹和智能炸弹制导引爆等控制装置)、坦克、舰艇、轰炸机、陆海空各种军用电子装备、雷达、电子对抗装备、军事通信装备、野战指挥作战用各种专用设备等中,都可以看到嵌入式系统的身影。使用嵌入式技术的武器曾为美军在伊拉克战争中发挥重要的作用。

6. 医疗仪器

嵌入式系统在医疗仪器中的应用普及率极高。在设计过程中,根据需要对嵌入式系统重新编程,可避免前端流片(NRE)成本,减少和 ASIC 相关的订量,降低芯片多次试制的巨大风险。此外,随着标准的发展或者当需求出现变化时,还可以在现场更新,而且设计人员能够反复使用公共硬件平台,在一个基本设计基础上,建立不同的系统,支持各种功能,从而大大降低生产成本;使产品具有较长的生命周期,可以保护医疗仪器不会太快过时,医疗行业的产品生命周期比较长,因此这一特性非常重要。现代数字医疗仪器设备不但包括诊疗设备,而且还有数据存储服务器和接口软件。嵌入式系统可为医疗仪器设备设计、生产和使用提供先进的技术支持。

当今,嵌入式系统的发展已经进入大融合的时代,其特点如下:

➤ 通信、计算机及消费电子产品(3C)融合;
➤ 数字模拟融合、微机电融合、电路板硅片融合及硬软件设计融合——趋向 SoC 和 SiP;
➤ 嵌入式整机的开发工作也从传统的硬件为主变为软件为主;
➤ 激烈的市场竞争和技术进步呼唤着新颖的产品开发平台,特别是 SoC 开发平台的出现。

随着嵌入式技术的不断发展,嵌入式系统将更广泛应用于人类生活的各个方面。如基于嵌入式 Internet 网络的地球电子皮肤,可以嵌入到牙齿上的手机都在研发之列。我国著名嵌入式系统专家沈绪榜院士认为:计算机是认识世界的工具,而嵌入式系统则是改造世界的产物。

1.2　嵌入式微处理器

1.2.1　嵌入式微处理器分类

微处理器可以分成几种不同的等级,一般按字符宽度来区分:8 位微处理器大部分用在低端应用领域中,也包括用在外围设备或内存控制器中;16 位微处理器通常用在比较精密的应用领域中,需要比较长的字符宽度来处理;32 位微处理器,大多是 RISC 的微处理器,则提供了更高的性能。

从应用的角度来划分,嵌入式处理器可分为 4 种类型。

1. 嵌入式微处理器

嵌入式微处理器 EMPU(Embedded Microprocessor Unit)是由通用微处理器演变而来的,与通用微处理器主要不同的是,在实际嵌入式应用中,仅保留与嵌入式应用紧密相关的功能部件,去除其他冗余功能部件,配备必要的外围扩展电路,如存储器扩展电路、I/O 扩展电路及其他一些专用的接口电路等,这样就能以很低的功耗和资源满足嵌入式应用的特殊需求。由于嵌入式系统通常应用于比较恶劣的环境中,因此嵌入式微处理器在工作温度、电磁兼容性以及可靠性方面的要求较通用的标准微处理器高。与工业控制计算机相比,嵌入式微处理器组成的系统具有体积小、质量轻、成本低和可靠性高的优点。

复杂指令集计算机(CISC)和精简指令集计算机(RISC)是目前设计制造微处理器的 2 种典型技术,为了达到相应的技术性能,所采用的方法有所不同,主要差异表现在以下几点:

➤ 指令系统　RISC 设计者把主要精力放在那些经常使用的指令上,尽量使它们具有简单高效的特色。对不常用的功能,常通过组合指令来实现。而 CISC 的指令系统比较丰富,有专用指令来完成特定的功能。

➤ 存储器操作　RISC 对存储器操作有限制,使控制简单化;而 CISC 机器的存储器操作指令多,操作直接。

➤ 程序　RISC 汇编语言程序一般需要较大的内存空间,实现特殊功能时程序复杂,不易设计;而 CISC 汇编语言程序编程相对简单,科学计算及复杂操作的程序设计相对容易,效率较高。

➤ 中断　RISC 微处理器在一条指令执行的适当地方可以响应中断;而 CISC 微处理器是在一条指令执行结束后响应中断。

➤ CPU　由于 RISC CPU 包含较少的单元电路,因而面积小,功耗低;而 CISC CPU 包含丰富的电路单元,因而功能强,面积大,功耗大。

➤ 设计周期　RISC 微处理器结构简单,布局紧凑,设计周期短,且易于采用最新技术;CISC 微处理器结构复杂,设计周期长。

➤ 易用性　RISC 微处理器结构简单,指令规整,性能容易把握,易学易用;CISC 微处理器结构复杂,功能强大,实现特殊功能容易。

➤ 应用范围　RISC 更适用于嵌入式系统;而 CISC 则更适合于通用计算机。

嵌入式微处理器是嵌入式系统的核心。嵌入式微处理器一般具备 4 个特点:

➤ 对实时和多任务有很强的支持能力　有较短的中断响应时间,从而使实时操作系统的执行时间减少到最低限度。

➤ 具有功能很强的存储区保护功能　嵌入式系统的软件结构已模块化,为了避免在软件模块之间出现错误的交叉作用,就需要设计强大的存储区保护功能,同时,这样也有利于软件诊断。

➤ 具有可扩展的处理器结构,能迅速地扩展出满足应用的高性能的嵌入式微处理器。

➤ 功耗低,尤其是便携式无线及移动的计算和通信设备中靠电池供电的嵌入式系统,其功耗达到 mW 级甚至 μW 级。

2. 嵌入式微控制器

嵌入式微控制器又简称微控制器 MCU(Micro Controller Unit)或单片机,它将整个计算机系统集成到一块芯片中。嵌入式微控制器一般以某种微处理器内核为核心,根据某些典型的应用,在芯片内部集成了 ROM/EPROM、RAM、总线、总线逻辑、定时/计数器、看门狗、I/O、串行口、脉宽调制输出、A/D、D/A、Flash RAM 和 EEPROM 等各种必要功能部件和外设。为适应不同的应用需求,可对功能的设置和外设的配置进行必要的修改和裁减定制,使得一个系列的单片机具有多种衍生产品,每种衍生产品的处理器内核都相同,只是存储器和外设的配置及功能的设置不同。这样可以使单片机最大限度地和应用需求相匹配,从而降低整个系统的功耗和成本。和嵌入式微处理器相比,微控制器的单片化使应用系统的体积大大减小,从而使功耗和成本大幅度下降,可靠性提高。由于嵌入式微控制器目前在产品的品种和数量上是所有种类嵌入式处理器中最多的,加之有上述诸多优点,因此决定了微控制器是嵌入式系统应用的主流。微控制器的片上外设资源一般比较丰富,适合于控制,因此称为微控制器。

要说明的是,当嵌入式系统是以控制应用为主要目标时,其嵌入式微处理器也可以称为微控制器或单片机。

3. 嵌入式数字信号处理器

在数字信号处理应用中,各种数字信号处理算法相当复杂,一般结构的处理器无法实时地完成这些运算。由于数字信号处理器 DSP(Digital Signal Processor)对系统结构和指令进行了特殊设计,因此它更适合于实时地进行数字信号处理。在数字滤波、FFT 和谱分析等方面,DSP 算法正大量进入嵌入式领域,DSP 应用正从在通用单片机中以普通指令实现 DSP 功能,过渡到采用嵌入式 DSP。另外,在有关智能方面的应用中,也需要嵌入式 DSP,例如各种带有智能逻辑的消费类产品、生物信息识别终端、带有加/解密算法的键盘、ADSL 接入、实时语音压缩解压系统和虚拟现实显示等。这类智能化算法一般运算量都较大,特别是向量运算、指针线性寻址等较多,而这些正是 DSP 的优势所在。

嵌入式 DSP 有两类:一是 DSP 经过单片化、EMC 改造、增加片上外设成为嵌入式 DSP,TI 的 TMS320 C2000/C5000 等属于此范畴;二是在通用单片机或片上系统中增加 DSP 协处理器,如 Intel 公司的 MCS – 296。嵌入式 DSP 的设计者通常把重点放在处理连续的数据流上。如果嵌入式应用中强调对连续的数据流的处理及高精度复杂运算,则应该优先考虑选用 DSP 器件。

4. 嵌入式片上系统

随着 VLSI 设计的普及和半导体工艺的迅速发展,可以在一块硅片上实现一个更为复杂的系统,这就是片上系统 SoC(System on Chip)。各种通用处理器内核和其他外围设备都将成为 SoC 设计公司标准库中的器件,用标准的 VHDL 等硬件描述语言来描述,用户只需定义整个应用系统,仿真通过后就可以将设计图交给半导体工厂制作芯片样品。这样,整个嵌入式系统大部分都可以集成到一块芯片中去,应用系统的电路板将变得很简洁,这将有利于减小体积和功耗,提高系统的可靠性。

SoC 可以分为通用 SoC 和专用 SoC 两类。通用 SoC 大多为各半导体厂商研制的 SoC 芯片;专用 SoC 一般是针对某个或某类系统而研制的特殊 SoC 器件,通常不为用户所知。准确地说,现在的嵌入式微处理器或单片机都可以统称为 SoC。

1.2.2　ARM 嵌入式微处理器

ARM 架构是面向低预算市场设计的第一款 RISC 微处理器。ARM 即 Advanced RISC Machines 的缩写,既可认为是公司的名字,也可认为是对一类微处理器的通称,还可认为是一种技术的名字。1985 年 4 月 26 日,第一个 ARM 原型在英国剑桥的 Acorn 计算机有限公司诞生,由美国加利福尼亚州 San Jose VLSI 技术公司制造。20 世纪 80 年代后期,ARM 很快开发出 Acorn 的台式机产品,形成英国的计算机教育基础。1990 年成立了 Advanced RISC Machines Limited(后来简称为 ARM Limited,ARM 公司)。20 世纪 90 年代,ARM 32 位嵌入式 RISC 处理器扩展到世界范围,占据了低功耗、低成本和高性能的嵌入式系统应用领域的领先地位。ARM 公司既不生产芯片也不销售芯片,它只出售芯片技术授权。

1. ARM 嵌入式微处理器的应用

目前,采用 ARM 技术知识产权 IP(Intellectual Property)核的微处理器,即通常所说的 ARM 嵌入式微处理器,已广泛应用于以下领域:

- 工业控制 作为 32 位的 RISC 架构,基于 ARM 核的微控制器芯片不但占据了高端微控制器市场的大部分份额,同时也逐渐向低端微控制器应用领域扩展,ARM 微控制器的低功耗、高性价比,向传统的 8 位/16 位微控制器提出了挑战。
- 无线通信 目前已有超过 85% 的无线通信设备采用了 ARM 技术,ARM 以其高性能和低成本,在该领域的地位日益巩固。
- 网络系统 随着宽带技术的推广,采用 ARM 技术的 ADSL 芯片正逐步获得竞争优势。此外,ARM 在语音及视频处理上进行了优化,并获得广泛支持,也对 DSP 的应用领域提出了挑战。
- 消费类电子产品 ARM 技术在目前流行的数字音频播放器、数字机顶盒和游戏机中得到广泛采用。
- 成像和安全产品 现在流行的数码相机和打印机绝大部分采用 ARM 技术。手机中的 32 位 SIM 智能卡也采用了 ARM 技术。

2. ARM 嵌入式微处理器的特点

采用 RISC 架构的 ARM 微处理器主要特点如下:

- 体积小,低功耗,低成本,高性能;
- 支持 Thumb(16 位)/ARM(32 位)双指令集,兼容 8 位/16 位器件;
- 使用单周期指令,指令简洁、规整;
- 大量使用寄存器,大多数数据操作都在寄存器中完成,只有加载/存储指令可以访问存储器,以提高指令的执行效率;
- 寻址方式简单灵活,执行效率高;
- 固定长度的指令格式。

3. ARM 嵌入式微处理器系列

目前,ARM 嵌入式微处理器主要有 ARM7、ARM9、ARM9E、ARM10、ARM11、ARM Cortex 等系列。

(1) ARM7 系列

ARM7 优化了低价位和低功耗的 32 位核,带有:

- 嵌入式 ICE-RT 逻辑;
- 三级流水线和冯·诺依曼体系结构,提供 0.9 MIPS/MHz。

流水线是 RISC 处理器执行指令时采用的机制。使用流水线,可以在取下一条

指令的同时译码和执行其他指令,从而
加速指令的执行。可以把流水线想象成
汽车生产线,每个阶段只完成一项专门
的生产任务。图 1.1 所示是 ARM7 的三
级流水线示意图,三级流水线的各个周
期的含义说明如下:

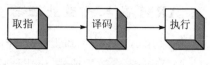

图 1.1　　三级流水线

➤ 取指(Fetch)　从存储器中装载一条指令;

➤ 译码(Decode)　识别将被执行的指令;

➤ 执行(Execute)　处理指令并把结果写回到寄存器。

(2) ARM9 系列

ARM9 系列提供了高性能和低功耗的硬宏单元,带有:

➤ 五级流水线;

➤ 哈佛体系结构,提供 1.1 MIPS/MHz。

ARM920T 和 ARM922T 内置全性能的 MMU、指令和数据 Cache、高速 AMBA
总线接口。ARM940T 内置指令和数据 Cache、保护单元和高速 AMBA 总线接口。

(3) ARM9E 系列

ARM9E 系列是一种可综合处理器,带有 DSP 扩充和紧耦合存储器(TCM)接
口,使存储器以完全的处理器速度运行,可直接连接到内核上。

ARM966E-S 用于硅片尺寸重要但对 Cache 没有要求的实时嵌入式应用领域,
可配置 TCM 大小(0,4 KB,8 KB,16 KB,…,64 MB)。ARM946E-S 内置集成保护
单元,提供实时嵌入式操作系统的 Cache 核方案。ARM926ET-S 带 Jazelle 扩充、
分开的指令和数据高速 AHB 接口及全性能 MMU。VFP9 向量浮点可综合协处理
器进一步提高 ARM9E 处理器性能,提供浮点操作的硬件支持。

(4) ARM10 系列

ARM10 系列带有:

➤ 64 位 AHB 指令和数据接口;

➤ 6 级流水线;

➤ 1.25 MIPS/MHz;

➤ 与同等的 ARM9 器件相比,其性能提高 50%。

(5) ARM11 系列

ARM11 系列嵌入式微处理器提供了两种新型节能方式,功耗更小。

目前主要有 4 种 ARM11 系列微处理器内核:ARM1156T2-S 内核、
ARM1156T2F-S 内核、ARM1176JZ-S 内核和 ARM11JZF-S 内核。

ARM1156T2-S 和 ARM1156T2F-S 内核基于 ARMv6 指令集体系结构,是首
批含有 ARM Thumb-2 内核技术的产品,可以进一步降低与存储系统相关的生产
成本。这两种内核主要应用于多种深嵌入式存储器、汽车网络和成像应用产品,提供

了更高的 CPU 性能和吞吐量,并增加了许多特殊功能,可解决新一代装置的设计难题。体系结构中增添的功能包括存储器容错能力(对于汽车安全系统类安全应用产品的开发至关重要)。ARM1156T2 - S 和 ARM1156T2F - S 内核与新的 AMBA 3.0 AXI 总线标准一致,可满足高性能系统的大量数据存取需求。Thumb - 2 内核技术结合了 16 位、32 位指令集体系结构,提供更低的功耗、更高的性能、更短的编码,该技术提供的软件技术方案较现有的 ARM 技术方案减少使用 26% 的存储空间,较现有的 Thumb 技术方案增速 25%。

ARM1176JZ - S 和 ARM1176JZF - S 内核及 Prime X sys 平台是首批以 ARM Trust Zone 技术实现手持装置和消费电子装置中公开操作系统的超强安全性的产品,同时也是首次对可节约高达 75% 处理器功耗的 ARM 智能能量管理(ARM Intelligent Energy Manager)进行一体化支持。ARM1176JZ - S 和 ARM1176JZF - S 内核基于 ARMv6 指令集体系结构,主要为新一代消费电子装置的电子商务和安全的网络下载提供支持。

(6) SecurCore 系列

SecurCore 系列专门为对安全性要求较高的应用领域设计,带特定的抗篡改和反工程的特性以及灵活的保护单元,以确保操作系统和应用数据的安全。

(7) ARM Cortex 系列

ARM v6 体系结构是 ARM 发展史上的一个重要里程碑,从这一阶段开始,引进了许多突破性的新技术。存储器系统增加了很多崭新的特性,如单指令多数据流(Single Instruction Multiple Data,SIMD)指令能够复制多个操作数,并把它们打包在大型寄存器的一组指令集中。经过优化的 Thumb - 2 指令集能适应低成本单片机及汽车电子组件等方面的设计。

从 ARM v6 引入新的设计理念开始,ARM 公司进一步扩展了其 CPU 设计,推出了 ARM v7 架构 ARM 处理器。从 ARM v7 架构开始,ARM 命名方式有所改变,内核架构主要分为 3 个系列,分别是 Cortex - A 系列、Cortex - R 系列、Cortex - M 系列。

① Cortex - A 系列(ARM v7 - A/ARM v8/ARM v9),应用处理器:主要面向移动计算、智能手机、服务器等市场的高端处理器。它支持大型嵌入式操作系统,比如 Linux、Windows、Android 等操作系统。这些应用需要很高的处理性能,并且需要硬件 MMU 实现的完整而强大的虚拟内存机制,且有基本的 Java 支持,有时还要求有安全的程序执行环境。典型的应用包括高端手机、手持仪器、电子钱包以及金融事务处理机等。

② Cortex - R 系列(ARM v7 - R),实时处理器:面向实时应用的高性能处理器系列,针对带有实时应用要求的嵌入式系统,比如高档轿车中的电子组件、大型发电机控制器、机器人手臂控制器等。Cortex - R 系列是一种硬实时且高性能的处理器,其目标是高端实时市场。

③ Cortex - M 系列(ARM v7 - M/ARM v8 - M),微控制器:面向用于深度嵌入

的单片机或 MCU 风格的系统。在这些应用系统中,通常要求低成本、低功耗、极速中断反应以及高处理效率等。

截至 2023 年,ARM 公司将 ARM Cortex - M 分为 M0、M0＋、M1、M23、M3、M4、M33、M35P、M55、M7、M85 共 11 个系列。在 32 位 ARM v7 - M 架构中,ARM Cortex - M3 提供了 Thumb - 2 指令集的支持;ARM Cortex - M4 与 ARM Cortex - M3 相比,强化了运算能力,增加了浮点运算、DSP、并行处理等功能;ARM Cortex - M7 的计算性能和 DSP 处理能力得到了极大提升。在 32 位 ARM v8 - M 架构中,ARM Cortex - M23 在 ARM Cortex - M 系列中功耗最低(超低功耗),引入了 Trust-Zone 安全技术和数字信号处理技术,能在性能、功耗、安全与生产力之间达到最佳平衡。

ARM Cortex - A 系列包括 32 位、ARM v7 - A 架构的 Cortex - A 系列应用处理器(Cortex - A5/Cortex - A7/Cortex - A8/Cortex - A9/Cortex - A15 等);64 位、ARM v8 架构的 ARM Cortex - A50 系列(Cortex - A53/Cortex - A55/Cortex - A57 等)及 Cortex - A70 系列(Cortex - A72/Cortex - A77/Cortex - A78 等)。2021 年,ARM 公司发布了聚焦安全和 AI 的 64 位 ARM v9 架构 Cortex X2、Cortex - A710 和 Cortex - A510。ARM Cortex - A 系列应用处理器提供了传统的 ARM 指令集、Thumb 指令集和新的 Thumb - 2 指令集。

综上所述,ARM 嵌入式处理器可概括为经典 ARM 处理器(主要包括 ARM7、ARM9、ARM11)、ARM Cortex - M 处理器、ARM Cortex - A 处理器、ARM Cortex - R 处理器、ARM 专家处理器(主要包括 SecurCore、FPGA 内核)。典型的 ARM 架构同 ARM 处理器系列的对应关系如表 1.1 所列,表中除了 ARM v8 - A 和 ARM v9 - A 架构的 ARM 应用处理器为 64 位处理器外,其他架构的 ARM 处理器均为 32 位处理器。

表 1.1　典型的 ARM 架构同 ARM 处理器系列的对应关系

ARM 架构名称	ARM 处理器系列	典型 ARM 处理器芯片举例
ARM v4T	ARM7、ARM9	S3C44B0(ARM7)、S3C2410/S3C2440(ARM9)
ARM v5TE	ARM9、ARM10	XScale 系列
ARM v6	ARM11	S3C6410
ARM v7	ARM Cortex - A/M/R	S5PV210(Cortex - A8,单核)、全志 A31(Cortex - A7,4 核)、Exynos 4412(Cortex - A9,4 核)、STM32F103(Cortex - M3)、STM32F407(Cortex - M4)、STM32F767(Cortex - M7)
ARM v8	ARM Cortex - A (64 位)、ARM Cortex - M(32 位)	BCM2837(Cortex - A53,4 核)、S5P6818(Cortex - A54,8 核)、BCM2711(Cortex - A72,4 核)、骁龙 845(Cortex - A75,8 核)、BCM2712(Cortex - A76,4 核)、SAM L10(Cortex - M23)、STM32H503(Cortex - M33)
ARM v9	ARM Cortex - A (64 位)	骁龙 8 Gen3,天玑 9300

1. 2. 3　RISC - V 架构嵌入式微处理器简介

由于 ARM IP 内核需要高额的专利、架构授权等,美国加州大学伯克利分校的团队研发了一种新的开源 RISC 指令集架构,这种 RISC 指令集架构经过数次迭代后被命名为 RISC - V,同时使用 BSD License 开源协议设计了开源处理器核 Rocket,RISC - V 指令集完全开放。

2015 年,一个非营利性的组织 RISC - V 基金会(Foundation)正式成立并开始运作,负责维护标准的 RISC - V 指令集手册与架构文档,同时推动 RISC - V 架构的发展。对于 RISC - V 基金会负责维护的标准 RISC - V 架构文档和编译器等 RISC - V 架构 MCU 所需的软件工具链,任何组织和个人可以随时在 RISC - V 基金会网站上免费下载(无须注册)。RISC - V 的推出以及 RISC - V 基金会的成立,受到了学术界与工业界的广泛欢迎。

RISC - V 是一种开放的指令集架构,但不是一款具体的嵌入式处理器。任何组织与个人均可以依据 RISC - V 架构设计并实现自己的嵌入式处理器,或是高性能嵌入式处理器,抑或是低功耗嵌入式处理器。只要是依据 RISC - V 架构而设计的嵌入式处理器,都可以称为 RISC - V 架构嵌入式微处理器。

基于 32 位 RISC - V 设计的 MCU 一般面向嵌入式、物联网和低功耗的场景应用,且随着近年来基于 RISC - V 的研究热潮及其生态系统的日渐完善,RISC - V 32 位 MCU 也逐渐发展成为单片机领域一个不可忽视的重要产品。国内外各大厂商都相继推出了基于 RISC - V 的 IP 核或芯片,使得 RISC - V 32 位单片机呈现出蓬勃发展的态势。

1. 2. 4　嵌入式微处理器选型

一般从应用的角度考虑嵌入式微处理器的选型,须考虑的主要因素如下:

➤ 功能　处理器本身支持的功能,如是否支持 USB、网络等。

➤ 性能　处理器的功耗、速度及稳定性等。

➤ 价格　处理器的价格及由处理器衍生出的开发价格。

➤ 熟悉程度及开发资源　一般嵌入式应用领域对产品开发周期都有较严格的要求,优先选择自己熟悉的处理器可以大大降低开发风险;在熟悉的处理器无法满足要求的情况下,尽量选择开发资料丰富的处理器。

➤ 操作系统支持　如果应用程序需要运行在操作系统上,那么还要考虑处理器对操作系统的支持。

➤ 升级　选择处理器必须考虑升级的问题,如尽量选择具有相同封装、不同性能的处理器。

- 供货情况　尽量选择大型厂商及通用的芯片。
- 多处理器应用　各种处理器都有自身的特点以及功能瓶颈。一些复杂场合需要多种处理器或多个处理器协同工作。如在一些视频监控应用场合同时要求得到高清晰图像、多通道采集,并能进行人脸识别、运动估计等;普通的一片DSP很难实现,此时需要采用多片 DSP 或 DSP＋FPGA 来实现。

ARM 微处理器的选型:

- ARM 微处理器内核的选择　如前所述,ARM 微处理器包含一系列的内核结构,以适应不同的应用领域。如果用户希望使用 Windows CE 或标准 Linux 等操作系统以减少软件开发时间,需选择 ARM720T 以上带有 MMU(Memory Management Unit)功能的 ARM 芯片。
- 系统的工作频率的选择　系统的工作频率在很大程度上决定了 ARM 微处理器的处理能力。
- 芯片内存储器的容量选择　大多数的 ARM 微处理器片内存储器的容量都不大,需要用户在设计系统时外扩存储器,但也有部分芯片具有相对较大的片内存储空间。
- 片内外围电路的选择　除 ARM 微处理器核以外,几乎所有的 ARM 芯片均根据各自不同的应用领域,扩展了相关功能模块,并集成在芯片中,称为片内外围电路,如 USB 接口、IIS 接口、LCD 控制器、键盘接口、RTC、ADC 和 DAC 以及 DSP 协处理器等。

1.3　嵌入式操作系统

1.3.1　概　况

嵌入式操作系统是一种支持嵌入式系统应用的操作系统软件,它是嵌入式系统(嵌入式硬件与软件系统)极为重要的组成部分。随着网络技术的发展、信息家电的普及应用及嵌入式操作系统的微型化和专业化,嵌入式操作系统开始从单一的弱功能向高专业化的强功能方向发展。嵌入式操作系统在系统实时高效性、硬件的相关依赖性、软件固态化以及应用的专用性等方面具有较为突出的特点。嵌入式操作系统可大致划分为实时与非实时两大类。一般情况下,应用处理器所使用的嵌入式操作系统对实时性要求不高,主要关注功能,这类操作系统主要有嵌入式 Linux、Windows CE、Android 等;而以 MCU 微控制器为核心的嵌入式系统对实时性要求较高,大多期望在较短的确定时间内完成特定的系统功能或中断响应,应用于这类系统中的操作系统就是实时操作系统(Real Time Operating System,RTOS)。实时操作系统中,实时性是关注的重点,这类操作系统主要有 2014 年 ARM 公司发布的 MbedOS、2003 年 Amazon 发布的 Free RTOS、2006 年上海瑞赛德电子公司发布的 RT - Thread、1992 年 Jean Labrosse 首发的 μC/OS 基础上持续改进的 μC/OS - Ⅱ 及 μC/OS - Ⅲ 等。

伴随物联网(IoT)的迅猛发展,嵌入式设备联网已是大势所趋,传统的嵌入式操作系统内核已越来越难以满足市场需求,物联网操作系统由此应运而生。物联网操作系统(IoT OS)是指以嵌入式操作系统内核(如 RTOS 内核、嵌入式 Linux 内核等)为基础,在其之上开发并扩展文件系统、网络框架等较为完整的中间件组件,具备低功耗、安全、网络通信协议支持和云端连接能力的操作系统软件。

1.3.2　嵌入式 Linux 简介

Linux 是类似于 Unix 的操作系统,它起源于芬兰名为 Linu Torvalds 的业余爱好者,但现在已成为一种很流行的开放源代码的操作系统。Linux 从 1991 年问世至今,经过三十几年的不断改进,成为一种功能强大、设计完善的操作系统,伴随网络技术进步而发展起来的 Linux 操作系统也成为 Windows 操作系统的强劲对手。Linux 系统不仅能够运行于 PC 平台,而且在嵌入式系统方面也大放光芒,嵌入式 Linux 逐渐形成了可与 Windows CE 等嵌入式操作系统抗衡的局面。目前,我国在开发嵌入式系统产品方面,近 50% 的项目选择了嵌入式 Linux 操作系统。嵌入式 Linux 具有以下特点:

> 精简的内核,性能高,稳定,多任务。
> 适用于不同的嵌入式微处理器,支持多种体系结构,如 x86、ARM、MIPS、SPARC 等。
> 能够提供完善的嵌入式 GUI 以及嵌入式 X Windows。
> 提供嵌入式浏览器、电子邮件、MP3 播放器、MPEG 播放器和记事本等应用程序。
> 提供完整的开发工具和 SDK,同时提供 PC 上的开发版本。
> 提供图形化的用户定制和配置工具。
> 常用嵌入式芯片的驱动集,支持大量的外围硬件设备,驱动丰富。
> 针对嵌入式存储方案,提供实时版本和完善的嵌入式解决方案。
> 完善的中文支持,强大的技术支持,完整的文档。
> 开放源码,丰富的软件资源,广泛的软件开发者支持,价格低廉,结构灵活,适用面广。

与 Windows CE 相比,嵌入式 Linux 具有以下优点:

> Linux 是开放源代码的,不存在黑箱技术,遍布全球的众多 Linux 爱好者都是 Linux 开发的强大技术支持者;而 Windows CE 是非开放性 OS,使第三方很难实现产品的定制。

➤ Linux 的源代码随处可得,注释丰富,文档齐全,易于解决各种问题。

➤ Linux 内核小,效率高;而 Windows CE 在这方面是笨拙的,占用过多的内存,应用程序庞大。

➤ Linux 是开放源代码的操作系统,在价格上极具竞争力,适合中国国情;Windows CE 的版权费用是厂家不得不考虑的因素。

➤ Linux 不仅支持 x86 芯片,还是一个跨平台的操作系统。到目前为止,它可以支持几十种微处理器,很多微处理器芯片(包括家电业的芯片)厂商都开始进行 Linux 的平台移植工作。如果今天采用 Linux 环境开发产品,那么将来更换微处理器时就不会遇到更换平台的困扰。

➤ Linux 内核的结构在网络方面是非常完整的,它提供了对包括十兆位、百兆位及千兆位的以太网,还有无线网络、令牌环和光纤甚至卫星的支持。

➤ Linux 在内核结构的设计中考虑了适应系统的可裁减性要求;Windows CE 在内核结构的设计中并未考虑适应系统的高度可裁减性要求。

当然,嵌入式 Linux 也有一些弱点:

➤ 开发难度较高,需要很强的技术实力。

➤ 核心调试工具不全,调试不太方便,尚没有很好的用户图形界面。

➤ 与某些商业操作系统一样,嵌入式 Linux 占用较大的内存;当然,人们可以去掉部分无用的功能来减少使用的内存,但是如果不仔细,将引起新的问题。

➤ 有些 Linux 的应用程序需要虚拟内存,而嵌入式系统中并没有或不需要虚拟内存,所以并非所有的 Linux 应用程序都可以在嵌入式系统中运行。

1.3.3　μC/OS-Ⅲ简介

μC/OS-Ⅲ是 μC/OS-Ⅱ的升级版本,它继承了 μC/OS-Ⅱ的所有优点,并对一些功能进行了增强和改进。μC/OS-Ⅲ提供了多任务管理和调度、任务间通信与同步等基本功能,支持多种处理器架构,包括 ARM、RISC-V、x86 等。μC/OS-Ⅲ主要特性如下

① 抢占式多任务调度:μC/OS-Ⅲ采用优先级驱动的抢占式调度策略,允许同时运行多个任务,每个任务都有各自的优先级,高优先级的任务能中断低优先级任务的执行,从而保证实时性要求高的任务能够及时得到处理,从而满足实时系统的需求。

② 任务管理:μC/OS-Ⅲ允许用户创建、删除、挂起、恢复和改变任务优先级。任务可以通过系统调用进行管理,并且可以指定任务堆栈大小和入口函数。

③ 时间片轮转:除了抢占式调度,μC/OS-Ⅲ还提供时间片轮转调度,适用于要求公平调度的应用场景。

④ 任务间通信与同步:μC/OS-Ⅲ提供了多种任务间通信机制,包括信号量、邮

箱、消息队列和事件标志组。这些通信机制允许任务之间共享数据并进行同步操作，确保数据的一致性和避免竞争条件。

⑤ 内存管理：μC/OS-Ⅲ包含一个内存管理模块，它用于动态分配和回收内存，这有助于减少内存碎片并提高内存使用效率。

⑥ 时间管理：μC/OS-Ⅲ具有滴答时钟和延时功能，允许任务计划执行和延时执行；同时，系统提供精确的系统时间管理，便于实现定时器相关的功能。

⑦ 中断管理：μC/OS-Ⅲ支持中断管理，它允许在中断服务程序中执行任务切换，确保实时响应中断请求。μC/OS-Ⅲ提供了中断服务例程（ISR）的注册和管理功能，使得开发人员能够方便地处理硬件中断。

⑧ 可移植性：μC/OS-Ⅲ的设计注重可移植性，通过配置文件就能较好地适应不同的硬件平台和编译器。

⑨ 健壮性：μC/OS-Ⅲ具有良好的健壮性和稳定性，即使在极端条件下也能确保系统的正常运行。

⑩ 代码大小：μC/OS-Ⅲ的程序代码紧凑，代码优化后能适合资源受限的嵌入式环境。

在上述 μC/OS-Ⅲ主要特性中，抢占式多任务调度、任务管理、时间管理、通信与同步机制、内存管理与中断管理等共同构成了 μC/OS-Ⅲ的核心功能，使得 μC/OS-Ⅲ能够在多种嵌入式系统中发挥出色的性能。无论是工业控制、医疗设备还是消费电子等领域，μC/OS-Ⅲ都能够提供稳定、高效和可靠的多任务管理解决方案。

1.3.4 Free RTOS 简介

Free RTOS 是 AWS 首席高级工程师 Richard Barry 于 2003 年发布的开源实时内核，它支持 30 多种微处理器架构，是国际上最受欢迎的一款开源、免费的嵌入式实时操作系统 RTOS（Real Time Operating System）。Free RTOS 有一系列软件，包括 Free RTOS（开源版本）、Open RTOS（授权版本）、Safe RTOS（安全版本）和亚马逊 Free RTOS（开源物联网操作系统），开源、免费的 Free RTOS 遵循 MIT License 模式。

Free RTOS 支持抢占和时间片轮询两种任务调度方式，支持无限数量的应用任务；提供队列、信号量、互斥信号量、事件标志等内核机制，满足任务间同步及通信需求。许多嵌入式应用对功耗要求非常严格，比如低功耗可穿戴式设备、低功耗物联网产品等；针对低功耗应用，Free RTOS 提供了 Tickless 低功耗模式。较新版本的 Free RTOS 还提供了针对 IAR 及 GCC 工具链的标准 RISC-V 微处理器内核移植示例，支持 32 位及 64 位的 RISC-V 微处理器内核（RV32I 和 RV64I）。

1.3.5　RT – Thread 简介

RT – Thread 全称是 Real Time – Thread,是一款嵌入式实时多线程操作系统,同时也是一款完全由国内团队开发并维护的嵌入式 RTOS,具有完全自主知识产权。自 RT – Thread V0.01 版本 2006 年发布开始,经过十几年的技术沉淀,伴随物联网的兴起,RT – Thread 已演变成为一个功能强大、组件丰富、可伸缩、低功耗、高安全性的物联网操作系统。

RT – Thread 主要特点包括① 极小内核:RT – Thread 的内核设计精简,占用资源少,适用于嵌入式系统;② 稳定可靠:经过十几年的技术积累,RT – Thread 已成为国内十分成熟、装机量大的开源 RTOS;③ 简单易用:遵循"简单、唯美"的设计理念,代码风格清晰,易于阅读和维护;④ 高度可伸缩:支持多任务,可以在不同芯片和平台上灵活移植;⑤ 组件丰富:提供了丰富的中间件组件,如文件系统、网络协议栈等。

RT – Thread 支持当前主流的 MCU 架构和 WiFi 芯片,如 ARM Cortex – M/R/A、MIPS、X86 等;拥有良好的软件生态,完善的工具链,支持当前主流编译工具,如 GCC、Keil、IAR 等。

1.3.6　Harmony LiteOS 简介

华为鸿蒙操作系统(Harmony OS)是一款面向全场景的分布式操作系统,采用组件化设计,支持在 128 KB~X GB 级别的内存资源设备上运行系统组件,开发者可基于目标硬件能力自由选择系统组件进行集成。

为保证在不同硬件上集成的易用性,当前的 Harmony OS 分为轻量级系统(Mini System)、小型系统(Small System)、标准系统(Standard System)3 种系统类型。针对不同量级的系统类型,可分别选用不同形态的内核:① 在轻量级系统上,可以选择 LiteOS – M;② 在小型系统和标准系统上,可以选用 LiteOS – A;③ 在标准系统上,可以选用 Linux。总体上说,在轻小型嵌入式系统中,Harmony OS 采用的内核为 LiteOS,在标准系统中采用的内核为 Linux。

目前,Harmony LiteOS 支持多种芯片架构,如 ARM Cortex – M 系列、ARM Cortex – R 系列、ARM Cortex – A 系列等。LiteOS 有两个应用方向,分别是 LiteOS – M 和 LiteOS – A。

Harmony LiteOS – M 适用于轻量级的芯片架构,面向的嵌入式设备一般是百 KB 量级的内存,如 ARM Cortex – M、RISC – V32;而 Harmony LiteOS – A 则适用于小型的芯片架构,面向的嵌入式设备一般是 MB 量级以上的内存,如 ARM Cortex – A。

习　题

1. 什么是嵌入式系统？它由哪几部分组成？试列举一个你身边的嵌入式系统的例子。

2. ARM 的英文原意是什么？ARM 嵌入式微处理器有何特点？

3. 嵌入式微处理器通常分为哪几种类型？

4. 选择嵌入式微处理器通常要考虑哪些主要因素？

5. 什么是哈佛体系结构？什么是 RISC？

6. 什么是操作系统内核？简单介绍你所了解的两种嵌入式操作系统。

第2章 单片机技术基础

单片机作为微型计算机应用发展的一个重要分支,从诞生之日起发展至今,已衍生出成百上千种系列型号与产品,被广泛应用于智能仪器仪表、工业控制、家用电器等各种行业。本章主要介绍 80C51 单片机的基本原理及应用。本章主要介绍单片机概念及简单应用原理,涉及具体应用系统开发还需要进一步深入学习单片机指令集、各种接口协议标准及开发工具使用等知识。

2.1 单片机概述

2.1.1 单片机概念

单片机作为微型计算机应用发展的一个重要分支,从 20 世纪 70 年代诞生之日起发展至今,已衍生出成百上千种系列型号与产品。单片机从名称上来讲,可以理解为"单片微型计算机"(Single Chip Microcomputer)的简称,也是一种便于中文理解的形象命名,其更为专业的术语名称是"微控制器"(Micro Control Unit,MCU)。

单片机是一种集成电路芯片。它不是完成某种单一逻辑功能的芯片,而是采用超大规模集成电路技术把具有数据处理能力的中央处理器 CPU、随机存储器 RAM、只读存储器 ROM、多种 I/O 口和中断系统、定时器/计数器等功能电路(还可以包括显示驱动电路、脉宽调制电路、模拟多路转换器、A/D 转换器等电路扩展)集成到一块硅片上构成的一个小而完善的微型计算机系统,并通过一定数量的引脚进行外部设备的 I/O 扩展,可形成满足某种需求的控制系统。其结构模型如图 2.1 所示。

从冯·诺依曼体系结构的计算机概念模型上来看,单片机集成了运算器、控制器、存储器和 I/O,这一块芯片就构成了一台微型计算机,只是没有连接具体的 I/O 设备。由此可见,单片机虽然在形式上只是一块芯片,但是其具备的计算功能和数据处理功能可以令其在其他电子设备或控制系统中充分发挥计算机系统的强大功能,从而得以被广泛应用。

单片机技术的发展,伴随着嵌入式系统的广泛应用日渐成熟,被广泛应用于各个领域。在工业发展的进程中,单片机技术与电子信息技术的融合有效提高了信息技术的应用效果,比如在电子产品领域的应用极大地丰富了电子产品的功能,也为智能化电子设备的开发和应用提供了新的思路,实现了智能化电子设备的创新与发展。

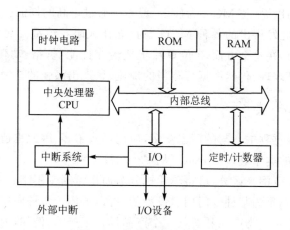

图 2.1　单片机的结构框图

2.1.2　单片机发展概况

1. 单片机发展历史

20 世纪 70 年代初,英特尔公司研发出第一款 4 位微处理器单元,并在此基础上进一步将 8 位 MCU、8 位并行 I/O 接口、8 位定时/计数器、RAM 和 ROM 等集成于一块半导体芯片上,推出了以 MCS 系列为代表的 8 位 MCU,被广泛应用于仪器仪表、家用电器等各方面的工业生产中。时至今日,8 位的 MCS-51 系列单片机仍被广泛应用于各种工业控制领域及各种电子和机械类产品中。

随着工业控制领域要求的提高,开始出现了 16 位单片机,但因为性价比不理想并未得到广泛的应用。20 世纪 90 年代末期随着消费类电子产品的大发展,单片机技术也得到了快速发展。进入新世纪后,随着 ARM 公司的崛起,32 位主频超过 300 MHz 的高端单片机被设计出来,其迅速取代了 16 位单片机的高端地位和市场,成为单片机应用的主流。

与此同时,随着制造工艺的提高,传统的 8 位单片机性能和处理能力也得到了巨大的提高。同时由于其低廉的价格优势,相对于很多对价格敏感的电子产品而言,优越的性价比使得 8 位单片机仍然具有广阔的市场空间。据有关数据统计,截至 2020 年,8 位单片机仍占据超 40% 的市场份额,呈现出 32 位单片机和 8 位单片机两强并立的局面。

究其原因,也与嵌入式系统的市场结构特点不无关系。根据嵌入式系统的概念可知,嵌入式系统的应用可谓千差万别,在进行系统或产品设计时,在设备选型时普遍遵循"适用"的原则。因此,性能并非所有应用考虑的首要因素,这就造成了 MCU 产品的演化道路产生了分支。

一个演化方向以 32 位 MCU 为代表,着力于通过更高的性能去满足高速大量信息处理的需要,由此发展出的各种 MCU 新技能让人眼花缭乱。而另一个方向则是侧重提升控制能力,在这个方面,8 位单片机凭借在性能、价格、功耗、可靠性及稳定性上完美的"平衡"表现,仍然占据着相当的地位,呈现出顽强的生命力。

2. 单片机分类

单片机在发展过程中参与的厂家众多,应用场景繁多,因此也造成了单片机的种类繁多,对单片机的类型进行区分也可从多个角度来参考。

从单片机适用范围来区分,可将单片机分为通用型和专用型。例如,80C51 就是通用型单片机,它不是为某种专门用途设计的,可以适用于多种应用设计场景。而专用型单片机则是针对一类产品甚至某一个产品设计生产的,例如,为了满足电子体温计的要求,在片内集成 ADC 接口等功能的温度测量控制电路。

从单片机自身的总线结构来区分,可分为总线型和非总线型。总线型单片机普遍设置有并行地址总线、数据总线、控制总线,用以扩展外围器件与单片机连接。另外一种则是所需要的外围器件及外设接口集成到芯片内,因此在许多情况下可以不要并行扩展总线,大大节省封装成本和芯片体积,这类单片机称为非总线型单片机。

按照单片机处理数据宽度来区分,可分为 4 位机、8 位机、16 位机、32 位机等。也有根据不同的生产厂家来区分的。

由于业内比较有影响力的厂家在不同时期分别推出了很多有代表性的产品型号,有些型号的内核甚至成为事实上的 MCU 标准。比如 Intel 公司推出的 MCS - 51 系列产品在 8 位单片机中成为产量最大,是应用最广泛的产品。在 8051 内核的基础上,其他众多厂商也以各种方式与 Intel 公司合作,推出了更多版本的单片机。这些单片机在外观、引脚等方面表现各异,但内核却都基于 8051 内核,也即这类单片机指令系统完全兼容,在使用上可以很好地进行程序移植。因此,也统称这些基于 8051 内核的单片机为"51 系列单片机"。

还有其他诸如 Microchip 公司推出的 PIC 系列单片机、ATMEL 公司推出的 AVR 系列单片机、原 Motorola 公司推出的 M68 系列单片机、TI 公司的 MSP430 系列单片机、ARM 公司推出的 Cortex 系列 32 位单片机、乐鑫公司推出的 RISC - V 架构 ESP32 - C3 系列 32 位单片机等,都是单片机行业具有代表性和影响力的产品。

2.2　80C51 单片机原理

MCS - 51 单片机是指由 Intel 公司生产的一系列单片机的总称,这个系列包括了很多品种,如 8031、8051、8751、8032、8752 等。8051 是最早最典型的产品,该系列其他单片机都是在 8051 的基础上进行功能的增、减、改变而来的,所以人们也习惯于用 8051 来称呼 MCS - 51 系列单片机。80C51 单片机在 8051 的基础上发展而来,在制造工艺上进行了改进提升,实现了更高速度、更高密度和更低的功耗,且与 8051 在指令系统、引脚信号和总线等方面完全兼容,软件可互相移植。在此内核基础上,各厂商开发出的与其兼容的 8 位单片机一般又都被统称为 80C51 系列。

2.2.1 80C51 单片机硬件结构

从总体硬件逻辑组成上看,80C51 单片机集成了中央处理器(CPU)单元、存储器和输入/输出(I/O)。

具体来看,内部组成包括了以下组成部分,其逻辑框图如图 2.2 所示:

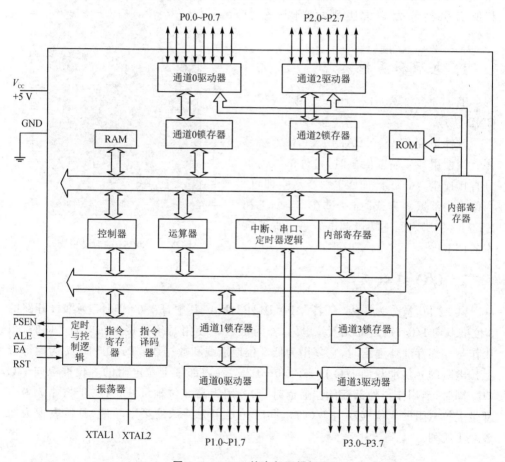

图 2.2 80C51 的内部逻辑框图

➤ 一个 8 位的微处理器 CPU;

➤ 一个时序电路;

➤ 4 KB 的内部程序存储器(ROM);

➤ 256 字节的内部数据存储器(RAM);

> ➤ 2 个 16 位的定时/计数器单元；
> ➤ 4 个 8 位的并行可编程 I/O 端口；
> ➤ 一个可编程的串行接口；
> ➤ 5 个中断源(2 个定时器,2 个外部中断,一个串行通信中断)的中断控制系统；
> ➤ 可扩展的总线控制电路。

　　基于上述组成部分,生产厂商封装以后即形成了具体用于系统功能设计的集成芯片,其封装引脚如图 2.3 所示。

　　在进行系统设计时,根据引脚的功能,将所有引脚分为 3 大类别,便于区分和理解。

1. 电源和晶振类

　　电源部分:V_{CC} 接 + 5 V 电源,V_{SS}/GND 接地。

　　时钟电路部分:XTAL1、XTAL2 接晶振。当使用外接晶振信号时,将外部振荡信号直接连接 XTAL1,而 XTAL2 悬空即可。当使用内部振荡方式时,通过在 XTAL1 和 XTAL2 引脚之间连接微调电容进行振荡频率的调节。

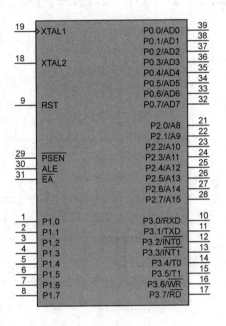

图 2.3　80C51 的封装引脚

2. I/O 接口类

　　共 32 位,被分为 4 组,命名为 P0、P1、P2、P3。其中,P0.0~P0.7 为漏极开路的 8 位准双向 I/O 口,内部无上拉电阻,作为 I/O 口使用时须外接上拉电阻。同时,当用作与外部存储器通信时,它复用为低 8 位地址线和数据线。P1.0~P1.7 为内部带上拉电阻的 8 位准双向 I/O 口。P2.0~P2.7 为内部带上拉电阻的 8 位准双向 I/O 口。同时,当用作与外部存储器通信时,它复用为高 8 位地址线。P3.0~P3.7 为内部带上拉电阻的 8 位准双向 I/O 口,同时还复用为特殊的第二功能,具体表现为如表 2.1 所列。

3. 控制信号类

　　RST:复位信号,高电平有效(持续两个机器周期)。

　　$\overline{PSEN}$:片外程序存储器的读选通信号,低电平有效。CPU 从外部程序存储器取指令时,$\overline{PSEN}$ 信号会自动产生负脉冲,作为外部程序存储器的选通信号。

　　ALE:地址锁存允许信号,高电平有效。在访问片外存储器或 I/O 时,用于锁存低 8 位地址,以实现低 8 位地址与数据的隔离。即使不访问外部存储器,ALE 端仍以固定的频率输出脉冲信号(此频率是振荡器频率的 1/6)。在访问外部数据存储器时,出现一个 ALE 脉冲进行地址锁存。

表 2.1　P3 口的第二功能列表

I/O 引脚	第二功能	功能描述
P3.0	RXD	串行通信数据接收端
P3.1	TXD	串行通信数据发送端
P3.2	INT0	外部中断请求 0
P3.3	INT1	外部中断请求 1
P3.4	T0	定时/计数器 0 外部输入
P3.5	T1	定时/计数器 1 外部输入
P3.6	WR	与外部存储器通信时的写选通信号
P3.7	RD	与外部存储器通信时的读选通信号

　　EA:片外程序存储器访问允许信号。当输入为低电平时,CPU 选择执行片外 ROM 中的指令,地址空间允许范围为 0000H~FFFFH(80C51 的片外 ROM 寻址范围为 64 KB)。当输入为高电平时,CPU 从片内 ROM(80C51 内部 ROM 为 4 KB)开始执行指令,当程序计数器寻址超过 0FFFH(4 KB)时,自动跳转到外部 ROM,接续的地址范围为 1000H~FFFFH。

　　基于上述硬件结构即可根据功能设计需要进行单片机应用的原理图设计,结合各个引脚的对应功能进行外围元器件或其他功能模块的扩展连接,从而实现硬件功能连接上的匹配。

2.2.2　80C51 单片机存储空间

　　在通用 PC 机中,程序和数据的存储通常没有区分,都存在统一的存储器单元,当程序需要运行的时候,则将程序从存储器复制到 RAM 中,并在 RAM 中执行,保障程序的快速运行,这种存储结构被称为普林斯顿结构或冯·诺依曼结构。而在单片机系统中,由于其内部 RAM 资源非常有限,将程序全部复制到 RAM 中运行难以实现,所以采用的是程序存放于独立的 Flash ROM 单元,与数据存储器分开寻址,这种结构被称为哈佛结构。

　　按照单片机中具体的物理存储位置来划分的话,80C51 单片机有 4 个物理存储空间,分别是片内程序存储器(片内 ROM)、片外程序存储器(片外 ROM)、片内数据存储器(片内 RAM)、片外数据存储器(片外 RAM)。

　　根据使用时物理存储空间的地址编码范围,单片机在设计指令系统时对存储空间进行了逻辑上的划分,分为 3 个逻辑存储空间,分别是片内外统一编址的 64 KB 的程序存储器地址空间,片内/外通过 EA 控制信号进行区分,访问指令统一使用 MOVC 指令;256 字节单元的片内 RAM 数据存储器地址空间,访问指令使用 MOV 指令;扩展的最大 64 KB 范围的片外 RAM 数据存储器地址空间,访问指令使用 MOVX 指令。

80C51 单片机存储器映像图如图 2.4 所示。

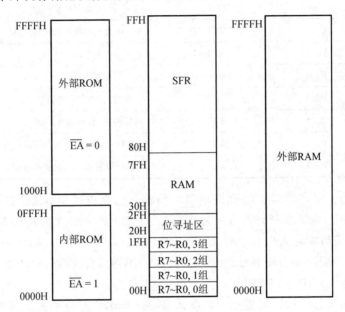

图 2.4　80C51 的存储器映像图

对于程序 ROM 空间而言,在系统设计完成后保存的就是开发好的程序,单片机在上电复位后开始执行并保存在 ROM 空间的程序。系统复位后,程序计数器 PC 的默认初始值为 0000H,所以第一条取指指令就从地址 0000H 单元开始。80C51 单片机在设计时将地址 0000H~002BH 单元之间作为特定的功能地址单元,分别对应 80C51 单片机的 5 个中断源地址,具体如下:

0000H~0002H,对应系统复位单元,系统复位后将从此处开始取指执行;

0003H~000AH,此 8 个字节单元对应外部中断 0 的中断地址区;

000BH~0012H,此 8 个字节单元对应定时器 T0 的定时/计数溢出中断地址区;

0013H~001AH,此 8 个字节单元对应外部中断 1 的中断地址区;

001BH~0022H,此 8 个字节单元对应外部定时器 T1 的定时/计数溢出中断地址区;

0023H~002AH,此 8 个字节单元对应串行通信的中断地址区。

可以看出,系统在设计时考虑到了特定的中断源响应的入口地址,但是默认分配的 8 个字节单元显然不足以存放具体的功能响应程序代码,因此,通常需要在这些特定的入口地址单元事先存放无条件跳转指令,使之再转向对应的中断服务程序段去执行真正的功能。

对于数据存储 RAM 空间而言,80C51 单片机内部有 256 字节单元可供程序使用;如果程序员设计的系统运行对 RAM 空间有更大的要求,则需要从硬件上进行 RAM 空间的扩展,最大可扩展 64 KB。

对于扩展出来的 RAM 空间,程序员在访问时则通过一个 16 位的数据指针寄存器 DPTR 进行间接寻址访问,对应的外部存储访问指令为 MOVX。

对于内部的 256 字节单元,分为两部分:一部分是低位的 128 字节(00H～7FH)单元,为用户数据区;另一部分为高位 128 字节(80H～FFH)单元,为系统定义的特殊功能寄存区(Special Function Register,SFR)。

低位的 128 字节单元根据使用功能特点又被分为 3 个区域。最低位的 32 个字节被分为 4 组,分别对应 4 个通用寄存器组,每组包含 8 个 8 位的通用寄存器,命名为 R0～R7,在使用时通过设置程序状态字 PSW 来进行选择。紧接着的 16 个字节单元被定义为位寻址区,每个字节的 8 位都可以通过位地址进行访问,同时也可根据字节地址进行 16 个单元的字节访问,80C51 单片机在设计指令系统时专门针对位地址区的访问进行了寻址方式的区分。余下的地址 30H～7FH 共 80 字节单元为字节寻址区,用户可根据需要进行直接字节寻址进行访问。此块区域同时还被作为堆栈数据区,由用户根据需要设定堆栈指示寄存器 SP 进行堆栈区域的设定与使用。

SFR 是 80C51 单片机中各功能部件所对应的寄存器,用以存放相应功能部件的控制命令、状态或数据的区域,共定义了 21 个特殊功能寄存器,其名称和字节地址如表 2.2 所列。

表 2.2　SFR 的功能寄存器列表及地址

序　号	标识符	SFR 名称	复位初始值	字节地址	位地址
1	ACC	累加器 A	00H	E0H	E0H～E7H(ACC.0～ACC.7)
2	B	寄存器 B	00H	F0H	F0H～F7H
3	PSW	程序状态字寄存器	00H	D0H	D0H～D7H
4	SP	堆栈指针寄存器	07H	81H	
5	DPH	数据指针 DPTR(高字节)	00H	83H	
6	DPL	数据指针 DPTR(低字节)	00H	82H	
7	P0	I/O 端口 P0 口	FFH	80H	80H～87H(P0.0～P0.7)
8	P1	I/O 端口 P1 口	FFH	90H	90H～97H(P1.0～P1.7)
9	P2	I/O 端口 P2 口	FFH	A0H	A0H～A7H(P2.0～P2.7)
10	P3	I/O 端口 P3 口	FFH	B0H	B0H～B7H(P3.0～P3.7)
11	IP	中断优先级控制寄存器	XX000000B	B8H	

序　号	标识符	SFR 名称	复位初始值	字节地址	位地址
12	IE	中断允许控制寄存器	0X000000B	A8H	
13	TMOD	定时/计数器方式选择寄存器	00H	89H	
14	TCON	定时/计数器控制寄存器	00H	88H	88H～8FH
15	PCON	电源控制及波特率选择寄存器	0XXX0000B	97H	
16	SCON	串行口控制寄存器	00H	98H	98H～9FH
17	SBUF	串行数据缓冲器	XXXXXXXXB	99H	
18	TH1	定时/计数器 T1 高位字节	00H	8DH	
19	TH0	定时/计数器 T0 高位字节	00H	8CH	
20	TL1	定时/计数器 T1 低位字节	00H	8BH	
21	TL0	定时/计数器 T0 低位字节	00H	8AH	

从表中可以看出,系统复位时各个 SFR 的初始值系统会根据各自的情况设置成不同的值,这些值也代表了系统复位时各个 SFR 所处的状态。在后续的用户程序中,则可以根据实际情况由用户通过程序来改变 SFR 的值,从而达到应用设置的效果,或读取 SFR 的值分析获取所需了解的状态。

以电源控制及波特率选择寄存器 PCON 为例。PCON 是一个逐位定义的 8 位寄存器,其中第 0 位为待机方式位 IDL,第 1 位为掉电方式位 PD,第 2、3 位为通用标志位 GF0、GF1,第 7 位为波特率倍增位 SMOD,其余第 4～6 位未定义。系统复位时 4～6 位为随机值 xxx,其余位初始化为 0。

80C51 单片机支持复位、程序执行、低功耗、编程及校验等几种工作方式。其中的低功耗方式包括待机/空闲(IDL)方式和掉电保护(Power Down,PD)方式。这两种低功耗方式的工作设置及切换就由 PCON 寄存器的对应控制位来控制。若系统应设计需要,在某个时刻需要进入待机模式以降低功耗,则可使用指令将 PCON 寄存器的第 0 位 IDL 置为 1,于是单片机进入待机方式。此时,CPU 时钟被切断,停止工作,与 CPU 有关的如 SP、PC、PSW、ACC 以及全部通用寄存器都被冻结在原状态。但是系统振荡器仍然运行,并向中断逻辑、串行口和定时/计数器电路提供时钟,中断功能继续存在,以确保可以通过外部中断请求的信号退出待机方式。

在待机方式下,若产生一个外部中断请求信号,则在单片机响应中断的同时,PCON.0 位(IDL 位)被硬件自动清 0,单片机就退出待机方式而进入正常工作方式。在中断服务程序中安排一条 RETI 指令,就可以使单片机恢复正常工作,从设置待机方式指令的下一条指令开始继续执行程序。

2.2.3　80C51 单片机 I/O 接口

80C51 单片机的 I/O 接口又称 I/O 端口或 I/O 通道,是 80C51 单片机与外部设备进行信息交换的必由之路。80C51 单片机的 I/O 接口内部是一个集成的大规模集成电路,具备了信息传递过程中与单片机相匹配的负载能力,从而可以实现与不同速度的外设进行匹配,提高 CPU 的工作效率、满足单片机在各种控制场景下的功能需求。

80C51 单片机的 I/O 接口总体上表现为 4 组并行接口 P0～P3,其中 P3.0、P3.1 被复用定义为串行接口通信的 RXD 和 TXD 信号,每组接口内部结构各不相同,因此在使用上也各有差异。在无片外存储器扩展的系统中,这 4 组 I/O 口的每一位都可以作为准双向通用 I/O 使用。

1. P0 口

P0 口是一个多功能的双向 I/O 接口。P0 口具有地址/数据分时复用方式,可实现地址/数据输出、数据输入两种功能。

作为通用 I/O 接口使用时,CPU 会使端口内部控制信号保持低电平,P0.7～P0.0 用于传送 CPU 的输入/输出数据。用作输出数据时,为保障内部漏极开路输出能正常改变电平的变化,须外接一个上拉电阻,然后通过内部总线的置 0 置 1 传达至对应的引脚输出低电平或高电平信号,从而达到将数据输出到引脚的效果。

用作输入数据时,有两种输入方式,分别表现为读引脚和读锁存器。这个区分主要体现在不同的指令表现出不同的输入数据效果。如果指令是单纯地要从 P0 口对应的连接引脚上读取数据,则为保证内部控制电路中三态缓冲器的状态被正确打开,在从引脚读入数据之前须先执行一个向端口写 1 的指令,再执行读取操作。此类指令通常表现为 I/O 口作为源操作数的指令。

如果指令涉及一个指令周期从 I/O 口读-修改-写的操作,则读取执行从内部锁存器来取数据。此类指令通常表现为 I/O 口作为目的操作数的指令,这类指令一般包括位与、位或、取反、增 1、减 1 等。

作为地址/数据复用口使用时,P0 口对应单片机芯片的地址总线(低 8 位)和数据总线。此时,P0 口与扩展的外部存储单元数据总线对应连接,同时通过地址锁存器与外部存储单元的地址总线低 8 位并列连接。在访问外部存储器时,P0 口输出低 8 位地址信息后将变为数据总线,以便读指令码,从而起到分时复用的效果。当 P0 作为地址/数据总线使用时,在读指令码或输入数据前,CPU 自动向 P0 口锁存器写入 0FFH,以达到锁定端口的目的,因此就不能再作为通用的 I/O 端口。在后续的系统设计时,程序中不能再含有以 P0 口作为操作数(包含源操作数和目的操作数)的指令。

2. P1 口

P1 口是一个标准的准双向口,可以字节访问也可按位访问。其端口内部包含输出锁存器、输入缓冲器 BUF1(读引脚)、BUF2(读锁存器)以及由 FET 场效应管 Q0 与上拉电阻组成的输入/输出驱动器。由于在其输出端接有上拉电阻,故可以直接输出而不需要外接上拉电阻。作为输入口时,也须先执行一个向端口写 1 的指令,再执行读取操作。

3. P2 口

P2 口是一个标准的准双向口,可以字节访问也可按位访问。作为通用 I/O 接口使用时,与 P0 口使用规则相同。作为扩展外部存储器连接时,P2 口作为地址总线的高 8 位,与 P0 输出的 8 位低地址一起构成 16 位地址线,从而可分别寻址 64 KB 的程序存储器或片外数据存储器。由于 P2 口的输出锁存功能,在取指周期内或外部数据存储器读、写选通期间,输出的高 8 位地址是锁存的,故无须外加地址锁存器。在系统中如果外接有程序存储器,由于访问片外程序存储器的连续不断的取指操作,P2 口需要不断送出高位地址,这时 P2 口的全部口线均不宜再作为 I/O 口使用。

4. P3 口

P0 口是一个多功能的准双向 I/O 接口,可以字节访问也可位访问。作为通用 I/O 接口使用时,与 P0 口使用规则相同。单片机复位时会自动将 P3 口内部的功能选择输出设置端置为高电平,默认支持第二功能的设置,各个引脚对应的第二功能列表如表 2.1 所列。需要说明的是,在系统设计中,只要是涉及表中所列的信号输入/输出,就必须遵循使用 P3 口引脚第二功能来连接对应的外设。

2.2.4　80C51 单片机最小系统

单片机最小系统也称最小应用系统,是指使用最少的元器件支持单片机可以进行工作的系统。通过对单片机硬件结构的了解,要让单片机系统工作起来,不考虑复杂应用功能的话,最小系统至少应该包括 80C51 单片机芯片、晶振电路、电源及复位电路。同时为了能够更直观地看到单片机系统的基本运行效果,可以再加一个发光二极管 LED 来验证单片机的 I/O 输出,其连接原理图如图 2.5 所示。当然,也可以连接其他外部芯片(如 LCD 屏幕、键盘、蜂鸣器等)来展示 I/O 效果,但是 LED 显示就是最简单有效的验证效果了,类似于在高级语言编程学习中的第一个简单完整的代码运行输出"Hello World!"。

1. 晶振电路

由于单片机正常工作需要一个时钟,因此需要给系统提供一个稳定频率的脉冲信号。基于 80C51 单片机硬件结构的了解,单片机芯片有两个引脚 PIN18(XTAL1)、PIN19(XTAL2)用于提供晶振信号。当使用外接晶振信号时,将外部振荡信号直接连接 XTAL1,XTAL2 悬空即可。当使用内部振荡方式时,通过在 XTAL1 和 XTAL2 引脚之间连接微调电容进行振荡频率的调节。图 2.5 采用了第二种方式,使用内部振荡信号。可根据选取的晶振频率大小决定调节电容值,通常可在 10～33 pF 范围内选取,保证晶振电路的稳定,从而支持单片机稳定工作。

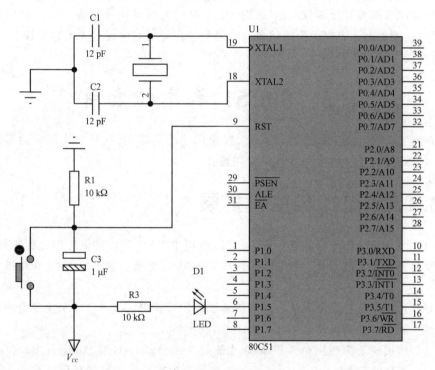

图 2.5　80C51 最小系统

2. 电源及复位电路

80C51 单片机的正常工作电压为 +5 V,PIN20 与 PIN40 引脚分别接 GND 与 V_{cc},为单片机提供电源与接地信号。PIN9(RST)为复位引脚,支持高电平复位,即只须让这个引脚保持一段时间(通常为 2 个机器周期)的高电平就可达到复位重启。

复位通常有两种情况,一种是上电复位,一种是手动按键复位。上电复位是系统默认情况,接通电源系统即复位,开始自动执行程序。这种情况下,如果需要在某特定时刻复位,则须有重启电源开关。如果希望在电源正常接通的情况下随时进行复位,则须在 RST 引脚连接手动复位电路,利用按键的开关功能实现复位。图2.5采用了按键手动复位电路设计。按键按下后 V_{cc} 直接进入单片机 RST 引脚,松开后 V_{cc} 断开,RST 被接地电阻而拉为低电平,这一合一开就实现了手动复位。

3. LED 控制电路

为观察单片机程序控制 I/O 口的输出效果,可通过某个 I/O 引脚(如图2.5所示的 P1.5 引脚)输出高/低电平信号去控制 LED 发光二极管的亮或灭。在图2.5中,当系统接通电源正常工作时,若 P1.5 引脚输出为低电平信号,则二极管正向导通,LED 点亮;反之,若输出高电平信号,则二极管反向截止,LED 熄灭。

针对原理图编写控制程序,只须对 P1.5 对应的端口位进行输出"0"或"1"的控制,即可达到控制 LED 亮/灭的效果。为避免正向导通时电流过大击穿二极管,须在 V_{cc} 连接处增加限流电阻 R3。

2.3　80C51 单片机应用

在理解 80C51 单片机原理基础上,以应用功能为导向,进行单片机应用系统设计。本节讲述基于 80C51 单片机的应用设计。

2.3.1　80C51 单片机扩展

由于单片机内部的资源十分有限,实际应用中,经常需要对单片机进行扩展,其中主要是存储器扩展及 I/O 扩展,以构成一个功能更强且满足需要的单片机应用系统。

对单片机系统扩展的方法有并行扩展法和串行扩展法两种。本节主要介绍以并行总线扩展为基础的存储器系统扩展。

并行扩展法是指利用单片机本身具备的 3 组总线(AB 即 Address Bus、DB 即 Data Bus、CB 即 Control Bus)进行的系统扩展。串行扩展法是指利用单片机的串行通信引脚扩展连接,从而满足某种串行总线接口标准的系统扩展。

80C51 系列单片机有很强的外部扩展能力,扩展电路及扩展方法较典型、规范,主要有程序存储器(ROM)的扩展、数据存储器(RAM)的扩展、I/O 接口的扩展、中断系统扩展以及其他特殊功能接口的扩展等。

1. 系统总线构造设计

总线就是连接计算机各部件的一组公用信号线。使用并行总线结构的 80C51 系列单片机时,按其功能通常把系统总线分为 3 组,即地址总线、数据总线和控制总线。具有总线的外部芯片都通过这 3 组总线进行扩展。

　　采用总线结构形式大大减少了单片机系统中传输线的数目,提高了系统的可靠性,增加了系统的灵活性。此外,总线结构也使扩展易于实现,各功能部件只要符合总线规范,就可以很方便地接入系统,从而实现单片机扩展。

　　80C51 单片机的三总线构造情况如图 2.6 所示。

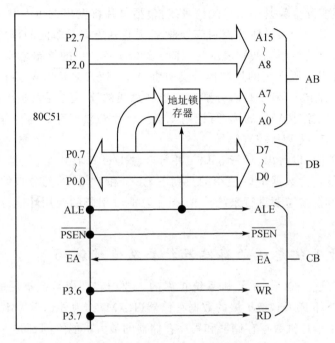

图 2.6　80C51 的三总线结构

(1) 地址总线(Address Bus 即 AB)

　　地址总线上传送的是地址信号,用于选择存储单元和 I/O 端口。地址总线是单向的,地址信号由单片机向外发出。地址总线的数目决定着可直接访问的存储单元的数目。如 n 位地址可访问 2^n 个存储单元,即通常所说的寻址范围为 2^n 地址单元。

　　80C51 单片机设计的 I/O 接口中,P0 口线既作为地址线的低 8 位使用,又作为数据线使用,具有双重功能。采用复用技术对地址和数据进行分离,因此在构造地址总线时要增加一个 8 位锁存器。首先由锁存器暂存并为系统提供 8 位地址,其后 P0 口线就作为数据线使用。一般选择高电平或下降沿选通的锁存器作为地址锁存器,常用的器件有 74LS273、74LS373 等。P2 口线被设计用作地址线的高 8 位,与 P0 口一起形成最大范围的 16 位地址总线,从而使得 80C51 单片机的扩展寻址范围达到 64K 个单元。实际应用系统中,高位地址线并不固定为 8 位地址,可根据需要用几位就从 P2 口中引出几条口线。

(2) 数据总线(Data Bus 即 DB)

　　数据总线用于在单片机与存储器之间或单片机与 I/O 端口之间传送数据。单片机系统数据总线的位数与单片机处理数据的字长一致。80C51 单片机是 8 位字长,所以数据总线的位数也是 8 位。数据总线是双向的,可以进行两个方向的数据传送。80C51 的 P0 口被设计用作数据总线,与地址总线的低 8 位进行分时复用。

(3) 控制总线 (Control Bus 即 CB)

控制总线实际上就是一组控制信号线,包括单片机发出的以及从其他部件传送给单片机的。对于一条具体的控制信号来说,其传送方向是单向的,但是由不同方向的控制信号组合的控制总线则表示为双向。80C51 单片机的控制总线除了前面所述的引脚功能分组中所介绍的控制信号类引脚 ALE、$\overline{PSEN}$、$\overline{EA}$,还有 P3 口线中复用的第二功能引脚 P3.6 和 P3.7,分别对应控制总线的读/写控制信号 $\overline{RD}$ 和 $\overline{WR}$,用于片外数据存储器(RAM)的读/写控制。当执行片外数据存储器操作指令 MOVX 时,自动生成 $\overline{RD}$ 或 $\overline{WR}$ 控制信号。

从以上描述可以看出,尽管 80C51 并行 8 位 I/O 口有 4 个,但是由于系统扩展的需要,真正能作为数据 I/O 使用的只剩下 P1 口和 P3 口的部分口线了。因此,在实际系统设计时,如需要进行系统扩展,须注意 I/O 引脚的使用功能分配规则,避免发生冲突。

2. 基于系统总线的存储器扩展及地址编码

存储器扩展是 80C51 单片机系统扩展的主要内容。通常把扩展的程序存储器(ROM)称为外部 ROM,把扩展的数据存储器(RAM)称为外部 RAM。根据存储空间划分,80C51 单片机数据存储器和程序存储器的最大扩展空间都是 64 KB,扩展后系统可以形成两个并行的 64 KB 存储空间。

扩展 ROM 的地址与芯片内是否有程序存储器有关。如果没有片内程序存储器,则扩展 ROM 的地址从 0000H 开始;如果有片内程序器,则扩展 ROM 的地址从 1000H 开始。而扩展 RAM 的地址,不管容量大小,都从 0000H 开始。

存储器扩展以后要正确使用,关键在于要正确分析出扩展以后的地址编码范围。所谓存储器编址,就是如何使用系统提供的地址线,通过适当连接,最终达到系统中的一个存储单元只唯一地对应一个地址的要求。

存储器编址分两个层次,即存储芯片的选择和芯片内部存储单元的编址。芯片内部存储单元的编址是由芯片自身的译码电路完成的。对设计者而言,只须把存储器芯片的地址引脚与相应的系统地址线直接连接即可。而芯片的选择不但要由设计者完成,而且比较复杂。因此,存储器编址主要是搞清楚芯片的选择问题。而芯片选择的实质就是分析如何产生芯片的"片选"信号。

总之,在单片机应用系统中,为了唯一地选择片外某一存储单元或 I/O 端口,需要进行两次选择。一是必须先找到该存储单元或 I/O 端口所在的芯片,一般称为"片选"。二是通过对芯片本身所具有的地址线进行译码,然后确定唯一的存储单元或 I/O 端口,称为"字选/芯片内目标单元选择"。"片选"保证每次读或写时,只选中某一片存储器芯片或 I/O 接口芯片。

通常把系统地址笼统地分为低位地址和高位地址,芯片内部存储单元地址译码使用低位地址,剩下的高位地址才作为芯片选择使用,因此芯片的选择都是在高位地址线上作灵活处理。在由 P0 和 P2 口组成的 16 位地址线中,高、低位地址线的数目并不是固定的,我们只是把用于存储单元译码使用的都称为低位地址线,剩下多少就有多少高位地址线。存储器编址除了研究地址线的连接外,还讨论各存储器芯片在整个存储空间中所占据的地址范围,以便在程序设计时使用它们。

以一片存储容量为 8 KB 的 RAM 存储芯片 6264 为例,其自身寻址范围为 8K 个地址单元,所以设计有 13 根地址线 A0~A12,经地址译码后可产生 $2^{13}=8K$ 个地址单元。每个地址单元对应一个字节单元,所以数据总线为 8 位 D0~D7。

以 8 片 RAM 芯片 6264 组成 64 KB 的最大存储扩展,如图 2.7 所示。

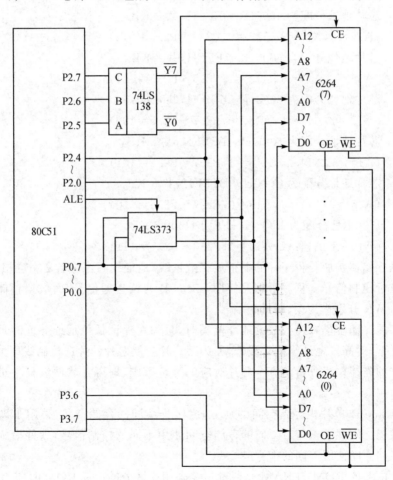

图 2.7 80C51 存储器扩展 64 KB 全地址译码原理图

80C51 的 P0 口复用地址总线连接 74LS373 锁存器对应地址低 8 位,加上 P2 口的 P2.0～P2.4 共 13 根口线,对应每片 6264 的 A0～A12。同时,P0 口复用数据总线对应每片 6264 的 D0～D7。8 片芯片组合需要 8 位片选输出,以保证在同一时刻只选中某一片芯片处于工作状态,正好用 P2 口余下的高 3 位 P2.7～P2.5;用一片 3-8 译码器 74LS138 进行译码输出,每位输出对应到每片 6264 的 CE 片选信号,确保某一时刻只选中一片存储芯片。16 位地址线全部参与译码,因此称为全地址译码。

由图 2.7 可分析出各芯片相应的寻址范围如下:

#0　芯片地址分配为 0000H～1FFFH,共 8 KB。

　　(A15=0,A14=0,A13=0;P2.7～P2.5=000)

#1　芯片地址分配为 2000H～3FFFH,共 8 KB。

　　(A15=0,A14=0,A13=1;P2.7～P2.5=001)

#2　芯片地址分配为 4000H～5FFFH,共 8 KB。

　　(A15=0,A14=1,A13=0;P2.7～P2.5=010)

#3　芯片地址分配为 6000H～7FFFH,共 8 KB。

　　(A15=0,A14=1,A13=1;P2.7～P2.5=011)

#4　芯片地址分配为 8000H～9FFFH,共 8 KB。

　　(A15=1,A14=0,A13=0;P2.7～P2.5=100)

#5　芯片地址分配为 A000H～BFFFH,共 8 KB。

　　(A15=1,A14=0,A13=1;P2.7～P2.5=101)

#6　芯片地址分配为 C000H～DFFFH,共 8 KB。

　　(A15=1,A14=1,A13=0;P2.7～P2.5=110)

#7　I/O 地址分配为 E000H～FFFFH,共 8 KB。

　　(A15=1,A14=1,A13=1;P2.7～P2.5=111)

数据存储器扩展与程序存储器扩展在数据线、地址线的连接上是完全相同的,不同的只在于控制信号。程序存储器使用 $\overline{\text{PSEN}}$ 作为读选通信号,而数据存储器则使用 $\overline{\text{RD}}$ 和 $\overline{\text{WR}}$ 分别作为读、写选通信号。

当扩展存储容量未达到最大地址范围时,只须在保证低位地址寻址满足对应连接的情况下,对高位地址线按需线选,作为某一片扩展芯片的片选控制线即可。同时根据具体的连接口线分析出每个芯片对应的寻址范围,即可在软件编程中进行相应的地址引用。

结合 80C51 单片机存储空间的划分,为区分不同的存储空间,采用了硬件和软件两种措施。硬件措施是对不同的存储空间使用不同的控制信号,软件措施是访问不同的存储空间使用不同的指令。

芯片内部的 ROM 与 RAM 是通过指令来相互区分的。读 ROM 时使用 MOVC 指令,读 RAM 时则使用 MOV 指令。

对外部扩展 ROM 与 RAM,同样用指令加以区分。读外部 ROM 使用 MOVC

指令,读与写外部 RAM 使用 MOVX 指令。此外,在电路的连接上还提供了两种不同的选通信号,以 $\overline{PSEN}$ 作为外部 ROM 的读选通信号,以 $\overline{RD}$ 和 $\overline{WR}$ 作为外部 RAM 的读/写选通信号。

内部 RAM 和外部 RAM 是分开编址的,因此造成了 256 个单元的重叠,但由不同的指令加以区分。访问内部 RAM 使用 MOV 指令,访问外部 RAM 使用 MOVX 指令,因此不会发生操作混乱。

对于内外部 ROM 空间则不是区分而是衔接问题。出于连续执行程序的需要,内外程序存储器应统一编址(内部占低位,外部占高位),并使用相同的读指令 MOVC。80C51 单片机专门配置了一个 $\overline{EA}$ (访问内外程序存储器控制)信号。80C51 单片机自带内部 4 KB 的 ROM,因此在外部 ROM 存储器扩展设计时,通常使 $\overline{EA}=1$ (接高电平)。这时,当地址为 0000H~0FFFH 时,在内部 ROM 寻址;等于或超过 1000H 时,在外部 ROM 中寻址,从而形成内外 ROM 衔接的形式,使内外程序存储器成为一个连续的统一体。只是由于 0000H~0FFFH 地址空间已被内部 ROM 占据,外部 ROM 就不能再利用了,因此相当于扩展的外部 ROM 损失了 4 KB 的寻址空间。如单片机无片内 ROM,则应使 $\overline{EA}=0$ (接地),这样直接从地址 0 开始对外部 ROM 进行寻址,寻址范围为 0000H~FFFFH。

2.3.2　80C51 单片机应用系统设计

1. 硬件设计

在单片机最小系统的基础上,以应用功能需求为导向,进一步扩展外围功能器件,从而达到相应的设计功能要求。单片机应用系统的硬件设计是个复杂的过程,从产品设计的角度,除了满足功能的基本硬件电路以外,还涉及结构和工艺设计、印制电路板设计、电气设计等诸多方面的内容。本节内容仅从基本的硬件组成原理设计的角度,阐述以 80C51 单片机为核心的应用系统功能硬件原理和结构设计。

以 MCU 为核心的单片机控制系统,从控制功能的角度,可抽象概括为输入/输出(I/O)两大方面。根据功能需求梳理出输入/输出(I/O)对应的部件,再结合 MCU 本身的硬件资源进行模块化或集成化的外围器件选择,构建出应用系统的硬件结构原理图和结构框图,为后续的软件设计提供硬件载体支撑。图 2.8 概括了以单片机为核心的,以 I/O 为需求导向的应用系统的典型框图。在进行系统硬件功能设计时,可根据实际功能需求进行梳理,明确哪些功能需要输入设备进行支撑、哪些功能需要输出设备进行支撑,然后再去分析各自 I/O 设备所对应的接口类型。

以一个基于单片机的小型气象及环境信息采集器为例。除去最小系统运行所需的晶振电路、电源与复位电路,该采集器的功能需求决定了其输入部分主要包括各个采集参数传感器部件,设计时只须考虑每个传感器的具体接口标准,然后与单片机的

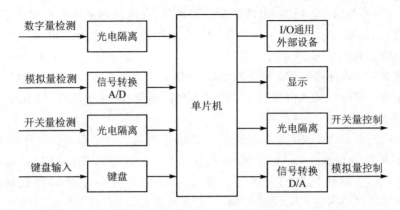

图 2.8　单片机典型的应用系统框图

I/O 引脚进行对应。输出部分则取决于该采集器是否带有显示、是否需要对外传输,然后根据需要选择单片机的对应 I/O 引脚进行显示和通信模块的连接。

2. 软件设计

在单片机硬件设计的基础上,通过软件的运行,使得设计的相应功能得以体现。首先需要理解程序在 80C51 单片机中是如何运行的。

从单片机存储空间结构可知,单片机在加电启动后,默认从地址 0 开始取指运行。对于 80C51 单片机而言,因片上资源有限,在 MCU 上加载一个操作系统来进行资源管理是一件比较困难的事情。因此,通常针对 80C51 单片机的软件编程都是指直接在 MCU 上的裸机编程,就是用户程序直接与硬件进行交互、运行,实现预定的控制功能。后续随着单片机性能和资源的提升,才引入嵌入式操作系统来支持嵌入式系统的应用,也使得嵌入式系统应用的功能、性能和开发得到了极大的提升。

针对 80C51 的裸机编程,用户将单独考虑和实现系统启动时候的初始化,类似于通用 PC 在加载操作系统之前调用 BIOS 程序完成系统初始化的过程。因为 80C51 单片机总体上资源非常有限,所以初始化的过程也比较简单,一般包括建立中断向量表、初始化堆栈寄存器及堆栈空间、初始化定时器、初始化外部中断、初始化串行通信。

用户应用软件设计时,需要基于硬件的连接原理及总体资源配置进行统一考虑,根据系统需要实现的功能要求,设计出合理的软件结构,各功能程序在实现时尽量考虑模块化,便于调试、移植和修改。

根据程序执行的功能可将单片机应用软件分为两大类,分别为执行类软件和监控类软件。其中,执行软件主要完成实质性功能,如测量、计算、输出控制等;监控软件主要协调各执行模块和操作者之间关系,充当调度角色。

应用软件在设计时需要合理考虑分配系统资源,如 RAM 区域划分、定时器/计数器、中断源分配等。如在 RAM 区设置堆栈区域,须考虑子程序和中断嵌套的深度、程序堆栈操作指令使用情况、大小设置要留有余地；如 RAM 有扩展，使用频率高的数据要尽可能安排在片内 RAM。

在进行单片机裸机开发时，通常会碰到需要处理多个任务，而此时又没有操作系统帮忙进行任务调度和管理，那么该怎样设计应用程序框架呢？一般而言，可以采用以下 3 种参考结构。

（1）轮询结构

该结构最简单，容易理解，多为初学者选用。在主函数中通过一个无限循环，依次调用多个任务进行处理。

程序参考代码框架如下：

```
// *************************************************
// **轮询结构参考代码框架
// *************************************************
void main(void)
{
    xx_Init ();                     //外设初始化
    while (1)
    {
        do_something1 ();                      //执行任务 1
        do_something2 ();                      //执行任务 2
        do_something3 ();                      //执行任务 3
        ……
        do_somethingN();                       //执行任务 N
    }
}
```

（2）前后台结构

该结构引入中断并作为前台处理机制，main 主函数中的无限循环作为后台，该循环调用不同的应用模块来执行所需的操作。模块按顺序执行（后台），由中断服务程序 ISR 处理异步事件（前台）。关键操作须在 ISR 中执行，确保响应及时。由 ISR 提供的数据信息在相应的后台模块执行之前不会被处理，其延迟时间取决于后台循环执行所需的时间。

此类结构可以提高对外部事件的实时响应能力，但是实际运用中，这种结构的实时性比预计差。这是因为前后台系统认为所有的任务具有相同的优先级别，即平等的，而且任务的执行又是通过 FIFO 队列排队的，因而对那些实时性要求高的任务不可能立刻得到处理。另外，由于后台程序是一个无限循环的结构，一旦在这个循环体中正在处理的任务崩溃，就会使得整个任务队列中的其他任务得不到机会被处理，从而造成整个系统的崩溃。由于这类系统结构简单，几乎不需要 RAM/ROM 的额外开销，因而在简单的嵌入式应用中被广泛使用。

程序参考代码框架如下：

```
// ********************************************************
// ** 前后台系统结构参考代码框架
// ********************************************************
//定义全局变量用于传递状态信息
int flag1 = 0;
int flag2 = 0;
int flag3 = 0;
int main(void)
{
    xx_Init();                          //相关外设初始化
    while (1)
    {
        if (flag1)
        {
            flag1 = 0;
            do_something1();            //执行任务 1
        }
        if (flag2)
        {
            flag2 = 0;
            do_something2();            //执行任务 2
        }
        if (flag3)
        {
            flag3 = 0;
            do_something3();            //执行任务 3
        }
    }
}
void sth1_ISR(void)
{
    flag1 = 1;          //置位标志位,为后台传递处理判断依据
    do_something1_1();  //可在中断处理里安排需要实时性较高且处理时间较短的任务
}
void sth2_ISR(void)
{
    flag2 = 1;          //置位标志位,为后台传递处理判断依据
    do_something2_1();  //可在中断处理里安排需要实时性较高处理时间较短的任务
}
void sth3_ISR(void)
{
    flag3 = 1;          //置位标志位,为后台传递处理判断依据
    do_something3_1();  //可在中断处理里安排需要实时性较高且处理时间较短的任务
}
```

(3) 基于定时器的时间片调度

对于单片机程序设计而言,中断和定时器是基于单片机的控制程序的灵魂,掌握基本的中断和定时器的用法是单片机软件设计的入门基础。

　　通常情况下,单片机内部定时器均为可编程定时器,具体细节可参照本书后续章节,虽然介绍的是 ARM 内核芯片的定时器,但是基本运行原理都是一样的。用户通过系统提供的相关控制寄存器进行时钟源的选择、分频系数选择及预制数的设定等,从而达到以程序来控制定时时间的效果。

　　中断的概念贯穿整个计算机体系,其基本原理也都是一致的,体现在具体内核版本和型号的芯片上主要是对中断的管理及设计实现的复杂程度各不相同。

　　以下基于中断和定时器实现基于时间片的多任务调度处理,其基本原理表现为,利用系统的某个硬件定时器,产生特定的定时中断信号作为基础的滴答定时器,从而提供基础时间片。在此基础上进一步通过软件定义的方式拓展出多个软件定时器去对应多个执行任务。假设现在系统中有 3 个任务:LED 翻转、温度采集、温度显示,分别需要在每间隔 1、2、4 秒时触发 LED 翻转任务、温度采集任务、温度显示任务。此时可配置硬件定时器的最小定时单位为 1 秒,即每秒产生一次计时溢出作为基础时间片。

　　程序参考代码框架如下:

```
// ********************************************************
// ** 基于定时器的时间片任务调度参考代码框架
// ********************************************************
//定义 3 个软定时器,分别对应 3 个任务:LED 翻转、温度采集、温度显示
#define   MAX_TIMER              3                //最大定时器个数
volatile  unsigned long          g_Timer1[MAX_TIMER];
#define   LedTimer               g_Timer1[0]      //LED 翻转定时器
#define   GetTemperatureTimer    g_Timer1[1]      //温度采集定时器
#define   SendToLcdTimer         g_Timer1[2]      //温度显示定时器
#define   TIMER1_SEC             1                //1 秒计时单位
// * 通用定时器初始化
void Timer1_Init (int arr , int psc)
{
//通过传递参数:自动重装计数初值 arr、时钟分频系数 psc 完成定时器初始化
//设置定时中断参数,使能定时中断,实现 1 秒计时中断
}
//定时器中断服务程序(入口函数)
//硬件定时器每秒溢出时执行此函数,在该函数中对每个软件定时器进行计数统计
void Timer1_IRQHandle (void)
{
    for (i = 0; i < MAX_TIMER; i ++)
    if (g_Timer1[i])
       g_Timer1[i] -- ;
    //清除 Timer1 中断标志
}
//定义各个定时任务:LED 翻转任务
//在任务函数中给对应的软件定时器赋值,该值会在硬件定时器中每秒溢出时进行递减
//当软件定时器计数被递减至 0 时,任务被触发执行
void Task_Led(void)
{
```

```
        // 等待定时时间
        if (LedTimer) return;
        LedTimer = 1 * TIMER1_SEC;
        // LED 任务主体
        LedToggle();
}
// 定义各个定时任务:温度采集任务
// 在任务函数中给对应的软件定时器赋值,该值会在硬件定时器中每秒溢出时进行递减
// 当软件定时器计数被递减至 0 时,任务被触发执行
void Task_GetTemperature(void)
{
        // 等待定时时间
        if (GetTemperatureTimer) return;
        GetTemperatureTimer = 2 * TIMER1_SEC;
        // 温度采集任务主体
        GetTemperature();
}
// 定义各个定时任务:温度显示任务
// 在任务函数中给对应的软件定时器赋值,该值会在硬件定时器中每秒溢出时进行递减
// 当软件定时器计数被递减至 0 时,任务被触发执行
void Task_SendToLcd(void)
{
        // 等待定时时间
        if(SendToLcdTimer) return;
        SendToLcdTimer = 4 * TIMER1_SEC;
        // 温度显示任务主体
        LcdDisplay();
}
void main(void)
{
        xx_Init();                     // 系统初始化,包括系统各参数初始化、外设初始化等
        // 软件定时器初始化
        for (i = 0; i < MAX_TIMER; i++)
        {
            g_Timer1[i] = 0;
        }
        while (1)
        {
            // 定时任务
            Task_Led();                    // 每秒被触发执行一次
// 每隔 2 秒被触发执行一次,在主体函数中不到 2 秒直接返回,直到被递减至 0,再重新被赋
// 值为 2 秒
            Task_GetTemperature();
// 每隔 4 秒被触发执行一次,在主体函数中不到 4 秒直接返回,直到被递减至 0,再重新被赋
// 值为 4 秒
            Task_SendToLcd();
        }
}
```

习　题

1. 根据对单片机概念的理解,列举生活中包含单片机控制系统的物品或场景。

2. 80C51 内部寄存器 SP 具有什么功能? 其取值范围一般不超过多少?

3. 请描述 80C51 系统自带的 5 级中断源地址空间划分范围。

4. 根据系统设计需要,现有 EPROM 芯片 2764(8 KB)和 RAM 芯片 6264 (8 KB)各两片,请对 80C51 实现 16 KB 的 ROM 扩展和 16 KB 的 RAM 扩展,画出扩展连线原理图,并分析各自扩展出的地址空间范围。

5. 基于 80C51 设计一个多路抢答器,其基本功能包括:抢答选手通过独立按键进行抢答,可自行设定支持的抢答组数;主持人可通过按键进行相关的设置;按键编号通过 LED 进行数码显示;特定条件下通过蜂鸣器发声进行系统提示。

第3章 ARM 体系结构

ARM 体系结构以多种形式呈现,如 ARM9 系列有 ARM9TDMI、ARM9E－S 等内核;ARM Cortex－A 系列有 Cortex－A8、A9 等内核;ARM Cortex－M 系列有 Cortex－M0、M3、M4、M7 等内核。本章重点学习 ARM 嵌入式微处理器体系结构,并在此基础上介绍 S3C2410 嵌入式微处理器结构;主要内容包括 ARM 嵌入式处理器,ARM 存储器组织结构,ARM 异常,S3C2410 嵌入式处理器结构、引脚信号及专用寄存器。

3.1　ARM 嵌入式微处理器

目前,ARM 系列嵌入式微处理器体系结构有多个版本,基于不同版本的 ARM 体系结构,国际上许多电子芯片厂商生产出了多种系列的 ARM 微处理器,主要有 ARM7 系列、ARM9 系列、ARM9E 系列、ARM10E 系列、ARM11 系列、SecurCore 系列、Intel 的 StrongARM/Xscale 系列和 Cortex－A/R/M 系列。

以上系列除了具有 ARM 体系结构的共同特点外,每个系列的 ARM 嵌入式微处理器都有各自的特点和应用领域。

3.1.1　ARM 的结构特点

任何一款 ARM 嵌入式微处理器都由两大部分构成:ARM 内核、片内外设。

ARM 内核包括寄存器组、指令集、总线、存储映射规则、中断逻辑、调试组件等。ARM 内核由 ARM 公司设计并以销售形式授权给各芯片厂商使用。例如,为应用处理器设计的 Cortex－A8、A9 内核,它们是 ARMv7－A 架构;为微控制器设计的 Cortex－M3、M4 内核,它们是 ARMv7－M 架构。

片内外设包括定时器、ADC、存储器、IIC、IIS、UART、SPI 等,它们由各芯片厂商自行设计,使片内外设与 ARM 内核衔接配套。

1. ARM 处理器简介

ARM7、ARM9、ARM11 统称为经典 ARM 系列微处理器。ARM11 之后,即从 ARM v7 架构开始,ARM 的命名规则有所变化,新的 ARM 微处理器家族以 Cortex 命名,主要分为 3 个系列:Cortex－A、Cortex－R 和 Cortex－M。

经典 ARM 系列微处理器的命名规则可参考图 3.1 和表 3.1 的说明。

表 3.1　经典 ARM 系列微处理器扩展命名符号的含义

标　志	含　义	补充说明
T	16 位 Thumb 指令集	Thumb 指令集版本 1：ARMv4T Thumb 指令集版本 2：ARMv5T Thumb – 2：ARMv6T （支持 16 位 Thumb 压缩指令集）
D	片上调试	支持片上 Debug，允许处理器响应调试请求暂停
M	支持增强型乘法器	32 位乘 32 位得到 64 位
I	嵌入式 ICE 部件	提供片上断点和调试点的支持
E	DSP 指令	增加了 DSP 算法处理器指令：16 位乘加指令，饱和的 带符号数的加减法，双字数据操作；Cache 预取指令
J	Java 加速器 Jazelle	提高 Java 代码的运行速度；与无加速器相比，最高可达 到 8 倍
S	可综合	提供 VHDL 或 Verilog HDL 硬件描述语言设计文件

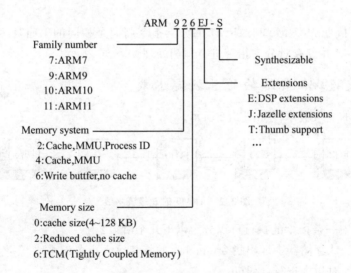

图 3.1　经典 ARM 嵌入式微处理器命名规则示意图

ARM9 系列嵌入式微处理器主要有 ARM9TDMI、ARM9E – S 等系列。与 ARM7 相比，ARM9 处理器通过优化设计采用了更多的晶体管，能够达到 ARM7 处理器两倍以上的处理能力。ARM9 处理能力的提高是通过提高时钟频率和缩短指令执行周期实现的。

（1）时钟频率的提高

ARM9 采用了 5 级流水线，而 ARM7 采用的是 3 级流水线，ARM9 增加的流水线设计提高了时钟频率和并行处理能力。5 级流水线能够将各条指令处理分配到 5 个时钟周期内，在每个时钟周期内同时有 5 条指令在执行。在同样的加工工艺下，

ARM9TDMI 处理器的时钟频率是 ARM7TDMI 的两倍左右。

(2) 指令周期的改进

指令周期的改进有助于处理器性能的提高。性能提高的幅度依赖于代码执行时指令的重叠。

① load 指令和 store 指令 指令周期数改进最明显的是 load 指令和 store 指令。从 ARM7 到 ARM9,这两条指令的执行时间约缩短了 30%。有两点可以实现一个周期完成 load 和 store 指令:一是 ARM9 有独立的指令和数据存储器接口,允许处理器同时取指令和读/写数据;而 ARM7 只有数据存储器接口,既用于取指令又用于访问数据。二是 5 级流水线引入了独立的存储器和写回流水线,分别用来访问存储器和将结果写回寄存器。

② 互锁(interlock)技术 当指令需要的数据因为以前的指令没有执行完,将产生管道互锁。管道发生互锁时,硬件将停止该指令的执行,直到数据准备就绪为止。尽管这种技术会增加代码的执行时间,但是为初期的设计提供了很大便利。可以通过编译器和汇编程序重新设计代码的顺序或者使用其他方法来减少管道互锁的数量。

③ 分支指令 ARM9 和 ARM7 的分支指令周期是相同的。而且 ARM9TDMI 和 ARM9E‐S 并没有对分支指令进行预测处理。

2. ARM9 体系结构的 5 级流水线

ARM9 的 5 级流水线如图 3.2 所示。

图 3.2   ARM9 的 5 级流水线

ARM9 中一条指令的执行可以分为以下几个阶段:

➤ 取指 从存储器中取出指令(fetch),并将其放入指令流水线。
➤ 译码 对指令进行译码(dec)。
➤ 执行 执行运算 ALU(exe)。
➤ 访存(缓冲/数据) 如果需要,则访问数据存储器(acc mem);否则 ALU 的结果只是简单地缓冲一个时钟周期,以便所有的指令具有同样的流水线流程。
➤ 回写 将指令产生的结果回写到寄存器(wtbk res),包括任何从存储器中读取的数据。

3. AMBA 总线接口

ARM 嵌入式微处理器使用的是 AMBA(Advanced Microcontroller Bus Architecture)总线体系结构。AMBA 是 ARM 公司颁布的总线标准,通过 AMBA 可以方便地扩充各种处理器及 I/O,可以把 DSP、其他处理器和 I/O(如 UART、定时器和接口等)都集成在一块芯片中。该标准定义了以下 3 种总线:

> AHB(Advanced High-performance Bus)　用于连接高性能系统模块。它支持突发数据传输方式及单个数据传输方式,所有时序参考同一时钟沿;另外,它还支持分离式总线事务处理。

> ASB 总线(Advanced System Bus)　用于连接高性能系统模块,它支持突发数据传输模式。

> APB 总线(Advanced Peripheral Bus)　是一个简单接口,支持低性能的外围接口。

4. ARM9 的结构特点

这里分别以 ARM9 系列的 ARM9TDMI 和 ARM9E - S 为例说明 ARM9 的结构。

ARM9TDMI 处理器内核的符号含义说明如下:

> ARM9　采用哈佛结构,ARMv4T 指令集,5 级流水线处理以及分离的 Cache;

> T　支持 16 位宽度的 Thumb 压缩指令集;

> D　支持片上 Debug,允许处理器响应调试请求暂停;

> M　支持增强型乘法器,可生成全 64 位的结果;

> I　嵌入式 ICE(In Circuit Emulation)部件,提供片上断点和调试点的支持。

常用的 ARM920T 处理器核是在 ARM9TDMI 处理器内核基础上,增加了分离式的指令 Cache 和数据 Cache,并带有相应的存储器管理单元 I - MMU 和 D - MMU、写缓冲器及 AMBA 接口等。指令缓存和数据缓存允许处理器同时进行取指令和读写数据操作。数据可以是 8 位(字节)、16 位(半字)、32 位(字),字必须以 4 字节边界对准,半字必须以 2 字节边界对准。

ARM9E - S 内核结构如图 3.3 所示,其主要特点如下:

> 32 位定点 RISC 处理器,改进型 ARM/Thumb 代码交织,增强型乘法器设计,支持实时调试;

> 片内指令和数据 SRAM,而且指令和数据的存储器容量可调;

> 片内指令和数据高速缓冲器(Cache)容量从 4 KB~1 MB;

> 设置保护单元(protection unit),非常适合嵌入式应用中对存储器进行分段和保护;

> 采用 AMBA AHB 总线接口,为外设提供统一的地址和数据总线;

> 支持外部协处理器,指令和数据总线有简单的握手信令支持;

> 支持标准基本逻辑单元扫描测试方法,并且支持内建自测试技术 BIST(Built-

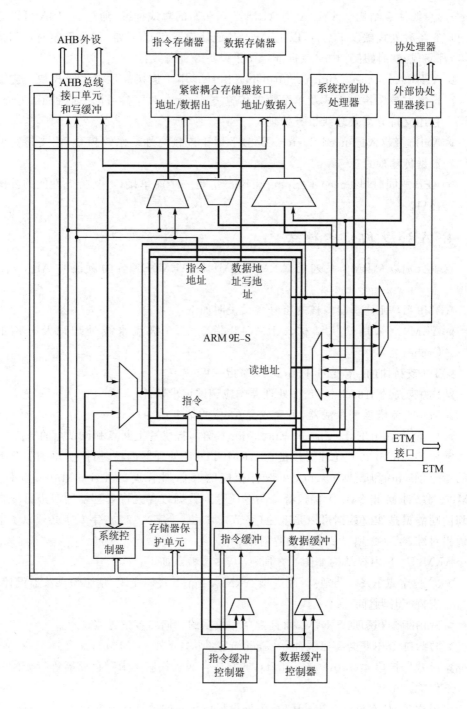

图 3.3　ARM9E－S 结构示意图

In-Self-Test）；

➤ 支持嵌入式跟踪宏单元 ETM（Embedded Trace Macrocell），支持执行代码的
无干扰实时跟踪。

3.1.2　ARM 指令集特点

ARM 指令集依据 RISC 原理设计，指令集和相关译码机制较为简单。ARM v8 是 ARM 公司发布的新一代支持 64 位 ARM 处理器的指令集和体系结构，它在扩充 64 位寄存器的同时提供了对上一代 ARM 体系结构指令集的兼容，因此它提供了运行 32 位和 64 位 ARM 应用程序的环境。

ARMv8 架构定义了 AArch64（64 位）和 AArch32（32 位）两个执行状态。其中，AArch64 提供了 64 位指令集的支持，AArch32 提供了 A32（32 位指令集）和 T32（32 位和 16 位 Thumb 指令集）两套指令集的支持。由于 ARM 指令集的向下兼容性，下面仅介绍 ARM9 指令系统的 ARM 指令集特点。

传统的微处理器体系结构中，指令代码的宽度（位数）和数据的宽度（位数）通常是相同的，而 ARM9 的指令系统中有一种 16 位的指令集（Thumb 指令集）。通常情况下，16 位体系结构与 32 位体系结构比较而言，在操作 32 位数据时的性能大约只有 32 位体系结构的一半，且有效的寻址空间相对较小。而 Thumb 指令集在 32 位体系结构中实现了 16 位指令集，以提供比 16 位体系结构更高的性能和更高的代码密度。

1. Thumb 指令集概况

ARM 指令集为 32 位指令集，可以实现 ARM 架构下所有功能。Thumb 指令集是对 32 位 ARM 指令集的扩充，它的目标是实现更高的代码密度。Thumb 指令集实现的功能只是 32 位 ARM 指令集的子集，它仅仅把常用的 ARM 指令压缩成 16 位的指令编码方式。在指令的执行阶段，16 位的指令被重新解码，完成对等的 32 位指令所实现的功能。

Thumb 指令的操作是在标准的 ARM 寄存器下进行的，在 ARM 指令代码和 Thumb 指令代码之间可以方便地进行切换，并具有很好的互操作性。在执行时，16 位的 Thumb 指令透明地实时解压缩成 32 位的 ARM 指令，并没有明显的性能损失。因此，使用 Thumb 指令以 16 位的代码密度可以得到 32 位处理器性能，从而节省了存储空间和硬件成本。

Thumb 指令集的 16 位指令代码长度大约是标准 ARM 指令代码密度的两倍，因而可以在 16 位存储系统上运行。

2. ARM 指令集与 Thumb 指令集比较

与 ARM 指令集相比较,在 Thumb 指令集中,数据处理指令的操作数仍然是 32 位的,指令地址也为 32 位,但 Thumb 指令集为实现 16 位的指令长度,舍弃了 ARM 指令集的一些特性,如大多数 Thumb 指令是无条件执行的,而几乎所有的 ARM 指令都是有条件执行的。大多数 Thumb 数据处理指令的目的寄存器与其中一个源寄存器相同。

与全部采用 ARM 指令集的方式相比,使用 Thumb 指令可以在代码密度方面改善大约 30%,但这种改进是以降低代码的效率为代价的。尽管每个 Thumb 指令都有相对应的 ARM 指令,但是,执行相同的功能,需要更多的 Thumb 指令才能完成。因此,当指令预取需要的时间没有区别时,ARM 指令相对 Thumb 指令具有更好的性能。开发者在进行系统设计的时候需要综合考虑成本、性能和功耗等因素。如果在一个系统中综合使用 ARM 指令和 Thumb 指令,充分发挥各自的优点,就能在成本、性能和功耗等因素上取得较好的平衡。

3.1.3　ARM 工作模式

ARM7、ARM9、ARM11 处理器工作模式共有 7 种。ARM Cortex 系列处理器工作模式有 8 种工作模式,增加了一个用于执行安全监控程序的监控模式(Monitor)。下面以经典 ARM9 处理器为例进行说明。

ARM9TDMI 处理器核共支持以下 7 种工作模式:

➤ 用户模式(usr)　ARM 处理器正常执行程序时的处理。

➤ 快速中断模式(fiq)　用于高速数据传输或通道处理。

➤ 外部中断模式(irq)　用于通用的中断处理。

➤ 管理模式(svc)　操作系统使用的保护模式。

➤ 指令/数据访问终止模式(abt)　当数据或指令预取终止时进入该模式,可用于虚拟存储及存储保护。

➤ 系统模式(sys)　运行具有特权的操作系统任务时的模式。

➤ 未定义指令中止模式(und)　当未定义的指令执行时进入该模式,可用于支持硬件协处理器的软件仿真。

ARM9TDMI 处理器核的运行(工作)模式可以通过软件的控制改变,也可以通过外部中断或异常处理改变。大多数的应用程序运行在用户模式下,当处理器运行在用户模式下时,某些被保护的系统资源是不能被访问的。除用户模式以外,其余 6 种模式称为非用户模式或特权模式;除去用户模式和系统模式以外的 5 种又称为异常模式,常用于处理中断或异常,以及需要访问受保护的系统资源等情况。

当某种异常发生时,ARM9TDMI 处理器核即进入相应的工作模式。例如,若发生了 IRQ 中断并响应 IRQ 中断,则 ARM9TDMI 核将进入 IRQ 模式。每种工作模式下均有其附加的某些寄存器,因此,即使有异常情况发生,异常模式下的处理程序也不至于破坏用户模式的数据及状态。

对于系统模式,其通用寄存器组与用户模式下的通用寄存器组是完全相同的,但它是一种特权模式,供需要访问资源的操作系统任务使用。系统模式不能由任何异常进入,在系统模式下应该避免使用与异常模式有关的通用寄存器,这样可以确保当任何异常发生时,不至于使系统模式或数据遭到破坏,从而引起系统模式下任务状态的不可靠。

从 ARM9 处理器核所执行的程序代码的角度来看,有两种工作状态:ARM 状态和 Thumb 状态。在 ARM 状态下,处理器核执行 32 位的、字对齐的 ARM 指令;在 Thumb 状态下,处理器核执行 16 位的、半字对齐的 Thumb 指令。在程序的执行过程中,ARM9 处理器核可以随时在两种工作状态之间切换,并且处理器工作状态的改变不影响处理器的工作模式和相应寄存器中的内容。

ARM 指令集和 Thumb 指令集中均有切换 ARM 处理器工作状态的指令,使 ARM 处理器可在两种工作状态之间切换。但是,ARM 处理器核在上电或复位并开始执行程序代码时,应该处于 ARM 状态。

当操作数寄存器的状态位(位 0)为 1 时,可以采用执行 BX 指令的方法,使 ARM 处理器从 ARM 状态切换到 Thumb 状态;当操作数寄存器的状态位(位 0)为 0 时,执行 BX 指令可以使 ARM 处理器从 Thumb 状态切换到 ARM 状态。另外,在处理器进行异常处理时,将 PC 指针放入异常模式链接寄存器中,并从异常向量地址开始执行程序,也可以使处理器切换到 ARM 状态。

例 3.1　用 BX 实现状态切换。

```
            ⋮
            ADR R0, THUMBCODE + 1    ;将 R0 的位 0 置 1
            BX R0                    ;跳转,并根据 R0 的位 0 实现状态切换
            CODE16                   ;16 位 Thumb 代码
THUMBCODE   MOV R2, ♯ 2
            ⋮
            ADR R0, ARMCODE          ;加载 ARMCODE 地址到 R0 中
            BX R0
            CODE32                   ;32 位 ARM 代码
ARMCODE     MOV R4, ♯ 4
            ⋮
```

3.2　ARM 存储器组织结构

经典 ARM 体系结构采用 32 位长度地址,存储器的地址空间可被看作从 0 地址单元开始的字节的线性组合,即一个地址对应于一个存储字节。通常字节地址是无

符号整数,则字节地址范围是 $0 \sim 2^{32}$(十六进制地址范围为 0x00000000 ～ 0xFFFFFFFF,存储容量为 2^{32} B ＝4 GB)。因此,经典 ARM 体系结构允许使用现有的存储器和 I/O 器件进行各种存储器系统设计。

3.2.1　大端存储和小端存储

上面提到,ARM 的一个地址对应于一个存储字节而不是存储字。

若将地址空间看作由 2^{30} 个 32 位的字组成,每个字的地址是字对齐的,故地址可被 4 整除。也就是说,若第一个字在第 0 个地址对应的单元(32 位),那么第二个字则在第 4 个地址对应的单元,第 3 个字在第 8 个地址对应的单元,以此类推。字对齐地址是 X(X 能被 4 整除)的字由地址为 X、X＋1、X＋2、X＋3 的 4 字节组成。当然,地址空间也可看作由 2^{31} 个 16 位的半字组成。每个半字的地址是半字对齐的(可被 2 整除)。半字对齐是 X(X 能被 2 整除)的半字由地址为 X 和 X＋1 的 2 字节组成。

由于 ARM 采用了 32 位程序计数器 PC,而地址通常是无符号整数的形式,因此在计算目的地址时会产生在地址空间中上溢或下溢的情况。若计算目的地址时产生地址上溢或下溢,则 PC 寄存器中的值应该从 0x00000000 开始。

程序计数器 PC 总是指向取指的指令,而不是指向正在执行的指令或正在译码的指令。一般情况下,人们总是习惯于把正在执行的指令作为参考点,称为当前第一条指令,当程序是顺序执行时,PC 总是指向第 3 条指令。因此,在程序顺序执行的情况下,对于 ARM 指令:

PC 寄存器中的值＝当前执行的指令地址＋8

对于 Thumb 指令:

PC 寄存器中的值＝当前执行的指令地址＋4

若程序执行中遇到分支,大多数分支指令是通过把指令中指定的偏移量加到 PC 寄存器中的值上来计算目的地址的,然后将结果写回到 PC 寄存器。此时,PC 寄存器中的值就不再是顺序的,从而实现了程序分支。这时,目的地址计算公式如下:

目的地址＝当前执行的指令地址＋8＋偏移量

若计算结果在地址空间中上溢或下溢,则程序分支将不可控。因此,向前转移时,目的地址不能超出 0xFFFFFFFF;向后转移时,目的地址不应超出 0x00000000。

ARM 体系结构可以有两种格式存储字数据,分别称为大端格式(big-endian)和小端格式(low-endian),如图 3.4 所示。

在大端存储格式中,字的地址对应的是该字中最高有效字节所对应的地址;半字的地址对应的是该半字中最高有效字节所对应的地址。通俗地说,在大端存储格式

31	...	24	23	...	16	15	...	8	7	...	0
地址 X 的字节			地址 X+1 的字节			地址 X+2 的字节			地址 X+3 的字节		
地址 X 的半字						地址 X+2 的半字					
地址 X 的字											

(a) 大端存储格式

31	...	24	23	...	16	15	...	8	7	...	0
地址 X+3 的字节			地址 X+2 的字节			地址 X+1 的字节			地址 X 的字节		
地址 X+2 的半字						地址 X 的半字					
地址 X 的字											

(b) 小端存储格式

图 3.4　大端和小端存储格式

中,32 位字数据的最高字节存储在低字节地址中,而其最低字节则存储在高字节地址中。

　　在小端存储格式中,字的地址对应的是该字中最低有效字节所对应的地址;半字的地址对应的是该半字中最低有效字节所对应的地址。通俗地说,在小端存储格式中,32 位字数据的最高字节存储在高字节地址中,而其最低字节则存储在低字节地址中。

　　小端存储格式是 ARM 默认的格式。ARM9 汇编指令集中,没有相应的指令来选择是采用大端存储格式还是小端存储格式,但可以通过硬件输入引脚来配置它。若要求 ARM 目标系统支持小端存储格式,则将引脚 BIGEND 接低电平,否则接高电平。

　　ARM 体系结构对于存储器单元的访问需要适当地对齐,即访问字存储单元时,字地址应该是字对齐(地址能被 4 整除);访问半字存储单元时,半字地址应该半字对齐(地址能被 2 整除)。如果不按对齐的方式访问存储单元,称作非对齐的存储器访问。非对齐的存储器访问可能会导致不可预知的状态。

3.2.2　I/O 端口的访问方式

　　I/O 端口的访问有两种方式,一种是端口地址和存储器统一编址,即存储器映射方式;另一种是 I/O 端口地址与存储器分开独立编址,即 I/O 映射方式(独立编址)。

　　存储器映射方式的主要优点是:对 I/O 端口设备的访问是使用访问存储器的指令,这不仅使访问 I/O 端口可实现输入/输出操作,而且还可以对端口内容进行算术逻辑运算、移位等操作;另外,它能给 I/O 端口较大的编址空间,这对大型控制系统及数据通信是很有意义的。该方式的主要缺点是 I/O 端口占用了存储器的地址空间,使存储器的容量变小。

　　I/O 映射方式的主要优点是:I/O 端口地址不占用存储器空间;使用专门的 I/O

指令对 I/O 端口进行操作；由于专门 I/O 指令与存储器访问指令助记符有明显的区别，使得 I/O 操作和存储器操作层次清晰，程序可读性强。

ARM9 体系结构使用存储器映射方式实现 I/O 端口的访问。由于存储器映射方式是为每个 I/O 端口分配特定的存储器地址，当从这些地址读出或向这些地址写入时，实际上就完成了 I/O 功能。即从存储器映射的 I/O 加载即是输入，而向存储器映射的 I/O 地址存储即是输出。

存储器映射方式的 I/O 读/写操作指令与存储单元的读/写操作指令相同，但行为有所不同。例如，如果对一个存储单元进行连续的两次读取操作，每次读到的数据应该是相同的；但是对存储器映射方式的 I/O 端口进行连续的两次读取操作，其值则有可能不同。这些行为的差异主要影响存储系统中高速缓存和写缓存的使用，通常将存储器映射的 I/O 端口标识为非高速缓存的和非缓冲的，以避免改变其访问模式数目、类型、顺序或定时。

3.2.3　内部寄存器

经典 ARM 处理器内部共有 37 个 32 位寄存器，可分成通用寄存器和状态寄存器两大类。其中，通用寄存器用于保存数据或地址，状态寄存器用来标识或设置存储器的工作模式或工作状态等功能。在 ARM 处理器的 37 个寄存器中，31 个用作通用寄存器，6 个用作状态寄存器，每个状态寄存器只使用了其中的 12 位。这 37 个寄存器根据处理器的工作状态及工作模式的不同而被分成不同的组。程序代码运行时涉及的工作寄存器组是由 ARM 处理器的工作模式确定的。

1. 通用寄存器

通用寄存器用于保存数据或地址，用字母 R 前缀加该寄存器的序号来标识。通用寄存器包括 R0～R15 寄存器，可分成未分组寄存器、分组寄存器及程序计数器 3 种。

(1) 未分组寄存器 R0～R7

未分组寄存器包括 R0～R7，在所有工作模式下，它们在物理上是同一个寄存器。也就是说，不管在哪种工作模式下，若访问 R0 寄存器，访问到的是同一个 32 位的物理寄存器 R0；若访问 R1 寄存器，访问到的是同一个 32 位的物理寄存器 R1；以此类推。由于不同的处理器工作模式均使用相同的未分组寄存器，可能会造成寄存器中数据的破坏。

(2) 分组寄存器 R8～R14

分组寄存器包括 R8～R14。对于分组寄存器，它们每次所访问的物理寄存器与处理器当前的工作模式有关，如图 3.5 所示。对于 R8～R12 寄存器，每个寄存器对应两个不同的物理寄存器。当使用 fiq 模式时，访问寄存器 R8_fiq～R12_fiq；当使用

fiq 模式以外的其他模式时，访问寄存器 R8_usr～R12_usr。

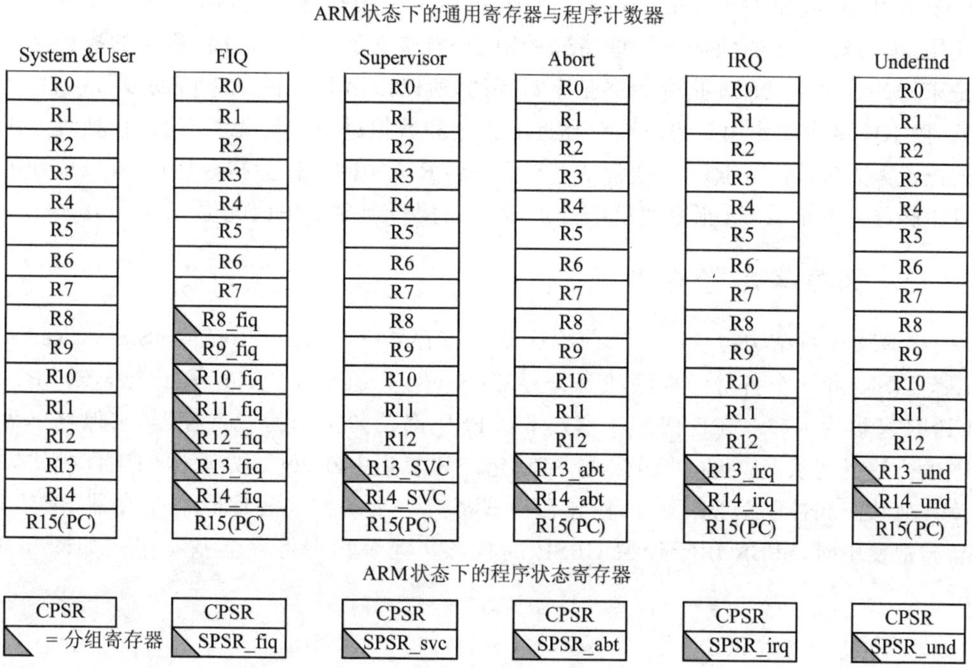

ARM状态下的通用寄存器与程序计数器

System &User	FIQ	Supervisor	Abort	IRQ	Undefind
R0	R0	R0	R0	R0	R0
R1	R1	R1	R1	R1	R1
R2	R2	R2	R2	R2	R2
R3	R3	R3	R3	R3	R3
R4	R4	R4	R4	R4	R4
R5	R5	R5	R5	R5	R5
R6	R6	R6	R6	R6	R6
R7	R7	R7	R7	R7	R7
R8	R8_fiq	R8	R8	R8	R8
R9	R9_fiq	R9	R9	R9	R9
R10	R10_fiq	R10	R10	R10	R10
R11	R11_fiq	R11	R11	R11	R11
R12	R12_fiq	R12	R12	R12	R12
R13	R13_fiq	R13_SVC	R13_abt	R13_irq	R13_und
R14	R14_fiq	R14_SVC	R14_abt	R14_irq	R14_und
R15(PC)	R15(PC)	R15(PC)	R15(PC)	R15(PC)	R15(PC)

ARM状态下的程序状态寄存器

CPSR	CPSR	CPSR	CPSR	CPSR	CPSR
= 分组寄存器	SPSR_fiq	SPSR_svc	SPSR_abt	SPSR_irq	SPSR_und

图 3.5　ARM 状态下寄存器的组织

对于 R13、R14 寄存器而言，每个寄存器对应 6 个不同的物理寄存器，其中的 1 个是用户模式与系统模式共用；另外 5 个物理寄存器对应于其他 5 种不同的工作模式，采用 R13_〈mode〉或 R14_〈mode〉记号来区分不同的物理寄存器，其中，〈mode〉为 usr、fiq、irq、svc、abt、und 这 6 种模式之一。

R13 寄存器在 ARM 指令中常用作堆栈指针，又称为 SP(Stack Pointer)，但这只是一种习惯用法，用户也可使用其他寄存器作为堆栈指针。而在 Thumb 指令集中，某些指令强制性地要求使用 R13 作为堆栈指针。

R14 寄存器可用作子程序链接寄存器(Subroutine Link Register)或链接寄存器 LR(Link Register)。当 ARM 处理器执行带链接的分支指令 BL 时，R14 中保存 R15(程序计数器 PC)的备份。当发生中断或异常时，对应的分组寄存器 R14_fiq、R14_irq、R14_svc、R14_abt、R14_und 用于保存 R15 的返回值。其他情况下，R14 用作通用寄存器。即，R14 有两种特殊功能：一是每种工作模式下所对应的那个 R14 可用于保存子程序的返回地址；二是当异常发生时，该异常模式下的那个 R14 被设置成异常返回地址。

(3) 程序计数器 R15

R15 寄存器的用途是程序计数器(PC)，用于控制程序中指令的执行顺序。在 ARM 状态下，R15 的位[1:0]是 0，位[31:2]保存 PC 的值；在 Thumb 状态下，位 0

为 0,位[31:1]保存 PC 的值。读 R15 寄存器的结果是读到的值为该指令地址加 8
(ARM 状态)或加 4(Thumb 状态)。R15 虽然也可用作通用寄存器,但一般不这么
使用,因为对 R15 的使用有一些特殊的限制,当违反了这些限制时,程序的执行结果
是未知的。由于 ARM 指令始终是字对齐的,所以读出 R15 的结果值的位[1:0]总是
0。读 R15 的主要作用是快速地对临近的指令和数据进行位置无关寻址,包括程序中
的位置无关转移。写 R15 的通常结果是将写到 R15 中的值作为指令地址,并以此地址
发生转移。由于 ARM 指令要求字对齐,通常希望写到 R15 中值的位[1:0]=0b00。

2. 程序状态寄存器

ARM 体系结构包含一个当前程序状态寄存器(Current Program Status Regis-
ter,CPSR)和 5 个备份的程序状态寄存器(Saved Program Status Register,SPSR),
CPSR 又称为 R16。在任何工作模式下,CPSR 都是同一个物理寄存器,它保存了程
序运行的当前状态,如条件码标志、控制允许和禁止中断、设置处理器的工作模式以
及其他状态和控制信息等。每种异常模式都有一个备份的程序状态寄存器 SPSR;
当异常发生时,SPSR 用于保留 CPSR 的状态。程序状态寄存器基本格式如图 3.6
所示。

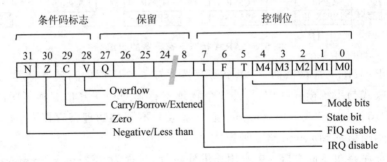

图 3.6　程序状态寄存器格式

(1) 条件码标志

CPSR 寄存器的高 4 位是 N、Z、C、V(Negative、Zero、Carry、Overflow),称为条
件码标志位。它们的内容可被算术或逻辑运算的结果所改变,并且可以决定某条指
令是否执行。CPSR 中的条件码标志可由大多数指令检测以决定指令是否执行。在
ARM 状态下,绝大多数的指令都是有条件执行的。在 Thumb 状态下,仅有分支指
令是有条件执行的。通常条件码标志可以通过执行比较指令(CMN、CMP、TEQ、
TST)、一些算术运算、逻辑运算和传送指令进行修改。条件码标志位的具体含义如
表 3.2 所列。

(2) 控制位

CPSR 寄存器的低 8 位是 I、F、T 和 M[4:0],称为控制位。当发生异常时,这些
位可以被改变;当处理器运行在特权模式时,这些位也可以由程序修改。

表 3.2 条件码标志的具体含义

标 志	含 义
N	当用两个补码表示的带符号数进行运算时,N=1 表示运算的结果为负数,则 N=0 表示运算的结果为正数或零
Z	Z=1 表示运算的结果为零;Z=0 表示运算的结果为非零
C	可以有 4 种方式设置 C 的值: ① 加法运算(包括比较指令 CMP):当运算结果产生了进位时(无符号数溢出),C=1,否则 C=0; ② 减法运算(包括比较指令 CMP):当运算结果产生了借位时(无符号数溢出),C=0,否则 C=1; ③ 对于包含移位操作的非加/减运算指令,C 为移出值的最后一位; ④ 对于其他的非加/减运算指令,C 的值通常不改变
V	可以有两种方式设置 V 的值: ① 对于加/减运算指令,当操作数和运算结果为二进制补码表示的带符号数时,V=1(表示符号位溢出); ② 对于其他的非加/减运算指令,V 的值通常不改变
Q	在 ARM v5 及以上版本的 E 系列处理器中,用 Q 标志位指示增强的 DSP 运算指令是否发生了溢出。在其他版本的处理器中,Q 标志位无定义

➤ 中断禁止位 包括 I 和 F,用来禁止或允许 IRQ 和 FIQ 两类中断。当 I=1 时,表示禁止 IRQ 中断;I=0 时,表示允许 IRQ 中断。当 F=1 时,表示禁止 FIQ 中断;F=0 时,表示允许 FIQ 中断。

➤ T 标志位 T 标志位用于标识/设置处理器的工作状态。对于 ARM 体系结构 v4 及以上版本的 T 系列处理器,当 T=1 时,表示程序运行于 Thumb 状态;当 T=0 时,表示程序运行于 ARM 状态。ARM 指令集和 Thumb 指令集均有切换处理器状态的指令,这些指令通过修改 T 位的值为 1 或 0 来实现两种工作状态之间的切换,但 ARM 处理器在开始执行代码时,应该处于 ARM 状态。

➤ 工作模式位 工作模式位(M[4:0])用于标识或设置处理器的工作模式。M4、M3、M2、M1、M0 决定了处理器的工作模式,具体含义如表 3.3 所列。需要强调的是,表 3.3 中未列出的模式位的组合是不可用的。

表 3.3 CPSR 寄存器的工作模式位

M[4:0]	模 式	可访问的寄存器
10000	用户模式(usr)	PC,R14~R0,CPSR
10001	FIQ 模式(fiq)	PC,R14_fiq~R8_fiq,R7~R0,CPSR,SPSR_fiq
10010	IRQ 模式(irq)	PC,R14_irq,R13_irq,R12~R0,CPSR,SPSR_irq
10011	管理模式(svc)	PC,R14_svc,R13_svc,R12~R0,CPSR,SPSR_svc

续表 3.3

M[4:0]	模　式	可访问的寄存器
10111	中止模式(abt)	PC,R14_abt,R13_abt,R12~R0,CPSR,SPSR_abt
11011	未定义模式(und)	PC,R14_und,R13_und,R12~R0,CPSR,SPSR_und
11111	系统模式(sys)	PC,R14~R0,CPSR

例 3.2　设在程序运行某时刻,CPSR 寄存器的值如图 3.7 所示。试说明处理器的条件标志、中断允许情况、工作状态及工作模式。

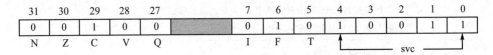

图 3.7　CPSR 的值

图 3.7 中的条件标志用符号可表示为 NZCVQ,即 C 标志位置 1,其他标志位为 0。因为位[7~6]为 IF,所以 IRQ 中断使能,即允许处理器响应 IRQ 中断,FIQ 中断被禁止。因为位[5]为 T,所以处理器工作在 ARM 状态。因为位[4~0]为 b10011,由表 3.3 可判断出系统工作于管理模式(svc)。

(3) 保留位

CPSR 寄存器中的其余位是保留位,当改变 CPSR 中的条件码标志位或者控制位时,保留位不需要被改变,在程序中也不要使用保留位来存储数据。保留位主要用于 ARM 版本的扩展。

除系统模式和用户模式外,其他 5 种工作模式都有一个对应的专用 SPSR 寄存器。当异常发生时,SPSR 用于保存 CPSR 的当前值,从异常退出时则可由 SPSR 来恢复 CPSR。由于用户模式和系统模式不属于异常模式,它们没有 SPSR;在这两种情况下访问 SPSR,结果是未知的。CPSR 和 SPSR 通过特殊指令进行访问,这些特殊指令将在指令系统章中介绍。

3. Thumb 寄存器

Thumb 状态下的寄存器集是 ARM 状态下寄存器集的一个子集,程序可以直接访问通用寄存器 R0~R7、程序计数器 PC、堆栈指针 SP、连接寄存器 LR 和 CPSR。同时,在每种特权模式下都有对应的 SP、LR 和 SPSR。图 3.8 说明了 Thumb 状态下的寄存器组织情况。

Thumb 状态下寄存器的组织与 ARM 状态下寄存器的组织之间的关系如下:

➢ Thumb 状态和 ARM 状态的 R0~R7 是相同的;
➢ Thumb 状态和 ARM 状态的 CPSR 以及所有的 SPSR 是相同的;
➢ Thumb 状态的 SP 对应 ARM 状态的 R13;

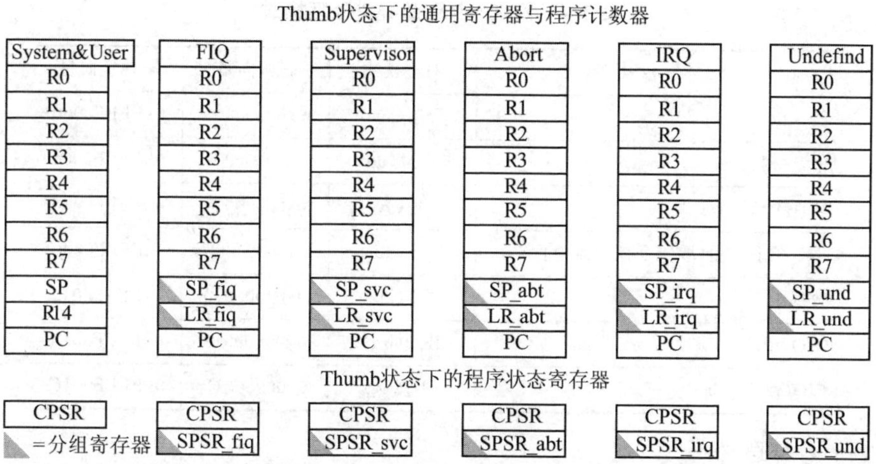

Thumb状态下的通用寄存器与程序计数器

System&User	FIQ	Supervisor	Abort	IRQ	Undefind
R0	R0	R0	R0	R0	R0
R1	R1	R1	R1	R1	R1
R2	R2	R2	R2	R2	R2
R3	R3	R3	R3	R3	R3
R4	R4	R4	R4	R4	R4
R5	R5	R5	R5	R5	R5
R6	R6	R6	R6	R6	R6
R7	R7	R7	R7	R7	R7
SP	SP_fiq	SP_svc	SP_abt	SP_irq	SP_und
R14	LR_fiq	LR_svc	LR_abt	LR_irq	LR_und
PC	PC	PC	PC	PC	PC

Thumb状态下的程序状态寄存器

CPSR	CPSR	CPSR	CPSR	CPSR	CPSR
=分组寄存器	SPSR_fiq	SPSR_svc	SPSR_abt	SPSR_irq	SPSR_und

图 3.8　Thumb 状态下寄存器的组织

➤ Thumb 状态的 LR 对应 ARM 状态的 R14；
➤ Thumb 状态的 PC 对应 ARM 状态的 R15。

需要说明的是,在 Thumb 状态下,R8～R15 寄存器并不是标准寄存器集的一部分,但可以使用汇编语言受限制地访问这些寄存器,将其用作快速的暂存器。

3.3　ARM 异常

所谓异常(异常中断),是指处理器由于内部或外部的原因,停止执行当前的程序,转而处理特定的事件,处理完毕返回原来的程序继续执行。只要正常的程序流程被暂时停止,则异常发生。例如,外部中断信号或处理器执行一个未定义的指令都会引起异常。在处理异常之前,处理器状态必须保留,以便在异常处理程序完成后,原来的程序能够重新执行。同一时刻可能会出现多个异常,处理器会按固定的优先级对多个异常进行处理。ARM 体系结构中的异常与 8 位/16 位体系结构的中断有很大的相似之处,但异常与中断的概念并不完全等同。

3.3.1　异常的类型及向量地址

经典 ARM 的异常有 7 种类型,如表 3.4 所列。异常发生后,处理器的 PC 值将被强制赋予该异常所对应的存储器地址,处理器从此地址处开始执行程序,这些存储器地址称为异常向量(exception vectors),简称向量。

处理器在进入异常处理程序前,该异常模式下的 R14 保存断点处的 PC 值,SPSR 保存断点处的 CPSR 值;当结束异常处理返回时,再将 SPSR 的内容赋给 CPSR,R14 的内容赋给 PC。下面对 7 种异常的含义做进一步解释。

表 3.4　经典 ARM 的异常处理模式

异常名称	对应模式	正常向量	高地址向量
复　位	管理(svc)	0x00000000	0xFFFF0000
未定义指令	未定义(und)	0x00000004	0xFFFF0004
软件中断(SWI)	管理(svc)	0x00000008	0xFFFF0008
指令预取中止(取指令存储器中止)	中止(abt)	0x0000000C	0xFFFF000C
数据中止	中止(abt)	0x00000010	0xFFFF0010
IRQ(中断)	IRQ(irq)	0x00000018	0xFFFF0018
FIQ(快速中断)	FIQ(fiq)	0x0000001C	0xFFFF001C

(1) 复位异常

当系统上电或按下复位按键时,ARM 处理器会收到一个复位信号。当处理器收到复位信号后,产生复位异常,中断执行当前指令,并在禁止中断的管理模式下,从地址 0x00000000 或 0xFFFF0000 开始执行程序。

(2) 未定义指令异常

当 ARM 处理器执行未定义的指令时,会产生未定义指令异常,可分为两种情况:

① 当处理器在执行协处理器指令时,它必须等待任一外部协处理器应答后,才能真正执行这条指令。若协处理器没有响应,会出现未定义指令异常。利用未定义指令异常,可以在没有设计硬件协处理器的系统上,对协处理器的功能进行软件仿真。

② 试图执行未定义的指令,也会出现未定义指令异常。

未定义指令异常结束时,将 R14 - und 中的值赋给 PC,并将 SPSR - und 中的值赋给 CPSR,处理器即返回到未定义指令的下一条指令继续执行。

(3) 软件中断异常

处理器执行软件中断指令 SWI 将产生软件中断异常,处理器进入管理模式,以请求特定的管理(操作系统)函数。可以使用该异常机制实现系统功能调用。

处理器处理完 SWI 异常后,需将 R14 - svc 中的值赋给 PC,并把 SPSR - svc 中的值赋给 CPSR。处理器则返回到 SWI 指令的下一条指令开始执行。

(4) 指令预取中止

中止异常通常发生在 ARM 处理器对存储器访问失败时,在存储器访问周期内,ARM 处理器会检查是否发生中止异常。中止异常通常包括两种类型:一种是预取指令中止,另一种是数据中止。

指令预取访问存储器失败时产生的异常称为指令预取中止异常(prefetch abort exception)。此时,存储器系统发出存储器中止(abort)信号,响应取指激活的中止,预取的指令被标记为无效,若处理器试图执行无效指令,则产生预取中止异常;若该无效的指令未被执行(如在指令流水线中发生了跳转),则不发生指令预取中止。

(5) 数据中止

ARM 处理器访问数据存储器失败时产生的异常称为数据中止异常。此时,存储器系统向 ARM 处理器发出存储器中止(abort)信号,响应数据访问(加载/存储)激活的中止,数据被标记为无效。

从指令预取中止异常处理程序中返回时,采用指令"SUBS PC,R14_abt,♯4";从数据中止异常处理程序中返回时,采用指令"SUBS PC,R14_abt,♯8"。返回后处理器重新执行中止后的指令。

(6) IRQ(中断请求)

IRQ 异常是由 ARM 处理器上的 nIRQ 引脚的外部中断信号引起的。当外部部件在 ARM 处理器的 nIRQ 引脚上施加一个有效信号(即中断信号),那么将发生 IRQ 异常。由于 IRQ 异常的优先级比 FIQ 异常的优先级低,因此当进入 FIQ 异常处理后,IRQ 异常将被屏蔽。

另外,将 CPSR 寄存器的 I 位置 1,可以禁止 IRQ 异常;将 I 位置 0,则允许 IRQ 异常。当允许 IRQ 异常时,ARM 处理器在指令执行完检查 IRQ 引脚上的输入信号,以判断是否产生 IRQ 异常。当 IRQ 异常服务完成需返回时,使用指令"SUBS PC,R14_irq,♯4"即可从 R14_irq 寄存器恢复 PC 的值,从 SPSR_irq 寄存器恢复 CPSR 的值,返回到断点处重新执行程序。

(7) FIQ(快速中断请求)

FIQ 异常是由外部中断信号引起的。当外部部件在 ARM 处理器的 nFIQ 引脚上施加一个有效信号,将产生 FIQ 异常。FIQ 异常模式下有足够的私有寄存器,且支持数据传送和通道处理方式,从而当异常发生、进入异常服务时,可避免对寄存器保存的需求,减少了进入异常或退出异常过程同步中的总开销。

将 CPSR 寄存器的 F 位置 1,可以禁止 FIQ 中断;将 F 位置 0,则允许 FIQ 异常。当允许 FIQ 异常时,ARM 处理器在指令执行完检查 FIQ 引脚上的输入信号,以判断是否产生 FIQ 异常。当 FIQ 异常服务完成需返回时,使用指令"SUBS PC,R14_frq,♯4"即可从 R14_frq 寄存器恢复 PC 的值,从 SPSR_frq 寄存器恢复 CPSR 的值,返回到断点处重新执行程序。

由表 3.4 可知,FIQ 异常向量被放在所有异常的最后。这样做的目的是可以将 FIQ 异常处理程序直接放在 0x0000001C 或 0xFFFF001C 开始处,而不必在 FIQ 异常向量地址处设置跳转指令,从而提高了响应速度。

3.3.2　异常的优先级

若多个异常在某一时刻同时出现,那么,ARM9 处理器将按照异常的优先级高低顺序处理。ARM9 异常的优先级排列顺序如表 3.5 所列。从表 3.5 中可以看出，在所有的 7 种异常中，复位异常的优先级最高，未定义异常和软中断异常的优先级最低。

表 3.5　ARM9 异常的优先级排列顺序

优先级	异　常	优先级	异　常
1(最高)	复　位	4	IRQ
2	数据中止	5	预取中止
3	FIQ	6(最低)	未定义指令、SWI

当优先级高的异常被响应后，ARM 处理器将跳转到一个对应的地址处开始执行程序，这个异常服务程序的入口即是其向量地址。每个异常对应的向量地址如表 3.4 所列。在 ARM 的某些应用中，允许异常向量的位置由 32 位地址空间中低端的位置(0x00000000～0x0000001C)移到地址空间高端的另一地址范围(0xFFFF000～0xFFFF001C)，这些地址位置称为高端向量。由 Implementation Defined 决定目标系统是否支持高端向量，如果支持，目标系统可通过硬件配置来选择是使用正常向量还是高端向量。

3.3.3　进入和退出异常

异常发生会使正常的程序流程被暂时停止，如 ARM 处理器响应 IRQ 异常。处理器进入异常处理程序前，应该保存其当前的状态，以便当异常处理程序完成后，处理器能回到原来程序的断点处继续执行。

1. 进入异常

当处理一个异常时，ARM 将完成以下动作：
➤ 将下一条指令的地址保存在相应的 LR(R14)寄存器中。如果异常是从 ARM 状态进入，则保存在 LR 中的是下一条指令的地址(当前 PC＋4 或 PC＋8，与异常的类型有关)。如果异常是从 Thumb 状态进入，则保存在 LR 中的是当前 PC 的偏移量，这样异常处理程序就不需要确定异常是从何种状态进入的(如在软件中断异常 SWI 产生时，指令"MOV PC，R14_svc"总是返回到下一条指令，不管 SWI 是在 ARM 状态下执行还是在 Thumb 下执行)。
➤ 将 CPSR 复制到相应的 SPSR 中。
➤ 迫使 CPSR 模式位 M[4:0]的值设置成对应的异常模式值。
➤ 迫使程序计数器 PC 从相关的异常向量取下一条指令。
➤ 也可以设置中断禁止位来阻止其他无法处理的异常嵌套。如果异常发生时，处理器处于 Thumb 状态，那么当用中断向量地址加载程序计数器 PC 时，自动切换进入 ARM 状态。

2. 退出异常

在完成异常处理后,ARM 完成以下动作:

➤ 将 LR(R14)寄存器的值减去相应的偏移量(偏移量根据异常的不同而不同)后,送到程序计数器 PC 中;

➤ 将 SPSR 复制回 CPSR 中;

➤ 清除中断禁止位标志。

3. 异常的返回过程

当异常发生时,程序计数器 PC 总是指向返回位置的下一条指令,如图 3.9 所示。

图 3.9　异常及返回

从图 3.9 中可以看出,当程序执行完第一条指令(地址 0x8000)发生跳转时,PC 正指向第 3 条指令(地址 0x8008)。在执行完异常中断服务程序返回时,PC 应指向第二条指令(地址 0x8004)。

第一条指令执行时,ARM 处理器硬件自动把 PC(=0x8008)保存至 LR 寄存器中,但接下去 ARM 处理器会马上对 LR 自动进行调整:LR=LR-0x4(即 LR 寄存器的值为 0x8004)。这样,最终保存在 LR 中的是第二条指令的地址,因此从异常中断返回时,LR 中正好是正确的返回地址。由于各种异常中断响应的过程不同,因此,保存在 LR 中的地址是不同的。大多数情况下,LR 中保存的地址值=PC 值-4。因为保存在 LR 中的地址值是不同的,所以不同的异常中断返回时的指令也不尽相同。表 3.6 列出了进入异常处理时保存在相应的 LR(R14)寄存器中的 PC 值,以及在退出异常处理时推荐使用的返回操作指令,以实现处理器返回断点处。

下面以 ARM 状态为例,解释表 3.6 中几种异常的返回过程。

(1) SWI 软件中断和未定义指令异常中断处理程序的返回

SWI 和未定义指令异常中断是由当前执行的指令自身产生的,当 SWI 和未定义指令异常中断产生时,程序计数器 PC 的值还未更新,它指向当前执行指令后面的第二条指令。当 SWI 和未定义指令异常中断发生时,ARM 处理器将值(PC-4)保存到异常模式下的寄存器 LR/R14_〈Exception_Mode〉中。这时(PC-4)即指向当前指令的下一条指令,如图 3.10 所示。

表 3.6　转移发生时的 R14 内容及返回操作

发生转移条件	返回操作	R14 当前内容	
		ARM 状态	Thumb 状态
子程序调用	MOVS PC,R14	PC+4	PC+2
软件中断异常	MOVS PC,R14_svc	PC+4	PC+2
未定义异常	MOVS PC,R14_und	PC+4	PC+2
FIQ 异常	SUBS PC,R14_fiq,♯4	PC+4	PC+4
IRQ 异常	SUBS PC,R14_irq,♯4	PC+4	PC+4
指令预取中止异常	SUBS PC,R14_abt,♯4	PC+4	PC+4
数据中止异常	SUBS PC,R14_abt,♯8	PC+8	PC+8
复　位	—	—	—

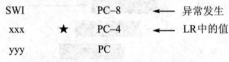

　　★ 表示异常返回后将执行的那条指令

图 3.10　SWI 的返回地址

　　因此,返回操作可通过指令"MOVS PC,LR"或"MOVS PC,LR"来实现。同时,SPSR_⟨Exception_Mode⟩的内容被复制到当前程序状态寄存器中。

(2) 指令预取中止异常中断处理程序的返回

　　当发生指令预取中止异常中断时,程序将返回到有问题的指令处,重新读取并执行该指令。指令预取中止异常中断是由当前执行的指令自身产生的,当指令预取中止异常中断产生时,程序计数器 PC 的值还未更新,它指向当前执行指令后面的第二条指令。当指令预取中止异常中断发生时,ARM 将值(PC−4)保存到异常模式下的寄存器 LR/R14_⟨Exception_Mode⟩中。这时(PC−4)即指向当前指令的下一条指令,如图 3.11 所示。

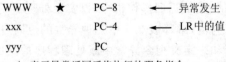

　　★ 表示异常返回后将执行的那条指令

图 3.11　指令预取异常的返回地址

　　因此,返回操作可通过指令"SUBS PC,LR,♯4"来实现。同时,SPSR_⟨Exception_Mode⟩的内容被复制到当前程序状态寄存器中。

(3) 数据访问中止异常中断处理程序的返回

当发生数据访问中止异常中断时,程序要返回到有问题的数据访问处,重新访问该数据。数据访问中止异常中断是由数据访问指令自身产生的,当数据访问中止异常中断产生时,程序计数器 PC 的值已经更新,它指向当前执行指令后面的第 3 条指令。当数据中止异常发生时,ARM 将值(PC−4)保存到异常模式下的寄存器 LR/R14_〈Exception_Mode〉中。这时(PC−4)即指向当前指令后的第二条指令,如图 3.12 所示。

WWW　　★　　　　PC−12　　◀── 异常发生

xxx　　　　　　　　PC−8

yyy　　　　　　　　PC−4　　 ◀── LR中的值

zzz　　　　　　　　PC

★ 表示异常返回后将执行的那条指令

图 3.12　数据访问异常的返回地址

因此,返回操作可通过指令"SUBS PC,LR,♯8"来实现。同时,SPSR_〈Exception_Mode〉的内容被复制到当前程序状态寄存器中。

(4) IRQ 和 FIQ 异常中断处理程序的返回

通常处理器处理完当前指令后,查询 IRQ 中断引脚及 FRQ 中断引脚,并且查看系统是否允许 IRQ 中断及 FIQ 中断。若有中断引脚有效,且 CPU 允许该中断产生,处理器将产生 IRQ 异常中断或 FIQ 异常中断。当 IRQ 或 FIQ 异常中断产生时,程序计数器 PC 的值已经更新,它指向当前执行指令后面的第 3 条指令。当 IRQ 或 FIQ 异常中断发生时,ARM 处理器将值(PC−4)保存到异常模式下的寄存器 LR/R14_〈Exception_Mode〉中。这时(PC−4)即指向当前指令后的第二条指令,如图 3.13 所示。

WWW　　　　　　　PC−12　　◀── 异常发生

xxx　　　★　　　　PC−8

yyy　　　　　　　　PC−4　　 ◀── LR中的值

zzz　　　　　　　　PC

★ 表示异常返回后将执行的那条指令

图 3.13　IRQ/FRQ 的返回地址

因此,返回操作可通过指令"SUBS PC,LR,♯4"("SUBS PC,R14_irq,♯4"或"SUBS PC,R14_frq,♯4")来实现。同时,SPSR_〈Exception_Mode〉的内容被复制到当前程序状态寄存器中。

当 IRQ/FRQ 异常中断处理程序使用了数据栈时,可以通过下面的指令在进入异常中断处理程序时保存被中断的执行现场,在退出异常中断处理程序时恢复被中断程序的执行现场。

```
SUBS  LR, LR, #4
STMFD SP!, {Reglist, LR}        ;数据入栈,保护现场和断点
  ⋮
LDMFD SP!, {Reglist, PC}^       ;数据出栈,恢复现场和断点
```

在上面指令中,Reglist 是异常中断处理程序中使用的寄存器列表。标识符`^`指示将 SPSR_⟨Exeception_Mode⟩寄存器内容复制到当前程序状态寄存器 CPSR 中。该指令只能在特权模式下使用。

3.4　S3C2410 嵌入式微处理器

S3C2410 嵌入式微处理器是一款由三星公司专门为手持设备设计的低功耗、高集成度嵌入式微处理器,是目前广泛流行的 ARM9 系列嵌入式微处理器之一。

3.4.1　S3C2410 及片内外围简介

S3C2410 有两个具体的型号,分别是 S3C2410X 和 S3C2410A,A 是 X 的改进型,相对而言具有更优的性能和更低的功耗。

S3C2410 内含一个 ARM920T 内核。ARM920 内核实现了 ARM9TDMI、存储器管理单元 MMU、哈佛 Cache 结构、AMBA 总线,MMU 用于管理虚拟内存,Cache 包括独立的 16 KB 指令 Cache 和 16 KB 数据 Cache,每个 Cache 由 8 字长的行组成。S3C2410 片内外围设备接口可以分成高速外设和低速外设两种,分别使用 AHB 总线和 APB 总线。S3C2410 在包含 ARM920T 内核的同时,提供了丰富的片内外围资源,如图 3.14 所示。主要片内外围模块如下:

➢ 一个 LCD 控制器(支持 4K 色 STN 和 256K 色 TFT 带有触摸屏的液晶显示器);

➢ SDRAM 控制器;

➢ 3 个通道的 UART(IrDA 1.0,16 字节 TxFIFO,16 字节 RxFIFO);

➢ 4 个通道的 DMA;

➢ 4 个具有脉冲带宽调制 PWM(Pulse Width Modulation)功能的计时器和一个内部时钟;

➢ 8 个通道的 10 位 ADC;

➢ 触摸屏接口;

➢ 集成电路互联 IIC(Inter Integrated Circuit)总线接口;

➢ 一个 USB 主机接口,一个 USB 设备接口;

➢ 两个串行外围设备 SPI(Serial Peripheral Interface)接口;

➢ SD 接口和多媒体卡 MMC(MultiMedia Card)接口;

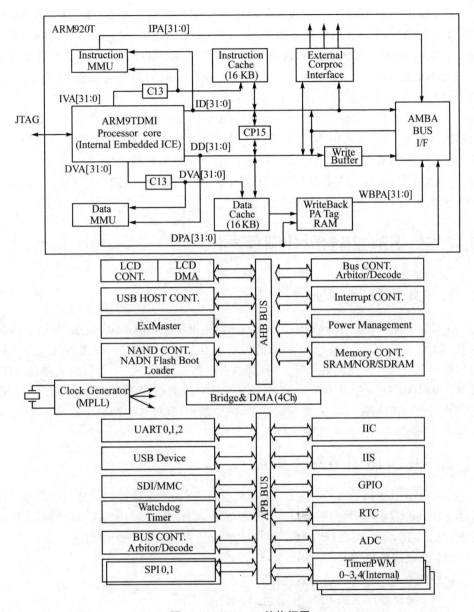

图 3.14　S3C2410 结构框图

➤ 117 位通用 I/O 口和 24 通道外部中断源。

在时钟方面 S3C2410 也有突出的特点,该芯片集成了一个具有日历功能的 RTC 和具有 PLL(MPLL 和 UPLL)的芯片时钟发生器。MPLL 产生主时钟,能使处理器工作频率最高达到 203 MHz。这个工作频率能使处理器轻松运行 Windows CE、Linux 等操作系统以及进行较复杂的信息处理。UPLL 产生实现主从 USB 功能的时钟。

S3C2410 将系统的存储空间分成 8 组(BANK),每组大小是 128 MB,共 1 GB。BANK0~BANK5 的开始地址是固定的,用于 ROM 和 SRAM。BANK6 和 BANK7 用于 ROM、SRAM 或 SDRAM,这两个组可编程且大小相同。BANK7 的开始地址是 BANK6 的结束地址,灵活可变。所有内存块的访问周期都可编程。S3C2410 采用 nGCS[7:0]共 8 个通用片选信号选择这些组。

S3C2410 支持从 NAND Flash 启动,NAND Flash 具有容量大,比 NOR Flash 价格低等特点。系统采用 NAND Flash 与 SDRAM 组合,可以获得非常高的性价比。S3C2410 具有 3 种启动方式,可通过 OM[1:0]引脚进行选择。

S3C2410 广泛应用在各种嵌入式开发中。它自带的 USB 接口与 LCD 控制器为 USB 开发与液晶显示器开发带来了便利。

3.4.2 S3C2410 引脚信号

1. S3C2410 芯片封装

S3C2410 采用 272 引脚 FBGA(Fine‑pitch Ball Grid Array)封装形式,引脚排列底视图如图 3.15 所示。2410 引脚信号主要有总线控制信号、各类器件及外设接口信号以及电源时钟控制信号等,并且很多引脚都是复用的。关于引脚名称,以引脚号 A1 为例(图 3.15 中左下角),A1 引脚序号所对应的引脚名称是 DATA19,即数据总线的第 19 位;由于 2410 芯片引脚众多,限于篇幅,其他各引脚名称不再详述,相关内容可查阅 S3C2410 芯片手册。

2. S3C2410 引脚信号介绍

S3C2410 引脚信号可分成地址总线、数据总线、各种接口控制信号和电源等。为叙述方便,输入/输出类型用"I/O"表示,模拟输入/输出类型用"AI/AO"表示,施密特触发用"ST"表示,电源用"P"表示。S3C2410 主要引脚信号介绍如下。

(1) 总线控制类信号

➢ OM[1:0](I) 启动方式选择。

    00:处理器从 Nand Flash 启动;

    01:处理器从 16 位宽度的 ROM 启动;

    10:处理器从 32 位宽度的 ROM 启动;

    11:处理器为测试模式。

➢ ADDR[26:0](O) 地址总线。输出对应存储器组的地址。

➢ DATA[31:0](I/O) 数据总线。总线宽度可编程为 8 位、16 位或 32 位。

➢ nGCS[7:0](O) 通用片选信号。控制存储器各组的访问。

➢ nWE(O) 写使能。当前总线周期处于写周期时有效。

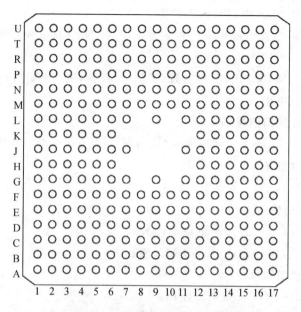

图 3.15　S3C2410 引脚排列底视图

➤ nOE（O）　输出使能。当前总线周期处于读周期时有效。

➤ nXBREQ（I）　总线保持请求。允许其他总线主控端请求本地总线的控制。

➤ nXBACK（O）　总线保持应答。有效时表示 S3C2410 已允许其他总线主控
端控制本地总线。

➤ nWAIT（I）　等待信号。用来请求延长当前总线周期，低电平表示当前总线
周期没有结束；若设计系统时未使用 nWAIT 信号，则 nWAIT 接上拉电阻。

（2）SDRAM/SRAM 接口信号

➤ nSRAS（O）　SDRAM 行地址选通信号。

➤ nSCAS（O）　SDRAM 列地址选通信号。

➤ nSCS[1:0]（O）　SDRAM 片选信号。

➤ DQM[3:0]（O）　SDRAM 数据屏蔽/掩码信号。

➤ SCLK[1:0]（O）　SDRAM 时钟信号。

➤ SCKE（O）　SDRAM 时钟使能。

➤ nBE[3:0]（O）　高字节/低字节使能(在 16 位 SRAM 中使用)。

➤ nWBE[3:0]（O）　写字节使能。

（3）NAND Flash 接口信号

➤ CLE（O）　命令锁存使能。

➤ ALE（O）　地址锁存使能。

➤ nFCE（O）　NAND Flash 芯片使能。

➤ nFRE（O）　NAND Flash 读使能。

➢ nFWE (O)　NAND Flash 写使能。

➢ NCON (I)　NAND Flash 配置。若不用 NAND Flash 控制器,则该引脚接上拉电阻。

➢ R/nB (I)　NAND Flash 准备好/忙信号。若不用 NAND Flash 控制器,则该引脚接上拉电阻。

(4) 通用 I/O 端口信号

➢ GPn [116:0] (I/O)　通用输入/输出端口(注:某些端口只能用于输出)。

(5) 中断接口信号

➢ EINT [23:0] (I)　外部中断请求。

(6) DMA 接口信号

➢ nXDREQ [1:0] (I)　外部 DMA 请求。

➢ nXDACK [1:0] (O)　外部 DMA 应答。

(7) 定时器接口信号

➢ TOUT [3:0] (O)　定时器输出。

➢ TCLK [1:0] (I)　外部定时器时钟输入。

(8) UART 接口信号

➢ RxD [2:0] (I)　UART 接收数据。

➢ TxD [2:0] (O)　UART 发送数据。

➢ nCTS [1:0] (I)　UART 清除发送。

➢ nRTS [1:0] (O)　UART 请求发送。

➢ UEXTCLK(I)　UART 时钟信号。

(9) IIC 接口信号

➢ IICSDA (I/O)　IIC 总线数据。

➢ IICSCL (I/O)　IIC 总线时钟。

(10) IIS 接口信号

➢ IISLRCK (I/O)　IIS 总线通道选择时钟。

➢ IISSDO (O)　IIS 总线串行数据输出。

➢ IISSDI (I)　IIS 总线串行数据输入。

➢ IISSCLK (I/O)　IIS 总线串行时钟。

➢ CDCLK (O)　CODEC 编解码系统时钟。

(11) USB 接口信号

➢ DN [1:0] (I/O)　USB 主机的 DATA (一)(须接 15 kΩ 下拉电阻)。

➢ DP [1:0] (I/O)　USB 主机的 DATA (+)(须接 15 kΩ 下拉电阻)。

➢ PDN0 (I/O)　USB 设备的 DATA (一)(须接 470 kΩ 下拉电阻)。

➢ PDP0 (I/O)　USB 设备的 DATA (+)(须接 15 kΩ 上拉电阻)。

(12) SPI 接口信号

➤ SPIMISO [1:0]（I/O）　当 SPI 配置为 SPI 的主设备时,SPIMISO 是主设备的数据输入线;当 SPI 配置为 SPI 的从设备时,SPIMISO 是从设备的数据输出线。

➤ SPIMOSI [1:0]（I/O）　当 SPI 配置为 SPI 的主设备时,SPIMISO 是主设备的数据输出线;当 SPI 配置为 SPI 的从设备时,SPIMISO 是从设备的数据输入线。

➤ SPICLK [1:0]（I/O）　SPI 时钟信号。

➤ nSS [1:0]（I）　SPI 片选信号(仅用于从设备方式)。

(13) SD 存储卡接口信号

➤ SDDAT [3:0]（I/O）　SD 接收/发送数据。

➤ SDCMD（I/O）　SD 接收响应/发送命令。

➤ SDCLK（O）　SD 时钟信号。

(14) ADC 接口信号

➤ AIN [7:0]（AI）　A/D 转换输入,若不使用,引脚须接地。

➤ Vref（AI）　参考电压。

(15) LCD 数据及控制信号

➤ VD [23:0]（O）　LCD 数据总线(STN/TFT/SEC TFT)。

➤ LCD_PWREN（O）　LCD 屏电源使能控制信号(STN/TFT/SEC TFT)。

➤ VCLK（O）　LCD 时钟信号(STN/TFT)。

➤ VFRAME（O）　LCD 帧信号(STN 专用)。

➤ VLINE（O）　LCD 行信号(STN 专用)。

➤ VM（O）　改变行和列的电压极性(STN 专用)。

➤ VSYNC（O）　垂直同步信号(TFT 专用)。

➤ HSYNC（O）　水平同步信号(TFT 专用)。

➤ VDEN（O）　数据使能信号(TFT 专用)。

➤ LEND（O）　行结束信号(TFT 专用)。

➤ STV（O）　LCD 屏控制信号,垂直启动脉冲(三星 SEC TFT 专用)。

➤ CPV（O）　LCD 屏控制信号,垂直移位脉冲(三星 SEC TFT 专用)。

➤ LCD_HCLK（O）　LCD 屏控制信号,水平采样时钟(三星 SEC TFT 专用)。

➤ TP（O）　LCD 屏控制信号,源驱动器数据加载脉冲(三星 SEC TFT 专用)。

➤ STH（O）　LCD 屏控制信号,水平启动脉冲(三星 SEC TFT 专用)。

➤ LCDVF [2:0]（O）　LCD 时序控制信号(三星 SEC TFT 或特殊的 TFT 专用)。

(16) 触摸屏接口信号

➤ nXPON（O）　加 X 轴开关控制信号。

➤ XMON（O）　减 X 轴开关控制信号。

➤ nYPON（O）　加 Y 轴开关控制信号。

➤ YMON（O）　减 Y 轴开关控制信号。

(17) JTAG 接口信号

➤ nTRST（I）　TAP 控制器复位信号。若使用调试器,须接 10 kΩ 上拉电阻；若不使用调试器,通常将 nTRST 接至 nRESET 引脚。

➤ TMS（I）　TAP 控制器模式选择信号,用于控制 TAP 控制器状态序列,须接 10 kΩ 上拉电阻。

➤ TCK（I）　TAP 控制器时钟信号,须接 10 kΩ 上拉电阻。

➤ TDI（I）　TAP 控制器数据输入,用于测试指令和数据的串行输入线,须接 10 kΩ 上拉电阻。

➤ TDO（O）　TAP 控制器数据输出,用于测试指令和数据的串行输出线。

(18) 复位、时钟和电源控制信号

➤ nRESET（ST）　复位信号。在处理器电源稳定后,该信号需保持低电平至少 4 个 FCLK 周期。

➤ nRSTOUT（O）　复位输出,用于外部设备的复位控制(nRSTOUT ＝ nRE-SET & nWDTRST & SW_RESET)。

➤ PWREN（O）　2.0 V 内核电源开关控制信号。

➤ nBATT_FLT（I）　电池状态检测。低电压状态时不唤醒掉电模式。

➤ OM［3:2］（I）　时钟信号模式。

00b：晶振用于 MPLL CLK 和 UPLL CLK 时钟源；

01b：晶振用于 MPLL CLK 时钟源,EXTCLK 用于 UPLL CLK 时钟源；

10b：EXTCLK 用于 MPLL CLK 时钟源,晶振用于 UPLL CLK 时钟源；

11b：EXTCLK 用于 MPLL CLK 和 UPLL CLK 时钟源。

➤ EXTCLK（I）　外部时钟源。

➤ XTIpll（AI）　内部振荡电路的晶振输入。若不使用,须将其接至 3.3 V 高电平。

➤ XTOpll（AO）　内部振荡电路的晶振输出。若不使用,须将其悬空。

➤ MPLLCAP（AI）　主时钟回路滤波电容。

➤ UPLLCAP（AI）　USB 时钟回路滤波电容。

➤ XTIrtc（AI）　用于 RTC 的 32.768 kHz 晶振输入,对其 2^{15} 分频,正好是 1 s (1 Hz)。若不使用,须将其接至高电平(RTCVDD ＝ 1.8 V)。

➤ XTOrtc（AO）　用于 RTC 的 32.768 kHz 晶振输出。若不使用,须将其悬空。

➤ CLKOUT［1:0］　时钟输出信号,由特殊功能寄存器 MISCCR 的 CLKSEL［1:0］控制。

(19) 电　源

➤ VDDalive（P）　S3C2410 复位电路和端口状态寄存器（1.8 V/2.0 V）。无论是正常模式还是掉电模式都应供电。

➤ VDDi/VDDiarm（P）　CPU 内核逻辑电源（1.8 V/2.0 V）。

➤ VSSi/VSSiarm（P）　CPU 内核逻辑地。

➤ VDDi_MPLL（P）　MPLL 模拟和数字电源（1.8 V/2.0 V）。

➤ VSSi_MPLL（P）　MPLL 模拟和数字地。

➤ VDDOP（P）　I/O 端口电源（3.3 V）。

➤ VDDMOP（P）　存储器接口电源（3.3 V，SDRAM 时钟端，SCLK 达 133 MHz）。

➤ VSSMOP（P）　I/O 端口地。

➤ VSSOP（P）　存储器接口地。

➤ RTCVDD（P）　RTC 电源（1.8 V，不支持 2.0 V 和 3.3 V）。

➤ VDDi_UPLL（P）　UPLL 模拟和数字电源（1.8 V/2.0 V）。

➤ VSSi_UPLL（P）　UPLL 模拟和数字地。

➤ VDDA_ADC（P）　ADC 电源（3.3 V）。

➤ VSSA_ADC（P）　ADC 地。

3.4.3　S3C2410 专用寄存器

S3C2410 的地址空间 0x48000000～0x60000000 之间的单元区供专用寄存器使用，用于存放硬件各功能部件的控制命令、状态或数据等。因这些寄存器的功能已做专门规定，故称为专用寄存器或特殊功能寄存器 SFR（Special Function Register）。例如，S3C2410 的工作频率可达 203 MHz，但决不是只工作于该频率。可以通过修改与处理器时钟相关的专用寄存器的值，使处理器工作在不同的频率，通常所说的超频就是通过此方法实现的。

S3C2410 有许多专用寄存器，这些寄存器可按硬件功能部件划分如下：

➤ 存储器控制器专用寄存器组；

➤ USB 主设备专用寄存器组；

➤ 中断控制器专用寄存器组；

➤ DMA 控制器专用寄存器组；

➤ 时钟和电源管理专用寄存器组；

➤ LCD 控制器专用寄存器组；

➤ NAND Flash 专用寄存器组；

➤ UART 专用寄存器组；

➤ PWM 定时器专用寄存器组；

> ➤ USB 从设备专用寄存器组；
> ➤ 看门狗定时器专用寄存器组；
> ➤ IIC 专用寄存器组；
> ➤ IIS 专用寄存器组；
> ➤ 通用 I/O 口专用寄存器组；
> ➤ RTC 专用寄存器组；
> ➤ A/D 转换器专用寄存器组；
> ➤ SPI 专用寄存器组；
> ➤ SD 接口专用寄存器组。

以存储器控制器(Memory Controller)专用寄存器组为例,该控制器专用寄存器组共有 13 个专用寄存器,如表 3.7 所列。

表 3.7　存储器控制器寄存器

寄存器	地　址	功　能	操　作	复位值
BWSCON	0x48000000	总线宽度和等待控制	读/写	0x0
BANKCON0	0x48000004	BANK0 控制	读/写	0x0700
BANKCON1	0x48000008	BANK1 控制	读/写	0x0700
BANKCON2	0x4800000C	BANK2 控制	读/写	0x0700
BANKCON3	0x48000010	BANK3 控制	读/写	0x0700
BANKCON4	0x48000014	BANK4 控制	读/写	0x0700
BANKCON5	0x48000018	BANK5 控制	读/写	0x0700
BANKCON6	0x4800001C	BANK6 控制	读/写	0x18008
BANKCON7	0x48000020	BANK7 控制	读/写	0x18008
REFRESH	0x48000024	SDRAM 刷新控制	读/写	0xAC0000
BANKSIZE	0x48000028	可变的组大小设置	读/写	0x0
MRSRB6	0x4800002C	BANK6 模式设置	读/写	xxx
MRSRB7	0x48000030	BANK7 模式设置	读/写	xxx

下面对表 3.7 存储器控制器中的各专用寄存器的功能及编程详细说明。

(1) 总线宽度和 WAIT 控制寄存器(BWSCON)

31	30	29	28	27	26	25	24	23	22	21	20	19	18	17	16
ST7	WS7	DW7		ST6	WS6	DW6		ST5	WS5	DW5		ST4	WS4	DW4	

15	14	13	12	11	10	9	8	7	6	5	4	3	2	1	0
ST3	WS3	DW3		ST2	WS2	DW2		ST1	WS1	DW1		X	DW0		X

STn　控制存储块 n 的 UB/LB 引脚输出信号。

　　　1：使 UB/LB 与 nBE[3:0]相连（用 UB/LB）；

　　　0：使 UB/LB 与 nWBE[3:0]相连（不用 UB/LB）。

WSn　使用/禁用存储块 n 的 WAIT 状态。

　　　1：使能 WAIT；

　　　0：禁止 WAIT。

DWn　控制存储块 n 的数据线宽。

　　　00：8 位；01：16 位；10：32 位；11：保留。

（2）BANKn——存储块控制寄存器（n＝0～5）

31	30	29	28	27	26	25	24	23	22	21	20	19	18	17	16

15	14	13	12	11	10	9	8	7	6	5	4	3	2	1	0
	Tacs		Tcos		Tacc			Tcoh		Tcah		Tacp		PMC	

Tacs　设置 nGCSn 有效前地址的建立时间。

　　　00：0 个时钟；01：一个时钟；10：两个时钟；11：4 个时钟。

Tcos　设置 nOE 有效前片选信号的建立时间。

　　　00：0 个时钟；01：一个时钟；10：两个时钟；11：4 个时钟。

Tacc　访问周期。

　　　000：一个时钟；001：两个时钟；010：3 个时钟；011：4 个时钟；

　　　100：6 个时钟；101：8 个时钟；110：10 个时钟；111：14 个时钟。

Tcoh　nOE 无效后片选信号的保持时间。

　　　00：0 个时钟；01：一个时钟；10：两个时钟；11：4 个时钟。

Tcah　nGCSn 无效后地址信号的保持时间。

　　　00：0 个时钟；01：一个时钟；10：两个时钟；11：4 个时钟。

Tacp　页模式的访问周期。

　　　00：两个时钟；01：3 个时钟；10：4 个时钟；11：6 个时钟。

PMC　页模式的配置（Page Mode Configuration），每次读/写的数据数。

　　　00：一个时钟；01：4 个时钟；10：8 个时钟；11：16 个时钟。

注：00 为常规/通用模式。

（3）BANK6/7——存储器块 6/7 控制寄存器

31													17	16	15
														MT	
	14	13	12	11	10	9	8	7	6	5	4	3	2	1	0
	Tacs		Tcos		Tacc			Tcoh		Tcah		Tacp/Trcd		PMC/SCAN	

MT　　设置存储器类型。

　　　　00：ROM 或者 SRAM,[3:0]为 Tacp 和 PMC；

　　　　11：SDRAM,[3:0]为 Trcd 和 SCAN；

　　　　01,10：保留。

Trcd　由行地址信号切换到列地址信号的延时时钟数。

　　　　00：两个时钟;01：3 个时钟;10：4 个时钟。

SCAN　列地址位数(Column Adderss Number)。

　　　　00：8 位;01：9 位;10：10 位。

(4) REFRESH——刷新控制寄存器

31					24	23		22		21	20	19	18	17	16
						REFEN		TREFMD		Trp		Tsrc		保　留	
15	14	13	12	11	10	9	8	7	6	5	4	3	2	1	0
保　留					Refresh_count										

REFEN　刷新控制。1：使能刷新;0：禁止刷新。

TREFMD　刷新方式。1：自刷新;0：自动刷新。

Trp(RAS Precharge Time)　设置 SDRAM 行刷新时间(时钟数)。

　　　　　　　　00：两个时钟;01：3 个时钟;10：3 个时钟;11：4 个时钟。

Tsrc(Semi Row Cycle Time)　设置 SDRAM 行操作时间(时钟数)。

　　　　　　　　00：4 个时钟;01：5 个时钟;10：6 个时钟;11：7 个时钟。

注：SDRAM 的行周期= Trp + Tsrc。

Refresh_count　刷新计数值。

刷新周期计算公式如下：

$$刷新周期=(211-Refresh\_count+1)/HCLK$$

例如,设刷新周期=15.6 μs,HCLK=60 MHz,则：

刷新计数器值=211+1-60×15.6=1113=0x459=0b10001011001

(5) BANKSIZE——存储块 6/7 大小控制寄存器

7	6	5	4	3	2	1	0
BURST_EN	X	SCKE_EN	SCLK_EN	X	BK76MAP		

存储块 6/7 大小控制寄存器高 24 位未用,低 8 位说明如下。

BURST_EN　ARM 突发操作控制。

　　　　　　0：禁止突发操作;1：可突发操作。

SCKE_EN　　　SCKE 使能控制 SDRAM 省电模式。

　　　　　　　0：关闭省电模式；1：使能省电模式。

SCLK_EN　　　SCLK 省电控制，使其只在 SDRAM 访问周期内使能 SCLK。

　　　　　　　0：SCLK 一直有效；1：SCLK 只在访问期间有效。

BK76MAP　　　控制 BANK6/7 的大小及映射。

　　　　　　　100：2 MB；101：4 MB；110：8 MB；

　　　　　　　111：16 MB；000：32 MB；001：64 MB；010：128 MB。

（6）MRSRB6/7——存储块 6/7 模式设置寄存器

15	14	13	12	11	10	9	8	7	6	5	4	3	2	1	0
						WBL	TM		CL			BT	BL		

WBL（Write Burst Length）　　写突发的长度。

　　　　　　　　　　　　　　　0：固定长度；1：保留。

TM　　　　　　　　　　　　　测试模式。

　　　　　　　　　　　　　　　00：模式寄存器集；其他保留。

CL（CAS Latency）　　　　　　列地址反应时间。

　　　　　　　　　　　　　　　000：一个时钟；010：两个时钟；011：3 个时钟；其
　　　　　　　　　　　　　　　他保留。

BT（Burst Type）　　　　　　　突发类型。

　　　　　　　　　　　　　　　0：连续；1：保留。

BL（Burst Length）　　　　　　突发时间。

　　　　　　　　　　　　　　　000：一个时钟；其他保留。

（7）存储器控制寄存器的编程

　　存储器控制寄存器共有 13 个专用寄存器，它们在空间分布上是连续的，可以将
配置数据连续存放。13 个 SFR 寄存器配置代码如下：

```
LTORG
SMRDATA     DATA        ;定义 13 个字的数据区（52 字节）
    DCD     0x22111124  ;GCS0 = GCS6 = GCS7 = 32bit, others = 16bit
    DCD     0x0700      ;GCS0
Tacs = Tcos = Tcoh = 0clk,Tacp = 2clk,Tacc = 14clk,PMC = 0(1data)
    DCD     0x0700      ;GCS1
Tacs = Tcos = Tcoh = 0clk,Tacp = 2clk,Tacc = 14clk,PMC = 0(1data)
    DCD     0x0700      ;GCS2
Tacs = Tcos = Tcoh = 0clk,Tacp = 2clk,Tacc = 14clk,PMC = 0(1data)
    DCD     0x0700      ;GCS3
Tacs = Tcos = Tcoh = 0clk,Tacp = 2clk,Tacc = 14clk,PMC = 0(1data)
    DCD     0x0700      ;GCS4
Tacs = Tcos = Tcoh = 0clk,Tacp = 2clk,Tacc = 14clk,PMC = 0(1data)
    DCD     0x0700      ;GCS5
Tacs = Tcos = Tcoh = 0clk,Tacp = 2clk,Tacc = 14clk,PMC = 0(1data)
```

```
DCD     0x18005     ;GCS6 SDRAM, Tacs = 1clk, Tcos = 2clk, Trcd = 3clk, SCAN = 9bit
DCD     0x18005     ;GCS7 SDRAM, Tacs = 1clk, Tcos = 2clk, Trcd = 3clk, SCAN = 9bit
DCD     0x8c0459    ;REFEN = 1,TREFMD = 0,Trp = 0,Tsrc = 3,REFCNT = 1113
DCD     0x32        ;SCKE_EN = SCLK_EN = 1 SCLK power saving mode, BANKSIZE 128M
DCD     0x30        ;MRSR6,CL = 3clk
DCD     0x30        ;MRSR7,CL = 3clk
```

GCS0 的数据宽度由外部引脚 OM[1:0]设定,不需要程序进行设定。但在访问其他的外部存储器之前,需要通过程序来配置存储器控制寄存器,设定外部存储器的工作状态,程序如下:

```
        ldr     r0, = SMRDATA
        ldr     r1, = 0x48000000     ;BWSCON 地址
        add     r2,r0,♯52            ;存储器控制寄存器组的长度
0       ldr     r3,[r0],♯4           ;r3←[r0],r0←r0 + 4
        str     r3,[r1],♯4           ;[r1]←r₃,r1←r1 + 4
        cmp     r2,r0
        bne     %B0
```

上面程序片断最后一条指令中的%B 符号表示向后查找的意思,%B0 表示转至向后的 0 标号处;类似的,向前查找可使用%F 符号。

在该系统程序中,设计有 3 种存储器接口电路:NOR Flash 接口电路、NAND Flash 接口电路和 SDRAM 接口电路。引导程序既可存储在 NOR Flash 中,也可存储在 NAND Flash 中。而 SDRAM 中存储的是执行中的程序和产生的数据。存储在 NOR Flash 中的程序可直接执行,与存储在 SDRAM 中的程序相比,执行速度较慢。存储在 NAND Flash 中的程序,需要复制到 RAM 中去执行。

时钟和电源管理专用寄存器组、NAND Flash 专用寄存器组、中断控制器专用寄存器组、通用 I/O 口寄存器组、IIC 专用寄存器组及 IIS 专用寄存器组将在后续章节中介绍,其他专用寄存器可参考 S3C2410 用户手册。

3.4.4　ARM920T 总线接口单元简介

AMBA 2.0 规范定义了先进的微控制器总线体系结构 AMBA(Advanced Micro-controller Bus Architecture),它包括两种高性能的系统总线:

➤ 先进的高性能总线 AHB(Advanced High-performance Bus);

➤ 先进的系统总线 ASB(Advanced System Bus)。

ARM920T 核设计成带有一个单向 ASB 接口,外加必要的额外控制信号以确保 AHB 和 ASB 接口的高效实现。在单主控系统中,无须增加任何逻辑电路即可使用单向的 ASB 接口;此时,ARM920T 为主控器。通过增加三态驱动器,ARM920T 便实现了一个完整的 ASB 接口;此时,ARM920T 既能作为 ASB 总线的主控器,也能作为产品测试的从设备。通过增加一个可综合的封装器,ARM920T 便实现了一个

完整的 AHB 接口;此时,ARM920T 既能作为 AHB 总线主控器,也能作为产品测试的从设备。封装器的引入,使读操作无速度及性能代价,使可缓冲的写操作无性能代价,使不可缓冲的写操作只有极小的性能代价。

3.5　ARM Cortex

ARM Cortex 主要有 Cortex - M、Cortex - R、Cortex - A 这 3 个系列。限于篇幅,这里仅对 ARM Cortex - A 应用处理器系列中引入的一些主要技术进行介绍。

1. 多发和乱序执行

ARM11 是单发处理器,这意味着一次只能向流水线中加载一条机器指令。从 ARM Cortex - A8 开始引入了超标量执行,它能同时向流水线发射两条指令,称为双发射。ARM Cortex - A8/Cortex - A9 能同时发射两条指令,而 ARM Cortex 可同时发射 3 条指令。

为了进一步提升 ARM 应用处理器的性能,ARM Cortex - A9 引入了乱序执行(Out - of - Order Execution,OOE)。OOE 允许处理器决定一条指令操作码何时可用,并在其能够发射给执行单元前将它放置一边。其他位于指令流后面的指令能够在这段时间发射并提供可用的指令操作码。当调度队列中等待的指令操作码到来时,指令被发送给流水线。在引入 OOE 以前,术语"调度"和"发射"的含义相同,即允许一条指令进入流水线。在 OOE 中,一条指令经过译码可以在队列中进行调度,但直到操作数可用时才会被发送给执行单元。

2. big. LITTLE 技术

移动计算中的功耗是一个关键性问题。新一代 ARM 处理器也在尽可能不牺牲功耗的前提下对性能进行提升。大小核(big. LITTLE)设计技术旨在为适当的任务分配恰当的处理器。在采用 ARM bit. LITTLE 技术的移动计算设备中,有两个工作的 ARM 核(或内核集群),分别是一个高性能多发乱序执行内核和一个低性能单发按序执行内核。第一代 ARM bit. LITTLE 技术采用的是 A7/A15 组合,ARM Cortex - A15 为高性能、低功耗型 ARM 内核,它忽视每条指令的功耗;而 ARM Cortex - A7 为节能型 ARM 内核,对每条指令的低功耗进行优化。那么操作系统可根据应用需求,将各个流程在两个高低功耗内核之间转移,关闭未使用的内核,并在处理性能和功耗利用上提供比单个中等性能的内核更广泛的动态范围。

big. LITTLE 技术主要用于定制 SoC,成对的内核必须在结构上兼容,并支持多缓存的一致性,从而确保系统正常工作。除了 A7/A15 组合的第一代 ARM bit. LITTLE 技术,较新的还有 A53/A57 组合,A53/A57 组合的 ARM bit. LITTLE 技术能方便地实现 ARMv8 架构。

3. NEON SIMD 协处理器

在 ARMv7 架构出现以前,ARM 对 SIMD 的支持由 ARM 内核的 ARMv6 指令集负责,并在 ARM 通用寄存器中按 4 个 8 位长度操作;NEON 将 SIMD 指令的执行转移到了协处理器中,并为 ARMv7 添加了 100 余条 SIMD 指令。为了消除对 ARM 通用寄存器的依赖,采用了 128 位宽度的 SIMD 专用寄存器群取代 ARM 通用寄存器。NEON SIMD 支持 8 位、16 位、32 位和 64 位的整数及单精度浮点数据,并以 SIMD 方式进行运算。在 NEON 中,SIMD 最高可支持到同时 16 个运算,此时是以 8 位的数据进行运算的,而 NEON 是 128 位即 16 个运算。

4. 64 位 ARM v8 架构

从 ARM Cortex - A50 开始引入了 64 位的 ARMv8 架构,其主要目的是在 ARM Cortex - A 内核中实现 64 位计算和存储器寻址。实际上,ARMv8 提供了 3 种不同的指令集,即 A32(32 位 ARM 指令集)、T32(可变长的 Thumb2 指令集)、A64(全新的 64 位指令集)。A64 对 ARM Cortex 架构做出的主要改变有:

① 通用寄存器位宽是 64 位,而不是 32 位;
② 机器指令的大小仍为 32 位,以保持 A32 的代码密度;
③ 指令可以使用 32 位或 64 位操作码;
④ 堆栈指针和程序计数器不再是通用寄存器;
⑤ 经过提升的异常处理机制可以不需要分组寄存器;
⑥ 新的可选指令能在硬件层实现高级加密标准 AES(Advanced Encryption Standard)和 SHA - 1 及 SHA - 128 哈希算法;
⑦ 新的特性可以支持硬件辅助的虚拟机管理。

发布于 2016 年的开源硬件 Raspberry PI 3 嵌入式卡片机使用了一片 BCM2837 芯片(64 位 ARMv8 架构, 4 核 ARM Cortex - A53),它是第一款 64 位的 Raspberry PI。

另外,ARMv8 架构的 ARM Cortex - A 系列部分高端应用处理器同时还集成有新颖的图形处理器 GPU(Graphical Processing Unit)、神经网络处理器 NPU(Neuro Processing Unit)等模块,以提供对图形、多媒体以及人工智能高端应用的支持。例如,华为麒麟 980 移动嵌入式处理器中除了集成 8 核 ARM 应用处理器(两个超大核 Cortex - A76,两个大核 Cortex - A76,4 核 Cortex - A55)外,还集成了 Mali - G76 GPU 和寒武纪双核 NPU,提高了端侧人工智能的边缘计算(Edge Computing)能力,能支持更加丰富的人工智能应用场景。麒麟 980 能进行人脸识别、物体识别、物体检测、图像分割、智能翻译等 AI 场景应用,拥有每分钟识别 4 500 张图片的能力。苹果 Bionic A12 应用处理器集成了 8 核 NPU,端侧人工智能的边缘计算能力得到了进一步提升。

3.6　GPIO 端口

3.6.1　简　介

GPIO(General Purpose Input/Output ports)的意思是通用输入/输出端口,有时也称为通用 I/O 端口。通俗地说,GPIO 就是一些引脚,可以通过它们输出高低电平或者通过它们读入引脚状态是高电平或低电平。GPIO 操作是所有硬件操作的基础。

GPIO 端口至少有两个寄存器,即通用 I/O 控制寄存器与通用 I/O 数据寄存器。通用 I/O 数据寄存器的各位都是直接引到芯片外部,而对通用 I/O 数据寄存器中每一位的作用,即每一位的信号流通方向是输入还是输出,则可以对通用 I/O 控制寄存器中对应位独立设置。为了方便使用 GPIO 端口,很多 MCU/MPU 还提供了通用 I/O 上拉寄存器,可以设置 I/O 的输出模式是高阻还是带上拉的电平输出,或者不带上拉的电平输出。这样在电路设计中,外围电路就能得到进一步简化。

注意,对于不同的 ARM 体系结构,I/O 设备可能是 I/O 映射方式,也可能是存储器映射方式。如果 MCU/MPU 支持独立的 I/O 地址空间并且采用 I/O 映射方式,则必须有专门的汇编指令完成对 GPIO 端口的访问。如果 MCU/MPU 采用存储器映射方式,则对 GPIO 端口的访问就方便多了;可用访问存储器的 ARM 汇编指令对 GPIO 端口进行访问,也可用 ARM C 语言(需用 volatile 关键字对所用的 GPIO 端口进行声明)方便地实现对 GPIO 端口的访问。

3.6.2　GPIO 端口操作举例

这里以 S3C2440 ARM 处理器 GPIO 端口操作为例说明。S3C2440 有 130 个通用输入/输出端口引脚,它比 S3C2410 多出一个 J 口(GPJ),共 9 组,说明如下:

➤ 端口 A (GPA):25 位输出端口;

➤ 端口 B (GPB):11 位输入/输出端口;

➤ 端口 C (GPC):16 位输入/输出端口;

➤ 端口 D (GPD):16 位输入/输出端口;

➤ 端口 E (GPE):16 位输入/输出端口;

➤ 端口 F (GPF): 8 位输入/输出端口;

➤ 端口 G (GPG):16 位输入/输出端口;

➤ 端口 H (GPH):9 位输入/输出端口;

➤ 端口 J (GPJ):13 位输入/输出端口。

这些端口都具有多功能,通过引脚配置寄存器,可以将其设置为所需要的功能,如 I/O 功能、中断功能等。

每一个 GPIO 端口有 4 个寄存器,分别是端口配置/控制寄存器、端口数据寄存器、端口(引脚)上拉寄存器及端口保留寄存器。以 GPB 口为例,GPB 口各寄存器如表 3.8 所列。

表 3.8　GPB 口各寄存器

寄存器名	地　址	R/W	描　　　述	复位值
GPBCON	0x56000010	R/W	端口 B 引脚配置寄存器	0x0
GPBDAT	0x56000014	R/W	端口 B 数据寄存器	——
GPBUP	0x56000018	R/W	端口 B 上拉寄存器	0x0
保留	0x5600001C	R/W	端口 B 保留寄存器	——

表中,11 位的 GPBDAT[10:0]是准备输出或输入的数据,GPBUP[10:0]是端口 B 上拉寄存器(0:对应引脚设置为上拉;1:对应引脚禁止上拉)。端口 B 引脚配置寄存器如表 3.9 所列。

表 3.9　端口 B 引脚配置寄存器(GPBCON)

位　号	位　名	位　值			
		00	01	10	11
21、20	GPB10	输入	输出	nXDREQ0	Reserved
19、18	GPB9	输入	输出	nXDACK0	Reserved
17、16	GPB8	输入	输出	nXDREQ1	Reserved
15、14	GPB7	输入	输出	nXDACK1	Reserved
13、12	GPB6	输入	输出	nXBACK	Reserved
11、10	GPB5	输入	输出	nXBREQ	Reserved
9、8	GPB4	输入	输出	TCLK0	Reserved
7、6	GPB3	输入	输出	TOUT3	Reserved
5、4	GPB2	输入	输出	TOUT2	Reserved
3、2	GPB1	输入	输出	TOUT1	Reserved
1、0	GPB0	输入	输出	TOUT0	Reserved

设 S3C2440 的 GPB 口已设置为输出,现将数据 0x01 写入 GPB 口数据寄存器。若采用 ARM 汇编语言实现对 GPB 口的操作,程序片段如下:

```
ldr     r1, = 0x56000014
mov     r2, #0x01
str     r2, [r1]              ;0x01→GPBDAT
...
```

若采用 ARM C 语言对 GPB 口的操作,程序片段如下:

```
#define rGPBDAT ( * (volatile unsigned * )0x56000014)
...
rGPBDAT = 0x01;
...
```

特别说明的是,在 ARM C 中,S3C2440 中的专用寄存器地址一般在 2440add. h 头文件中进行了定义,定义方法是将各专用寄存器地址用 volatile 关键字进行声明。一个变量在系统中随着编译优化方式不同可能有多种存储方式,当某个变量被关键字 volatile 声明时,编译器对访问该变量的代码不再进行优化。在 32 位 ARM MCU/MPU 中,ARM C 地址表达使用的是 32 位无符号长整型数(unsigned long int),不允许采用其他方式表达。ARM C 语言中的专用寄存器地址都必须用关键字 volatile 进行声明,以确保对特殊地址的稳定访问。

S3C2440 还提供了与 GPIO 端口相关的外部中断控制寄存器(EXTINTx)及混合控制寄存器(MIScellaneous Control Register,MISCCR)。EXTINTx 寄存器用于 24 个外部中断的多种方式请求,此类寄存器能设置外部中断请求信号的触发方式有低电平触发、高电平触发、下降沿触发、上升沿触发及双边沿触发 5 种中断方式。仅有 16 个 EINT 引脚(EINT15~EINT0)能被用作唤醒中断。MISCCR 寄存器能控制数据端口的上拉电阻、高阻状态、USB 通道及 CLKOUT 时钟源选择。

习　题

1. ARM7 和 ARM9 在流水线方面有何不同?
2. 简述 ARM9 处理器有哪些寄存器? 它们中哪个用作 PC? 哪个用作 LR?
3. 什么是异常? ARM9 支持哪些异常? 说明各异常的向量地址。
4. 简述大端存储模式和小端存储模式的含义。
5. 说明 CPSR 寄存器及其各位的作用。
6. ARM9 支持哪些工作模式? 不同工作模式下的 CPSR 寄存器的模式位如何确定?
7. 为什么说 FIQ 异常是快速中断? ARM9 处理器主要从哪些方面确保 FIQ 异常响应的快速性?
8. 什么是专用寄存器? 简述 S3C2410 芯片专用寄存器的作用。

第4章　ARM 指令系统

ARM 处理器具有 ARM 和 Thumb 两种工作状态,因此其指令系统也对应有 32 位的 ARM 指令和 16 位的 Thumb 指令。本章主要介绍 ARM 指令格式及分类、ARM 指令的寻址方式、常用 ARM 指令、ARM 汇编伪指令与伪操作以及 RealView MDK 集成开发环境的使用等。

4.1　ARM 指令集

ARM 嵌入式微处理器是基于精简指令集计算机(RISC)原理而设计的,指令集和相关译码机制较为简单。ARM9 具有 32 位 ARM 指令和 16 位 Thumb 指令。

4.1.1　ARM 指令分类及格式

ARM 嵌入式微处理器的指令集是加载、存储型的,即指令集中仅能处理寄存器中的数据,而且处理结果都要写回寄存器中,而对存储器的访问则需要通过专门的加载、存储指令来完成。ARM 指令可分为以下 6 类:

> 数据处理指令　数据传输指令、算术指令、逻辑指令、比较指令、乘法指令和前导零计数。
> 程序状态访问指令　MRS 和 MSR。
> 分支指令　B、BL 和 BX。
> 访存指令　单数据访存指令、多数据访存指令和数据交换指令。
> 异常产生指令　SWI 和 BKPT。
> 协处理器指令　CDP、LDC、STC、MCR 和 MRC。

这里以 ARM 数据处理类指令为例,说明 ARM 指令格式。ARM 数据处理类指令编码基本格式如图 4.1 所示。

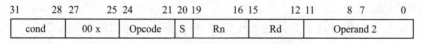

31	28 27	25 24	21 20 19	16 15	12 11	8 7	0
cond	00 x	Opcode	S	Rn	Rd	Operand 2	

图 4.1　ARM 数据处理类指令编码格式

ARM 数据处理指令基本格式如下:

〈Opcode〉{〈cond〉}{s} 〈Rd〉,〈Rn〉,〈Operand2〉{〈;注释〉}

其中,〈〉内的项是必需的,{}内的项是可选的。如〈Opcode〉是指令助记符,是必需的；而｛〈cond〉｝是指令执行条件，是可选的，不写则使用默认条件 AL(无条件执行)。

> cond　表示指令的执行条件/条件码；
> Opcode　表示指令助记符/操作码(有 16 种编码，对应于 16 条指令)；
> s　表示指令操作是否影响 CPSR，当没有 s 时指令操作不更新 CPSR 中的条件标志位；
> Rn　表示第一个操作数的寄存器或者编码；
> Rd　表示目标寄存器或者编码；
> Operand2　表示第二操作数，第二操作数可以是立即数、寄存器和寄存器移位；
> x　x=1 表示第二操作数是立即数寻址；x=0 表示第二操作数是寄存器寻址。

按照图 4.1 所示的编码格式，操作码 Opcode(未含乘法指令)所对应的指令助记符及其含义如下：

0000　AND，Rd←Op1 AND Op2

0001　EOR，Rd←Op1 EOR Op2

0010　SUB，Rd←Op1-Op2

0011　RSB，Rd←Op2-Op1

0100　ADD，Rd←Op1+Op2

0101　ADC，Rd←Op1+Op2+C

0110　SBC，Rd←Op1-Op2+C-1

0111　RSC，Rd←Op2-Op1+C-1

1000　TST，置 Op1 AND Op2 的条件码

1001　TEQ，置 OP1 EOR Op2 的条件码

1010　CMP，置 Op1-Op2 的条件码

1011　CMN，置 Op1+Op2 的条件码

1100　ORR，Rd←Op1 OR Op2

1101　MOV，Rd←Op2

1110　BIC，Rd←Op1 AND NOT Op2

1111　MVN，Rd←NOT Op2

条件码的位数和位置。每条 ARM 指令包含 4 位条件码域〈cond〉，它占用指令编码的最高 4 位[31~28]。

条件码的表示。条件编码共 16 种，其中，15 种用于指令的条件码。每种条件码用两个英文缩写字符表示，如表 4.1 所列。

条件指令的执行。ARM 处理器根据指令的执行条件是否满足，决定当前指令是否执行。只有在 CPSR 中的条件标志位满足指定的条件时，指令才会被执行。不符合条件的代码依然占用一个时钟周期(相当于一个 NOP 指令)。

条件码的书写方法。条件码的位置在指令助记符的后面(因此也称为条件后缀)。

表 4.1　指令条件码

条件码	助记符	含　义	标　志
0000	EQ	相　等	Z=1
0001	NE	不相等	Z=0
0010	CS/HS	无符号数大于或等于	C=1
0011	CC/LO	无符号数小于	C=0
0100	MI	负　数	N=1
0101	PL	非负数	N=0
0110	VS	溢　出	V=1
0111	VC	没有溢出	V=0
1000	HI	无符号数大于	C=1 且 Z=0
1001	LS	无符号数小于或等于	C=0 或 Z=1
1010	GE	有符号数大于或等于	N=V
1011	LT	有符号数小于	N!=V
1100	GT	有符号数大于	Z=0 且 N=V
1101	LE	有符号数小于或等于	Z=1 或 N!=V
1110	AL	无条件执行	任　意
1111	保　留	v5 以下版本总执行，v5 及以上版本有用	

例 4.1

```
MOVEQ  R0, R1        ;if z = 1 then R0←R1
```

4.1.2　ARM 指令寻址方式

所谓寻址方式,就是处理器根据指令中给出的地址信息来寻找操作数物理地址的方式。目前 ARM 处理器支持几种常见的寻址方式。

1. 寄存器寻址

寄存器寻址是指所需要的值在寄存器中,指令中地址码给出的是寄存器编号,即寄存器的内容为操作数。

例 4.2

```
ADD  R0, R1, R2   ;R0←R1 + R2
```

2. 立即寻址

立即寻址是一种特殊的寻址方式,指令中在操作码字段后面的地址码部分不是操作数地址,而是操作数本身。

例 4.3

```
ADD  R3, R3, #10      ;R3←R3 + 10
```

立即数要以"#"号作前缀,以十进制数 10 为例:它的十六进制立即数为 #0xA,它的二进制立即数为 #0b1010。

立即数的构成如图 4.2 所示。

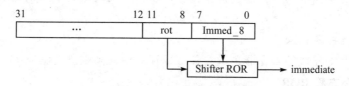

图 4.2　立即数构成示意图

由图 4.2 可知,有效的立即数可以表示为:

〈immediate〉=Immed_8 循环右移 2× rot 位

由于 4 位 rot 移位值的取值(0~15)乘以 2,得到一个范围在 0~30、步长为 2 的移位值,因此,ARM 中的立即数又称为 8 位位图。只需记住一条准则:"最后 8 位 Immed_8 移动偶数位"得到立即数。只有通过此构造方法得到的立即数才是合法的。

下面是 3 条带有立即数的 MOV 指令及对应的机器码,请注意机器码中的立即数计算:

```
MOV  R0, #0xF200      ;E3A00CF2, 0xF200 = 0xF2 循环右移(2×C)
MOV  R1, #0x110000    ;E3A01811, 0x110000 = 0x11 循环右移(2×8)
MOV  R4, #0x12800     ;E3A04B4A, 0x12800 = 0x4A 循环右移(2×B)
```

又如:0xFF,0x104(其 8 位图为 0x41),0xFF0 和 0xFF00 是合法的立即数;0x101,0x102,0xFF1 是非法的立即数。

3. 寄存器移位寻址

寄存器移位寻址方式是 ARM 指令集中所特有的,第二个寄存器操作数在与第一个操作数结合之前,选择进行移位操作。在寄存器移位寻址中,移位的位数可以用立即数或寄存器方式表示。

例 4.4

```
ADD  R3, R2, R1, LSL #3  ;R3←R2 + 8×R1(即 R1 中的值向左移 3 位,与 R2 中的值相加,结
                          果存入 R3)
MOV  R0,R1,ROR R2         ;R0←R1 循环右移 R2 位
```

ARM 中有一桶式移位器,途经它的操作数在被使用前能够被移位或循环移位任意位数,这在处理列表、表格和其他复杂数据结构时非常有用。

ARM 中常用的几种移位操作指令如下:

(1) 算术右移 ASR

存储第 2 操作数的寄存器算术右移。算术移位的操作数是带符号数,完成移位时应该保持操作数的符号不变。因此,当被移位的操作数为正数时,寄存器的高端空出位补 0;当被移位的操作数为负数时,寄存器的高端空出位补 1。

(2) 逻辑左移 LSL

存储第 2 操作数的寄存器逻辑左移。寄存器中的高端送至 C 标志位,低端空出位补 0。

(3) 逻辑右移 LSR

存储第 2 操作数的寄存器逻辑右移。寄存器中的高端空出位补 0。

(4) 循环右移 ROR

存储第 2 操作数的寄存器循环右移。从寄存器低端移出的位填入到寄存器高端的空出位上。

(5) 扩展的循环右移 RRX

存储第 2 操作数的寄存器进行带进位位的循环右移。每右移一位,寄存器中高端空出位用原 C 标志位的值填充。

若移位的位数由 5 位立即数(取值范围 0~31)给出,就称为立即数控制移位方式(immediate specified shift);若移位的位数由通用寄存器(不能是 R15)的低 5 位决定,就称为寄存器控制移位方式(register specified shift)。

关于寄存器控制移位方式,有如下两点需要说明:

➢ 移位的寄存器不能是 PC,否则会产生不可预知的结果。

➢ 使用寄存器控制移位方式有额外代价(overhead),需要更多的周期才能完成指令,因为 ARM 没有能力一次读取 3 个寄存器。

立即数控制移位方式则没有上述问题。

4. 寄存器间接寻址

寄存器间接寻址是指指令中的地址码给出的是某一通用寄存器的编号,在被指定的寄存器中存放操作数的有效地址,而操作数则存放在该地址对应的存储单元中,即寄存器为地址指针。

例 4.5

```
LDR    R0, [R1]        ;R0←[R1]
```

5. 变址寻址

变址寻址(或基址变址寻址)就是将基址寄存器的内容与指令中给出的偏移量相加,形成操作数有效地址。变址寻址用于访问基址附近的单元,包括基址加偏移和基址加索引寻址。寄存器间接寻址是偏移量为 0 的基址加偏移寻址。

基址加偏移寻址中的基址寄存器包含的不是确切的地址。基址需加（或减）最大 4 KB 的偏移来计算访问的地址。

例 4.6

```
LDR    R0,[R1,#4]              ;R0←[R1+4]
```

有 3 种加偏移量（偏移地址）的变址寻址方式。

（1）前变址方式（pre-indexed）

先将基地址加上偏移量，生成操作数地址，再做指令指定的操作。该方式不修改基址寄存器。例 4.6 即为此方式。

（2）自动变址方式（auto-indexed）

先将基地址加上偏移量，生成操作数地址，再做指令指定的操作；然后再自动修改基址寄存器。

例 4.7

```
LDR    R0,[R1,#4]!             ;R0←[R1+4],R1←R1+4
```

说明："!"表示写回或更新基址寄存器。

（3）后变址方式（post-indexed）

先将基址寄存器作为操作数地址；完成指令操作后，再将基地址加上偏移量修改基址寄存器。即先用基地址传数，然后再修改基地址（基址＋偏移）。

例 4.8

```
STR    R0,[R1],#12            ;[R1]←R0,R1←R1+12
```

这里 R1 是基址寄存器。

6. 多寄存器寻址

多寄存器寻址是指一条指令可以传送多个寄存器的值，允许一条指令传送 16 个寄存器的任何子集。

例 4.9

```
LDMIA   R1,{R0,R2,R5}        ;R0←[R1],R2←[R1+4],R5←[R1+8]
```

例 4.9 指令的含义是将 R1 所指向的连续 3 个存储单元中的内容分别送到寄存器 R0，R2，R5 中。

由于传送的数据项总是 32 位的字，基址 R1 应该字对准。

7. 堆栈寻址

堆栈是一种按特定顺序进行存取的存储区，这种特定顺序是"先进后出"或"后进先出"。堆栈寻址是隐含的，它使用一个专门的寄存器（堆栈指针）指向一块存储器区域。栈指针所指定的存储单元就是堆栈的栈顶。堆栈可分为两种：

> 向上生长,又称递增(ascending)堆栈,即地址向高地址方向生长。
> 向下生长,又称递减(decending)堆栈,即地址向低地址方向生长。

若 SP 指向最后压入的堆栈的有效数据单元,称为满堆栈(full stack);若 SP 指向下一个数据项放入的空单元,称为空堆栈(empty stack)。

ARM 处理器支持上面 4 种类型的堆栈工作方式:

> 满递增堆栈 FA(Full Ascending)　堆栈指针指向最后压入的数据单元,且由低地址向高地址生成;
> 满递减堆栈 FD(Full Descending)　堆栈指针指向最后压入的数据单元,且由高地址向低地址生成;
> 空递增堆栈 EA(Empty Ascending)　堆栈指针指向下一个将要放入数据的空单元,且由低地址向高地址生成;
> 空递减堆栈 ED(Empty Descending)　堆栈指针指向下一个将要放入数据的空单元,且由高地址向低地址生成。

例 4.10

```
STMFD sp!,{r4-r7, lr}      ;将 r4~r7、lr 入栈,满递减堆栈
LDMFD sp!,{r4-r7, pc}      ;数据出栈,放入 r4~r7、pc 寄存器
```

图 4.3 说明了例 4.10 两条指令的入栈和出栈操作过程,图的左端为 STMFD 入栈操作,图的右端为 LDMFD 出栈操作。需要强调的是,在使用满递减堆栈时,ST-MFD 指令相当于 STMDB 指令,LDMFD 指令相当于 LDMIA 指令。

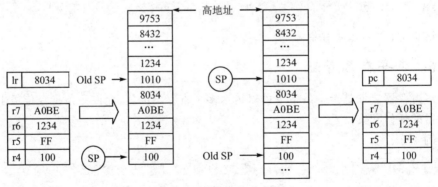

图 4.3　堆栈操作示意图

8. 块复制寻址

块复制寻址是指把存储器中的一个数据块加载到多个寄存器中,或者是把多个寄存器中的内容保存到存储器中。

> 块复制寻址是多寄存器传送指令 LDM/STM 的寻址方式,因此也称为多寄存器寻址;
> 多寄存器传送指令用于把一块数据从存储器的某一位置复制到另一位置;

➢ 块复制指令的寻址操作取决于数据是存储在基址寄存器所指的地址之上还是之下、地址是递增还是递减,并与数据的存取操作有关;

➢ 块复制寻址操作中的寄存器,可以是 R0~R15 这 16 个寄存器的子集,或是所有寄存器。

几种块复制指令及其寻址操作说明如下:

➢ LDMIA/STMIA　先传送,后地址加 4(Increment After);

➢ LDMIB/STMIB　先地址加 4,后传送(Increment Before);

➢ LDMDA/STMDA　先传送,后地址减 4(Decrement After);

➢ LDMDB/STMDB　先地址减 4,后传送(Decrement Before)。

例 4.11

```
STMIA    r10, {r0, r1, r4}; [r10]←r0, [r10 + 4]←r1, [r10 + 8]←r4
STMIB    r10, {r0, r1, r4}; [r10 + 4]←r0, [r10 + 8]←r1, [r10 + 12]←r4
STMDA    r10, {r0, r1, r4}; [r10]←r0, [r10 - 4]←r1, [r10 - 8]←r4
STMDB    r10, {r0, r1, r4}; [r10 - 4]←r0, [r10 - 8]←r1, [r10 - 12]←r4
```

例 4.11 中 4 条指令所执行的操作如图 4.4 所示。

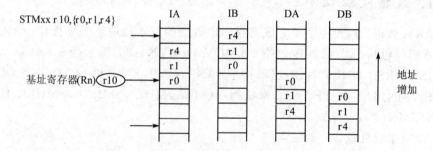

图 4.4　块复制寻址示意图

多寄存器加载和存储指令的堆栈和块复制对照如表 4.2 所列。

表 4.2　多寄存器 load 和 store 指令的堆栈和块复制对照

地址增减次序		栈生长顶空/满			
		栈、块递增		栈、块递减	
		顶　满	顶　空	顶　满	顶　空
地址增加	先　增	STMIB STMFA			LDMIB LDMED
	后　增		STMIA STMEA	LDMIA LDMFD	
地址减少	先　减		LDMDB LDMEA	STMDB STMFD	
	后　减	LDMDA LDMFA			STMDA STMED

9. 相对寻址

相对寻址是变址寻址的一种变通,由程序计数器 PC 提供基地址,指令中的地址码字段作为偏移量,两者相加后得到操作数的有效地址。偏移量指出的是操作数与当前指令之间的相对位置。子程序调用指令 BL 即是相对寻址指令。

例 4.12

```
          BL      ROUTE_A              ;调用 ROUTE_A 子程序
          BEQ     LOOP                 ;条件跳转到 LOOP 标号处
          ⋮
LOOP      MOV     R2,♯2
          ⋮
ROUTE_A   …
```

4.1.3　常用 ARM 指令

1. 数据处理指令

ARM 数据处理指令主要完成寄存器中数据的算术和逻辑运算操作。ARM 数据处理指令包括:① 数据传送指令(MOV 和 MVN);② 算术指令(ADD,ADC,SUB,SBC,RSB 和 RSC);③ 逻辑指令(AND,ORR,EOR 和 BIC);④ 比较指令(CMP,CMN,TST 和 TEQ);⑤ 乘法指令(MLA,MUL ,SMLAL,SMULL,UMALA 和 UMULL)。

ARM 数据处理指令的特点:

➤ 操作数来源。所有的操作数要么来自寄存器,要么来自立即数,不会来自存储器。

➤ 操作结果。如果有结果,则结果一定是 32 位宽或 64 位宽(长乘法指令),并且放在一个或两个寄存器中,不会写入存储器。

➤ 除乘法指令外,有第二个操作数 Operand2。第二操作数有立即数、寄存器和寄存器移位 3 种形式。

➤ 乘法指令的操作数。全部是寄存器。

(1) 数据传送指令

① 数据传送指令

格式:MOV{⟨cond⟩}{S} Rd,Operand2

功能:Rd←operand2

② 数据取反传送指令(move negative)

格式:MVN{⟨cond⟩}{S} Rd,Operand2

功能:Rd←(NOT operand2)

　　S 选项决定指令操作是否影响 CPSR 中的条件标志,若无 S 时指令操作不更新 CPSR 中的条件标志位值。

　　需要说明的是,对于 MOV 和 MVN 指令,汇编器会对其进行智能转化。如指令"MOV R1, 0xFFFFFF00"中的立即数是非法的。在汇编时,汇编器将其转化为"MVN R1, 0xFF",这样就不违背立即数的要求。因此,对于 MOV 和 MVN 指令,可以认为,合法立即数的反码也是合法的立即数。

　　例 4.13

```
MOV     R0, R1                  ;R0 = R1, 不修改 CPSR
MOV     R0, ♯0x0                ;R0 = 0, 不修改 CPSR
MOVS    R0, ♯0x0                ;R0 = 0, 同时设置 CPSR 的 Z 位
MOVS    R0, ♯ - 10              ;R0 = 0xFFFFFFF6, 同时设置 CPSR 的 N 位
MVN     R0, R2                  ;R0 = NOT R2, 不修改 CPSR
MVN     R0, ♯0xFFFFFFFF         ;R0 = 0x0, 不修改 CPSR
MVNS    R0, ♯0xFFFFFFFF         ;R0 = 0x0, 同时设置 CPSR 的 Z 位
MOV     R0, R1, LSL ♯1          ;R0 = R1 ≪ 1
MOV     R0, R1, LSR R2          ;R0 = R1 ≫ R2
MOVS    R3, R1, LSL ♯2          ;R3 = R1 ≪ 2, 影响标志位
```

(2) 算术运算指令
① 加法运算指令
格式：ADD{⟨cond⟩}{S} Rd,Rn,Operand2

功能：Rd←Rn+Operand2

② 减法运算指令
格式：SUB{⟨cond⟩}{S} Rd,Rn,Operand2

功能：Rd←Rn−Operand2

③ 逆向减法指令(Reverse Subtract)
格式：RSB{⟨cond⟩}{S} Rd,Rn,Operand2

功能：Rd←Operand2−Rn

④ 带进位加法指令
格式：ADC{⟨cond⟩}{S} Rd,Rn,Operand2

功能：Rd←Rn+Operand2+Carry

⑤ 带借位减法指令
格式：SBC{⟨cond⟩}{S} Rd,Rn,Operand2

功能：Rd←Rn−Operand2−(NOT)Carry

⑥ 带借位逆向减法指令(Reverse Subtract with Carry)
格式：RSC{⟨cond⟩}{S} Rd,Rn,Operand2

功能：Rd←Operand2−Rn−(NOT)Carry

说明：

➤ 若在这些指令后面加上后缀 S,那么这些指令将根据其运算结果更新标志 N、

Z、C 和 V。

➤ 若 R15 作为 Rn 使用,则使用的值是当前指令的地址加 8。

➤ 若 R15 作为 Rd 使用,则执行完指令后,程序将转移到结果对应的地址处;若此时指令还加有后缀 S,则还会将当前模式的 SPSR 复制到 CPSR。可以利用这一特性从异常返回。

➤ 在有寄存器控制移位的任何数据处理指令中,不能将 R15 作为 Rd 或任何操作数来使用。

例 4.14

```
ADD      R3, R7, #1020        ;immediate 为 1020(0x3FC),是 0xFF 循环右移 30 位
SUBS     R8, R6, #240         ;R8←R6 - 240,运算完成后将根据结果更新标志
RSB      R4, R4, #1280        ;R4←1280 - R4
RSCLES   R0, R5, R0, LSL R4   ;有条件执行,执行完后更新标志
```

(3) 逻辑运算指令

① 逻辑"与"指令

格式:AND{⟨cond⟩}{S} Rd,Rn,Operand2

功能:Rd←Rn&Operand2

② 逻辑"或"指令

格式:ORR{⟨cond⟩}{S} Rd,Rn,Operand2

功能:Rd←Rn|Operand2

③ 逻辑"异或"指令(Exclusive OR)

格式:EOR{⟨cond⟩}{S} Rd,Rn,Operand2

功能:Rd←Rn^Operand2

④ 位清除指令(Bit Clear)

格式:BIC{⟨cond⟩}{S} Rd,Rn,Operand2

功能:Rd←Rn&(NOT Operand2)

使用这些指令时需要注意:若加有后缀 S,则这些指令执行完后将根据结果更新标志 N 和 Z,在计算 Operand2 时会更新标志 C,不影响标志 V。

例 4.15

```
ANDS  R0, R0, #0x01          ;R0 = R0&0x01,取出最低位数据
AND   R2, R1, R3             ;R2 = R1&R3
;AND 指令可用于提取寄存器中某些位的值
ORR   R0, R0, #0x0F          ;将 R0 的低 4 位置 1
;ORR 指令可用于将寄存器中某些位的值设置成 1
EOR   R1, R1, #0x0F          ;将 R1 的低 4 位取反
EORS  R0, R5, #0x01          ;将 R0←R5 异或 0x01,并影响标志位
;EOR 指令可用于将寄存器中某些位的值取反
;将某一位与 0 异或,该位值不变;与 1 异或,该位值被求反
BIC   R1,R1,#0x0F            ;将 R1 的低 4 位清零,其他位不变
```

```
;BIC 指令可用于将寄存器中某些位的值设置成 0
;将某一位与 1 做 BIC 操作,该值被设置成 0;将某一位与 0 做 BIC 操作,该位值不变
```

(4) 比较指令

① 比较指令

格式：CMP{〈cond〉} Rn,operand2

功能：N,Z,C,V 标志←Rn－operand2

② 负数比较指令(Compare Negative)

格式：CMN{〈cond〉} Rn,operand2

功能：N,Z,C,V 标志←Rn＋operand2

例 4.16

```
CMP     R2, R9             ;N,Z,C,V←R2 - R9
CMN     R0, ♯6400          ;N,Z,C,V←R0 + ♯6400
CMPGT   R13, R7, LSL ♯2    ;带符号大于
```

③ 位测试指令

格式：TST{〈cond〉} Rn&operand2

功能：N、Z、C、V 标志←Rn&operand2

这里,& 表示"按位与"运算。

④ 相等测试指令

格式：TEQ{〈cond〉} Rn,operand2

功能：N、Z、C、V 标志←Rn^operand2

这里,^表示"按位异或"运算。

TST 指令通常与 EQ,NE 条件码配合使用。当所有测试位均为 0 时,EQ 有效;而只要有一个测试位不为 0,则 NE 有效。

TEQ 指令与 EORS 指令的区别在于 TEQ 指令不保存运算结果。使用 TEQ 进行相等测试时,常与 EQ,NE 条件码配合使用。当两个数据相等时,EQ 有效;否则 NE 有效。

例 4.17

```
TST     R0, ♯0x01          ;判断 R0 的最低位是否为 0
TST     R1, ♯0x0F          ;判断 R1 的低 4 位是否为 0
TEQ     R0, R1             ;比较 R0 与 R1 是否相等,影响 V 位和 C 位
TSTNE   R1, R5, ASR R1
TEQEQ   R10, R9
```

(5) 乘法指令

ARM 有两类乘法指令：32 位的乘法指令,即乘法操作的结果为 32 位;64 位的乘法指令,即乘法操作的结果为 64 位,如表 4.3 所列。

表 4.3　乘法指令

指　令		说　明
MUL	Rd,Rm,Rs	32 位乘法指令
MLA	Rd,Rm,Rs,Rn	32 位乘加指令
UMULL	RdL,RdH,Rm,Rs,Rn	64 位无符号乘法
UMLAL	RdL,RdH,Rm,Rs,Rn	64 位无符号乘加
SMULL	RdL,RdH,Rm,Rs,Rn	64 位有符号乘法
SMLAL	RdL,RdH,Rm,Rs,Rn	64 位有符号乘加

① 32 位乘法指令

格式：MUL{cond}{S} Rd, Rm, Rs

功能：Rd←Rm * Rs(将 Rm 和 Rs 中的值相乘,结果的低 32 位保存到 Rd 中)

例 4.18

```
MUL    R1, R2, R3     ;R1 = R2 × R3
MULS   R0, R3, R7     ;R0 = R3 × R7,设置 CPSR 的 N 位和 Z 位
```

② 32 位乘加指令

格式：MLA{cond}{S} Rd, Rm, Rs, Rn

功能：Rd←Rm * Rs+Rn

例 4.19

```
MLA    R1, R2, R3, R0    ;R1 = R2xR3 + R0
```

③ 64 位无符号乘法指令

格式：UMULL{cond}{S} RdLo, RdHi, Rm, Rs

功能：RdHi, RdLo←Rm * Rs(将 Rm 和 Rs 中的值作无符号数相乘,结果的低 32 位保存到 RdLo 中,高 32 位保存到 RdHi 中)

例 4.20

```
UMULL   R0, R1, R5, R8    ;(R1,R0)←R5 × R8
```

④ 64 位无符号乘加指令

格式：UMLAL{cond}{S} RdLo, RdHi, Rm, Rs

功能：RdHi, RdLo←Rm * Rs+ RdHi, RdLo(将 Rm 和 Rs 中的值作无符号数相乘,64 位乘积与 RdHi、RdLo 相加,结果的低 32 位保存到 RdLo 中,高 32 位保存到 RdHi 中)

例 4.21

```
UMLAL   R0, R1, R5, R8    ;(R1,R0)←R5 × R8 + (R1,R0)
```

⑤ 64 位有符号乘法指令

格式：SMULL{cond}{S} RdLo, RdHi, Rm, Rs

功能：RdHi, RdLo←Rm * Rs（将 Rm 和 Rs 中的值做有符号数相乘，结果的低 32 位保存到 RdLo 中，高 32 位保存到 RdHi 中）

例 4.22

```
SMULL    R2, R3, R7, R6        ;(R3,R2)←R7xR6
```

⑥ 64 位有符号乘加指令

格式：SMLAL{cond}{S} RdLo, RdHi, Rm, Rs

功能：RdHi, RdLo← Rm * Rs+ RdHi, RdLo（将 Rm 和 Rs 中的值作有符号数相乘，64 位乘积与 RdHi、RdLo 相加，结果的低 32 位保存到 RdLo 中，高 32 位保存到 RdHi 中）

例 4.23

```
SMLAL    R2, R3, R7, R6        ;(R3,R2)←R7 × R6 + (R3,R2)
```

乘法指令有以下特点。

➤ 不支持第二操作数为立即数。

➤ 结果寄存器不能与第一源寄存器相同。Rd,RdHi,RdLo 不能与 Rm 为同一寄存器；RdHi 和 RdLo 不能为同一寄存器。

➤ 避免将 R15 定义为任一操作数或结果寄存器。

➤ 早期的 ARM 处理器仅支持 32 位乘法指令。ARM7 版本和后续的在名字中有 M 的处理器才支持 64 位乘法指令。

➤ 对标志位的影响。N 标志位：对有符号数乘法，若结果是 32 位指令形式，Rd 的第 31 位是标志位 N；对于产生长结果的指令形式，RdHi 的第 31 位是标志位。Z 标志位：如果 Rd 或 RdHi、RdLo 为 0，则标志位 Z 置位。V 标志位：乘法指令不影响 V 标志位。C 标志位：ARM v5 及以上的版本不影响 C 标志位；ARM v5 以前的版本，C 标志位数值不确定。

2. 程序状态访问指令

当需要修改 CPSR/SPSR 的内容时，首先要读取它的值到一个通用寄存器，然后修改某些位，最后将数据写回到状态寄存器（即修改状态寄存器一般是通过"读取-修改-写回"3 个步骤的操作来实现的）。CPSR/SPSR 不是通用寄存器，不能使用 MOV 指令来读写。在 ARM 处理器中，只能通过读状态寄存器指令 MRS 读取 CPSR/SPSR；只能通过写状态寄存器指令 MSR 写 CPSR/SPSR。

(1) 读状态寄存器指令 (Move PSR status/flags to register)

格式：MRS{〈cond〉} Rd, psr

功能：Rd←psr

本指令将状态寄存器 psr 的内容传送到目标寄存器中。其中,Rd 为目标寄存器,Rd 不允许为 R15;psr 为 CPSR 或 SPSR。

例 4.24

| MRS | R1, CPSR | ;R1←CPSR |
| MRS | R2, SPSR | ;R2←SPSR |

(2) 写状态寄存器指令 (Move register to PSR status/flags)

格式: MSR{〈cond〉} psr_fields, Rm/#immed

功能: psr_fields←Rm/#immed

其中,psr 为 CPSR 或 SPSR;immed 为要传送到状态寄存器指定域的 8 位立即数;Rm 为要传送到状态寄存器指定域的数据的源寄存器;fields 为指定的传送区域,fields 可以是 c,x,s,f 中的一种或多种且字母必须为小写;c 代表控制域(即 psr[7…0]),x 代表扩展域(即 psr[15…8])(暂未使用),s 代表状态域(即 psr[23…16])(暂未使用),f 代表标志位域(即 psr[31…24])。

例 4.25

| MSR | CPSR_f, #0xf0 | ;CPSR[31:28] = 0xf, 即 N、Z、C、V 均被置 1 |

修改状态寄存器一般是通过"读取–修改–写回"3 个步骤的操作来实现的。下面是 CPSR 的"读–修改–写"操作的例子。

例 4.26　设置进位位 C

MRS	R0, CPSR	;R0← CPSR
ORR	R0,R0,#0x20000000	;置 1 进位位 C
MSR	CPSR_f, R0	;CPSR_f← R0[31:24]

例 4.27　从管理模式切换到 IRQ 模式

MRS	R0, CPSR	;R0← CPSR
BIC	R0,R0,#0x1f	;低 5 位清零
ORR	R0,R0,#0x12	;设置为 IRQ 模式
MSR	CPSR_c, R0	;传送回 CPSR

例 4.28

| MSR | CPSR_c, #0xd3 | ;切换到 SVC 模式 |
| MSR | CPSR_cxsf, R3 | ;CPSR = r3 |

几点说明:

➢ 关于控制域的修改问题。只有在特权模式下才能修改状态寄存器的控制域 psr[7:0],以实现处理器模式转换,或设置开/关异常中断。

➢ 关于 T 控制位的修改问题。程序中不能通过 MSR 指令,直接修改 CPSR 中的 T 控制位来实现 ARM 状态/Thumb 状态的切换,必须使用 BX 指令完成处理器状态的切换。

➤ 关于用户模式下能够修改的位。在用户模式只能修改"标志位域",不能对
　CPSR[23:0]做修改。

➤ 关于 S 后缀的使用问题。在 MRS/MSR 指令中不可以使用 S 后缀。

3. 分支指令

(1) 转移指令

格式：B{〈cond〉} label

功能：PC←label

B 指令跳转到指定的地址执行程序。B 转移指令限制在当前指令的±32 MB 的
范围内。

例 4.29　无条件跳转

```
        B   label
        :
label   :
```

例 4.30　执行 10 次循环

```
        MOV    R0，#10
LOOP
        :
        SUBS   R0，R0，#1
        BNE    LOOP              ;z = 0 转 LOOP
```

(2) 带链接的转移指令

格式：BL{〈cond〉} label

功能：LR←BL 后面的第一条指令地址，PC←label

BL 指令先将下一条指令的地址复制到 LR 链接寄存器中,然后跳转到指定地址
运行程序。转移地址限制在当前指令的±32 MB 的范围内。BL 指令常用于子程序
调用。

例 4.31

```
        BL    SUB1              ;LR←BL 下条指令地址,转至子程序 SUB1 处
        :
SUB1    :
        MOV   PC，LR             ;子程序返回
```

例 4.32　根据不同的条件,执行不同的子程序

```
        CMP    R1，#5
        BLLT   ADD11             ;有符号数＜
        BLGE   SUB22             ;有符号数 ≥
        :
ADD11
        :
```

```
            SUB22
                ⋮
```

注意：如果 R1＜5，只有 ADD11 不改变条件码，本例才能正常工作。

例 4.33

```
            BL       SUB1
                ⋮
SUB1    STMFD    SP!，{R0 - R3，R14}
                ⋮
            BL       SUB2
                ⋮
SUB2        ⋮
```

注意：在保存 R14 之前子程序不应再调用下一级的嵌套子程序。否则，新的返回地址将覆盖原来的返回地址，就无法返回到原来的调用位置。

(3) 带状态切换的转移指令

格式：BX{cond}　Rm

功能：PC＝Rm&0xfffffffe，T＝Rm[0]&1

BX 指令跳转到 Rm 指定的地址执行程序。若 Rm 的位[0]为 1，则跳转时自动将 CPSR 中的标志 T 置位，即把目标地址的代码解释为 Thumb 代码；若 Rm 的位[0]为 0，则跳转时自动将 CPSR 中的标志 T 复位，即把目标地址的代码解释为 ARM 代码。

例 4.34

```
                ⋮
            ADR      R0，THUMBCODE + 1      ;将 R0 的位[0]置 1
            BX       R0                     ;跳转，并根据 R0 的位[0]实现状态切换
            CODE16                          ;16 位 Thumb 代码
THUMBCODE   MOV      R2，#2
                ⋮
            ADR      R0，ARMCODE            ;加载 ARMCODE 地址到 R0 中
            BX       R0
            CODE32                          ;32 位 ARM 代码
ARMCODE     MOV      R4，#4
                ⋮
```

4. 访存指令

访存指令分为单数据访存指令、多数据访存指令和数据交换操作指令 3 大类。

(1) 单数据访存指令

在 ARM 指令中，读指令也叫加载指令，写指令也叫存储指令。

第一类单数据访存指令是指加载或存储字、加载或存储无符号字节的指令。

① LDR 指令

格式：LDR{〈cond〉} Rd，addr

功能：Rd←[addr]（加载字数据）

② LDRB 指令

格式：LDRB{〈cond〉} Rd，addr

功能：Rd←[addr]（加载无符号字节数据）

③ LDRT 指令

格式：LDRT{〈cond〉} Rd，addr

功能：Rd←[addr]（以用户模式加载字数据）

④ LDRBT 指令

格式：LDRBT{〈cond〉} Rd，addr

功能：Rd←[addr]（以用户模式加载无符号字节数据）

⑤ STR 指令

格式：STR{〈cond〉} Rd，addr

功能：[addr]←Rd（存储字数据，Store register to memory）

⑥ STRB 指令

格式：STRB{〈cond〉} Rd，addr

功能：[addr]←Rd（存储字节数据）

⑦ STRT 指令

格式：STRT{〈cond〉} Rd，addr

功能：[addr]←Rd（以用户模式存储字数据）

⑧ STRBT 指令

格式：STRBT{〈cond〉} Rd，addr

功能：[addr]←Rd（以用户模式存储字节数据）

带有 T 后缀的指令说明：

➤ 即使处理器工作于特权模式，存储系统也将其访问看成是处理器在用户模式下；

➤ 用于存储器保护；

➤ 不能与前变址寻址、自动变址寻址一起使用（即不能改变基址寄存器值）；

➤ 在用户模式下无效。

LDR/STR 指令为变址寻址，由基地址和偏移地址两部分组成：基地址部分为一个基址寄存器，可以是任一通用寄存器；偏移地址部分使用较为灵活，实际上就是第二操作数，可以是立即数、寄存器移位及移位常数。

例 4.35

```
LDRB    R0，[R1，＃＋0xFFF]        ;将 R1＋0xFFF 地址的字节读入 R0
LDR     R0，[R1，＋R2]!           ;将 R1＋R2 地址的 32 位数读入 R0,然后 R1←R1＋R2
STR     R0，[R1，＋R2，LSL ＃31]   ;将 R0(32 位)写到地址 R1＋(R2 ≪ 31)
```

```
LDR    R0,[R1],♯+0xFFF           ;将 R1 地址的数读入 R0,然后 R1←R1+0xFFF
LDR    R0,[R1],+R2               ;将 R1 地址的数读入 R0,然后 R1←R1+R2
LDR    R0,[R1],+R2,LSL♯31        ;将 R1 地址的数读入 R0,然后 R1←R1+(R2≪31)
```

第 2 类单数据访存指令是指加载或存储无符号半字、加载有符号半字或加载有符号字节的指令。

① LDRH 指令

格式：LDRH{⟨cond⟩} Rd，addr

功能：Rd←[addr]（加载无符号半字数据）

② LDRSB 指令

格式：LDRSB{⟨cond⟩} Rd，addr

功能：Rd←[addr]（加载有符号字节数据）

③ LDRSH 指令

格式：LDRSH{⟨cond⟩} Rd，addr

功能：Rd←[addr]（加载有符号半字数据）

④ STRH 指令

格式：STRH{⟨cond⟩} Rd，addr

功能：[addr]←Rd（存储半字数据）

例 4.36

```
LDRSB  R1,[R0,R3]   ;将 R0+R3 地址上的字节数据读到 R1,高 24 位用符号位扩展
LDRSH  R1,[R9]      ;将 R9 地址的半字数据读到 R1,高 16 位用符号位扩展
LDRH   R6,[R2],♯2   ;将 R2 地址的半字数据读到 R6,高 16 位用零扩展,再修改 R2=R2+2
STRH   R1,[R0,♯2]!  ;将 R1 的数据保存到 R0+2 地址,只存低 2 字节数据,且修改 R0=R0+2
```

(2) 多数据访存指令

多数据访存指令可以实现一组(1～16)寄存器和一块(4～64 字节)连续内存单元之间的数据传输。

格式：LDM|STM{⟨cond⟩}⟨type⟩ ⟨Rn⟩{!}，⟨Regs⟩{^}

功能：LDM 指令用于从基址寄存器所指示的一片连续存储器中读取数据到寄存列表所指示的多个寄存器中，内存单元的起始地址为基址寄存器 Rn 的值，各寄存器由寄存器列表 Regs 表示，该指令一般用于多个寄存器数据的出栈操作。STM 指令用于将寄存器列表所指示的多个寄存器中的值存入到由基址寄存器所指示的一片连续存储器中，该指令一般用于多个寄存器数据的进栈操作。

type 表示类型，用于数据的存储与加载时有以下 4 种方式：

➤ IA (Increment After)　事后递增（每次传送后地址值增加）；

➤ IB (Increment Before)　事先递增（每次传送前地址值增加）；

➤ DA (Decrement After)　事后递减（每次传送后地址值减少）；

➢ DB（Decrement Before）　事先递减（每次传送前地址值减少）。

用于堆栈操作时有以下 4 种方式：

➢ FD　满递减堆栈；

➢ ED　空递减堆栈；

➢ FA　满递增堆栈；

➢ EA　空递增堆栈。

｛!｝为可选后缀,若选择该项表示数据加载或存储完毕后,将最后的地址写回到基址寄存器 Rn 中。

｛^｝（^:caret）为可选后缀,当指令为 LDM 且寄存器列表包含 PC,表示除了正常的多寄存器传送外,还要将 SPSR 复制到 CPSR 中。当寄存器列表不包含 PC,表示加载/存储的是用户模式的寄存器,而不是当前模式的寄存器。

LDM/STM 指令寻址是按字对齐的,即忽略地址位[1:0]。LDM/STM 的主要用途是现场保护、数据复制和参数传送等。

例 4.37

```
LDMIA  R0, {R5 - R8}     ;将内存中[R0]到[R0 + 12]4 个字读取到 R5～R8 的 4 个寄存器中
LDMIB  R0, {R5 - R8}     ;将内存中[R0 + 4]到[R0 + 16]4 个字读取到 R5～R8 的 4 个寄存器中
LDMDA  R0, {R5 - R8}     ;将内存中[R0 - 12]到[R0]4 个字读取到 R5～R8 的 4 个寄存器中
LDMDB  R0, {R5 - R8}     ;将内存中[R0 - 16]到[R0 - 4]4 个字读取到 R5～R8 的 4 个寄存器中
LDMIA  R0!, {R3 - R9}    ;加载 R0 指向地址上的多字数据,保存到 R3～R9 中,R0 值更新
STMIA  R1!, {R3 - R9}    ;将 R3～R9 的数据存储到 R1 指向的地址,R1 值更新
STMFD  SP!, {R0 - R7, LR};保护现场,将 R0～R7、LR 入栈,SP 值更新
LDMFD  SP!, {R0 - R7, PC};恢复现场,包括 R0～R7 和 PC(异常处理返回),SP 值更新
```

(3) 数据交换操作指令

数据交换指令有字数据交换指令（SWP）和字节数据交换指令（SWPB）。

格式：SWP｛⟨cond⟩｝｛B｝Rd, Rm, [Rn]

功能：Rd←[Rn], [Rn]←Rm

SWP 指令用于将一个存储单元(该单元地址放在寄存器 Rn 中)的内容读取到一个寄存器 Rd 中,同时将另一个寄存器 Rm 的内容写入到该存储单元中。B 为可选后缀,若有 B,则交换字节,否则交换 32 位字。Rd 为被加载的寄存器。Rm 的数据用于存储到 Rn 所指的地址中。若 Rm 与 Rd 相同,则为寄存器与存储器内容进行交换。Rn 为要进行数据交换的存储器地址,Rn 不能与 Rd 和 Rm 相同。

例 4.38

```
SWP  R1, R2, [R3]   ;将内存单元[R3]中的字读到 R1,同时将 R2 中的数据写入内存单元[R3]
SWP  R1, R1, [R2]   ;将 R1 寄存器内容和内存单元[R2]的内容互换
SWPB R1, R2, [R0]   ;将 R0 指向的存储单元的内容读取 1 字节数据到 R1 中(高 24 位
                    ;清零),并将 R2 的内容写入到该内存单元中(最低字节有效)
```

5. 异常指令

异常中断指令可以分为以下几种：

➢ SWI　软件中断指令；

➢ BKPT　断点指令(v5T 及以上版本)；

➢ CLZ　前导 0 计数(v5T 及以上版本)。

(1) 软件中断指令

格式：SWI {⟨cond⟩}　　SWI_num

功能：SWI 指令用于产生软件中断，以便用户程序能调用操作系统的系统例程。指令中 SWI_num 为 24 位立即数，该立即数指定用户程序调用系统例程的类型。

SWI 指令用于用户模式下对操作系统中特权模式的程序的调用；它将 ARM 处理器置于管理(svc)模式，中断向量地址为 0x0000008。

SWI 指令的参数传递通常有两种方法：一种是指令中的 24 位立即数指定 API 号，其他参数通过寄存器传递；另一种是忽略指令中的 24 位立即数，R0 指定 API 号，其他参数通过其他寄存器传递。

例 4.39　软中断号在 SWI 指令中，不传递其他参数

```
SWI    10            ;中断号为 10
SWI    0x123456      ;中断号为 0x123456
```

例 4.40　软中断号在 SWI 指令中，其他参数在寄存器中传递

```
MOV    R0,#34        ;准备参数
SWI    12            ;调用 12 号软中断
```

例 4.41　不用 SWI 指令中的立即数，软中断号和其他参数都在寄存器中传递

```
MOV    R0,#12        ;准备中断号
MOV    R1,#34        ;准备参数
SWI    0             ;调用软中断,不指明调用的功能号
```

(2) 断点指令

格式：BKPT　⟨immed_16⟩

功能：BKPT 断点指令用于软件调试，它使处理器停止执行正常指令而进入相应的调试程序(v5T 及以上版本使用)。immed_16 为 16 位立即数，该立即数被调试软件用来保存额外的断点信息。

例 4.42

```
BKPT    0xF02C
```

(3) 前导 0 计数指令

格式：CLZ{⟨cond⟩}　Rd, Rm

功能：前导 0 计数指令 CLZ 用于对 Rm 寄存器中的前导 0 的个数进行计数，结

果放到 Rd 中(v5T 及以上版本使用)。

例 4.43

```
MOV    R2, ♯0x17C00        ;R2←0b0000 0000 0000 0001 0111 1100 0000 0000
CLZ    R3, R2              ;R3 = 15
```

6. 协处理器指令

ARM 处理器可支持多达 16 个协处理器,用于各种协处理器操作。最常使用的协处理器是用于控制片上功能的系统控制协处理器 CP15,例如控制高速缓存(Cache)和存储器管理单元(MMU),浮点 ARM 协处理器等。另外,还可以开发专用的协处理器。ARM 协处理器指令主要分为协处理器数据处理指令、ARM 寄存器与协处理器寄存器的数据传送指令和协处理器寄存器和内存单元之间数据存/取指令。

(1) 协处理器数据处理指令

格式:CDP{〈cond〉} 〈CP♯〉,〈Cop1〉,CRd,CRn,CRm 　{,〈Cop2〉}

功能:CDP 指令用于 ARM 处理器通知 ARM 协处理器执行特定的操作。协处理器数据操作完全是协处理器内部的操作,用于初始化 ARM 协处理器,完成协处理器寄存器的状态改变。

其中,CP♯ 为指令操作的协处理器名,标准名为 pn,n 为 0~15;Cop1 为协处理器的特定操作码;CRd 是作为目标寄存器的协处理器寄存器;CRn 是存放第一个操作数的协处理器寄存器;CRm 是存放第二个操作数的协处理器寄存器;Cop2 是可选的协处理器特定操作码。

例 4.44

```
CDP    P7, 0, C0, C2, C3, 0      ;协处理器 P7 执行操作码 1 为 0 和可选操作码 2 为 0 的操
                                  ;作,完成 P7 的初始化
```

CDP 指令特点如下:

➤ 该操作由协处理器完成,即对命令参数的解释与协处理器有关,指令的使用取决于协处理器。

➤ 若协处理器不能成功地执行该操作,将产生未定义指令异常中断。

(2) 协处理器数据存取指令

协处理器数据存取指令用于将协处理器寄存器的数据存入存储器或从存储器读取数据装入协处理器寄存器。

① 协处理器数据读取指令

格式:LDC{cond}{L} 〈CP♯〉, CRd, 〈地址〉

功能:LDC 指令从某一连续的内存单元将数据读取到协处理器的寄存器中。进行协处理器的数据传送时,由协处理器来控制传送的字数。若协处理器不能成功地执行该操作,将产生未定义指令异常中断。

其中,L 可选后缀是长传送操作,如用于双精度数据的传送;CP♯是指令操作的协处理器名,标准名为 pn,n 为 0~15;CRd 是作为目标寄存器的协处理器寄存器;〈地址〉是所指定的内存地址。

例 4.45

```
LDC    P3, C2, [R1]    ;读取 R1 指向的内存单元的数据,传送到协处理器 P3 的 C2 寄存器中
```

② 协处理器数据存储指令

格式:STC{cond}{L} CP♯, CRd,〈地址〉

功能:将协处理器的寄存器数据存入到某一连续的内存单元中,由协处理器来控制写入的字数。若协处理器不能成功地执行该操作,将产生未定义指令异常中断。

STC 指令格式说明与 LDC 指令相同。

例 4.46

```
STC    P3, C1, [R0]    ;将协处理器 P3 的寄存器 C1 中的字数据
                       ;传送到 ARM 处理器的寄存器 R0 所指向的存储器中
```

(3) ARM 寄存器与协处理器寄存器的数据传送指令

① ARM 寄存器到协处理器寄存器的数据传送指令

格式:MCR{cond} CP♯, Cop1, Rd, CRn, CRm{,〈Cop2〉}

功能:将 ARM 处理器的寄存器中的数据传送到协处理器的寄存器中。若协处理器不能成功地执行该操作,将产生未定义指令异常中断。

MCR 格式说明与 CDP 指令相同。

例 4.47

```
MCR  P3, 3, R7, C7, C11, 6    ;将 ARM 寄存器 R7 中的数据传送到协处理器 P3 的寄存器 C7
                             ;和 C11 中
```

② 协处理器寄存器到 ARM 寄存器的数据传送指令

格式:MRC{cond}　CP♯, Cop1, Rd,CRn,CRm{,〈Cop2〉}

功能:将协处理器寄存器中的数据传送到 ARM 处理器的寄存器中。若协处理器不能成功地执行该操作,将产生未定义指令异常中断。

MRC 格式说明与 CDP 指令相同。

例 4.48

```
MRC  P3, 5, R0, C4, C5, 8    ;将协处理器 P3 的寄存器 C4 和 C5 中的数据传送到 ARM 处理
                            ;器的 R0 中
```

4.2　ARM 汇编伪指令与伪操作

伪指令是汇编语言程序里的特殊指令助记符,在汇编时被合适的机器指令替代。

而伪操作为汇编程序所用,在源程序进行汇编时由汇编程序处理,只在汇编过程起作用,不参与程序运行。宏指令是通过伪操作定义的一段独立的代码,在调用它时将宏体插入到源程序中,也就是常说的宏。

4.2.1　常用 ARM 汇编伪指令

ARM 伪指令不属于 ARM 指令集中的指令,是为了编程方便而定义的。伪指令可以像其他 ARM 指令一样使用,但在汇编时这些指令将被等效的 ARM 指令代替。ARM 伪指令有 4 条,它们是 ADR,ADRL,LDR 和 NOP。

(1) ADR(小范围的地址读取伪指令)

格式:ADR{cond} reg,expr

功能:将基于 PC 相对偏移的地址值或基于寄存器相对偏移的地址值读取到寄存器中。其中,reg 表示加载的目标寄存器,expr 为地址表达式。当地址值是非字对齐时,取值范围为 $-255\sim255$ 字节;当地址值是字对齐时,取值范围为 $-1020\sim1020$ 字节。

在汇编器汇编源程序时,ADR 伪指令被汇编器替换成一条合适的指令。通常,汇编器用一条 ADD 指令或 SUB 指令来实现 ADR 伪指令的功能,若不能用一条指令实现,则产生错误,汇编失败。

例 4.49　使用 ADR 查表

```
            ADR     R0,D_TAB              ;加载转换表地址
            LDRB    R1,[R0,R2]            ;使用 R2 作为参数,进行查表
            ⋮
D_TAB
            DCB     0xC0, 0xF9, 0xA4, 0xB0, 0x99, 0x92
```

(2) ADRL(中等范围的地址读取伪指令)

格式:ADRL{cond} reg,expr

功能:将基于 PC 相对偏移的地址值或基于寄存器相对偏移的地址值读取到寄存器中,比 ADR 伪指令可以读取更大范围的地址。其中,reg 为加载的目标寄存器,expr 为地址表达式。当地址是非字对准时,取值范围为 $-64\sim64$ KB;当地址是字对准时,取值范围为 $-256\sim256$ KB。

例 4.50　使用 ADRL 将程序标号 Label 所表示的地址存入 R1

```
            ⋮
            ADRL    R1,Label
            ⋮
Label       MOV     R0,R14
            ⋮
```

(3) LDR(大范围的地址读取伪指令)

格式:LDR{cond} reg,=expr

功能：LDR 伪指令用于加载 32 位立即数或一个地址值到指定的寄存器。其中,Register 为加载的目标寄存器;expr 为 32 位常量或地址表达式。

在汇编源程序时,LDR 伪指令被汇编器替换成一条合适的指令。若加载的常数未超过 MOV 或 MVN 的范围,则使用 MOV 或 MVN 指令代替该 LDR 伪指令;否则汇编器将常量放入文字池(literal pool)/数据缓冲池,并使用一条程序相对偏移的 LDR 指令从文字池读出常量。

例 4.51　使用 LDR 将程序标号 Label 所表示的地址存入 R1

```
            ⋮
        LDR     R1, = Label
            ⋮
Label
        MOV     R0,R14
            ⋮
```

注意：从指令位置到文字池的偏移量必须小于 4 KB;与 ARM 指令的 LDR 的区别是,伪指令 LDR 的参数有等号"="。

(4) NOP(空操作伪指令)

NOP 空操作伪指令可用于软件延时操作。NOP 伪指令在汇编时将被替代成 ARM 中的空操作,比如可能是"MOV R0,R0"指令等。

例 4.52　使用 NOP 进行软件延时

```
        ;R1 - 入口参数
Dly
        NOP                     ;空操作
        NOP
        NOP
        SUBS    R1,R1,#1        ;循环次数减 1
        BNE     Dly
        MOV     PC, LR
```

4.2.2　常用 ARM 汇编伪操作

ADS 集成开发环境下的伪操作可分为符号定义(Symbol Definition)伪操作、数据定义(Data Definition)伪操作、汇编控制(Assembly Control)伪操作和其他(Miscellaneous)伪操作。

1. 符号定义伪操作

符号定义伪操作如下：
➢ GBLA,GBLL,GBLS　声明全局变量。
➢ LCLA,LCLL,LCLS　声明局部变量。

➤ SETA,SETL,SETS　给变量赋值。

➤ RLIST　给通用寄存器列表定义名称。

例 4.53

	GBLA	A1	;定义全局数值变量 A1
A1	SETA	0xaa	;将该变量赋值为 0xaa
	GBLL	A2	;定义全局逻辑变量 A2
A2	SETL	{TRUE}	;将该变量赋值为真
	GBLS	A3	;定义全局字符串变量 A3
A3	SETS	"Tesiting"	;将该变量赋值为"Testing"

2. 数据定义伪操作

(1) LTORG

LTORG 用于声明一个数据缓冲池(文字池)的开始。

ARM 汇编编译器一般把文字池放在代码段的最后,即下一个代码段开始之前,或 END 伪操作之前。LTORG 伪操作通常放在无条件分支指令之后,或者子程序返回指令之后,这样处理器就不会错误地将文字池中的数据当作指令来执行。

(2) SPACE

SPACE 用于分配一块字节内存单元,并用 0 初始化。

例 4.54

start	BL	func	
	⋮		
func	LDR	R1, = 0x8000	;子程序
	⋮		
	MOV	PC,LR	;子程序返回
	LTORG		;定义数据缓冲池
Data	SPACE	4200	;从当前位置开始分配 4200 字节的内存单元,并初始化 ;为 0(默认数据缓冲池为空)
	END		

(3) DCB

格式:{label} DCB expr{,expr}…或　{label} = expr{,expr}

功能:DCB 用于定义并且初始化一个或者多个字节的内存区域。DCB 也可以用符号"="表示。

其中,expr 可以是 0～255 的一个数值常量或者表达式,也可以是一个字符串。当 DCB 后面紧跟一个指令时,可能要使用 ALIGN 以确保指令是字对齐的。

例 4.55

| short | DCB | 1 | ;为 short 分配一个字节,并初始化为1 |
| string | DCB | "string",0 | ;构造一个以 0 结尾的字符串 |

(4) DCD,DCDU

DCD 语法格式:{label} DCD expr{,expr}…或　{label} & expr{,expr}…

DCD 用于分配一段字对齐的内存单元,并初始化。DCD 也可以用符号"&"表示。其中,expr 为数字表达式或程序中的标号。

DCD 伪操作可能在分配的第一个内存单元前插入填补字节以保证分配的内存是字对齐的。

DCDU 用于分配一段字非严格对齐的内存单元。DCDU 与 DCD 的不同之处在于 DCDU 分配的内存单元并不严格字对齐。

例 4.56

```
data1    DCB    1,2,3              ;为 data1 分配 3 个字,内容初始化为 1,2,3
data2    DCD    label + 4          ;初始化 data2 为 label + 4 对应的地址
```

3. 汇编控制常用伪操作

汇编控制常用伪操作如下:

➢ IF,ELSE 及 ENDIF　有条件选择汇编;
➢ WHILE 及 WEND　有条件循环(重复)汇编;
➢ MACRO,MEND 及 MEXIT　宏定义汇编。

4. 其他常用伪操作

(1) AREA

格式:AREA　　sectionname{,attr} {,attr}…

功能:AREA 用于定义一个代码段或是数据段。

sectionname 为所定义的段名;attr 指明该段的属性,包括:

① CODE 用于定义代码段;

② DATA 用于定义数据段;

③ READONLY 指定本段为只读,为代码段的默认属性;

④ READWRITE 指定本段为可读可写,为数据段的默认属性;

⑤ ALIGN 指定段的对齐方式为 $2^{expression}$,expression 的取值为 0~31;

⑥ COMMON 指定一个通用段,该段不包含任何用户代码和数据;

⑦ NOINIT 指定此数据段仅仅保留了内存单元,而没有将各初始值写入内存单元,或者将各个内存单元值初始化为 0。

通常,一个大程序可包含多个代码段和数据段。一个汇编程序至少包含一个代码段。

(2) CODE16 和 CODE32

CODE16 指示汇编器后面的指令序列为 16 位的 Thumb 指令。CODE32 指示汇编器后面的指令序列为 32 位的 ARM 指令。

需要注意的是,CODE16 和 CODE32 只是告诉编译器后面指令的类型,该伪操作本身不进行程序状态的切换。

例 4.57

```
            AREA      State_Change, CODE, READONLY
            ENTRY
            CODE32                      ;以下为 32 位 ARM 指令
            LDR       R1, = start + 1
            BX        R1
            ⋮
            CODE16                      ;以下为 16 位 Thumb 指令
start       MOV       R2, ♯5
            ⋮
            END
```

(3) ENTRY

ENTRY 用于指定程序的入口点。通常,一个程序(可包含多个源文件)中至少要有一个 ENTRY(可以有多个 ENTRY),但一个源文件中最多只能有一个 ENTRY(可以没有 ENTRY)。

(4) ALIGN

格式:ALIGN {expr{,offset}}

功能:ALIGN 伪操作通过填充 0 将当前的位置以某种形式对齐。

其中,expr 是一个数,表示对齐的单位,该数字是 2 的整数次幂,范围在 $2^0 \sim 2^{31}$ 之间;若没有指定 expr,则当前位置对齐到下一个字边界处。Offset 为偏移量,可以是常数或数值表达式;不指定 offset 表示将当前位置对齐到以 expr 为单位的起始位置。

例 4.58

```
SHORT    DCB    1              ;本操作使字对齐被破坏
ALIGN                          ;重新使其为字对齐
MOV      R0, 1
⋮
ALIGN    8                     ;当前位置以 2 个字的方式对齐
⋮
```

(5) END

END 伪操作指示汇编器已经到了源程序结尾。每一个汇编源程序都必须包含 END 伪操作,以表明本源程序的结束。

(6) EQU

格式:name EQU expr{, type}

功能:EQU 伪操作为数字常量、基于寄存器的值和程序中的标号定义一个字符名。EQU 也可用符号"∗"表示。

其中,name 为 expr 定义的字符名;expr 为基于寄存器的地址值、程序中的标号、32 位的地址常量或者 32 位的常量;当 expr 为 32 位常量时,可以使用 type 指示 expr 的数据的类型,取值为 CODE32、CODE16 或 DATA。

例 4.59

```
sign    EQU    2              ;定义 sign 符号的值为2
sign    EQU    label + 8      ;定义 sign 符号的值为(label + 8)
sign    EQU    0x1c,CODE32    ;定义 sign 符号的值为绝对地址值 0x1c,且此处为 ARM 指令
```

(7) EXPORT 及 GLOBAL

格式: EXPORT/GLOBAL symbol {[,weak]}

功能: EXPORT/GLOBAL 用于声明一个源文件中的符号,以便使该符号能被其他源文件引用。

其中,symbol 是欲声明的符号名,要区分大小写;[weak]可选项用于声明其他同名符号优先于本符号被引用。

例 4.60

```
AREA      program, CODE, READONLY
EXPORT    ExeAdd
ExeAdd    ADD    R1, R1, R2
```

(8) IMPORT 和 EXTERN

格式: IMPORT   symbol{[,weak]}

　　　EXTERN   symbol{[,weak]}

功能: 声明一个符号是在其他源文件中定义的。symbol 为欲声明的符号名。当没有指定[weak]选项时,若符号名在所有的源文件中都没有被定义,则链接器将报告错误。当指定[weak]选项时,若符号名在所有的源文件中都没有被定义,则链接器将不报告错误,而是进行如下操作: ① 若该符号名被 B 或者 BL 指令引用,则该符号名被设置成下一条指令的地址,该 B 或 BL 指令相当于一条 NOP 指令;② 其他情况下,此符号名被设置成 0。

例 4.61

```
AREA      Init, CODE, READONLY
IMPORT    Prog      ;通知汇编器当前文件要引用符号名为 Prog,但 Prog 在其他文件中定义
  ⋮
END
```

(9) GET 及 INCLUDE

格式: GET filename

　　　INCLUDE   filename

功能: 将一个源文件包含到当前源文件中,并将被包含的文件在其当前位置进行汇编处理。Filename 表示包含的源文件名,源文件名允许使用路径信息且可以包含空格。

例 4.62

```
GET    d:\arm9\file.s
```

(10) INCBIN

格式：INCBIN　　filename

功能：将一个文件包含到当前源文件中，而被包含的文件不进行汇编处理。Filename 为被包含的文件名称，允许使用路径信息但不能有空格。

通常，使用此伪操作将一个可执行文件或者任意数据包含到当前文件中。

例 4.63

```
INCBIN    d:\arm\file.c
```

通常，使用 ARM 汇编语言编写的 ARM 汇编程序或 Thumb 汇编程序源程序文件扩展名为".s"；用 C 语言编写的 C 源程序文件扩展名为".c"，C 头文件扩展名为".h"。

4.3　Thumb 和 Thumb2 指令集简介

为了兼容 16 位数据总线宽度的应用系统，ARM 体系结构除了支持执行效率很高的 32 位 ARM 指令集外，同时也支持 16 位的 Thumb 指令集。Thumb 指令集是 ARM 指令集的子集，允许指令编码为 16 位长度。在 16 位外部数据总线宽度下，使用 Thumb 指令要比使用 ARM 指令的性能更好；而在 32 位外部数据总线宽度下，使用 Thumb 指令的性能要比使用 ARM 指令的性能要差。因此，Thumb 多用在存储器受限的嵌入式系统中，比如移动电话、PDA 等。在一般情况下，Thumb 指令与 ARM 指令的时间效率和空间效率关系为：

➢ Thumb 代码所需的存储空间约为 ARM 代码的 60%～70%；

➢ Thumb 代码使用的指令数比 ARM 代码多 30%～40%；

➢ 若使用 32 位存储器，ARM 代码比 Thumb 代码约快 40%；

➢ 若使用 16 位存储器，Thumb 代码比 ARM 代码约快 50%；

➢ 与 ARM 代码相比较，使用 Thumb 代码，存储器的功耗约降低 30%。

Thumb 指令集中的汇编指令助记符与 ARM 指令集中的汇编指令助记符是相同的，且功能也基本类似。Thumb 指令集与 ARM 指令集的主要区别体现在以下方面：

➢ 分支指令方面。Thumb 指令集中的条件分支指令与 ARM 指令集的分支指令相比，在转移范围上有更多的限制，对于子程序的转移只有不带条件的转移指令。

➢ 数据传送指令方面。大多数情况下，Thumb 指令集中的数据处理指令对通用寄存器进行操作，操作结果送到其中一个操作数寄存器中，而不是送到第 3 个寄存器中；另外，除了比较指令（CMP），Thumb 指令集中访问 R18～R15 寄存器的数据处理指令不能更新 CPSR 寄存器中的标志。

➢ 多寄存器加载/存储指令方面。Thumb 指令集中采用 PUSH 指令和 POP 指令来实现,指令执行以 R13 作为堆栈指针,实现满递减堆栈;除了加载/存储 R0~R7 寄存器外,PUSH 指令还可存储链接寄存器 LR(R14),POP 指令可加载程序计数器 PC(R15)。

➤ Thumb 指令集中没有协处理器指令、数据交换指令和访问 CPSR/SPSR 寄存器的指令。

在 ARM Cortex 系列 ARM 微控制器中引入了增强的 Thumb-2 指令集。简单地说,Thumb2 指令集集成了 16 位的 Thumb 指令及部分 32 位 ARM 指令,成为可变长的指令集。Thumb-2 指令集提供了几乎与 ARM 指令集完全相同的功能,它兼有 16 位和 32 位指令,但代码密度与 Thumb 代码类似。ARM Cortex-M3 及以上系列 ARM 微控制器只支持 Thumb-2 指令集,ARM Cortex-A8 及以上系列 ARM 应用处理器支持传统的 ARM 指令集、Thumb 指令集及增强的高性能 Thumb-2 指令集。Thumb 指令集的缺点是缺少条件执行。Thumb2 指令集增加的一种指令是通过使用新的 IT(If-Then)指令为 16 位 Thumb 指令提供部分修正。IT 提供的条件码用来管理 4 条连续的区块,区块中的每条指令都标记为由 IT 指令的条件码或者其补充,并且只有在条件满足时指令才能执行。

Thumb2 中 IT 指令格式定义:

```
IT <x><y> <z> <cond>
```

其中,条件码域<cond>是任意的条件码(如 EQ、GT、LT、NE 等)。变量域 x、y、z 是可选的,可以是 T(相当于 Then)或 E(相当于 Else)。根据 T 和 E 的数量(包括 IT 中的第一个 T),ARM 处理器有条件地执行代码。

例 4.64

```
CMP     R0,R1    ;R0 = R1?
ITE     EQ       ;结果是 EQ 吗?
MOVEQ   R0,R4    ;若 R0 = R1,执行本条指令
MOVNE   R0,R5    ;否则执行本条指令
```

4.4　ARM 编程基础

在只关心系统所具有功能的设计中,大多可采用高级编程语言(如 ARM C 语言)编写程序,它不仅隐藏了 ARM 处理器执行指令的许多细节,而且能提高编程效率。但是,ARM 处理器执行指令的细节差异会反映在系统的非功能特性上,如系统程序的规模和运行速度等。因此,掌握 ARM/Thumb 汇编语言程序设计对于一名专业的嵌入式系统设计者来说是极其重要的。在 ARM 程序设计中,除了能采用高级语言或汇编语言编制程序外,在有些应用场合还要求能采用 C 语言等高级语言与汇编语言进行混合编程。

4.4.1　ARM 程序常用文件格式

ARM 程序常用文件格式及说明如表 4.4 所列。

表 4.4　ARM 程序常用文件格式

源程序文件	文件扩展名	说　明
汇编程序文件	*.s	用 ARM 汇编语言编写的 ARM 程序或 Thumb 程序
C 程序文件	*.c	用 C 语言编写的程序代码
头文件	*.h	为了简化源程序,通常将程序中经常使用的常量名、宏定义、数据结构定义等单独存放在一个文件中,该文件一般称为头文件

4.4.2　ARM 预定义变量

ARM 预定义变量是 ATPCS(ARM – THUMB Procedure Call Standard)标准的一部分,ATPCS 是 ARM 公司制定的基于 ARM 指令集和 THUMB 指令集过程调用的规范,规定了应用程序的函数如何分开写、分开编译,最后链接在一起。所以 ATPCS 实际上定义了一套有关过程或函数调用者与被调用者之间的一种协议。ARM 汇编器对 ARM 的寄存器进行了预定义,所有的寄存器和协处理器名都是大小写敏感的。ARM 预定义寄存器如下:

➤ R0~R15 和 r0~r15;

➤ a1~a4:参数、结果或临时寄存器,与 r0~r3 同义;

➤ v1~v8:变量寄存器,与 r4~r11 同义;

➤ sb 和 SB:静态基址寄存器,与 r9 同义;

➤ sl 和 SL:堆栈限制寄存器,与 r10 同义;

➤ fp 和 FP:帧指针,与 r11 同义;

➤ ip 和 IP:过程调用中间临时寄存器,与 r12 同义;

➤ sp 和 SP:堆栈指针,与 r13 同义;

➤ lr 和 LR:链接寄存器,与 r14 同义;

➤ pc 和 PC:程序计数器,与 r15 同义;

➤ cpsr 和 CPSR:程序状态寄存器;

➤ spsr 和 SPSR:程序状态寄存器;

➤ f0~f7 和 F0~F7:FPA 寄存器(Floating Point Accelerator);

➤ p0~p15:协处理器 0~15;

➤ c0~c15:协处理器寄存器 0~15。

4.4.3　C 语言与汇编混合编程

1. C 程序嵌入汇编程序

ARM 汇编工具支持在 C、C++语言程序嵌入汇编程序段,其语法格式如下:

```
__asm("指令[;指令]") 或 asm("指令[;指令]")
```

在内嵌汇编的语法规则中,作为操作数的寄存器和常量可以是 char(8 位)、short(16 位)或 int(32 位)型的 C 表达式;物理寄存器不要使用复杂的 C 表达式,一般不使用 R0~R3、R12(IP)和 R14(LR);不要使用寄存器代替变量。

例 4.65　C 语言程序嵌入汇编

```
//C程序
# include    <stdio.h>
void  test_example1(char * s1, const char * s2);?
int  main(void)
{
        const  char   * string1 = "test example";
        char    s[20];
        __asm
        {
        MOV   R0, string1
        MOV   R1, s
        BL    test_example1, {R0, R1}
        }
return  0;
}
void   test_example1(char * s1, const char * s2)
{       int   a1;
        __asm
        {
        loop
        # ifndef     _thumb
            LDRB    a1, [s1], #1
            STRB    a1, [s2], #1
        #else
            LDRB    a1, [s1]
            ADD     s1, #1
            STRB    a1, [s2]
            ADD     s2, #1
        #endif
            CMP     a1, #0
            BNE     loop
        }
}
```

本例采用 C 语言编写的程序中内嵌了汇编程序。其中,test_example1 是子程序(函数),main()是 C 语言主函数。main 函数和 test_example1 函数内部各嵌入了一段 ARM 汇编程序,本例程序实现的是字符串的复制操作。

2. 交互规则

在 ATPCS 标准中,常用的交互规则如下:① 寄存器规则:v1~v8(R4~R11)用于保存局部变量;② 堆栈规则:使用 FD(满递减堆栈)类型堆栈;③ 参数传递规则:如果参数数目小于等于 4,则用 R0~R3 保存参数;当参数数目大于 4 时,剩余的参数压入堆栈保存;④ 子程序结果返回规则:当子程序中的结果为 32 位整数时,通过 R0返回;当子程序中的结果为 64 位整数时,通过 R0、R1 返回;当子程序中的结果为 64位以上的更多位数结果时,需通过内存传递返回。

3. C 程序调用汇编程序

C 程序调用汇编程序步骤如下:

① 在汇编程序中,用该函数名作为汇编代码段的标识,定义汇编子程序代码(相当于 C 语言的函数),并在子程序最后用"MOV PC,LR"返回。

② 在汇编程序中,用 EXPORT 伪操作导出该子程序名(相当于 C 语言的函数名),使得该子程序名(函数名)能被其他的程序调用。

③ 在 C 程序中,用 extern 关键字声明该函数原型。

例 4.66　C 程序调用汇编程序

C 代码如下:

```
//文件名:test.c
…
extern void scopy(char * d, char * s);
…
scopy(dststr, srcstr);//调用 scopy
```

汇编代码如下:

```
;文件名:strcpy.s
AREA strcpy,   CODE, READONLY
EXPORT scopy
scopy
    LDRB    R2,[R1],#1
    STRB    R2,[R0],#1
    CMP     R2,#0
    BNE     scopy
    MOV     PC, LR      ;R0 = Result
END
//R0 存放第一个参数 d,R1 存放第二个参数 s
```

下面对本例程序代码做一些说明:

➤ C 程序和汇编程序间的参数传递是通过 ATPCS 标准进行。简单地说,若函数的参数数目不多于 4,用对应的 R0～R3 进行传递;若参数数目大于 4 个需借助堆栈;函数返回值通过 R0 返回。

➤ EXPORT scopy 表示后面的 scopy 能在另外的文件中引用。

4. 汇编程序调用 C 程序

汇编程序调用 C 函数步骤如下:

① 在 C 程序中,无需任何关键字导出或声明被调用的 C 程序变量。

② 在汇编程序中,当访问其他 C 文件的一个 C 函数时,用 IMPORT 伪操作声明该函数名。

在汇编程序中,通常根据数据的数据类型使用相应的 LDR 指令读取该全局变量的地址和值,然后在此基础上,可使用其他数据处理指令(如 ADD、SUB、STR 指令等)对该全局变量做进一步操作。

例 4.67   汇编程序调用 C 函数

```
;汇编代码,文件名:example.s
AREA    example, CODE, READONLY
IMPORT sum5 ;使用 IMPORT 伪操作声明 C 函数
                         ;即 C 函数 sum5()
callsum5
    STMFD   SP!,{LR}         ; LR 入栈
    ADD R1, R0, R0           ; R0 = a,R1 = b = 2 * a
    ADD R2, R1, R0           ; R2 = c = 3 * a
    ADD R3, R1, R2           ; R3 = e = 5 * a
    STR  R3, [SP, #-4]!      ; e in stack,即参数 e 通过堆栈传递
    ADD R3, R1, R1           ; R3 = d = 4 * a
    BL   sum5                ; call sum5, R0 = result
    ADD SP,SP,#4             ;修正 SP 指针
    LDMFD   SP!,{PC}         ;子程序返回
END
//C 代码
#include<stdio.h>
int sum5(int a, int b ,int c, int d, int e)
{
  return (a + b + c + d + e);
}
```

本例的汇编程序是调用 sum5(a,2 * a,3 * a, 4 * a,5 * a)。在汇编程序中调用 C 语言函数时,需要在汇编程序中利用 IMPORT 声明对应的 C 函数名。汇编程序的设计要遵循 ATPCS 规则,以确保程序调用时参数的正确传递。

4.4.4   ARM 系统引导程序简介

掌握汇编语言程序设计对于嵌入式系统设计者来说是非常必要的。在嵌入式系

统设计中,有些程序,特别是系统引导程序以及规模和实时性要求较高的程序,必须采用汇编语言编写。嵌入式系统硬件加电后运行的第一段程序通常称为系统引导程序(Boot)或启动代码(Startup code),它通常被安排在系统复位异常向量地址处。系统引导程序的主要作用是对硬件进行初始化,它依赖于具体的硬件环境,包括 CPU 体系结构以及具体的板级硬件配置。就两个不同的嵌入式系统板而言,即使它们采用的 CPU 相同,系统引导程序也有可能不同。在一块开发板上运行正常的系统引导程序移植到另一块板上也必须根据硬件配置进行相应的修改。

以 S3C2440 为例,ARM 系统引导程序文件启动顺序为:

① 关看门狗定时器。

② 关中断。

③ 配置存储系统。

④ 设置 CPU 时钟频率。

⑤ 初始化各模式下的系统堆栈,系统堆栈初始化取决于用户使用了哪些异常以及系统需要处理哪些错误类型。一般情况下,管理模式堆栈必须设置;若使用了 IRQ 中断,则 IRQ 中断堆栈必须设置。

⑥ 设置默认的中断处理函数。若程序运行于用户模式,则可在系统引导程序中将系统模式改为用户模式并初始化用户堆栈指针。

⑦ 初始化 RAM 存储器空间。为正确运行应用程序,初始化期间应将系统需要读/写的数据和变量从 ROM 复制到 RAM 中。一些要求快速响应的程序,如中断处理程序也需要在 RAM 中运行;若使用 FLASH,则对 FLASH 的擦除和写入操作也一定要在 RAM 中运行。

⑧ 跳转到 C 程序的入口点,如 Main。

例 4.68　S3C2440 系统引导程序片段举例。

```
; Startup Code for S3C2440: 2440init.s
; GET 类似于 C 语言的 include
GET option. inc          ;option. inc 中定义了一些全局变量
GET memcfg. inc          ;memcfg. inc 中定义了关于内存 BANK 的符号和数字常量
GET 2440addr. inc        ;2440addr. inc 中定义了用于汇编的 S32440 寄存器变量和地址
BIT_SELFRESH      EQU    (1<<22)   ;SDRAM 自刷新位,将寄存器 REFRESH[22]置 1
; CPSR 中的低 5 位 M[4:0]定义 ARM 处理器的 7 种工作模式,为以后切换工作模式时使用
; Pre-defined constants
USERMODE      EQU    0x10         ;用户模式
FIQMODE       EQU    0x11         ;快速中断模式
IRQMODE       EQU    0x12         ;中断模式
SVCMODE       EQU    0x13         ;管理模式
ABORTMODE     EQU    0x17         ;异常中止模式
UNDEFMODE     EQU    0x1b         ;未定义模式
MODEMASK      EQU    0x1f         ;模式掩码
NOINT         EQU    0xc0         ;禁止中断
```

```
;设置 6 种工作模式的堆栈起始地址,每个堆栈大小为 4 KB
;因系统寄存器仅 31 个、资源有限,故在 RAM 中开辟一块区域保存临时变量,称为堆栈
;_STACK_BASEADDRESS 在 option. inc 文件内定义,值为 0x33ff8000
;The location of stacks
UserStack EQU ( _STACK_BASEADDRESS - 0x3800)      ;0x33ff4800~
SVCStack EQU ( _STACK_BASEADDRESS - 0x2800)       ;0x33ff5800~
UndefStack EQU ( _STACK_BASEADDRESS - 0x2400)     ;0x33ff5c00~
AbortStack EQU ( _STACK_BASEADDRESS - 0x2000)     ;0x33ff6000~
IRQStack EQU ( _STACK_BASEADDRESS - 0x1000)       ;0x33ff7000~
FIQStack EQU ( _STACK_BASEADDRESS - 0x0)          ;0x33ff8000~
...
IMPORT   Main                                     ;导入 Main,它为 C 语言程序入口函数
;导入用于复制从 NAND Flash 中的映像文件到 SDRAM 中的函数
IMPORT   RdNF2SDRAM
AREA     Init. CODE. READONLY                      ;定义名为 Init 的代码段
ENTRY
...
; b 是不带返回的跳转,故执行 b ResetHandler 不会执行下面的跳转
b     HandlerUndef       ;未定义指令处理
b     HandlerSWI         ;软件中断处理
b     HandlerPabort      ;预取指令错误处理
b     HandlerDabort      ;数据存取错误
b     .                  ;保留的中断向量
b     HandlerIRQ         ;中断处理
b     HandlerFIQ         ;快速中断
...
b     ResetHandler       ;复位中断处理
```

在嵌入式操作系统中,系统硬件加电到执行操作系统内核之前执行的一段程序称为引导加载程序(BootLoader)。BootLoader 主要是为操作系统提供基本的运行环境,由它最终启动操作系统,并将控制权交给操作系统内核。嵌入式系统常见的 BoadLoader 有 RedBoot、U - Boot(Universal Boot Loader)、Blob(Boot Loader Object)、Vivi 等。

在 PC 机中,引导加载程序由 BIOS(其本质是一段固件程序)和位于硬盘 MBR (Main Bootable Record -主引导记录用于记录整个硬盘的分区信息) 中的操作系统 BootLoader(LILO - LInux LOader、GRUB - GRand Unified Boot loader 等)共同组成。BIOS 在完成硬件检测和资源分配后,将硬盘 MBR 中的 BootLoader 读到系统的 RAM 中,然后将控制权交给操作系统的 BootLoader。BootLoader 的主要运行任务就是将内核映像从硬盘读到 RAM 中,然后跳转到操作系统内核的入口点运行,即启动操作系统。

嵌入式系统通常并没有像 PC 机 BIOS 这样的固件程序(部分嵌入式 ARM MCU/MPU 会内嵌一段短小的启动程序 Boot),因此,进入操作系统前的系统启动加载任务就完全由 BootLoader 来完成。例如,在基于 ARM9 的嵌入式系统中,系统在上电或复位时通常是从地址 0x00000000 处开始执行,而在该地址处安排的就是

进入操作系统前的 BootLoader 程序。

4.5　使用 RealView MDK 设计 I/O 接口应用程序

用于 ARM 裸机程序开发的集成开发环境(Integrated Development Environment,IDE)主要有 ADS1.2、RealView MDK、IAR 等。ADS1.2(ARM Developer Suite)是 ARM 公司于 2001 年推出的 ARM 集成开发工具。RealView MDK(RealView Microcontroller Development Kit)是 ARM 公司于 2003 年推出的微控制器开发工具。本节介绍 MDK 软件开发工具设计汇编程序的基本方法,ADS1.2 的基本使用方法可参考附录。

4.5.1　RealView MDK 集成开发工具及实验平台简介

这里采用的软件为 RealView MDK – ARM Version 5.14(即安装软件,简称 MDK),集成开发环境为 Keil μVision5 IDE,MDK 内部使用的编译器为 ARM 开发套件 RVDS(RealView Development Suite)的 RVCT(RealView Compilation Tools,ARM RVCT)。

MDK 集成开发工具主要核心部件如下:

➤ Keil μVision IDE:是集工程管理器、源码编辑器、调试器于一体的强大集成开发环境。

➤ ARM RVCT 编译器:是 ARM 公司提供的编译工具链,包含 C/C++编译器(ARMCC)、汇编器(ARMASM)、链接器(ARMLINK)和相关工具。

➤ RL – ARM 实时库组件:是为了解决基于 ARM MCU 的嵌入式系统中实时通信问题而设计的紧密耦合库集合,可将其作为工程库来使用。

➤ 模拟器:在无目标硬件的模拟调试模式下,模拟 ARM MPU/MCU 以及外设的特性。

➤ 硬件调试单元:在有目标硬件的硬件调试模式下,支持 ULINK/JLINK – JTAG 等仿真器连接目标系统的调试接口(JTAG 或 SWD 方式),帮助用户在目标硬件上调试程序。

很多嵌入式系统硬件调试使用了 JTAG 接口。JTAG 是 Joint Test Action Group(联合测试行动组)的缩写,其最初用来对芯片进行测试,基本原理是在器件内部定义一个 TAP(Test Access Port,测试访问口),通过专用的 JTAG 测试工具对内部节点进行测试。JTAG 测试允许多个器件通过 JTAG 接口串联在一起,形成一个 JTAG 链,从而实现对各个器件进行分别测试。目前,JTAG 接口还常用于实现 ISP

(In - System Programmable,即在线编程)、对 Flash 等器件进行编程等。

JTAG 标准接口主要有 4 根信号引脚,分别是:

① TMS(Test Mode Selection Input,测试模式选择),用来控制 TAP 状态机的转换。通过 TMS 信号可以控制 TAP 在不同的状态间相互转换。TMS 信号在 TCK 的上升沿有效。TMS 在 IEEE 1149.1 标准中是强制要求的。

② TCK(Test ClocK Input,测试时钟)为 TAP 的操作提供了一个独立的、基本的时钟信号,TAP 的所有操作都是通过这个时钟信号来驱动的。TCK 在 IEEE 1149.1 标准中是强制要求执行。

③ TDI(Test Data Input,测试数据输入):所有要输入到特定寄存器的数据都是通过 TDI 接口一位一位串行输入。TDI 在 IEEE 1149.1 标准中是强制要求执行。

④ TDO(Test Data Output,测试数据输出线):所有要从特定寄存器中输出的数据都是通过 TDO 接口一位一位串行输出的。TDO 在 IEEE 1149.1 标准中是强制要求执行。

另外,还有一根可选的 TRST (Test ReSeT Input,JTAG 复位信号),可以用来对 TAP Controller 进行复位(初始化)。因为通过 TMS 也可以对 TAP Controller 进行复位,因此该信号接口在 IEEE 1149.1 标准中是可选的,并不强制要求。

在调试嵌入式系统时,主机上运行的调试工具(如 MDK 中的 Debug 调试器等)通过仿真器(如 J - Link、U - Link 等)和嵌入式目标机(Target)相连。仿真器处理宿主机(PC Host)和嵌入式目标机之间的所有通信。通信口可以是 USB 口、串口、高速以太网口或并行口等,需要说明的是,目前的普通 PC 机几乎都没有并口了,因此很少再使用并行口。仿真器通过 JTAG 和目标机相连。

实验平台包括 JLINK 仿真器、FL2440 开发板、MDK5 软件开发工具及其对应版本的 ARM9 软件支持包(ARM9 软件支持包下载网址是 http://www2.keil.com/mdk5/legacy,注意,MDK4 及以前版本无须安装 ARM9 软件支持包)。假设 JLINK 仿真器驱动、MDK5 安装软件及其对应的 ARM9 软件支持包已事先安装成功,实验平台使用前,须将 JLINK 仿真器一端与 FL2440 开发板(目标硬件)的 JTAG 口连接,JLINK 仿真器另一端与 PC 机的 USB 口连接。

4.5.2　使用 RealView MDK 设计 I/O 接口程序举例

以飞凌嵌入式 FL2440 开发板为例,这里分别举例说明使用 RealView MDK 设计 ARM 汇编 I/O 接口程序和 ARM C 语言 I/O 接口程序的基本过程。

例 4.69　FL2440 开发板中共有 4 个 LED 发光二极管,这里只控制其中 3 个 LED 间断闪亮。LED0~LED2 由 S3C2440 的 GPIO 端口 GPB5、GPB6、GPB8 控制,如图 4.5 所示。试设计使 LED0~LED2 间断闪亮的 ARM 汇编 I/O 接口程序,并利用 MDK 对其进行调试。

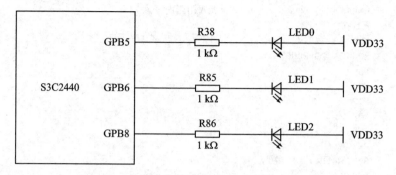

图 4.5　S3C2440 端口 B 引脚与 LED 的连接

1. 设计 ARM 汇编 I/O 接口程序

设计本例 ARM 汇编程序需注意两点。

(1) 按 ARM 汇编程序格式及规范编写源程序

以下是 MDK ARM 汇编程序套用格式：

```
        AREARESET, CODE, READONLY
        ENTRY
        CODE32
START
        ......
        END
```

(2) GPB 端口有 3 个可编程专用寄存器

GPB 端口有 3 个可编程专用寄存器分别是 GPBCON（地址为 0x56000010）、GPBDAT（地址为 0x56000014）和 GPBUP（地址为 0x56000018）。

以下是本例的 ARM 汇编源程序：

```
;Filename:test2.s
        ;AREA ABC,CODE,READONLY        ;本句 ADS1.2 适用
        AREA RESET,CODE,READONLY       ;MDK 中段名用 RESET
        ENTRY
        CODE32
START   LDR R0, = 0x56000010           ;GPBCON:Port B control
        LDR R1, = 0x56000014           ;GPBDAT:Port B data
        LDR R2, = 0x56000018           ;GPBUP:Port B pull up control
        LDR R3, = 0x155555             ;GPB 口控制字,用于设置 GPB10~GPB0 为输出
        LDR R6, = 0x7fe
        LDR R7, = 0x69e
        STR R3,[R0]                    ;GPB 口控制字送入 GPBCON 寄存器
        STR R6,[R2]                    ;GPB8,GPB6,GPB5 片内上拉电阻禁止
LOOP    STR R7,[R1]                    ;GPB8,GPB6,GPB5 输出 0
        BL  DELAY                      ;调用 DELAY 延时子程序
```

```
        STR R6,[R1]              ;GPB8,GPB6,GPB5 输出 1
        BL DELAY                 ;调用延时子程序
        B LOOP
DELAY   MOV R4,#1024             ;延时子程序开始
DEL     MOV R5,#0x2000
DELA    NOP
        NOP
        NOP
        NOP
        SUBS R5,R5,#1
        BNE DELA
        SUBS R4,R4,#1
        BNE DEL
        BX   R14                 ;延时子程序返回
        ;以上返回指令也可写成 MOV R15,R14;但不提倡这样使用
        END
```

2. 利用 MDK 编辑、汇编链接和调试 I/O 接口汇编程序

方法步骤：

(1) 启动 MDK

选择"开始 →程序→Keil μVision5"，启动 MDK。

(2) 建立工程

从主菜单选择 Project→NewμVision5 Project 菜单项，则弹出 Create New Pro-ject 对话框，用于创建一个工程。设置工程路径名并输入工程名 ex3 - 2，单击"保存"按钮后将显示 Select Device for Target 对话框，如图 4.6 所示。这里设置处理器型号为 S3C2440，单击 Ok 按钮则显示"Copy 'S3C2440.s'to Project Folder and Add File to Project?"对话框，提示是否要添加 S3C2440.s 汇编启动代码到工程中，这里单击"否"按钮（即不添加自带的 SC32440.s 启动代码）。于是建立了一个名字为 ex3 - 2.uvproj 的工程文件。因为没有添加 S3C2440.s 启动代码，Project 工程窗口不显示任何源程序文件。

(3) 建立并添加汇编源程序文件至工程

从主菜单选择 File→New 菜单项，则显示文本编辑界面，在其中录入例 4.68 的汇编源程序，单击 Save as 将源程序另存为 test2.s 文件。在 Project 窗口右击 Source Group1，在弹出的级联菜单中选择 Add New Item to Group，添加 test2.s 文件至已建立的工程中，如图 4.7 所示。

若还有其他汇编、C/C++等源程序文件，则可重复此步骤建立并添加多个源程序文件到工程中。所有源程序文件添加到工程后，接下来对配置目标硬件选项（Configure Target options），如 Target、Debug、Utilities 等，对应项进行设置。

(4) 设置目标硬件

在图 4.7 中，单击 Target1 列表框右侧的目标选项图标 按钮，则弹出目标选

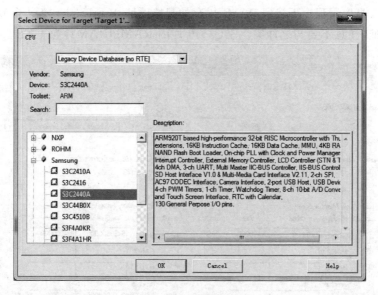

图 4.6　处理器型号设置

图 4.7　建立并添加汇编源程序文件至工程

项(Options for Target 'Target 1')界面,再单击 Target 标签,设置目标硬件和选择
处理器片内外围组件的相关参数。根据 FL2440 开发板硬件配置参数设置只读存储
区域 ROM1、ZI(零初始化)和 RW(Read - Write:读/写)区域 RAM1,如图 4.8 所示。
RAM1 实际容量为 64 MB SDRAM,地址范围为 0x32000000～0x34000000)。其中

0x30800000 是应用程序下载到 RAM1 内存的起始地址,BootLoader 使用了 0x30200000 之前的地址,注意不要与之冲突。S3C2440 片内 RAM(IRAM1)为 4 KB。

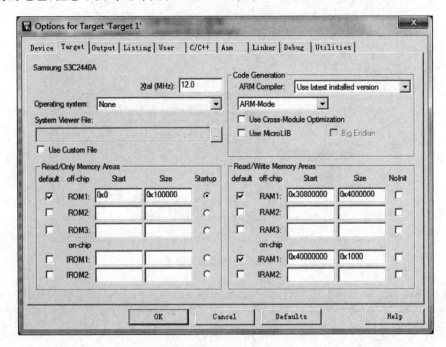

图 4.8　目标硬件选项设置

(5) 设置输出文件类型

在目标选项(Options for Target 'Target 1')窗口中,单击 Output 标签,在该选项卡中选择输出文件的类型(AXF、HEX),如图 4.9 所示。程序调试通过后,需要下载执行代码到目标硬件的 Flash 中。MDK 能生成 AFX 和 HEX 两种格式下载文件,如果要生成 BIN 格式下载文件,则需要使用 ARM fromELF.exe 工具进行转换。这里 ELF(Executable and Linking Format)表示可执行及链接文件。

3 种格式下载输出文件的区别是:BIN(BINary)文件是真正的二进制可执行文件,它没有任何地址信息,因此下载时必须指明地址;AXF 文件(选中 Debug Information)是 ARM 调试文件,它除了 BIN 的内容外,还附加了其他调试信息;HEX 文件(选中 Create Hex File)包含地址信息,一般在烧写或下载 HEX 文件时不需要指定地址,因为 HEX 文件内部包含了地址信息。

(6) 设置调试方式及调试器

在目标选项(Options for Target 'Target 1')界面中,单击 Debug 标签,则显示调试方式及调试器选项卡,如图 4.10 所示。在无目标硬件的环境下选择模拟器调试方式(选中窗口左边的 Use Simulator 单选钮)。在有目标硬件的环境下选择硬件调试方式,方法是选中窗口右边的 Use 单选钮,并在其下拉列表框中选取所用的调试

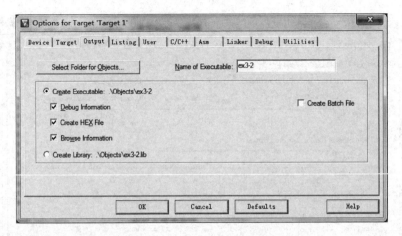

图 4.9　输出文件类型设置

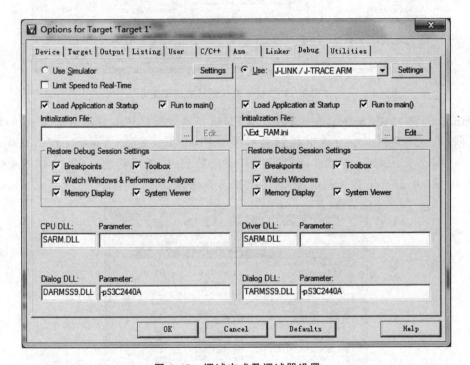

图 4.10　调试方式及调试器设置

器名称,这里选取 JLINK 仿真器(J-LINK/J-TRACE ARM)作为调试器。

(7) 设置 Flash 编程工具及算法

在目标选项(Options for Target 'Target 1')界面中,单击 Utilities 标签,则弹出 Flash 编程工具选项卡,如图 4.11 所示。MDK 提供了两种 Flash 编程的方法,一种方法是使用目标硬件驱动(Target Driver),另一种方法是使用外部工具。

这里选择目标硬件驱动方法,具体步骤是选择 Use Target Driver for Flash Pro-

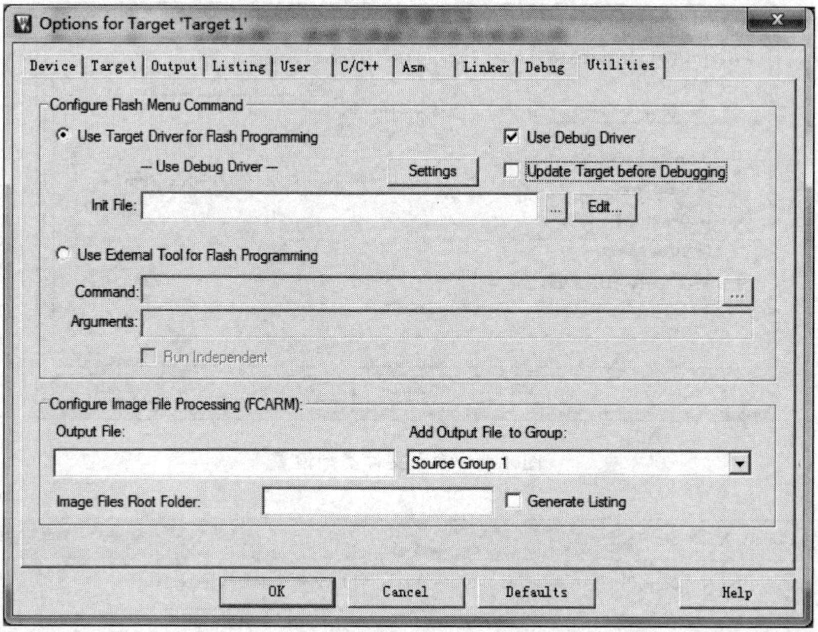

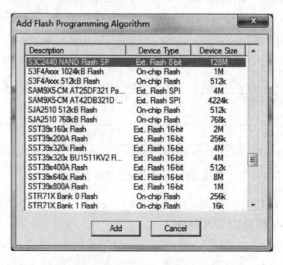

图 4.11　Flash 编程器及算法设置

gramming 项,单击 Settings 按钮后显示 Flash 下载设置(Flash Download Setup)对话框;单击该对话框中的 Add 按钮显示添加 Flash 编程算法(Add Flash Programming Algorithm)列表对话框,在其中选中对应的 Flash 编程算法为 S3C2440 NAND Flash SP,单击 Add 按钮确认被选中的 Flash 算法,如图 4.12 所示。

图 4.12　根据目标处理器选取合适的 Flash 编程算法

需特别说明的是,以上设置只是一些常用的基本设置,其他设置可参阅 Real-

View MDK 相关技术手册。

(8) 对源程序进行汇编链接

选择 Project→Make 菜单项,对源程序进行汇编并链接工程。若汇编过程无误,则表明汇编、链接成功,并生成 AXF、HEX 等格式文件。

(9) 利用 Debugger 调试器调试程序

选择 Project→Debug 菜单项自动激活 Debugger 调试器。在 Debugger 中,若选择 Start/Stop Debug→Run 菜单项,则连续执行程序,可以看到开发板上的 3 个 LED 间断闪亮。

单步执行方式主要用于程序调试,选择 Step Over 或直接按[F10]快捷键将单步执行程序。程序调试时可有多个窗口和对话框用于观察处理器的状态,包括寄存器窗口、内存窗口、外设窗口、串行窗口、调试堆栈窗口等。

例 4.70　如图 4.5 所示,试设计使 LED0~LED2 顺序循环点亮(跑马灯)的 ARM C 语言 I/O 接口程序,并利用 MDK 对其进行调试。

步骤如下:

(1) 设计 ARM C 语言 I/O 接口程序

以下是本例的 ARM C 源程序:

```
//Filename:led.c
/*
    GPIO 端口说明:
    GPB0 --控制蜂鸣器(1:开蜂鸣器,0:关蜂鸣器)
    GPB5 --控制 LED0 发光
    GPB6 --控制 LED1 发光
    GPB8 --控制 LED2 发光
*/
/* --------------------------地址声明------------------------- */
#define rGPBCON (*(volatile unsigned *)0x56000010)
#define rGPBDAT (*(volatile unsigned *)0x56000014)
#define rGPBUP (*(volatile unsigned *)0x56000018)
/* --------------------------定义全局变量------------------------- */
#define uchar unsigned char
#define uint unsigned int
/* --------------------------函数声明------------------------- */
void Delay(int x);
/* -------------------------------------------------------------/
函数名称:Delay
功能描述:延时函数
------------------------------------------------------------- */
void Delay(int x)
{
    int k, j;
    while(x)
    {
        for (k = 0;k<= 0xff;k ++)
```

```
            for(j = 0;j< = 0xff;j + + );

        x - - ;
    }
}
/ * - - - - - - - - - - - - - - - - - - - - - - - - - - - - - - - - - - - - - - - - - - - -
函数名称:Main
功能描述:主程序,初始化后进入跑马灯无限循环
- - - - - - - - - - - - - - - - - - - - - - - - - - - - - - - - - - - - - - - - - - - - - - * /
int Main(void)
{
    rGPBCON = 0x155555;          //GPB5,GPB6,GPB8 - - 设置为输出
    rGPBUP = 0x7fe;              //GPB5,GPB6,GPB8 - - 禁止上拉;GPB0 - - 允许上拉
    rGPBDAT & = 0x7fe;           //GPB0 = 0 - - 关蜂鸣器
    rGPBDAT = ((1<<5)|(1<<6)|(1<<8)|(1<<10));          //LED 全灭
    while (1)                    //无限循环
    {

        rGPBDAT = ~((1<<5)|(1<<0));    //LED0 亮
        Delay(500);                    //延时
        rGPBDAT = ~((1<<6)|(1<<0));    //LED1 亮
        Delay(500);                    //延时
        rGPBDAT = ~((1<<8)|(1<<0));    //LED2 亮
        Delay(500);                    //延时
    }
    return 0;
}
```

(2) 利用 MDK 编辑、编译链接和调试 I/O 接口 C 语言程序

首先是建立工程、录入本例 C 语言源程序 led. c 并添加至工程,然后编辑输入以下汇编程序:

```
;Filename: Init. s
PRESERVE8
AREA RESET, CODE, READONLY
ENTRY
LDR R13, = 0x1000
IMPORT Main
B Main
END
```

将汇编程序存为 Init. s 文件名添加至工程中,即工程中包含了 led. c 和 Init. s 两个程序文件。

后面的设置包括目标选项、编译链接、调试等,与前面的例 4. 69 方法基本相同(此略)。

习　题

1. ARM 指令的寻址方式有几种? 试分别举例说明。

2. ARM 指令的条件码有多少个？默认条件码是什么？

3. ARM 指令中的第二操作数有哪几种形式？试举例说明。

4. 在 ARM 汇编程序如何实现子程序的调用及返回？试举例说明。

5. 汇编程序设计中常用的伪操作有哪几类？各有什么作用？

6. 试编写实现 $2+4+6+8+\cdots+100$ 的汇编程序，并在 ADS 1.2 或 MDK 环境下调试运行。

7. Logistic 混沌函数产生伪随机数公式如下：

$$y=\lambda g x(1-x)$$

现取 $\lambda=4.0$、初值 $x_0=0.22$，试根据此公式，采用 ARM C 编写例 4.69 中 3 个 LED 随机闪烁的程序（假设伪随机数小于 0.25 时，LED1 发光；伪随机数大于 0.75 时，LED3 发光；其他情况，LED2 发光）。

第5章 时钟及电源管理

S3C24xx 时钟与电源管理模块由时钟控制,USB 控制和电源控制构成。时钟控制逻辑可以产生系统所需要的时钟信号,包括提供给 CPU 的 FCLK、提供给 AHB 总线设备的 HCLK 和提供给 APB 总线设备的 PCLK。S3C24xx 有两个锁相环 (PLLs):一个提供 FCLK、HCLK 和 PCLK,另一个提供 USB 时钟(48 MHz)。时钟控制逻辑可以产生不带锁相环的低速时钟,并可由软件控制是否提供给某个设备模块,这样有利于降低功耗。

5.1 S3C24xx 时钟结构

图 5.1 是时钟体系结构图。主时钟来源于外部晶振(XTlpll)或外部时钟(EXT-CLK)。时钟发生器包含一个连接外部晶振的振荡器,两个产生高频时钟的锁相环 (PLLs)。两个时钟源依据模式控制引脚(OM3 和 OM2)的不同组合来选择,如表 5.1 所列,在 nRESET 的上升沿查询 OM3 和 OM2 引脚状态并锁存到 OM[3:2]。

表 5.1　启动时的时钟源选择方式

OM[3:2]	MPLL 状态	UPLL 状态	主时钟源	USB 时钟源
00	On	On	晶振	晶振
01	On	On	晶振	外部时钟
10	On	On	外部时钟	晶振
11	On	On	外部时钟	外部时钟

5.2 S3C24xx 电源管理模式

为了降低功耗,在 S3C24xx 中电源管理模块通过软件控制 PLL、时钟控制逻辑和唤醒信号。时钟分配如图 5.2 所示。

S3C24xx 有 4 种电源管理模式,各个模式间的转换如图 5.3 所示,各模式下的时钟和电源状态如表 5.2 所列。

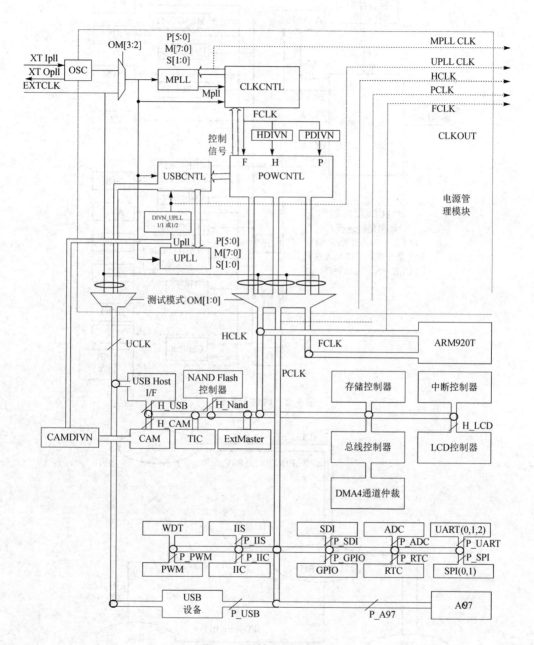

图 5.1　时钟体系结构图

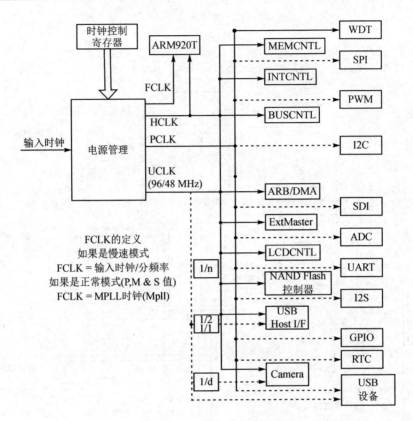

图 5.2　时钟分配图

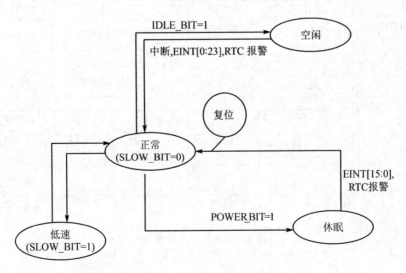

图 5.3　电源管理模式转换图

表 5.2　各种模式下时钟和电源状态

模　式	ARM920T	AHB 模块[①]/WDT	电源管理模块	GPIO	32.768 kHz RTC 时钟	APB 模块[②]和 USB 主控/LCD/NAND
正常	工作	工作	工作	可选	工作	可选
低速	工作	工作	工作	可选	工作	可选
空闲	停止	工作	工作	可选	工作	可选
休眠	断电	断电	等待唤醒事件	前一个状态	工作	断电

注：① 本表不包括 USB 主控、LCD 和 NAND；

② 本表不包括 WDT，但包括 CPU 访问的 RTC 接口；

③ 表中的工作是指正在运行，停止是指停止运行，断电是指不通电，可选是指可以选择工作或停止。

1. 正常模式

在正常模式下，所有外围设备和基本模块都在运行，包括电源管理模块、CPU 核、总线控制器、存储控制器、中断控制器、DMA 和外部控制单元。但每一个外围设备的时钟，不包含基本模块，都可以通过软件控制运行或停止，以便降低功耗。

2. 空闲模式

在空闲模式下，停止供给 CPU 核时钟，但总线控制器、存储控制器、中断控制器和电源管理模块仍然供给时钟。要退出空闲模式，需要激活 EINT[23:0]，或者 RTC 中断，或其他中断。

3. 低速模式

即无 PLL 模式，在低速模式下，通过低速时钟频率来达到降低功耗。此时 PLL 不参与时钟电路，FCLK 是外部输入时钟（XTlpll 或 EXTCLK）的一个 n 分频，分频比率是由两个控制寄存器 CLKSLOW 和 CLKDIVN 的 SLOW_VAL 值来决定的，如表 5.3 所列。

用户通过修改电源管理模式将系统从低速模式转到正常模式时，PLL 锁相需要一段稳定时间；稳定时间由时钟控制逻辑通过锁相时间计数寄存器自动插入，约需要 $150\,\mu s$，此时 FCLK 是低速时钟。

4. 休眠模式

休眠模式下，模块断开内部电源连接，除了唤醒逻辑。休眠模式有效的前提是系统需要两套独立的电源，其中一套给唤醒逻辑供电，另一套则给其他设备包括 CPU 供电，并且电源上电可控制。在休眠模式，给 CPU 和内部逻辑供电的第二套电源被关闭。可以由 EINT[15:0]或通过预设系统启动时间的中断将系统从休眠模式下唤醒。

表 5.3　SLOW_VAL 对应的低速时钟频率设置

SLOW_VAL	FCLK	HCLK		PCLK		UCLK
		选择 1/1 (HDIVN=0)	选择 1/2 (HDIVN=1)	选择 1/1 (PDIVN=0)	选择 1/2 (PDIVN=1)	
0 0 0	EXTCLK 或 XTlpll/1	EXTCLK 或 XTlpll/1	EXTCLK 或 XTlpll/2	HCLK	HCLK/2	48 MHz
0 0 1	EXTCLK 或 XTlpll/2	EXTCLK 或 XTlpll/2	EXTCLK 或 XTlpll/4	HCLK	HCLK/2	48 MHz
0 1 0	EXTCLK 或 XTlpll/4	EXTCLK 或 XTlpll/4	EXTCLK 或 XTlpll/8	HCLK	HCLK/2	48 MHz
0 1 1	EXTCLK 或 XTlpll/6	EXTCLK 或 XTlpll/6	EXTCLK 或 XTlpll/12	HCLK	HCLK/2	48 MHz
1 0 0	EXTCLK 或 XTlpll/8	EXTCLK 或 XTlpll/8	EXTCLK 或 XTlpll/16	HCLK	HCLK/2	48 MHz
1 0 1	EXTCLK 或 XTlpll/10	EXTCLK 或 XTlpll/10	EXTCLK 或 XTlpll/20	HCLK	HCLK/2	48 MHz
1 1 0	EXTCLK 或 XTlpll/12	EXTCLK 或 XTlpll/12	EXTCLK 或 XTlpll/24	HCLK	HCLK/2	48 MHz
1 1 1	EXTCLK 或 XTlpll/14	EXTCLK 或 XTlpll/14	EXTCLK 或 XTlpll/28	HCLK	HCLK/2	48 MHz

进入休眠模式的过程如下:

① 设置 GPIO 配置寄存器,使 GPIO 工作在休眠模式下。

② 屏蔽 INTMSK 寄存器的所有中断。

③ 设置唤醒源,包括 RTC 中断。

④ 设置 USB 为挂起模式 (MISCCR [13:12]=11b)。

⑤ 保存重要的值到 GSTATUS[4:3]寄存器中,在休眠模式下这些寄存器的值维持不变。

⑥ 设置 MISCCR[1:0],为数据总线 D[31:0]设置上拉电阻。如果已经存在外部总线缓冲器,如 74LVCH162245,则关闭上拉电阻,否则打开上拉电阻。

⑦ 将 LCDCON1.ENVID 位清 0,停止 LCD。

⑧ 读 rREFRESH 和 rCLKCON 来填充 TLB。

⑨ 通过设置 REFRESH[22]为 1b 使 SDRAM 进入自动刷新模式。

⑩ 等待直到 SDRAM 自动刷新模式生效。

⑪ 设置 MISCCR[19:17]为 111b,使 SDRAM 信号(SCLK0、SCLK1 和 SCKE)在休眠模式下受到保护。

⑫ 设置 CLKCON 寄存器中的休眠模式位,使系统进入休眠状态。

从休眠模式下的唤醒过程如下:

① 如果某一唤醒源产生唤醒信号,则将引发内部复位信号。

② 检查 GSTATUS2[2]来判断是否是因为休眠唤醒而产生的系统上电。

③ 通过设置 MISCCR[19:17]为 000b 来释放对 SDRAM 信号的保护。

④ 配置 SDRAM 存储控制器。

⑤ 等待 SDRAM 自动刷新的结束。

⑥ GSTATUS[3:4]中保存着休眠前的值,这个值是用户自定义的,唤醒后用户仍然可以使用这个值。

⑦ 由外部中断 EINT[3:0]唤醒时,CPU 检查 SRCPND 寄存器。由外部中断 EINT[15:4]唤醒时,CPU 检查 EINTPEND 寄存器。

5. 电源 VDDi 和 VDDiarm 的控制

休眠模式下,VDDi、VDDiarm、VDDiMPLL 和 VDDiUPLL 将被关闭,由 PW-EREN 引脚控制。如果 PWREN 信号有效(高),VDDi 和 VDDiarm 由外部电源供电。如果 PWREN 信号无效(低),VDDi 和 VDDiarm 将被关闭。虽然 VDDi、VD-Diarm、VDDiMPLL 和 VDDiUPLL 可能被关闭,但其他的电源引脚仍需要供电。

5.3　相关特殊功能寄存器

S3C24xx 中与电源管理相关的寄存器有 6 个,分别为 LOCKTIME、MPLL-CON、UPLLCON、CLKCON、CLKSLOW 和 CLKDIVN。

1. PLL 锁定时间计数器(LOCKTIME)

PLL 锁定时间计数器(LOCKTIME)描述如表 5.4 和表 5.5 所列。

表 5.4　LOCKTIME 计数器描述

寄存器	地　址	读/写	描　述	复位值
LOCKTIME	0x4C000000	R/W	PLL 锁定时间计数器	0x00FFFFFF

表 5.5　LOCKTIME 计数器相应位描述

LOCKTIME	位	描　述	复位值
U_LTIME	[31:16]	UCLK 的 UPLL 锁定时间计数值(U_LTIME>300 μs)	0xFFFF
M_LTIME	[15:0]	FCLK,HCLK 和 PCLK 的 MPLL 锁定时间计数值(M_LTIME>300 μs)	0xFFFF

2. PLL 控制寄存器(MPLLCON 和 UPLLCON)

PLL 控制寄存器有两个,即 MPLLCON 和 UPLLCON,其中,MPLLCON 是 MPLL 设置寄存器,UPLLCON 是 UPLL 设置寄存器,寄存器描述及位描述如表 5.6 和表 5.7 所列。MPLL 和 UPLL 的值可以通过下式计算得到:

$$\text{MPLL} = (2 \times m \times f_{\text{in}})/(p \times 2^s) \tag{5.1}$$

其中,$m = \text{MDIV} + 8, p = \text{PDIV} + 2, s = \text{SDIV}$。

$$\text{UPLL} = (m \times f_{\text{in}})/(p \times 2^s) \tag{5.2}$$

其中,$m = \text{MDIV} + 8, p = \text{PDIV} + 2, s = \text{SDIV}$。

表 5.6   MPLLCON 和 UPLLCON 寄存器描述

寄存器	地 址	读/写	描 述	复位值
MPLLCON	0x4C000004	R/W	MPLL 设置寄存器	0x00096030
UPLLCON	0x4C000008	R/W	UPLL 设置寄存器	0x0004d030

表 5.7   MPLLCON 寄存器相应位描述

PLLCON	位	描 述	复位值
MDIV	[19:12]	主分频器控制	0x96/0x4d
PDIV	[9:4]	预除器控制	0x03/0x03
SDIV	[1:0]	后分频器控制	0x0/0x0

当需要同时设置 MPLL 和 UPLL 值的时候,先设置 UPLL 然后设置 MPLL,需要大约 7 个 NOP 指令的间隔。虽然 PLL 值可以通过式(5.1)和式(5.2)计算得到,但要得到一个合适的值并不易,所以建议选择 PLL 值推荐表里的值,如表 5.8 所列。

表 5.8   PLL 值推荐表

输入频率 f_{in}/MHz	输出频率 f_{out}/MHz	MDIV	PDIV	SDIV
12.000 0	48.00	56(0x38)	2	2
12.000 0	96.00	56(0x38)	2	1
12.000 0	271.50	173(0xad)	2	2
12.000 0	304.00	68(0x44)	1	1
12.000 0	405.00	127(0x7f)	2	1
12.000 0	532.00	125(0x7d)	1	1
16.934 4	47.98	60(0x3c)	4	2

输入频率 f_{in}/MHz	输出频率 f_{out}/MHz	MDIV	PDIV	SDIV
16.934 4	95.96	60(0x3c)	4	1
16.934 4	266.72	118(0x76)	2	2
16.934 4	296.35	97(0x61)	1	2
16.934 4	399.65	110(0x6e)	3	1
16.934 4	530.61	86(0x56)	1	1
16.934 4	533.43	118(0x76)	1	1

注:48.00 MHz 和 96.00 MHz 输出频率对应的值是配置 UPLLCON 寄存器的参数。

3. 时钟控制寄存器(CLKCON)

时钟控制寄存器(CLKCON)用于控制各功能模块的时钟信号是否使能,通过对这个寄存器相应位的设置决定是否为某个模块提供时钟信号。时钟控制寄存器如表5.9 和表 5.10 所列。

表 5.9　CLKCON 寄存器描述

寄存器	地　址	读/写	描　述	复位值
CLKCON	0x4C00000C	R/W	时钟产生控制寄存器	0xFFFFF0

表 5.10　CLKCON 寄存器相应位描述

CLKCON	位	描　述	复位值
AC97	20	控制 AC97 模块的 PCLK,0 为禁止,1 为使能	1
Camera	19	控制 Camera 模块的 HCLK,0 为禁止,1 为使能	1
SPI	18	控制 SPI 模块的 PCLK,0 为禁止,1 为使能	1
IIS	17	控制 IIS 模块的 PCLK,0 为禁止,1 为使能	1
IIC	16	控制 IIC 模块的 PCLK,0 为禁止,1 为使能	1
ADC(和触摸屏)	15	控制 ADC 模块的 PCLK,0 为禁止,1 为使能	1
RTC	14	控制 RTC 模块的 PCLK,即使该位为 0,RTC 定时器仍旧工作。0 为禁止,1 为使能	1
GPIO	13	控制 GPIO 模块的 PCLK,0 为禁止,1 为使能	1
UART2	12	控制 UART2 模块的 PCLK,0 为禁止,1 为使能	1
UART1	11	控制 UART1 模块的 PCLK,0 为禁止,1 为使能	1
UART0	10	控制 UART0 模块的 PCLK,0 为禁止,1 为使能	1
SDI	9	控制 SDI 模块的 PCLK,0 为禁止,1 为使能	1

CLKCON	位	描　述	复位值
PWMTIMER	8	控制 PWMTIMER 模块的 PCLK,0 为禁止,1 为使能	1
USB 设备	7	控制 USB 设备模块的 PCLK,0 为禁止,1 为使能	1
USB 主控制器	6	控制 USB 主控制模块的 HCLK,0 为禁止,1 为使能	1
LCDC	5	控制 LCDC 模块的 HCLK,0 为禁止,1 为使能	1
NAND FLash 控制器	4	控制 NAND Flash 控制器模块的 HCLK,0 为禁止,1 为使能	1
休眠	3	控制 S3C24xx 的休眠模式,0 为禁止,1 为进入休眠模式	0
IDLE_BIT	2	进入空闲模式,该位不会自动清除,0 为禁止,1 进入空闲模式	0
保留	1:0	保留	0

4. 低速时钟控制寄存器(CLKSLOW)

低速时钟控制寄存器(CLKSLOW)用于控制内部时钟锁相环是否打开,内部时钟锁相环关闭意味着系统低速运行,内部时钟锁相环打开意味着系统高速运行。低速时钟控制寄存器(CLKSLOW)及相应位描述如表 5.11 和表 5.12 所列。

表 5.11　CLKSLOW 寄存器描述

寄存器	地　址	读/写	描　述	复位值
CLKSLOW	0x4C000010	读/写	低速时钟控制寄存器	0x00000004

表 5.12　CLKSLOW 寄存器相应位描述

CLKSLOW	位	描　述	复位值
UCLK_ON	7	0:UCLK 打开(UPLL 也被打开), 1:UCLK 关闭(UPLL 也将关闭)	0
保留	6	保留	—
MPLL_OFF	5	0:PLL 打开,PLL 稳定后,SLOW_BIT 才能清 0。 1:PLL 关闭,PLL 只有在 SLOW_BIT 为 1 时才能关闭	0
SLOW_BIT	4	0:FCLK=Mpll(MPLL 输出值)。 1:低速模式 FCLK=输入时钟/(2 * SLOW_VAL) (SLOW_VAL>0)。 FCLK=输入时钟(SLOW_VAL=0)。 输入时钟为 XTlpll 或 EXTCLK	0
保留	3	—	—
SLOW_VAL	2:0	当 SLOW_BIT 为 1 时,低速时钟的分频值	0x4

5. 时钟分频控制寄存器(CLKDIVN)

时钟分频控制寄存器(CLKDIVN)是时钟频率的分频控制,寄存器及相应位描述如表 5.13 和表 5.14 所列。

表 5.13　CLKDIVN 寄存器描述

寄存器	地　址	读/写	描　述	复位值
CLKDIVN	0x4C000014	R/W	时钟分频控制寄存器	0x00000000

表 5.14　CLKDIVN 寄存器相应位描述

CLKDIVN	位	描　述	复位值
DIVN_UPLL	3	UCLK 选择寄存器 0: UCLK 为 UPLL. 1: UCLK 为 UPLL/2	0
HDIVN	2:1	00:HCLK 为 FCLK. 01:HCLK 为 FCLK/2. 10:HCLK 为 FCLK/4,当 CAMDIVN[9]＝0 时. HCLK 为 FCLK/8,当 CAMDIVN[9]＝1 时. 11:HCLK 为 FCLK/3,当 CAMDIVN[8]＝0 时. HCLK 为 FCLK/6,当 CAMDIVN[8]＝0 时	00
PDIVN	0	0:PCLK 为 HCLK. 1:PCLK 为 HCLK/2	0

6. 摄像头时钟分频控制寄存器(CAMDIVN)

摄像头时钟分频控制寄存器(CAMDIVN)是对摄像头时钟频率的分频控制,寄存器及相应位描述如表 5.14 和表 5.15 所列。

表 5.14　CAMDIVN 寄存器描述

寄存器	地　址	读/写	描　述	复位值
CAMDIVN	0x4C000018	R/W	摄像头时钟分频控制寄存器	0x00000000

表 5.15　CAMDIVN 寄存器相应位描述

CAMDIVN	位	描　述	复位值
DVS_EN	12	0: DVS OFF,ARM 内核运行在 FCLK 频率. 1: DVS ON,ARM 内核运行在 HCLK 频率	0
保留	11:10		00

CAMDIVN	位	描　　述	复位值
HCLK4_HALF	9	CLKDIVN[2:1]＝10b 时,该位为控制 HDIVN 的分频率。 0：HCLK＝FCLK/4。 1：HCLK＝FCLK/8	0
HCLK3_HALF	8	CLKDIVN[2:1]＝11b 时,该位为控制 HDIVN 的分频率。 0：HCLK＝FCLK/3。 1：HCLK＝FCLK/6	0
CAMCLK_SEL	4	0：CAMCLK＝UPLL。 1:CAMCLK 由 CAMCLK_DIV 的值决定	0
CAMCLK_DIV	3:0	CAMCLK 分频因子寄存器,值为 0—15,当 CAMCLK_SEL＝1 时, CAMCLK＝UPLL/[(CAMCLK_DIV ＋1)×2]	000

5.4　常用单元电路设计

由于 ARM 体系结构的一致性,外围的电源电路、晶振电路和复位电路基本都是通用的,本节对这 3 部分的典型电路设计进行介绍。

5.4.1　电源电路设计

介绍系统电源电路设计之前,先对 S3C24xx 的电源引脚进行分析：VDDalive 引脚给处理器复位模块和端口状态寄存器提供 1.8 V 电压,无论是在正常模式还是在休眠模式,VDDalive 都应该供电；VDDi 和 VDDiarm 为处理器内核提供 1.8 V 电压；VDDi_MPLL 为 MPLL 提供 1.8 V 模拟电源和数字电源；VDDi_UPLL 为 UPLL 提供 1.8 V 模拟电源和数字电源；VDDOP 和 VDDMOP 分别为处理器端口和存储端口提供 3.3 V 电压；VDDA_ADC 为处理器内的 ADC 系统提供 3.3 V 电压；VDDRTC 为时钟电路提供 1.8 V 电压,该电压在系统掉电后仍需要维持。

由此可见,在该系统中,需要使用 3.3 V 和 1.8 V 的直流稳压电源。一般,系统外部供给电源电压为质量较高的 5 V 直流稳压电源。

如图 5.4 所示,VDD33 提供给 VDDMOP、VDDIO、VDDADC 和 VCC 引脚,VDD18 提供给 VDDi,VDDRTC 提供给 VDDRTC 引脚。

系统外输入的 5 V 电压经过 DC－DC 转换器转换为 3.3 V 和 1.8 V 电压。系统中 RTC 所需电压由电源 VDD33 和后备电池共同提供,系统工作时由 VDD33 供电,系统掉电时由后备电池提供 RTC 电源。图中 5.4 中发光二极管 D1 为电源状态指示。

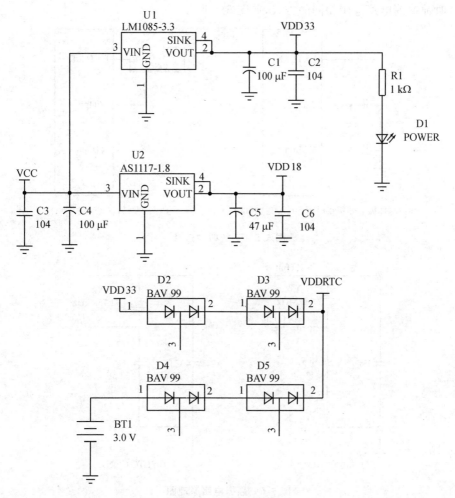

图 5.4　电源电路示例

5.4.2　晶振电路设计

　　S3C24xx 微处理器的主时钟可以由外部时钟源提供,也可以由外部振荡器提供,如图 5.5 所示。具体采用哪种方式通过引脚 OM[3∶2]来选择,如表 5.1 所列。

　　以 OM[3∶2]均接地的方式为例,即采用外部振荡器提供系统时钟。外部振荡器由 10～20 MHz 晶振和两个 15～20 pF 的电容组成。振荡电路输出接到 S3C24xx 微处理器的 XTIP11 脚,输入由 XTOP11 提供。如果是 15 MHz 的晶振,经过 S3C24xx 片内的 PLL 电路倍频后,最高可达 203 MHz。由于片内的 PLL 电路兼有倍频和时钟信号整形的功能,因此,系统可以以较低的外部时钟信号获得较高的工作频率,从而降低外部振荡电路因高速开关所造成的高频噪声。产生 RTC 时钟的振荡电路与系统时钟振荡电路采用相同的方式,如图 5.6 所示。

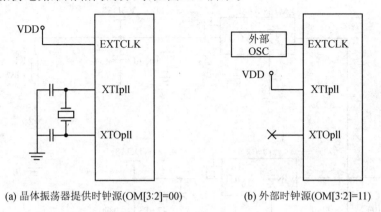

(a) 晶体振荡器提供时钟源(OM[3:2]=00) (b) 外部时钟源(OM[3:2]=11)

图 5.5 系统时钟选择

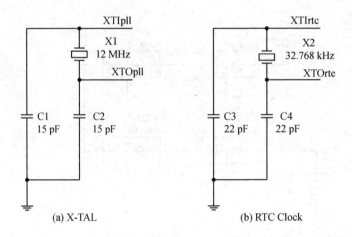

(a) X-TAL (b) RTC Clock

图 5.6 晶振电路原理图

5.4.3 复位电路设计

在系统中,复位电路主要完成系统的上电复位和系统在运行时用户的按键复位功能。复位电路可由简单的 RC 电路构成,也可以使用其他相对较复杂但功能更完善的电路。

简单的 RC 复位电路是复位电路中的典型例子,其电路简单,复位逻辑可靠,如图 5.7 所示。

该复位电路的工作原理为:在系统上电时,通过电阻 R1 向电容 C1 充电,当 C1 两端的电压未达到高电平的门限电压时,RESET 端输出为高电平,系统处于复位状态;当 C1 两端的电压达到高电平的门限电压时,RESET 端输出为低电平,系统进入正常工作状态。

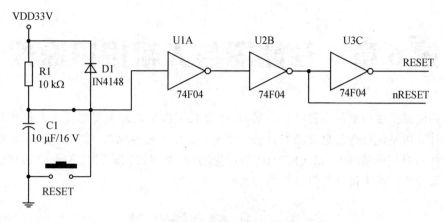

图 5.7　系统复位电路

当用户按下按钮 RESET 时,C1 两端的电荷被放掉,RESET 端输出为高电平,系统进入复位状态;再重复以上的充电过程,系统进入正常工作状态。

两级非门电路用于按钮去抖动和波形整形;nRESET 端的输出状态与 RESET 端相反,用于低电平复位的器件;通过调整 R1 和 C1 的参数,可调整复位状态的维持时间。

习　题

1. S3C24xx 启动时依据哪两个引脚选择时钟源,通过什么方法选择?
2. S3C24xx 有几种电源管理模式,各是什么模式?
3. 如何进入 S3C24xx 的休眠模式和从休眠模式下唤醒?
4. S3C24xx 中与电源管理相关的寄存器有哪几个?
5. 设计一个适合 S3C24xx 的复位电路。

第6章 存储器与人机接口原理

存储器主要用来保存程序和数据,是计算机工作所需的主要部件。人机接口是人与计算机系统进行信息交流的设备。本章在介绍一般存储器和常用人机接口设备的结构和原理的基础上,以 S3C2410 芯片为实例,学习嵌入式硬件平台中的存储器接口设计方法及人机接口设计等内容。

6.1 存储器概述

存储器是用来存储信息的部件,是嵌入式系统硬件中的重要组成部分。在复杂的嵌入式系统中,存储器系统的组织结构按作用可以划分为 4 级:寄存器、cache、主存储器和辅助存储器,如图 6.1 所示。由此可知,存储器组织呈金字塔结构,越往上的存储器件速度越快,CPU 的访问频度越高;同时,每位存储容量的价格也越高,系统的拥有量也越小。对于嵌入式系统来说,寄存器和 cache 一般设置在 CPU 内部,因此,外部的硬件设计主要是考虑主存储器和辅助存储器。

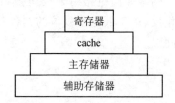

图 6.1 存储器组织结构

主存储器和辅助存储器中的存储单元是通过地址来识别的,即 CPU 通过地址线发出所要访问的存储单元的地址,存储芯片中对应的存储单元就会被选中,完成数据的读取或写入。通常一个地址对应一个存储单元,且一个存储单元应有一个地址对应。因此,在主存储器和辅助存储器的设计时,主要的工作就是完成地址分配,确定每一个存储器芯片对应的地址范围。

在设计嵌入式系统中的存储器部分时,主要考虑以下两方面的问题:

➢ CPU 的存储结构,即 CPU 本身定义了能够访问多大的存储空间、能够访问什么类型的存储器以及访问时序等。

➢ 存储器本身的工作原理。

只有掌握以上两点,才能够使 CPU 和存储器高效、可靠地工作,从而达到设计的目的。

由于存储器的种类有很多种,它们的寻址方式各不相同。因此,对于不同的存储器芯片,微处理器与它们的接口电路会有所不同。下面首先按存储器类别来介绍存储器结构及寻址规则,然后总结一般 CPU 的存储系统机制,最后给出 S3C2410 芯片的存储器接口设计。

6.1.1 SRAM 和 DRAM

SRAM 和 DRAM 被称为随机存储器,其保存的信息在通电状态下是不会丢失的,主要用来存储正在运行的程序和数据。之所以称其为随机,是因为在读/写数据时可以从存储器的任意地址处进行。随机存储器又分为两大类:静态随机存储器(SRAM)和动态随机存储器(DRAM)。由于 SRAM 和 DRAM 的存储结构不同,因此在设计或使用上也有所差别。两者相比较主要有以下差别:

➢ SRAM 读/写速度比 DRAM 读/写速度快;

➢ SRAM 比 DRAM 功耗大;

➢ DRAM 的集成度可以做得更大,其存储器容量更大;

➢ DRAM 需要周期性地刷新,而 SRAM 不需要。

下面将分别介绍它们的工作原理和使用方法。

1. SRAM 存储器及其接口

SRAM 的主要特点是 SRAM 芯片的地址引脚是与芯片内部存储容量相对应的。若一个 SRAM 芯片的容量为 64 KB,其地址引脚就有 16 根(A0～A15)。也不需要动态刷新逻辑,因此,微处理器与其接口电路相对简单,在设计 SRAM 存储器接口时重点考虑满足读/写周期的时序、分配地址空间以及防止多片之间冲突等。

(1) SRAM 结构及其工作时序

目前的 SRAM 芯片不仅在存储容量上有多少之分,在存储单元的宽度上也有所不同,图 6.2、图 6.3 分别是数据总线宽度为 8 位、16 位的 SRAM 芯片外部接口形式。

图 6.2、图 6.3 中 A0～A15 为地址线引脚,D0～D7、D8～D15 为数据线引脚。nWE 为存储器的读信号引脚,nOE 为存储器的写信号引脚,nCS 为存储器的片选信号引脚;在总线宽度为 16 位的存储器芯片中,一般还有 nUB 和 nLB 这两个引脚。

图 6.4、图 6.5 为 SRAM 的读和写时序。

当 nOE 为低电平以及片选 nCS 有效时,从外部存储器读数据。当 nWE 为低电平以及片选 nCS 有效时,处理器向外部存储器写数据。设计时必须注意信号的建立时间、上升时间和保持时间,这些时间通过参照具体连接的存储器手册给定的时间来设定 S3C2410 控制寄存器以达到相互匹配。

(2) SRAM 与 CPU 接口

当 SRAM 和 CPU 进行连接时,一般的 CPU 都具有和 SRAM 存储器接口相连的总线,因此连接方法也比较简单。微处理器与随机存储器接口的信号线一般有:

➢ 片选信号线 CE,用于选中该芯片。若 CE=0 时,则该芯片的数据引脚被启用;若 CE=1 时,则该芯片的数据引脚被禁止,对外呈高阻状态。

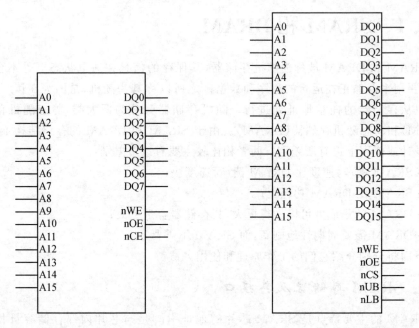

图 6.2　8 位 SRAM 芯片外部接口形式　　　图 6.3　16 位 SRAM 芯片外部接口形式

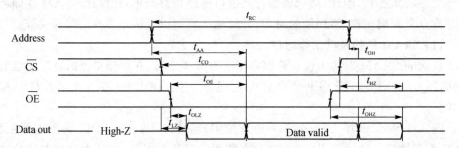

图 6.4　SRAM 的读时序

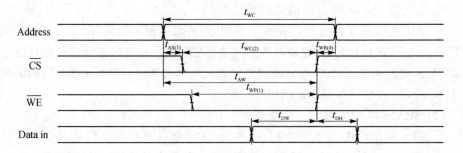

图 6.5　SRAM 的写时序

➤ 读/写控制信号线 OE 和 WE,控制芯片数据引脚的传送方向。若是读有效,
则数据引脚的方向是向外的,CPU 从其存储单元读出数据;若是写有效,则数据引脚的方向是向内的,CPU 向其存储单元写入数据。

➤ 地址线,用于指明读/写单元的地址。地址线是多根,应与芯片内部的存储容量相匹配。

➤ 数据线,双向信号线,用于数据交换。数据线上的数据传送方向由读/写控制信号线控制。

图 6.6 为通用的连接方式。

实际应用过程中往往需要 CPU 和多片 SRAM 连接,以满足系统对存储容量、存储器类别的要求。一种情况是为了扩大 SRAM 的容量(单片容量小),另一种情况是扩大 SRAM 的总线宽度(单片总线宽度小)。当然,有时也会有既要扩大容量、又要扩大总线宽度的情况。这时,对于有些嵌入式微处理器,其地址分配电路中应该包含一个高位

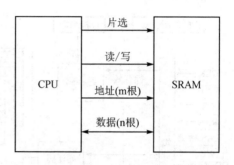

图 6.6　CPU 与 SRAM 的连接方式

地址译码器电路,通过对 CPU 高位地址进行译码,产生的译码信号分别用于控制不同存储器芯片的片选信号,从而达到给不同芯片分配不同地址范围的目的。

在有些嵌入式微处理器中,因为其内部已把存储空间映射成了几个独立的存储块,换句话说,它内部已经集成有高位地址译码电路,其外围可能就不需要加译码电路,如 S3C2410,有关连接方法将在后面介绍。

对于读/写控制性能类似的 ROM 芯片,如 EPROM、NOR Flash 类存储芯片,其寻址方法与 SRAM 一致,因此,它们接口电路设计规则也与 SRAM 相同。

2. DRAM 存储器及其接口

DRAM 是动态存储器 Dynamic RAM 的缩写,SDRAM 是 Synchronous DRAM 的缩写,中文就是同步动态存储器的意思。从技术角度上讲,同步动态存储器(SDRAM)是在现有的标准动态存储器中加入同步控制逻辑(一个状态机),利用一个单一的系统时钟同步所有的地址数据和控制信号。使用 SDRAM 不但能提高系统表现,还能简化设计和提供高速的数据传输。在功能上,它类似常规的 DRAM,且也需时钟进行刷新。可以说,SDRAM 是一种改善了结构的增强型 DRAM。

(1) SDRAM 结构及其工作时序

SDRAM 由于其自身结构原因,芯片中存储单元的内容在通电状态下随着时间的推移会丢失,因而,其存储单元需要定期地刷新。这就要求微处理器具有刷新控制逻辑,或在系统中另外加入刷新控制逻辑电路。CPU 与其接口的信号线除了有与

SRAM 相同的信号线外,还有 RAS(行地址选择,Row Address Strobe)信号线和 CAS(列地址选择,Column Address Strobe)信号线。需要这些信号的原因是可以减少芯片地址引脚数(这样只需要一半地址引脚),并且方便刷新操作。SDRAM 是多个 Bank 结构的,一般是一个 Bank 正在使用,其他 Bank 处于预充电状态,这样轮流读/写和充电就不需要等待,大大提高了存储器的访问速度。

　　SDRAM 类型的存储器芯片有许多,其中 HY57V561620 系列是一种容量为 4M ×16 bit×4 bank 的 SDRAM。图 6.7、图 6.8 是 SDRAM(HY57V561620)的内部结构和外部接口形式。

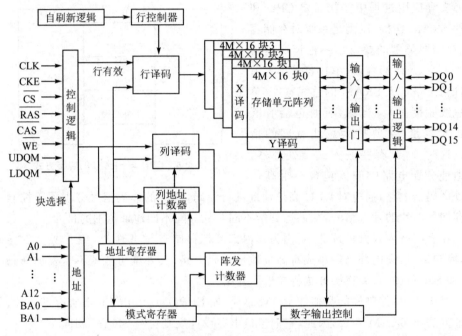

图 6.7　HY57V561620 SDRAM 内部结构

　　图 6.7 中,DQ0~DQ15(有时又会写为 D0~D15)是数据总线引脚,A0~A12 是地址总线引脚。其中 A0~A8 是复用的,行地址时是 RA0~RAl2,列地址时是 CA0 ~CA8。地址信号总位数是 22 位,寻址空间是 4 MB;BA0、BAl 是块地址引脚,在 $\overline{\text{RAS}}$ 有效时,选中的存储块被激活,在 $\overline{\text{CAS}}$ 有效时,选中的存储块可进行读/写操作;$\overline{\text{CS}}$、$\overline{\text{WE}}$、$\overline{\text{RAS}}$、$\overline{\text{CAS}}$ 分别是片选、写、行地址选通、列地址选通;LDQM、UDQM 用于控制输入/输出数据;CLK 是时钟信号引脚,SDRAM 的所有输入在 CLK 上升沿有效,CKE 是时钟信号使能引脚,当其无效时,SDRAM 处于省电模式。

　　图 6.9 为 SDRAM 的读/写时序。在微处理器读/写 SDRAM 时,其地址按下面地址提供。

　　首先,CPU 输出地址的高位部分出现在 SDRAM 芯片的地址引脚上,此时,$\overline{\text{RAS}}$ 信号线置 0,把地址引脚上的地址作为行地址锁存在 SDRAM 芯片内部。

随后,CPU 输出地址的低位部分出现在 SDRAM 芯片的地址引脚上,此时,$\overline{\text{CAS}}$ 信号线置 0,把地址引脚上的地址作为列地址锁存在 SDRAM 芯片内部。注意,此时 $\overline{\text{RAS}}$ 信号线应保持有效(置成 0)。

SDRAM 的刷新是通过执行内部读操作来完成的,一次刷新一行,刷新应该在完成一次读/写操作后进行,CPU 与 SDRAM 的接口电路中应设计有控制刷新的逻辑。

(2) SDRAM 与 CPU 接口

当 SDRAM 和 CPU 进行连接时,除了要保证正确的寻址外,还必须维护存储器中的信息,使其不随时间推移而不丢失。所以要求 CPU 具有SDRAM 的动态刷新控制逻辑或在电路中增加动态刷新控制电路。微处理器与 SDRAM 存储器接口的信号线一般有:

片选信号线 CE,用于选中该芯片。若 CE=0 时,则该芯片的数据引脚被启用;若 CE=1 时,则该芯片的数据引脚被禁止,对外呈高阻状态。

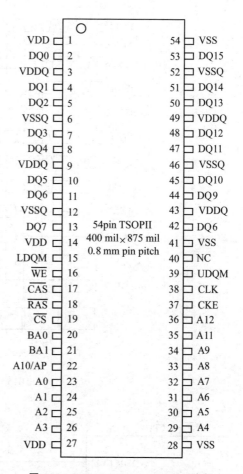

图 6.8　HY57V561620 SDRAM 引脚

读/写控制信号线 OE 和 WE,控制芯片数据引脚的传送方向。若是读有效,则数据引脚的方向是向外的,CPU 从其存储单元读出数据;若是写有效,则数据引脚的方向是向内的,CPU 向其存储单元写入 1 数据。

地址线,用于指明读/写单元的地址。地址线是多根,应与芯片内部的存储容量相匹配。

数据线,双向信号线,用于数据交换。数据线上的数据传送方向由读/写控制信号线控制。

图 6.10 是一个典型的 CPU 与 SDRAM 接口电路。

和 SRAM 一样,也可能有 CPU 和多片 SDRAM 相连接,以满足系统对存储器位宽的要求,连接方法和 SRAM 相同。

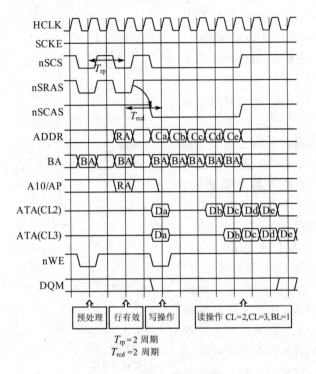

$T_{rp}=2$ 周期
$T_{rcd}=2$ 周期

图 6.9　SDRAM 读/写时序

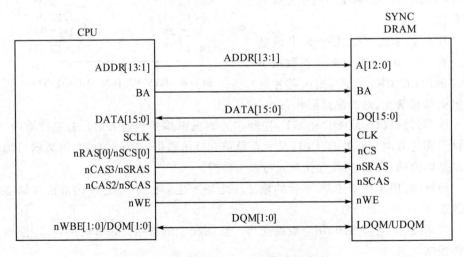

图 6.10　CPU 与 SDRAM 的连接方式

6.1.2　NOR Flash 和 NAND Flash

提到 NOR Flash 和 NAND Flash,首先要简单介绍只读存储器(ROM),ROM

的主要特点是掉电后内部存储单元中的数据不会丢失。通常情况下,在嵌入式系统中,只读存储器中通常包含存储程序代码和常数。

只读存储器分为掩模编程只读存储器和现场可编程只读存储器。掩模编程只读存储器在芯片生产时就已写入特定的程序或数据,因此只有需求量较大(一般是上万片)时,采用掩模编程只读存储器芯片才可行。对于现场可编程只读存储器,设计者可自己编程写入,它通常又分成 EPROM、EEPROM 和闪存(Flash)。由于闪存代表了目前只读存储器的最新技术,因此,无论在嵌入式系统或者其他领域都得到了广泛的应用。

NOR 和 NAND 是现在市场上两种主要的非易失闪存技术。Intel 于 1988 年首先开发出 NOR Flash 技术,彻底改变了嵌入式系统中原先由 EPROM 和 EEPROM 一统天下的局面。紧接着,1989 年东芝公司发表了 NAND Flash 结构,强调降低每比特的成本,具有更高的性能,并且像磁盘一样可以通过接口轻松升级。

在嵌入式系统的存储系统设计时,采用 NAND Flash 还是 NOR Flash 须根据实际要求确定,它们各有优缺点。即使在嵌入式系统中两者都采用,它们起的作用也不同。NAND Flash 和 NOR Flash 比较有以下特点:

➤ NOR Flash 的读取速度比 NAND Flash 稍快一些,NAND Flash 的擦除和写入速度比 NOR Flash 快很多。

➤ NOR Flash 芯片在写入操作时需要先进行擦除操作,NAND Flash 的擦除单元更小,因此相应的擦除电路更少。

➤ NOR Flash 带有 SRAM 接口,有足够的地址引脚来寻址,可以像其他 SRAM 存储器那样与微处理器连接;NAND Flash 器件使用复杂的 I/O 口来串行地存取数据,各个产品或厂商的方法各不相同,因此,与微处理器的接口很复杂。

➤ NAND Flash 读和写操作都采用 512 字节的块,这一点类似硬盘管理操作,很自然地,基于 NAND Flash 的存储器就可以取代硬盘或其他块设备。

➤ NAND Flash 的单元尺寸几乎是 NOR Flash 器件的一半,即 NAND Flash 结构可以在给定的尺寸内提供更高的存储容量,也就相应地降低了价格。

➤ NAND Flash 中每个块的最大擦写次数是一百万次,而 NOR Flash 的擦写次数是十万次。

➤ 所有 Flash 器件都受位交换现象的困扰,在某些情况下,NAND Flash 发生的次数要比 NOR Flash 多。

➤ NAND Flash 的使用复杂,必须先写入驱动程序,才能继续执行其他操作。

目前,NOR Flash 占据了容量为 1~16 MB 闪存市场的大部分份额,而 NAND Flash 大多用在 8~128 MB 甚至更大的产品当中,这也说明 NOR Flash 更适用于少量代码存储,而 NAND Flash 适合于高数据存储密度的要求。

由于 NOR Flash 带有 SRAM 接口,有足够的地址引脚来寻址,可以像其他 SRAM 存储器那样与微处理器连接,因此 NOR Flash 与 CPU 的连接方法可以参考

SRAM 的连接方法。下面重点介绍 NAND Flash 的存储结构和连接方法。

1. NAND Flash 简介

NAND Flash 是最近才出现的新型 Flash 存储器,它适合于纯数据存储和文件存储,主要作为 Smart Media 卡、Compact Flash 卡、PCMCIA ATA 卡、固态盘的存储介质,并正在成为闪速磁盘技术的核心。NAND Flash 存储器具有以下特点:

➤ 以页为单位进行读和编程操作,以块为单位进行擦除操作。

➤ 数据、地址采用同一总线实现串行读取,随机读取速度慢且不能按字节随机编程。

➤ 芯片尺寸小、引脚少,是位成本最低的固态存储器。

➤ 芯片包含失效块。失效块不会影响有效块的性能,但设计者需要将失效块在地址映像表中屏蔽起来。

2. NAND Flash 结构

NAND Flash(K9F1208)的内部结构如图 6.11 所示。

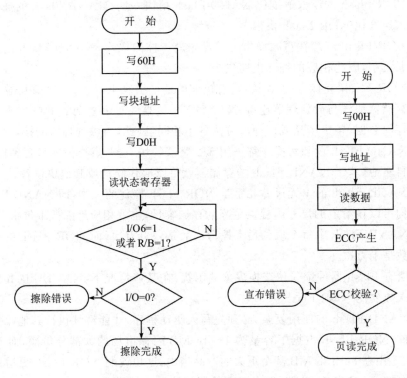

图 6.11　NAND Flash 芯片内部结构图

K9F1208 为三星公司生产的 NAND Flash 芯片,内部存储空间被分为 128K 页,每页有 528 KB。片上有一个 528 字节的页寄存器,该寄存器分为两个区:数据区和空闲区,每个区 256 字节;空闲区可以用于存放 ECC 校验和其他信息。系统在进行页操作时使用这个寄存器连接存储器阵列以及 I/O 的缓冲和内存。

NAND Flash(K9F1208)的接口引脚定义如表 6.1 所列。

表 6.1 NAND Flash 引脚定义

引脚名称	引脚说明
I/O0~I/O7	用于输入控制命令、地址和数据,能在读周期输出数据,I/O 引脚可以到 16 位
CLE	指令锁存使能,当引脚高电平时,从 I/O 口输入的控制指令在 nWE 引脚的上升沿保存入指令寄存器
ALE	地址锁存使能,高电平时,I/O 口输入的数据在 nWE 引脚的上升沿保存到地址寄存器
nCE	片选信号线
nRE	读信号,用于控制串行的数据输出,高电平时将数据送入 I/O 总线
nWE	写信号,用于控制串行的数据输入。指令、地址和数据在高电平时送入对应锁存器
nWP	写保护引脚
R/B	可用/忙标志,用于控制操作的同步
Vcc	电源
Vss	接地

接口引脚有 8 个 I/O 数据引脚(I/O0~I/O7),用来输入/输出地址、数据和命令。控制信号引脚有 5 个,其中 CLE 和 ALE 分别为命令锁存使能引脚和地址锁存使能引脚,用来选择 I/O 端口输入的信号是命令还是地址。nCE、nRE 和 nWE 分别为片选信号、读使能信号和写使能信号。状态引脚 R/B 表示设备的状态,当数据写入、编程和随机读取时,R/B 处于高电平,表明芯片正忙,否则输出低电平。

3. NAND Flash 操作

K9F1208 芯片有 4 096 个 Block,每个 Block 有 32 个 Page,每个 Page 有 528 个 Byte,Block 是 Nand Flash 中最大的操作单元,擦除是以 Block 为单位完成的,而编程和读取是以 Page 为单位完成的。因此,对 NAND Flash 的操作要形成 3 类地址:块地址(Block Address)、页地址(Page Address)及页内地址(Column Address)。

由于 NAND Flash 的数据线和地址线是复用的,因此,在传送地址时要用 4 个时钟周期来完成。NAND Flash 的擦除、读取操作及写块操作流程如图 6.12～图 6.14 所示。

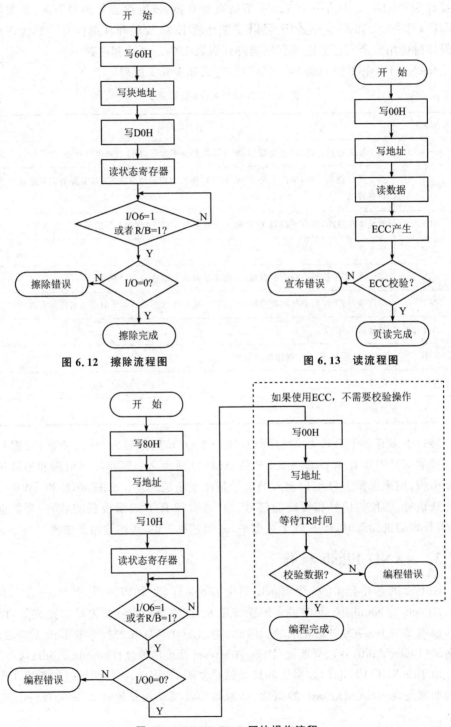

图 6.12　擦除流程图

图 6.13　读流程图

图 6.14　NAND Flash 写块操作流程

6.2　存储系统机制

存储器是嵌入式系统硬件平台的重要部件,用来存储数据和程序代码,是影响微机系统性能的重要指标之一。随着嵌入式系统越来越复杂,对存储系统的速度和容量要求也越来越高。但是,目前存储器芯片的速度比微处理器的速度要低许多,所设计的存储器容量并不能满足程序所需的全部存储容量要求。因此,如何提高存储器的速度和加大存储器的容量是嵌入式系统硬件设计时要解决的主要问题之一。

解决上述问题的主要方法有两种:一是通过物理的方法,增加存储器数量即扩大容量,并使用高速存储器;二是在现有硬件的基础上采用先进的存储系统机制,即通过管理手段改善存储器的性能。由于第一种方法受成本和目前技术的限制并不能很好地解决上述问题,因此,先进的存储系统机制是目前嵌入式系统硬件普遍采用的方法之一。

目前嵌入式系统硬件中常用的存储器管理机制主要有高速缓存和虚拟存储,本节将针对该部分内容进行说明。

6.2.1　高速缓存

高速缓存是一种小型、快速的存储器,处于 CPU 和主存储器之间;由于高速缓存价格较高,在系统中它的容量不可能设计得很大,通常为几 MB 存储单元。它对程序员来说是透明的,当所需访问的代码或数据很大时,不能全部放入高速缓存中,高速缓存中只保留了主存储器中部分代码或数据的复制。因此,当微处理器经常访问的是相对较小的一部分主存储器单元时,高速缓存机制就会很有意义。

高速缓存控制器是微处理器用于控制访问高速缓存及主存系统的桥梁,处于微处理器和高速缓存及主存系统之间,如图 6.15 所示。微处理器需要访问主存储器数据时,通过高速缓存控制器发送存储器请求给高速缓存和主存,如果被请求的单元在高速缓存中,那么高速缓存控制器会将内容转发到微处理器并终止对主存的请求,这种情况被称为高速缓存命中;如果被请求的单元不在高速缓存中,那么高速缓存控制器会读取主存的值并将它转发到微处理器,这种情况被称为高速缓存未命中。

高速缓存未命中的原因,可以分为以下几种类型:

➤ 强制性未命中(compulsory miss)。若存储器单元是被第一次读取时,则会产生强制性未命中。

➤ 容量未命中(capacity miss)。当工作集过大时会产生容量未命中。

➤ 冲突未命中(conflict miss)。当存储器中有两个地址单元映射到高速缓存的同一个单元时,会产生冲突未命中。

当高速缓存未命中时,高速缓存控制器通过地址映射把主存中存放的数据按照

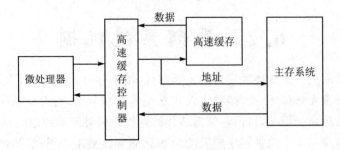

图 6.15　带有高速缓存的存储系统

某种规则装入到高速缓存中,并建立主存地址到高速缓存地址之间的对应关系。实现高速缓存地址映射的方法有很多种,其中最简单的方法是直接映射高速缓存,如图 6.16 所示。

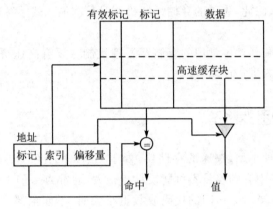

图 6.16　直接映射高速缓存

　　高速缓存由多个块组成,其中每个块包括 3 个主要部分:一个是标记字段,用于指示该块对应的主存单元位置;一个是数据域,用于存储主存单元的内容;一个是有效位标记,用以表示该高速缓存块内容是否有效。存储系统的地址也被分成 3 个部分:标记、索引和偏移量。索引用于选择高速缓存中的哪一块被检测。标记用来与被索引选中块的标记值进行比较,如果相同,那么这块包括所需的主存单元。如果数据的长度大于最小的可寻址单元,那么地址的最低几位被用作偏移量,从数据域中选择所需值。在给定的高速缓存结构中,只有一块要被检查,以确定所需内容是否在高速缓存;如果访问命中,那么数据从高速缓存中读取。

　　写操作比读操作稍微复杂一些,因为需要更新高速缓存和主存中的内容。有多种方法可以完成它,最简单的一种方法是通写策略,即每次写操作时都将同时改变高速缓存和相应的主存单元。这种模式保证了高速缓存和主存的一致性,但会有一些额外的开销。另一种方法是回写策略,即只在将某一单元从高速缓存中移出时才进行写,可以有效地减少写主存的次数。

　　直接映射不仅快,而且成本低,但是由于它将高速缓存映射到主存的策略较简单,因而有局限性。目前有多种方法来管理高速缓存,这里只介绍高速缓存的作用和基本管理策略,要深入了解可查阅其他相关文献。

6.2.2　虚拟存储

随着图形界面的兴起和应用程序的规模不断扩大,终于一个难题出现在程序员的面前,那就是应用程序太大以至于内存容纳不下该程序,通常解决的办法是把程序分割成许多覆盖块(overlay)放在外存,内存中只存放正在运行的覆盖块,结束时调用另一个覆盖块到内存。这就是虚拟存储器(virtual memory)的基本思想,程序、数据、堆栈的总大小可以超过物理存储器的大小,操作系统把当前使用的部分保留在内存中,而把其他未被使用的部分保存在磁盘上。

任何时候,计算机上都存在一个程序能够产生的地址集合,我们称之为地址范围。这个范围的大小由 CPU 的位数决定,例如,32 位 CPU 的地址范围是 0～0xFFFFFFFF(4 GB),64 位 CPU 的地址范围为 0～0xFFFFFFFFFFFFFFFF(64T)。这个范围就是程序能够产生的地址范围,称为虚拟地址空间,该空间中的某一个地址称为虚拟地址。与虚拟地址空间和虚拟地址相对应的则是物理地址空间和物理地址,大多数时候我们的系统所具备的物理地址空间只是虚拟地址空间的一个子集。这里举一个最简单的例子直观地说明这两者,对于一台内存为 256 MB 的 32 bit x86主机来说,它的虚拟地址空间范围是 0～0xFFFFFFFF(4 GB),而物理地址空间范围是 0x000000000～0x0FFFFFFF(256 MB)。

在没有使用虚拟存储器的机器上,虚拟地址被直接送到内存总线上,使具有相同地址的物理存储器被读/写。而在使用了虚拟存储器的情况下,虚拟地址不是被直接送到内存地址总线上,而是送到内存管理单元——MMU,它由一个或一组芯片组成,一般存在于协处理器中,其功能是把虚拟地址映射为物理地址。

在一般的嵌入式系统中,应用程序都是在嵌入式的操作系统之上运行,应用程序和操作系统所用到的地址空间一般是虚拟地址空间,所发出的地址称为虚拟地址或逻辑地址,不是真正的物理地址。存储管理单元(MMU)是集成在微处理器芯片内部、专门管理外部存储器总线的一部分硬件,主要用来完成虚实地址之间的转换。目前,越来越多的微处理器芯片均带有存储管理单元。MMU 完成的主要功能有:

➢ 将主存地址从虚拟存储空间映射到物理存储空间。
➢ 存储器访问权限控制。
➢ 设置虚拟存储空间的缓冲特性等。

图 6.17 所示的是虚拟地址存储系统示意图。图中显示,存储管理单元从微处理器获得逻辑地址,内部用表结构把它们转换成同实际的主存相对应的物理地址,通过改变这些表可以改变程序驻留的物理单元而不必改变程序的代码或数据。

从某种意义上来讲,也可以将 CACHE 和 MMU 比较来理解 MMU。CACHE

图 6.17　虚拟地址存储系统

管理的是高速缓存和主存,目的是提高微处理器访问内存的速度。MMU 管理的是主存和辅助存储器,目的是扩大微处理器的存储空间。因此,CACHE 和 MMU 相结合解决了本节开始时提出的两大核心问题。

　　MMU 的作用还可以用以下例子简单说明:如果应用程序比较大,不能一次性加载到主存中(特别是多任务情况下),那么就可以把程序中暂不执行的一部分移出主存,而存储到辅助存储器中。MMU 记录了哪些逻辑地址驻留在主存中,哪些不在主存中而是保留在辅助存储器中。当微处理器请求一个不在主存中的地址时,存储管理单元产生一个异常,该异常的处理程序完成把所需单元从辅助存储器读到主存中,并且需要移出主存中原有部分单元,被移出的单元在新内容读入前应复制到辅助存储器中。以上操作由 MMU 来完成,应用程序不知道也不用干预,因此,对应用程序来讲,它的存储空间可以远远大于主存,称为虚拟空间。

　　MMU 有多种方式管理虚拟存储器:分段方式、分页方式和段页方式等。每种方式都有其特点,分段方式支持较大的、任意大小的内存区域;分页方式支持较小的、固定大小的内存区域。段页方式介于分段方式和分页方式之间。

　　由于 ARM920T 微处理器核的 MMU 采用了分页虚拟存储管理方式。因此,本书重点介绍分页虚拟存储管理方式,其他方式可查阅其他相关文献。

　　分页虚拟存储管理方式把虚拟存储空间分成一个个固定大小的页,把物理主存储的空间也分成同样大小的页。通过查询存放在主存中的页表来实现虚拟地址到物理地址的变换,如图 6.18 所示。

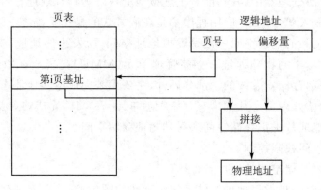

图 6.18　分页式地址转换原理

　　分页方式中页的大小是统一的,通常在 512 字节～4 KB 之间,其地址转换原理图逻辑地址分成页号和页内偏移量两个部分。页号用作页表的索引,页表保存每页起始的物理地址。由于每页大小是一样的,并且很容易确保页的边界落在正确的边界上,因此,存储管理单元首先从逻辑地址中的高位取得页号,然后根据页号查页表得到该页基址;从逻辑地址中的低位取得偏移量作为页内地址,将基址和页内地址拼接即得到物理地址。页表一般保存在主存中,这意味着地址转换需要访问主存。

页表的组织方式很多,最简单的方式是用一张平面表,该表用页号索引。更复杂的方式是采用树的形式。树结构页表由于指针而需要增加一些内部操作,但允许我们仅为部分地址建立一棵树。如果地址空间的某些部分不使用,那么就不需要建立包含这部分地址的树。由于页表存储在主存储中,查询页表所花的代价很大,因此,通常又采用快表技术(TLB translation lookaside buffer)来提高地址变换效率。

TLB 技术中,将当前需要访问的地址变换条目存储在一个容量较小(通常 8~16 个字)、访问速度更快(与微处理器中通用寄存器速度相当)的存储器中。当微处理器需要访问主存时,先在 TLB 中查找需要的地址变换条目,如果该条目不存在,那么再从存储在主存中的页表中查询,并添加到 TLB 中。这样,当微处理器下一次又需要该地址变换条目时,可以从 TLB 中直接得到,从而提高了地址变换速度。

6.3 人机接口

人与计算机系统信息交流的方式很多,在嵌入式系统中常用的人机接口设备有键盘、LCD 显示器及触摸屏等。本节主要介绍这些常用的人机接口设备。

6.3.1 键 盘

键盘是最常用的人机输入设备。与台式计算机的键盘不一样,嵌入式系统中的键盘所需的按键个数及功能通常是根据具体应用来确定的,不同应用中的键盘个数和功能可能不同。嵌入式系统中键盘的接口方式一般有两种:一是独立式键盘接口,即每一个按键独立用一根 I/O 口线;二是行列式键盘接口,即按键设在行线、列线交点处,组成行列矩阵式键盘。因此,在嵌入式系统的键盘接口设计时,通常需要根据应用的具体要求来设计键盘接口的硬件电路,同时还需要完成识别按键动作、生成按键键码和按键具体功能的程序设计。

嵌入式系统所用键盘中的按键通常由机械开关组成,利用机械触点的闭合、断开过程产生一个电压信号。但机械点的闭合、断开均会产生抖动,如图 6.19 所示。抖动是机械开关本身的一个普遍问题,它是指当键按下时,机械开关在外力的作用下,开关簧片的闭合有一个从断到不稳定接触,最后到可靠接触的过程。即开关在达到稳定闭合前会反复闭合、断开几次。同样的现象在按键释放时也存在。开关这种抖动的影响若不设法消除,则会使系统误认为按键按下若干次。键的抖动时间一般为 10~20 ms。

因为抖动可能导致错误的读入,所以通常应去除按键抖动。去抖动方法可用软件和硬件方法实现。

> 软件:软件延时,即从检测到有键按下,执行一个 10～20 ms 的延时程序去抖动。

> 硬件:用 R－S 触发器去抖动。

软件去抖方法:检测有按键闭合时,则延时 10～20 ms,然后再去检测键的状态,如果继续闭合则确认有按键。同样,当检测有按键释放时,则延时 10～20 ms,然后再去检测键的状态,如果继续释放则确认按键释放。

(1) 独立式按键接口

每一个按键单独用一根 I/O 口线,根据 I/O 口线的状态确定开关状态。如图 6.20 所示,微处理器根据对应输入引脚 IN1 和 IN2 上的电平是 0 还是 1 来判断按键是否按下,并完成相应按键的功能。

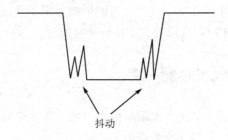

图 6.19　键盘的抖动

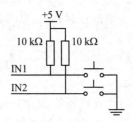

图 6.20　独立式键盘接口

(2) 行列式键盘接口

独立式按键电路配置灵活,软件简单,但每一个键必须占用一个 I/O 口线,在按键较多时,I/O 口线浪费较大,所以按键较多时一般采用行列式键盘。一般将若干按键接口组成矩阵式键盘,如 2×2、4×4、4×5、4×6、8×8,有 4 个键、16 个键、20 个键、24 个键、64 个键,可构成数字键、功能键、字符键等。

下面用一个 4×4 阵列的键盘为例来说明键盘接口的处理方法及其流程。键盘的作用是进行十六进制字符的输入。如图 6.21 所示,该键盘排列成 4×4 阵列,需要两组信号线,一组作为输出信号线(称为行),另一组作为输入信号线(称为列),列信号线一般通过电阻与电源正极相连。键盘上每个键的命名由设计者确定。

在图 6.21 所示的键盘接口中,键盘的行信号线和列信号线均由微处理器通过 I/O 引脚控制,微处理器通过输出引脚向行信号线上输出全 0 信号,

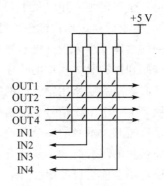

图 6.21　矩阵键盘接口

然后通过输入引脚读取列信号;若键盘阵列中无任何键按下,则读到的列信号必然是全 1 信号,否则就是非全 1 信号。若是非全 1 信号,则微处理器再在行信号线上输出"步进的 0",即逐行输出 0 信号来判断被按下的键具体在哪一行上,然后产生对应的键码。这种键盘处理的方法称为"行扫描法",具体的流程如图 6.22 所示。

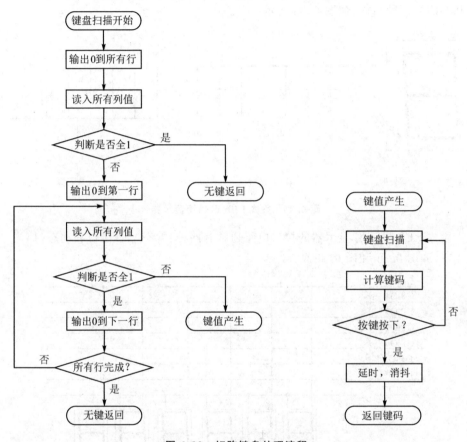

图 6.22 矩阵键盘处理流程

6.3.2 LED 显示器

在专用的嵌入式控制系统、测量系统及智能化仪器仪表中,为了缩小体积和降低成本,往往采用简易的字母数字显示器来指示系统的状态和报告运行的结果。LED 显示器作为一种简单、经济的显示形式,在显示信息量不大的应用场合得到广泛应用。

LED 显示器的形式主要有 3 种:单个 LED 显示器、7 段(或 8 段)LED 显示器、点阵式 LED 显示器。

单个 LED 显示器实际上就是一个发光二极管,在嵌入式控制系统及智能化仪器仪表中常用来作为指示灯。单个 LED 显示器典型的发光电流为 5～20 mA,微处理器通过 I/O 接口的数据线中某一位来控制 LED 的亮与灭。

LED 数码管显示器是由 7 个(或 8 个)LED 发光二极管按一定的位置排列成"日"字形组成,称为段式 LED 数码管显示器;为了适应不同的驱动电路,采用了共阴极和共阳极两种结构,如图 6.23 所示。

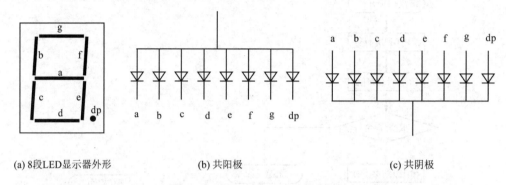

(a) 8段LED显示器外形   (b) 共阳极   (c) 共阴极

图 6.23 段式 LED 数码管显示器

段式 LED 数码管显示器的接口电路通常有两种:静态显示接口和动态(扫描)显示接口,如图 6.24 和图 6.25 所示。

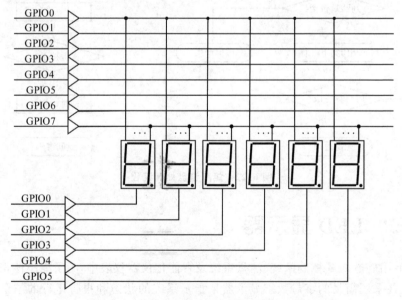

图 6.24 6 位 8 段 LED 显示器动态接口电路

(1) 静态显示

每一段 LED 都有一个锁存器锁存此段的数据,占用 I/O 资源较多,但 CPU 在输出显示数据后,在没有改变显示数据的情况下不需要刷新 LED 显示器,节省了 CPU 的时间。在多位显示的实际应用中一般不使用静态显示方式。

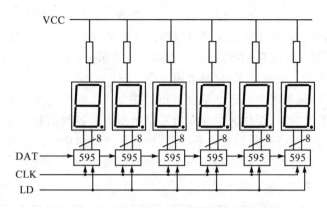

图 6.25　6 位 8 段 LED 显示器静态接口电路

(2) 动态显示

在多位 7 段 LED 显示时，为了简化电路、降低成本，将所有的段选端并联在一起，由一个输出寄存器作为 I/O 口，称为段选寄存器；而所有共阴极点连在一起，由一个输出寄存器作为 I/O 口，称为位选寄存器；所以 8 位显示器的接口只需两个 8 位 I/O 口。由于所有的段选码皆由一个 I/O 口控制，所以在每一个瞬间只有一位显示。只要控制显示器逐个循环点亮，适当选择循环速度，利用人眼"视觉暂留"效应，使其看上去好像多位同时显示一样，也称为扫描显示方式。占用 I/O 资源较少，但 CPU 要不断刷新 LED 显示器，才能显示正确的结果，占用了 CPU 的时间。

点阵式 LED 显示器的显示单元一般由 8 行 8 列 LED 组成，如图 6.26 所示，可以再由这 8 行 8 列的 LED 拼成更大的 LED 阵列。点阵式 LED 显示器能显示各种字符、汉字及图形、图像，并具有色彩。

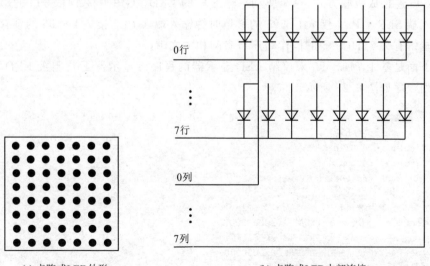

(a) 点阵式LED外形　　　　　　(b) 点阵式LED内部连接

图 6.26　点阵式 LED 显示器

　　点阵 LED 显示器中,每个 LED 表示一个像素,通过每个 LED 的亮与灭来构造所需的图形,各种字符及汉字也是通过图形方式来显示的。对于单色点阵式 LED 来说,每个像素需要一位二进制数表示,1 表示亮,0 表示灭。对于彩色点阵式 LED,每个像素需要更多的二进制位表示,通常用一个字节。

　　点阵式 LED 显示器的显示控制也采用扫描方式。在数据存储器中开辟若干存储单元作为显示缓冲区,缓冲区中存有所需显示图形的控制信息。显示时依次通过列信号驱动器输出一行所需所有列的信号,然后再驱动对应的行信号来控制该行显示。只要扫描速度适当,显示的图形就不会出现闪烁。图 6.27 为一般点阵式 LED 显示器的显示时序。

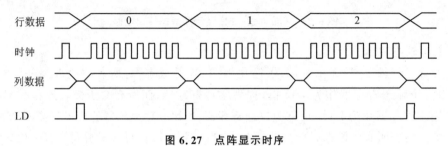

图 6.27　点阵显示时序

6.3.3　LED 接口举例

　　本实例中显示器由 6 个 8 段的 LED 组成,采用静态显示方式。每一个 8 段的 LED 有一个 74LS595 来锁存显示数据,74LS595 为串入并出的移位寄存器,6 个 74LS595 连接成级联方式,每个驱动一个 8 段的 LED。GPE1 接 74LS595 的串行数据输入端 SER,GPE0 接 74LS595 的移位时钟输入端,GPE2 接 74LS595 的锁存时钟输入端。有关 74HC595 的操作时序可参阅相关文献。

　　下面是基于 74LS595 来控制 LED 显示器的程序。显示器是共阳极 LED,其段的排列顺序如图 6.25 所示。

```
/* 包含文件 */
# include "def.h"
# include "2410lib.h"
# include "option.h"
# include "2410addr.h"
//4 个共阴极数码管
//GPE0～2 为输出口    分别为 CLK DATA OE
# define   setclk   rGPEDATA|0x00000001
# define   clrclk   rGPEDATA&0xfffffffe
# define   setdata  rGPEDATA|0x00000002
# define   clrdata  rGPEDATA&0xfffffffd
# define   setoe    rGPEDATA|0x00000004
```

```
#define  clroe  rGPEDATA&0xfffffffb
//共阴极数码管段码
uchar seven_seg[10] = {0x3f,0x06,0x5b,0x4f,0x66,0x6d,0x7d,0x07,0x7f,0x6f};
// ************************************************************
// ** 函数名:Port_Init(void)
// ** 参　数:无
// ** 返回值:无
// ** 功　能:2410 端口初始化
// ** 备　注:无
// ************************************************************
void Port_Init(void)
{
    rGPACON = 0x7fffff;
    rGPBCON = 0x044555;
    rGPBUP = 0x7ff;
    rGPCCON = 0xaaaaaaaa;
    rGPCUP = 0xffff;
    rGPDCON = 0xaaaaaaaa;
    rGPDUP = 0xffff;
    rGPECON = 0xaaaaaa95;          //GPE0～2 为输出口　 分别为 eclk edata eload
    rGPEUP = 0xffff;
    rGPFCON = 0x55aa;
    rGPFUP = 0xff;
    rGPGCON = 0xff055555;
    rGPGUP = 0xfffff;
    rGPHCON = 0x2afaaa;
    rGPHUP = 0x7ff;
}
// ************************************************************
// ** 函数名:display(unsigned int value)
// ** 参　数:unsigned int value
// ** 返回值:无
// ** 功　能:4 个数码管显示函数
// ** 备　注:无
// ************************************************************
void display(unsigned int value)
{
  int i;
  int clk;
  unsigned char temp;
  unsigned char Din;
  unsigned int va[3];
  clroe;
  clrclk;
  va[0] = value/1000;
  va[1] = value%1000/100;
  va[2] = value%100/10;
  va[3] = value%10;
  for(i = 3;i>= 0;i-- )
  {
```

```
        temp = seven_seg[va[i]];
        for(clk = 0;clk< = 7;clk ++ )
        {
          Din = temp&0x01;
          temp>> = 1;
            if(Din == 1)
                setdata;
            else
              clrdata
            setclk;
            delay(1);
            clrclk;
        }
    }
    setoe;
    delay(1);
    clroe;
}
// ******************************************************
// ** 函数名:main()
// ** 参  数:无
// ** 返回值:无
// ** 功  能:主函数
// ** 备  注:无
// ******************************************************
void Main(void)
{
    BoardInitStart();                    //系统初始化,MMU 初始化
    SystemClockInit();                   //系统时钟初始化
    MemCfgInit();                        //设置 Nand Flash 的配置寄存器
    PortInit();                          //GPIO 初始化

    display(1234);                       //数码管显示
    while(1)
    {
    }
}
```

6.3.4　LCD 显示器

　　CRT(阴极射线管)显示器有着体积大、重量重、尺寸受限等缺点。随着电子科技的发展,对移动显示的要求越来越多,目前最普及当是 TFT LCD 的应用了,已成为嵌入式系统中的标配输出设备。目前,LCD 显示屏按显示颜色可分为单色 LCD、伪彩 LCD、真彩 LCD 等,按显示模式可分为数码式 LCD、字符式 LCD、图形式LCD 等。

　　利用液晶制成的显示器称为液晶显示器,英文称 LCD(Liquid Crystal Display),

可分为依驱动方式之静态驱动(Static)、单纯矩阵驱动(Simple Matrix)以及主动矩阵驱动(Active Matrix)3 种。其中,单纯矩阵型又是俗称的被动式(Passive),可分为扭转向列型(Twisted Nematic,简称 TN)和超扭转式向列型(Super Twisted Nematic,简称 STN)两种;而主动矩阵型则以薄膜式晶体管型(Thin Film Transistor,简称 TFT)为目前主流。

1. TN 型

TN 型液晶显示技术可说是液晶显示器中最基本的,其他种类的液晶显示器也可说是以 TN 型为蓝本加以改良。同样的,它的运作原理也较其他技术简单。TN 的构造包括了垂直方向与水平方向的偏光板(Polarizer),其上具有细纹沟槽,中间夹杂液晶材料以及导电的玻璃基板(Glass)。

2. STN/DSTN

STN 型的显示原理也类似,不同的是 TN 型的液晶分子是将入射光旋转 90°,而 STN 则可将入射光旋转 180°~270°。单纯的 TN 显示器本身只有明暗两种显示(或黑白),无法产生色彩的变化。TN LCD 采用的是"直接驱动"无法显示较多的像素,且画面的对比小,反应速度慢,视角仅在 +30° 以下(即观赏角度约 60°),显示质量也较差,所以主要用于简单的数字符与文字的显示,如电子表及电子计算器等。STN 的出现改善了视角狭小的缺点并提高对比率,STN 以"多任务驱动"增加扫描线数提高画素显示,品质较 TN 高。再搭配彩色滤光片的使用,将单色显示矩阵的任一像素(pixel)分成 3 个子像素(sub - pixel),分别透过彩色滤光片显示红、绿、蓝三原色,再经由三原色比例调和,可以显示出逼近全彩模式的色彩。由于 STN 显示的画面色彩对比度仍只达 30:1(对比愈小,画面愈不清楚),反应速度为 150 ms,作为一般操作显示接口尚可,播放电影时速度仍然不够。

由于 STN 仍有不少缺点,后续的 DSTN 通过双扫描方式来显示,其采用双扫描技术,显示效果相比 STN 有大幅度提高。DSTN 反应速度可达到 100 ms,但因它们都为"被动式驱动",在电场反复改变电压的过程中,每一像素的恢复过程都较慢,在屏幕画面快速变化时,如显示网球比赛的转播,就会产生所谓的"拖尾"现象。特别是当网球选手击球的那一瞬间,可以看到屏幕上出现"球迹尾"现象。不过,DSTN 价格便宜、功耗低,一些 PDA 等仍使用 DSTN 作为显示装置。

3. TFT

TFT(Thin Film Transistor)LCD 即薄膜场效应晶体管 LCD,是有源矩阵类型液晶显示器(AM - LCD)中的一种。和 TN 技术不同的是,TFT 的显示采用"背透式"照射方式——假想的光源路径不像 TN 液晶那样从上至下,而是从下向上,这样的做法是在液晶的背部设置特殊光管,光源照射时通过下偏光板向上透出。由于上下夹层的电极改成 FET 电极和共通电极,在 FET 电极导通时,液晶分子的表现也会发生改变,可以通过遮光和透光来达到显示的目的,响应时间大大提高到 80 ms 左右。因其具有比 TN LCD 更高的对比度和更丰富的色彩,荧屏更新频率也更快,故 TFT 俗称"真彩"。

相对于 DSTN 而言,TFT LCD 的主要特点是为每个像素配置一个半导体开关器件。由于每个像素都可以通过点脉冲直接控制,因而每个节点都相对独立,并可以进行连续控制。这样的设计方法不仅提高了显示屏的反应速度,同时也可以精确控制显示灰度,这就是 TFT 色彩较 DSTN 更为逼真的原因。

6.3.5　ADC 和触摸屏

触摸屏作为一种特殊的计算机外设,它是目前最简单、方便、自然的一种人机交互方式。它赋予了多媒体以崭新的面貌,是极富吸引力的全新多媒体交互设备。本节主要介绍不同种类触摸屏的基本工作原理。

1. 电阻触摸屏

电阻触摸屏的屏体部分是一块与显示器表面紧密配合的多层复合薄膜,由一层玻璃或有机玻璃作为基层,表面涂有透明的导电层,上面再盖有一层经过硬化、防刮处理的塑料层,塑料层的内表面也涂有一层透明导电层,在两层导电层之间有许多细小(小于千分之一英寸)的透明隔离点把它们隔开绝缘,如图 6.28 所示。

当手指触摸屏幕时,平常相互绝缘的两层导电层就在触摸点位置有了一个接触,其中一面导电层接通 Y 轴方向的 Vref 均匀电压场,使得侦测层的电压由零变为非零。控制器侦测到这个接通后进行 A/D 转换,并将得到的电压值与 Vref 相比即可得触摸点的 Y 轴坐标,同理得出 X

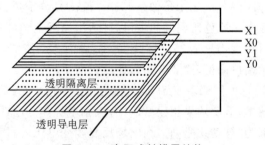

图 6.28　电阻式触摸屏结构

轴的坐标。这就是所有电阻技术触摸屏共同的最基本原理。电阻类触摸屏的关键在于材料,电阻屏根据引出线数多少,分为四线、五线、六线等多线电阻触摸屏。

2. 红外线触摸屏

红外线触摸屏安装简单,只须在显示器上加光点距架框,无须在屏幕表面加上涂层或接驳控制器。光点距架框的 4 边排列了红外线发射管及接收管,在屏幕表面形成一个红外线网。用户以手指触摸屏幕某一点,便会挡住经过该位置的横竖两条红外线,电脑便可即时算出触摸点的位置。任何触摸物体都可改变触点上的红外线而实现触摸屏操作。早期观念上，红外触摸屏存在分辨率低、触摸方式受限制和易受环境干扰而误动作等技术上的局限，因而一度淡出过市场。

第二代红外屏部分解决了抗光干扰的问题，第三代和第四代在提升分辨率和稳定性能上亦有所改进，但都没有在关键指标或综合性能上有质的飞跃。但是，了解触摸屏技术的人都知道，红外触摸屏不受电流、电压和静电干扰，适宜恶劣的环境条件，红外线技术是触摸屏产品最终的发展趋势。

第五代红外线触摸屏是全新一代的智能技术产品，它实现了 1 000×720 高分辨率、多层次自调节和自恢复的硬件适应能力和高度智能化的判别识别，可长时间在各种恶劣环境下任意使用。并且可针对用户定制扩充功能，如网络控制、声感应、人体接近感应、用户软件加密保护、红外数据传输等。原来媒体宣传的红外触摸屏另外一个主要缺点是抗暴性差，其实红外屏完全可以选用任何客户认为满意的防爆玻璃而不会增加太多的成本和影响使用性能，这是其他触摸屏无法效仿的。

红外线式触摸屏价格便宜、安装容易、能较好地感应轻微触摸与快速触摸。但是由于红外线式触摸屏依靠红外线感应动作，外界光线变化（如阳光、室内射灯等）均会影响其准确度。而且红外线式触摸屏不防水、怕污垢，任何细小的外来物都会引起误差，影响其性能，不适宜置于户外和公共场所使用。

3. 电容式触摸屏

电容式触摸屏的构造主要是在玻璃屏幕上镀一层透明的薄膜体层，再在导体层外上一块保护玻璃，双玻璃设计能彻底保护导体层及感应器。

此外，在附加的触摸屏 4 边均镀上狭长的电极，在导电体内形成一个低电压交流电场。用户触摸屏幕时，由于人体电场、手指与导体层间会形成一个耦合电容，4 边电极发出的电流会流向触点，而其强弱与手指及电极的距离成正比，位于触摸屏幕后的控制器便会计算电流的比例及强弱，准确算出触摸点的位置。电容触摸屏的双玻璃不但能保护导体及感应器，更能有效地防止外在环境因素给触摸屏造成影响，就算屏幕沾有污秽、尘埃或油渍，电容式触摸屏依然能准确算出触摸位置。

电容触摸屏的透光率和清晰度优于 4 线电阻屏，当然还不能和表面声波屏、5 线电阻屏相比。电容屏反光严重，而且，电容技术的 4 层复合触摸屏对各波长光的透光率不均匀，存在色彩失真的问题；光线在各层间的反射，还造成图像字符的模糊。

电容屏在原理上把人体当作一个电容器元件的一个电极使用，当较大面积的手掌或手持的导体物靠近电容屏而不是触摸时就能引起电容屏的误动作；在潮湿的天气，这种情况尤为严重，手扶住显示器、手掌靠近显示器 7 厘米以内或身体靠近显示器 15 厘米以内就能引起电容屏的误动作。

其他种类的触摸屏还有表面声波触摸屏、近场成像触摸屏等，读者可参考其他相关文献。

6.4　S3C2410 存储系统和 I/O 端口

本节以 S3C2410 为实例,学习实际微处理器芯片外部设计主存储器和 I/O 端口的方法。

6.4.1　S3C2410 存储空间

S3C2410 芯片采用的是 ARM920T 核,使用单一的平板地址空间。该地址空间的大小为 2^{32} 个 8 位字节,这些字节单元的地址是一个无符号的 32 位数值,其取值范围为 $0 \sim 2^{32}-1$。地址空间总共为 4 GB,其中,1 GB 地址空间用于支持外部存储器的连接,另外的空间有一小部分用于 I/O 端口或部件的寻址,其他的地址空间没有用到。如图 6.29 所示,芯片内部集成有存储控制器,它为芯片外部存储器的访问提供控制信号,芯片还提供外部存储器接口所需的数据总线和地址总线。

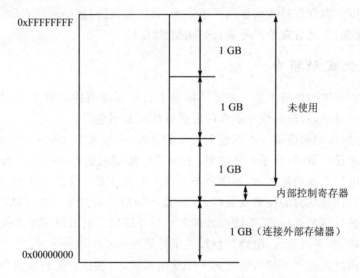

图 6.29　S3C2410 存储空间

可以看出:
➢ S3C2410 整个地址空间(寻址范围)为 4 GB。
➢ S3C2410 芯片可连接外部存储器的可寻址空间是 1 GB。
➢ 有一部分地址微处理器内部占用,用于控制寄存器和 I/O 端口。
➢ 有大部分地址空间未被使用或不能使用。

因此,S3C2410 的存储空间主要是两个部分:一是 1 GB 的可连接外部存储器的寻址空间,二是用于控制寄存器和 I/O 端口使用、微处理器内部占用的地址空间。下面就分别介绍它们的结构和使用方法。

1. 外部存储器的可寻址空间

S3C2410 支持两种启动模式,一种是从 NAND Flash 启动,一种是从外部 nGCS0 片选的 NOR Flash 启动。在这两种启动模式下,存储空间的分配是不同的, 如图 6.30 所示。

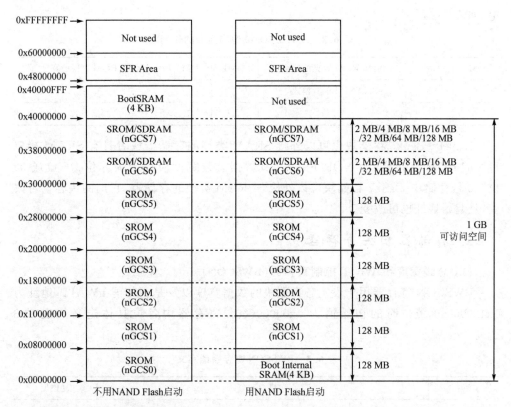

注:① SROM—ROM或SRAM型内存。
　② SFR—特殊功能寄存器。

图 6.30　S3C2410 存储空间分配图

1 GB 的可连接外部存储器的寻址空间被分成 8 个存储块,每块 128 MB。
S3C2410 芯片外部存储空间有如下特点:

➢ 支持小端/大端模式(可通过软件选择)。

➢ 8 个存储块中,6 个用于 SRAM 或 ROM,另 2 个用于 SDRAM、 SRAM、ROM。

➢ 8 个存储块中,7 个存储块有固定起始地址,1 个存储块起始地址可变。

➢ 支持异步定时,可用 nWAIT(等待)信号来扩展外部存储器的读/写周期。

➢ 可编程的总线访问宽度 8/16/32 位,但 Bank0 不能通过软件编程方式设置。

➢ 在 SDRAM 中支持自主刷新和省电模式。

➢ 所有存储器 Bank 可编程访问周期。

Bank0 存储块可以外接 SRAM 类型的存储器或者具有 SRAM 接口特性的 ROM 存储器（如 NOR Flash），其数据总线宽度应设定为 16 位或 32 位中的一种。当 0 号存储块作为 ROM 区完成引导装入工作时（从 0x00000000 启动），Bank0 存储块的总线宽度应在第一次访问 ROM 前根据 OMl、OM0 在复位时的逻辑组合来确定，如表 6.2 所列。

表 6.2　OM1 及 OM0 逻辑组合的作用

OM1	OM0	引导 ROM 数据的宽度	OM1	OM0	引导 ROM 数据的宽度
0	0	NAND Flash 模式	1	0	32 位
0	1	16 位	1	1	测试模式

Bank1～Bank5 存储块也可以外接 SRAM 类型的存储器或者具有 SRAM 接口特性的 ROM 存储器（如 NOR Flash），其数据总线宽度应设定为 8 位、16 位或 32 位。6 号存储块、Bank7 存储块可以外接 SDRAM 类型的存储器，它们的块容量可改变，且起始地址也可改变。

2. 存储器相关寄存器

（1）总线宽度和 WAIT 控制寄存器（BWSCON）

BWSCON 寄存器用于设定各存储块的数据宽度以及是否使能 nWAIT，地址为 0x48000000，复位时的初始值为 0x00000000。寄存器中各位具体定义如表 6.3 所列。

表 6.3　BWSCON 寄存器的定义

位	描　述	复位值
[31]	确定 7 号存储块是否用 UB/LB =0 不用 UB/LB；=1 用 UB/LB	0
[30]	确定 7 号存储块 WAIT 的状态 =0 不使能 WAIT；=1 使能 WAIT	0
[29:28]	确定 7 号存储块数据总线的宽度 =0 为 8 位；=01 为 16 位；=10 为 32 位；=11 为保留	0
[27]	确定 6 号存储块是否用 UB/LB =0 不用 UB/LB；=1 用 UB/LB	0
[26]	确定 6 号存储块 WAIT 的状态 =0 不使能 WAIT；=1 使能 WAIT	0
[25:24]	确定 7 号存储块数据总线的宽度 =0 为 8 位；=01 为 16 位；=10 为 32 位；=11 为保留	0

位	描　述	复位值
[23]	确定 5 号存储块是否用 UB/LB =0 不用 UB/LB；=1 用 UB/LB	0
[22]	确定 5 号存储块 WAIT 的状态 =0 不使能 WAIT；=1 使能 WAIT	0
[21:20]	确定 5 号存储块数据总线的宽度 =0 为 8 位；=01 为 16 位；=10 为 32 位；=11 为保留	0
[19]	确定 4 号存储块是否用 UB/LB =0 不用 UB/LB；=1 用 UB/LB	0
[18]	确定 4 号存储块 WAIT 的状态 =0 不使能 WAIT；=1 使能 WAIT	0
[17:16]	确定 4 号存储块数据总线的宽度 =0 为 8 位；=01 为 16 位；=10 为 32 位；=11 为保留	0
[15]	确定 3 号存储块是否用 UB/LB =0 不用 UB/LB；=1 用 UB/LB	0
[14]	确定 3 号存储块 WAIT 的状态 =0 不使能 WAIT；=1 使能 WAIT	0
[13:12]	确定 3 号存储块数据总线的宽度 =0 为 8 位；=01 为 16 位；=10 为 32 位；=11 为保留	0
[11]	确定 2 号存储块是否用 UB/LB =0 不用 UB/LB；=1 用 UB/LB	0
[10]	确定 2 号存储块 WAIT 的状态 =0 不使能 WAIT；=1 使能 WAIT	0
[9:8]	确定 2 号存储块数据总线的宽度 =0 为 8 位；=01 为 16 位；=10 为 32 位；=11 为保留	0
[7]	确定 1 号存储块是否用 UB/LB =0 不用 UB/LB；=1 用 UB/LB	0
[6]	确定 1 号存储块 WAIT 的状态 =0 不使能 WAIT；=1 使能 WAIT	0
[5:4]	确定 1 号存储块数据总线的宽度 =0 为 8 位；=01 为 16 位；=10 为 32 位；=11 为保留	0
[3]	—	0
[2:1]	指明 0 号存储块数据总线的宽度 =01 为 16 位；=10 为 32 位； 这个状态也可以通过 OM1、OM0 引脚确定	0
[0]	—	0

(2) 存储块控制寄存器(BANKCON0～BANKCON7)

　　每个存储块对应一个控制寄存器,BANKCON0～BANKCON5 分别对应 0 号存储块 ～ 5 号存储块,其地址分别是 0x48000004、0x48000008、0x4800000c、0x48000010、0x48000014、0x48000018。复位后的复位值为 0x0700。BANKCON0～BANKCON5 寄存器每位的定义如表 6.4 所列。

表 6.4　BANKCON0～BANKCON5 寄存器每位的定义

位	描　述	复位值
[14:13]	确定 nGCSm 信号有效之前,建立有效地址的时间。 00＝0 时钟周期;01＝1 时钟周期;10＝2 时钟周期;11＝4 时钟周期	00
[12:11]	确定 nOE 信号有效之前,建立片选信号的时间。 00＝0 时钟周期;01＝1 时钟周期;10＝2 时钟周期; 11＝4 时钟周期	00
[10:8]	确定访问周期,注意:当 nWAIT 信号有效时,访问周期≥4 时钟周期。 000＝1 时钟周期;001＝2 时钟周期;010＝3 时钟周期;011＝4 时钟周期;100＝6 时钟周期;101＝8 时钟周期;110＝10 时钟周期;111＝14 时钟周期	111
[7:6]	确定 nOE 信号失效之后,片选信号保持的时间。 00＝0 时钟周期;01＝1 时钟周期;10＝2 时钟周期;11＝4 时钟周期	00
[5:4]	确定 nGCSm 信号失效之后,有效地址保持的时间。 00＝0 时钟周期;01＝1 时钟周期;10＝2 时钟周期;11＝4 时钟周期	00
[3:2]	确定页模式访问周期。 00＝2 时钟周期;01＝3 时钟周期;10＝4 时钟周期;11＝6 时钟周期	00
[1:0]	确定页模式。 00＝常规(1 data);01＝4 data;10＝8 data;11＝16 data	00

　　BANKCON6～BANKCON7 分别对应 6 号存储块、7 号存储块,其地址分别是 0x4800001c、0x48000020,复位后的复位值为 0x18008。BANKCON6 及 BANKCON7 寄存器每位的定义如表 6.5 所列。

表 6.5　BANKCON6 及 BANKCON7 每位的定义

位	描　述	复位值
[16:15]	确定 6 号存储块或 7 号存储块的存储器类型。 00＝SRAM 或 ROM;01＝保留;10＝保留;11＝SDRAM	11

　　当存储器类型为 SRAM 或 ROM 时,下面各位有用:

位	描　述	复位值
[14:13]	确定 nGCSm 信号有效之前,建立有效地址的时间。 00=0 时钟周期;01=1 时钟周期;10=2 时钟周期;11=4 时钟周期	00
[12:11]	确定 nOE 信号有效之前,建立片选信号的时间。 00=0 时钟周期;01=1 时钟周期;10=2 时钟周期; 11=4 时钟周期	00
[10:8]	确定访问周期,注意:当 nWAIT 信号有效时,访问周期≥4 时钟周期。 000=1 时钟周期;001=2 时钟周期;010=3 时钟周期;011=4 时钟周期;100=6 时钟周期;101=8 时钟周期;110=10 时钟周期;111=14 时钟周期	111
[7:6]	确定 nOE 信号失效之后,片选信号保持的时间。 00=0 时钟周期;01=1 时钟周期;10=2 时钟周期;11=4 时钟周期	00
[5:4]	确定 nGCSm 信号失效之后,有效地址保持的时间。 00=0 时钟周期;01=1 时钟周期;10=2 时钟周期;11=4 时钟周期	00
[3:2]	确定页模式访问周期。 00=2 时钟周期;01=3 时钟周期;10=4 时钟周期;11=6 时钟周期	00
[1:0]	确定页模式。 00=常规(1 data);01=4 data;10=8 data;11=16 data	00

当存储器类型为 SDRAM 时,下面各位有用:

位	描　述	复位值
[3:2]	确定 RAS 对 CAS 的延时 00=2 时钟周期;01=3 时钟周期;10=4 时钟周期	10
[1:0]	确定列地址位数 00=8 位;01=9 位;10=10 位	00

(3) 刷新控制寄存器(REFRESH)

SDRAM 类型存储器需要使用刷新控制寄存器,其地址是 0x48000024,复位后的复位值为 0xac0000。REFRESH 寄存器每位的定义如表 6.6 所列。

表 6.6　REFRESH 寄存器每位的定义

位	描　述	复位值
[23]	确定 SDRAM 刷新使能。0=不使能;1=使能	1
[22]	确定刷新模式。0=Auto 模式;1=Self 模式	0
[21:20]	确定 RAS 有效建立的时间。 00=2 时钟周期;01=3 时钟周期;10=4 时钟周期;11=没有用到	10

位	描　述	复位值
[19:18]	确定行有效的时间。 00＝4 时钟周期;01＝5 时钟周期;10＝6 时钟周期;11＝7 时钟周期;行 周期＝RAS 有效建立的时间＋行有效的时间	11
[17:16]	没有用到	00
[15:11]	没有用到	0000
[10:0]	确定 SDRAM 计数值。 刷新周期＝$(2^{11}$－刷新计数值＝1$)$/HCLK 例如,如果刷新周期为 15.6,HCLK＝60 MHz,那么 刷新计数值＝2^{11}＋1－60×15.6＝1 113	0x0

(4) 存储块大小控制寄存器(BANKSIZE)

BANKSIZE 寄存器的主要功能是确定 6 号存储块和 7 号存储块的容量大小,其地址是 0x48000028,复位后的复位值为 0x02。BANKSIZE 寄存器每位的定义如表 6.7 所列。

表 6.7　BANKSIZE 寄存器每位的定义

位	描　述	复位值
[7]	确定 ARM 代码 burst operation 使能。 0＝不使能;1＝使能	0
[6]	没有用到	0
[5]	确定 SDRAM 省电模式使能。 0＝不使能;1＝使能	0
[4]	确定 SCLK 信号使能。在 SDRAM 访问期间,为了省电能需要 SCLK 信号使能,当 SDRAM 不访问时,SCLK 信号为低电平。 0＝SCLK 总是激活;1＝访问期间 SCLK 被激活	0
[3]	没有用到	0
[2:0]	确定 6 号存储块/7 号存储块的大小。 010＝128 MB;001＝64 MB;000＝32 MB;111＝64 MB;110＝8 MB; 101＝4 MB;100＝2 MB	010

3. 外部存储器接口信号

S3C2410 芯片的数据总线引脚为 DATAO～DATA31,共 32 根,可由用户设定数据总线宽度为 8 位、16 位还是 32 位。地址总线引脚 ADDR0～ADDR26,共有 27 根,支持 128 MB 地址空间。另外,提供了各存储块的选择信号 nGCSO、nGCSl、nGCS2、nGCS3、nGCS4、nGCS5、nGCS6、nGCS7 以及 SDRAM、NAND Flash 等存储器控制信号。

6.4.2　S3C2410 存储器接口设计

本小节通过部分实例介绍 S3C2410 的存储器接口设计方法。

1. BOOT ROM 接口设计

系统复位后,S3C2410 有两种启动方式:一是非 NAND Flash 启动方式,S3C2410 访问 0x0000 0000 地址,因此,启动代码应该放在 0x0000 0000 地址上,BOOT ROM 的总线宽度可以由 OM[1:0]确定;二是 NAND Flash 启动方式,此时,CPU 将从 NAND Flash 中读取代码来启动。下面分别介绍两种方式下的接口设计。

(1) 非 NAND Flash 启动方式

S3C2410 支持两种格式的启动镜像文件,一种是半字(16 bit),另一种为字(32 bit)。因此,外接的 ROM/Flash 的数据线宽度要和镜像文件一致,总线宽度的设定方法如表 6.8 所列。

表 6.8　ROM Bank0 的数据总线宽度

OM[1:0]	数据总线的宽度	OM[1:0]	数据总线的宽度
00	NAND Boot	10	32(字)
01	16 位(半字)	11	测试模式

由于目前常用的 ROM/Flash 的数据线宽度有 8、16、32 位 3 种,分以下 3 种情况给出 BOOT ROM 接口的设计方法。

1) 用 8 位 ROM/Flash 设计 32 位 BOOT ROM

用 8 位 ROM/Flash 设计 32 位 BOOT ROM 时,在地址线的连接中要错开两位,即 S3C2410 的 ADDR[24:2]与 ROM/Flash 的 ADDR[21:0]连接,如图 6.31 所示。

2) 用 16 位 ROM/Flash 设计 16 位 BOOT ROM

用 16 位 ROM/Flash 设计 16 位 BOOT ROM 时,在地址线的连接中也要错开一位,即 S3C2410 的 ADDR[22:1]与 ROM/Flash 的 ADDR[21:0]连接,如图 6.32 所示。

3) 用 16 位 ROM/Flash 设计 32 位 BOOT ROM

用 16 位 ROM/Flash 设计 32 位 BOOT ROM 时,在地址线的连接中也要错开两位,即 S3C2410 的 ADDR[22:2]与 ROM/Flash 的 ADDR[20:0]连接。

(2) NAND Flash 启动方式

如果选择 NAND Flash 启动方式,系统复位后,内置的 NAND Flash 控制器将访问控制接口,从 NAND Flash 中读取 4 KB 引导代码到内部的 SRAM(开始地址为 0x0000 0000,大小 4 KB)中并且执行此代码。引导代码的作用是将存于 NAND

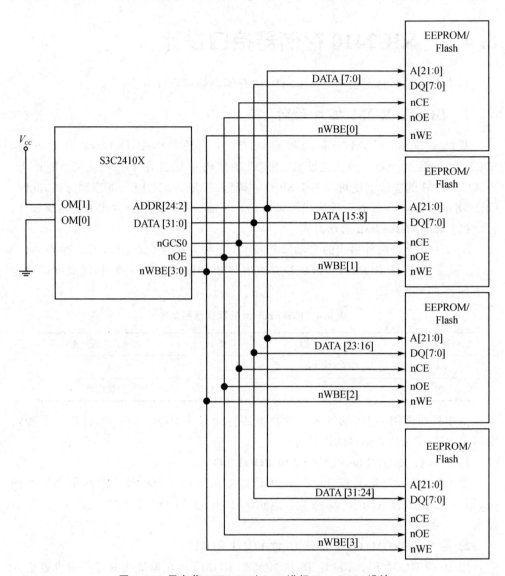

图 6.31　用字节 EEPROM/Flash 进行 Boot ROM 设计

Flash 中的操作系统镜像加载到 SDRAM 中去,操作系统就能够在 SDRAM 中运行。启动完毕后,4 KB 的 SRAM 空间可以用于其他用途。图 6.33 以 K9F6408 芯片为例,给出了 NAND Flash 类型的存储器接口电路设计电路。图中,I/O0~I/O7 与 S3C2410 芯片的低 8 位数据线相连,利用这 8 位数据信号线来传送用于控制 K9F6408 芯片的命令、地址和数据。其他控制信号引脚也分别与 S3C2410 芯片对应的引脚相连。

　　在 S3C2410 芯片内部,有专门用于控制 NAND Flash 存储器的部件,除了 nF-CE、nFRE、nFWE 等引脚外,内部还有许多用来支持 NAND Flash 存储器接口的寄

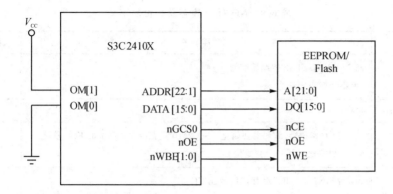

图 6.32　用半字 EEPROM/Flash 进行半字 Boot ROM 设计

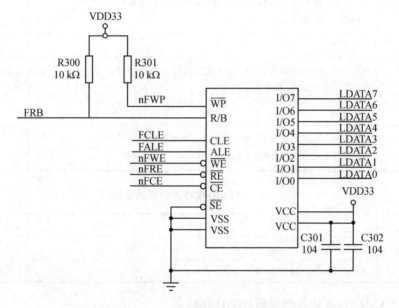

图 6.33　一个 NAND Flash 存储器接口电路

存器,在设计 NAND Flash 存储器接口时还必须对这些寄存器进行操作。

2. 相关寄存器

(1) NAND Flash 配置(NFCONF)寄存器

NFCONF 寄存器用来完成 NAND Flash 的配置,其地址为 0x4e000000,复位值不确定。该寄存器中每位的定义如表 6.9 所列。

(2) NAND Flash 命令寄存器(NFCMD)

NAND Flash 寄存器是 NAND Flash 的命令设置寄存器,其地址为 0x4e000004,复位值不确定。该寄存器中每位的定义如表 6.10 所列。

表 6.9　NFCONF 寄存器每位的定义

位	描　述	复位值
[15]	确定 NAND Flash 控制器使能 0＝不使能;1＝使能	0
[14:13]	没有用到	—
[12]	确定 ECC 编码器/解码器初始化。S3C2410 只支持 512 字节的 ECC 校验。 0＝不初始化 ECC;1＝初始化 ECC	0
[11]	确定 NAND Flash 芯片使能信号 nFCE 0＝nFCE 低电平;1＝nFCE 高电平	—
[10:8]	确定 CLE 和 ALE 的保持值,该 3 位可以设置的范围是 0～7。 保持值＝HCLK×(设置值＋1)	—
[7]	没有用到	—
[6:4]	确定 TWRPH0 的保持值,该 3 位可以设置的范围是 0～7。 保持值＝HCLK×(设置值＋1)	0
[3]	没有用到	—
[2:0]	确定 TWRPH1 的保持值,该 3 位可以设置的范围是 0～7。 保持值＝HCLK×(设置值＋1)	0

表 6.10　NFCMD 寄存器每位的定义

位	描　述	复位值
[15:8]	没有用到	—
[7:0]	NANF Flash 的命令值,如写入命令为 0x80	0x00

(3) NAND Flash 地址寄存器(NFADDR)

NFADDR 寄存器是 NAND Flash 的地址寄存器,其地址为 0x4e000008,复位值不确定。该寄存器中每位的定义如表 6.11 所列。

表 6.11　NFADDR 寄存器每位的定义

位	描　述	复位值
[15:8]	没有用到	—
[7:0]	NAND Flash 的地址值	—

(4) NAND Flash 寄存器(NFDATA)

NFDATA 寄存器是 NAND Flash 的数据寄存器,其地址为 0x4e00000c,复位值不确定。该寄存器中每位的定义如表 6.12 所列。

表 6.12　NFDATA 寄存器每位的定义

位	描　述	复位值
[15:8]	没有用到	—
[7:0]	NAND Flash 的数据,在写时是编程数据,在读时是读出数据	—

(5) NAND Flash 操作状态寄存器(NFSTAT)

NFSTAT 寄存器是 NAND Flash 的操作状态寄存器,其地址为 0x4e000010,只允许读,复位值不确定。该寄存器中每位的定义如表 6.13 所列。

表 6.13　NFSTAT 寄存器每位的定义

位	描　述	复位值
[16:1]	没有用到	—
[0]	表明 NAND Flash 的操作状态,该信号也可以通过 R/nB 引脚检测。 0=NAND Flash 存储器忙;1=NAND Flash 存储器空闲,可以操作	—

(6) NAND Flash ECC 寄存器(NFECC)

NFECC 寄存器是 NAND Flash 的 ECC 错误校验码寄存器,其地址为 0x4e000014,只允许读,复位值不确定。该寄存器中每位的定义如表 6.14 所列。

表 6.14　NFECC 寄存器每位的定义

位	描　述	复位值
[23:16]	ECC2 代码	—
[15:8]	ECC1 代码	—
[7:0]	ECC0 代码	—

3. SRAM 型存储器接口设计

Bank1～Bank7 均可以连接 SRAM 型存储器,可以拥有不同宽度的数据总线,数据宽度通过寄存器控制。由于 SRAM 型存储器和上面介绍的非 NAND Flash 的 ROM/Flash 存储器接口相同,因此,接口电路可以参照以上非 NAND Flash 启动下的 ROM/Flash 存储器的接口电路。

4. SDRAM 型存储器接口设计

图 6.34 所示是由两片 HY57V561620 设计的、存储容量为 64 MB 的 SDRAM 接口电路图。该存储器的 nCS(即 $\overline{CS}$)由 S3C2410 芯片的 nSCS0 引脚控制,因此,它占用了 S3C2410 芯片的 6 号存储块,实际占用地址空间为 0x30000000～0x33ffffff。一片的数据引脚(D0～D15)与 S3C2410 芯片的低 16 位数据线相连,另一片的数据引

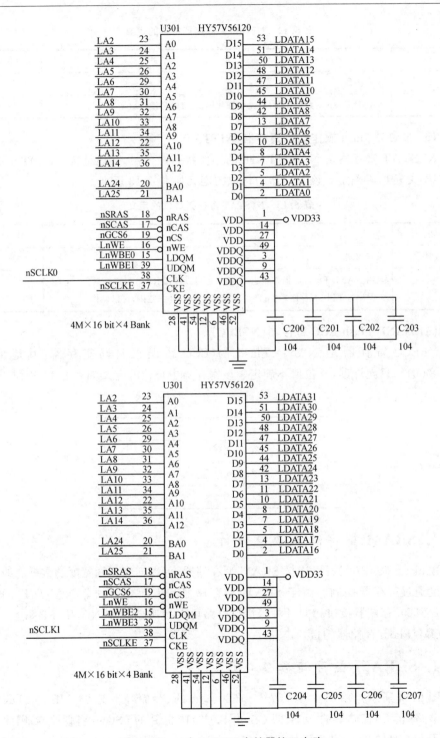

图 6.34　一个 SDRAM 存储器接口电路

脚(D0~D15)与 S3C2410 芯片的高 16 位数据线相连,因此,此存储块总的数据宽度
是 32 位。其他引脚,如 nWE、nRAS、nCAS,也分别与 S3C2410 芯片对应引脚相连。

6.4.3　S3C2410 I/O 端口控制

S3C2410 共有 117 个输入输出引脚,大部分引脚是多功能的,分属于 8 个 I/O 端
口来命名(GPA~GPH),端口的功能可以根据设计的不同要求通过寄存器编程设
置。本节主要介绍 I/O 端口功能的设置方法,并给出实际的 I/O 端口应用实例。

1. 通用 I/O 端口控制

本小节详细介绍了利用 S3C2410 的通用 I/O 端口进行相关 LED 的控制。首先
介绍了通用 I/O 口相关的寄存器和通用 I/O 端口的使用方法,然后介绍了通用 I/O
端口控制 LED 的电路设计及相应驱动程序的开发。

S3C2410 有 117 个有复用功能的 I/O 端口引脚.这些引脚是:

➤ PortA (GPA) 23 个输出端口;

➤ PortB (GPB) 11 个 I/O 端口;

➤ PortC (GPC) 16 个 I/O 端口;

➤ PortD (GPD) 16 个 I/O 端口;

➤ PortE (GPE) 16 个 I/O 端口;

➤ PortF (GPF) 8 个 I/O 端口;

➤ PortG (GPG) 16 个 I/O 端口;

➤ PortH (GPH) 11 个 I/O 端口。

每一个端口都可以由软件设置来满足各种系统配置和设计需求。在启动程序之
前必须定义每个引脚用哪个功能。如果引脚没有配置为复用功能,则这个引脚就能
被配置为 I/O 端口。

2. 通用 I/O 口相关寄存器描述

(1) 端口配置器(GPACON~GPHCON)

在 S3C2410 中,大部分的引脚是复用的。因此,对于每个引脚要求定义一个功
能。端口控制寄存器(GPnCON)定义每一个引脚的功能(n=A~H)。

如果 GPF0~GPF7 和 GPGO~GPG7 被用作掉电模式下的唤醒信号,那么这些
端口必须在中断模式下被设置。

(2) 端口数据寄存器(GPADAT~GPHDAT)

如果端口配置为输出端口,那么数据可以被写到 GPnDAT 寄存器对应的位。
如果端口配置为输入端口,那么能从 GPnDAT 寄存器对应的位中读出数据。

(3) 端口上拉寄存器(GPBUP～GPHUP)

端口上拉寄存器控制着每个端口组上拉寄存器的使能或禁止。当对应位为 0 时,这个引脚的上拉寄存器是允许的;当为 1 时,上拉寄存器是禁止的。

(4) MISCELLANEOUS 控制寄存器

这个寄存器控制数据端口的上拉寄存器、高阻状态、USB 通道以及 CLKOUT 的选择。

(5) 外部中断控制寄存器(EXTINTn)

24 个外部中断由多种方式来请求。EXTINTn 寄存器可以配置外部中断请求信号的触发方式为低电平触发、高电平触发、下降沿触发、上升沿触发以及双边沿触发。仅 16 个 EINT 引脚(EINT[15:0])能被用作唤醒中断。

3. I/O 端口应用举例

S3C2410 芯片的 I/O 端口是多功能的,使用时根据需要编程设置端口控制寄存器,使其用作某个具体的功能。下面的实例程序中,使用端口 E 用作普通 I/O 接口,端口 E 的 GPE3 位输出控制一个 LED 指示灯,如图 6.35 所示。

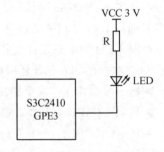

图 6.35　GPIO 控制 LED 指示灯

程序代码如下:

```
#include "def.h"
#include "2410lib.h"
#include "isr.h"
#define ledlight()      { rGPEDAT = rGPEDAT & 0xfff7}
#define ledclear()      { rGPEDAT = rGPEDAT|0x0008}
// *********************************************************
// ** 函数名:main()
// **参  数:无
// **返回值:无
// **功  能:主函数
// **备  注:无
// *********************************************************
void Main(void)
{
    BoardInitStart();                          //系统初始化,MMU 初始化
    SystemClockInit();                         //系统时钟初始化
    rGPECON = (( rGPECON|0x00000140 )&0xfffffd7f   //GPIO E 初始化
    while(1)
    {
        ledlight();                            //LED 灯亮
        Delay(3000);                           //延时
        ledclear();                            //LED 灯灭
    }
}
```

6.5　S3C2410 人机接口设计

通过以上的学习我们了解到嵌入式系统中常
用的人机接口设备。本节以 S3C2410 芯片为实例,学习实际人机接口设计的方法。

6.5.1　S3C2410 键盘接口设计

本实例中,键盘阵列是 5×4,如图 6.36 所示。利用 S3C2410 的端口 C、端口 E
来完成键盘的连接,其中,GPC0～GPC3 作为输入,用于连接"键盘列";GPE0～
GPE4 作为输出,用于连接"键盘行"。键值采用 16 位,是行扫描值和列扫描值合并
而成。具体键盘接口程序代码如下。

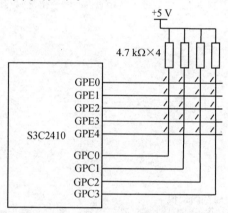

图 6.36　S3C2410 矩阵键盘接口

```
// ** keyoutput 是键盘扫描时的输出地址,keyinput 是键盘读入时的地址
# define    KEYOUTPUT   ( * (volatile INT8U * )0x56000044 )
# define    KEYINPUT(   * (volatile INT8U * )0x56000024 )
// ***********************************************
// ** 函数名:Scankey()
// ** 参　数:无
// ** 返回值:扫描值(高 8 位时输出的值,低 8 位时读入的值,扫描值是两者的拼接和)
// ** 功　能:调用一次此函数,可以实现对键盘的一次全扫描
// ** 备　注:
// ***********************************************
INT16U ScanKey ()
{
INT16U key = 0xffff ;
INTI6U i ;
INT8U temp = 0xff , output;
//初始化端口 C、端口 E
rPCONC = rPCONC & 0xffffff00; // GPC0～GPC3 为输入
```

```
rPUPC = rPUPC|0x000f ;
rPCONE = (rPCONF & 0xfffffc00)|0x00000155 ; //GPE0～GPE4 为输出
rPUPE = rPUPE|0x001f ;
/** 扫描时,循环往键盘(5*4)输出线送低电平,**/
/** 其中输出为 5 根所以循环 5 次就可以了,输入为 4 根**/
for (i = 1 ; ((i<= 16) && (i > 0)) ; i <<= 1)
{
/** 将第 i 根输出引脚置低,其余输出引脚为高,即对键盘按行进行扫描 **/
output |= 0xff ;
output &= (～ i) ;
KEYOUTPUT = output ;
/** 读入此时的键盘输入值 **/
temp = KEYINPUT ;
/** 判断 4 根输入线上是否有低电平出现,若有说明有键输入,否则无 **/
if ((temp & 0x0f) != 0x0f)
{
/** 将此时的输出值左移 8 位,并和读人的值合并为 16 位键码 **/
key = (～ i) ;
key <<= 8 ;
key |= ((temp & 0x0f)|0xf0) ;
return (key) ;
}
}
/** 如果没有键按下,返回 0xffff **/
return 0xffff ;
}
// ***************************************************
// ** 函数名:getkey()
// ** 参    数:无
// ** 返回值:读取的确定的键值
// ** 功    能:调用 scankey()识别按键,然后消抖动,得到可靠键码,存入数组内
// ***************************************************
INT16U getkey (void)
{
INT16U   key , tempkey = 1 ;
INT16U   oldkey = 0xffff ;
INT8U    keystatus = 0 ;
INT8U    keycnt = 0 ;
//** 等到有合法的、可靠的键值输入,才返回,否则无穷等待 **//
while (1)
{
//** key 设置为 0xffff,初始状态为无键值输入 **//
  key = 0xfff ;
//** 等待键盘输入。若有输入则退出此循环进行处理,否则等待 **//
      while(1)
      {
//** 扫描一次键盘,将读到的键值送入 key **//
        key = ScanKey() ;
//** 判断是否有键输入,如果有,则退到外循环进行消抖动 **//
temkey = (key|0xff00) ;
```

```
        if ((tempkey & 0xffff) ! = 0xffff)    break;
//** 若没有键按下,则延迟一段时间后,继续扫描键盘,同时设 oldkey = 0xffff **//
        mydelay(20,50);
        oldkey = 0xffff;
    }
//** 在判断有键按下,延迟一段时间,再读一次键盘,消抖动 **//
Mydelay (50,5000);
    if (key ! = Scankey())
        continue;
//** 如果连续两次读的键值一样,并不等于 oldkey,则可判断有新的键值输入 **//
    if (oldkey ! = key)    keystatus = 0;
//** 设定 oldkey 为新的键值,并退出循环,返回键值 **//
    oldkey = key;
    break;
}
return  key;
}


// ********************************************************
// ** 函数名:main()
// ** 参   数:无
// ** 返回值:无
// ** 功   能:主程序,完成读键值,并根据键值调用具体的按键功能程序
// ** 备   注:
// ********************************************************
void Main ()
{
INT16U key = 0;
while (1)
{
    mydelay(10,1000);                            //延时
// ** 读取键值后取反 **//
    key = getkey ();
    key = (~key);
    keystore[i] = key;
//下面根据键值完成具体的按键功能程序
    switch( key )
    {
    case 0x208;        //0x208 是一个键值,根据该键值完成对应按键的具体功能
    case 0x101;        //0x101 是一个键值,根据该键值完成对应按键的具体功能
    break;
    }
    }
}
```

6.5.2　S3C2410 LCD 控制器

一块 LCD 屏显示图像,不但需要 LCD 驱动器,还需要有相应的 LCD 控制器。

通常 LCD 驱动器会以 COF/COG 的形式与 LCD 玻璃基板制作在一起,而 LCD 控制器则由外部电路来实现。S3C2410 内部已经集成了 LCD 控制器,因此可以很方便地去控制各种类型的 LCD 屏,如 STN 和 TFT 屏。由于 TFT 屏将是今后应用的主流,因此接下来重点围绕 TFT 屏的控制来介绍。

1. S3C2410 LCD 控制器的特性

STN 模式下 S3C2410 LCD 控制器的特性如下

➤ 支持 3 种扫描方式:4 bit 单扫、4 位双扫和 8 位单扫;

➤ 支持单色、4 级灰度和 16 级灰度屏;

➤ 支持 256 色和 4 096 色彩色 STN 屏(CSTN)。

TFT 模式下 S3C2410 LCD 控制器的特性:

➤ 支持单色、4 级灰度、256 色的调色板显示模式;

➤ 支持 64K 和 16M 色非调色板显示模式;

➤ 支持分辨率为 640×480、320×240 及其他多种规格的 LCD。

对于控制 TFT 屏来说,除了要给它送视频资料(VD[23:0])以外,还有以下一些信号是必不可少的,分别是

➤ VSYNC(VFRAME):帧同步信号;

➤ HSYNC(VLINE):行同步信号;

➤ VCLK:像素时钟信号;

➤ VDEN(VM):数据有效标志信号。

图 6.37 是 S3C2410 内部的 LCD 控制器的逻辑示意图。

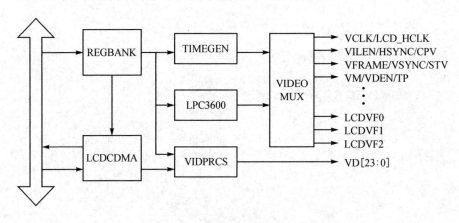

图 6.37　S3C2410 LCD 控制器

S3C2410 芯片内部的 LCD 控制器用来控制图像数据的传输,其接口信号主要有 24 根数据线和 9 根控制信号线,分别为

➤ VD [23:0]:LCD 像素数据输出端口(STN LCD/TFT LCD)。

- ➢ VFRAME(STN LCD 显示器的帧同步信号)/VSYNC(TFT LCD 显示器的垂直同步信号)。
- ➢ VLINE(STN LCD 显示器的行同步信号)/HSYNC(TFT LCD 显示器的水平同步信号)。
- ➢ VM(STN LCD 驱动器的 AC 偏转信号)/VDEN (TFT LCD 数据使能信号)。
- ➢ VCLK(STN LCD/TFT LCD 显示器的像素时钟信号)。
- ➢ LCD_PWREN(LCD 面板电源使能控制信号)。
- ➢ LEND/STH:行终止信号(TFT)/ EC TFT 信号。
- ➢ LCDVF0:SEC TFT 信号 OE。
- ➢ LCDVF1:SEC TFT 信号 REV。
- ➢ LCDVF2:SEC TFT 信号 REVB。

LCD 控制器主要由 REGBANK、LCDCDMA、VIDPRCS、TIMEGEN 及 LPC3600 等功能模块组成。REGBANK 内部包含 17 个可编程寄存器以及 256×16 bit 的存储器用来配置调色板。LCDCDMA 是一个专用的 DMA,可以自动将帧存储器中的图像数据传输给 LCD 驱动器;通过使用这一特殊的 DMA,无需微处理器核的干涉就可以将图像数据显示在屏幕上。VIDPRCS 从 LCDCDMA 接收图像数据并且进行相应数据格式转换后,通过 VD[23:0]发送图形数据到 LCD 驱动器。TIMEGEN 是一个可编程逻辑部件,用来产生 VFRAME、VLINE、VM 及 VCLK 等信号,从而满足不同 LCD 驱动器对接口时序、速率的要求。

LCDCDMA 模块中包含了一个 FIFO 存储器组。当 FIFO 寄存器为空或部分为空时,LCDCDMA 请求从帧存储器以阵发存储器传输模式(每一个阵发请求获取 4 字(16 字节)的连续内存单元,并且在总线传输过程中不允许总线控制权让给其他总线控制器)获取数据。如果微处理器核响应传输请求,那么接下来将有连续的 4 个字数据从系统内存传输到该 FIFO 寄存器组中。FIFO 寄存器组总的大小是 28 字,分别由 FIFO 低 12 字和 FIFO 高 16 字组成。S3C2410 芯片内有两个 FIFO 寄存器组,用来支持双重扫描显示模式。若使用单重扫描模式,则仅有一个 FIFO 寄存器组可使用。下面仅以 STN LCD 控制器为例来介绍控制器的工作过程,TFT LCD 控制器的工作过程可参考 S3C2410 芯片技术手册。

图 6.38 所示为 S3C2410LCD 控制器 TFT 部分的控制时序。

用户可以通过编程设定 LCD 控制器中的相关寄存器,从而选择所需的水平、垂直像素数、数据接口的数据线宽度、界面时序以及刷新率等参数。

2. TFT 屏时序分析

YFARM9-EDU-1 采用的是 Samsung 公司的一款 3.5 寸 TFT 真彩 LCD 屏,分辨率为 240×320,该屏的时序要求如图 6.39 所示。

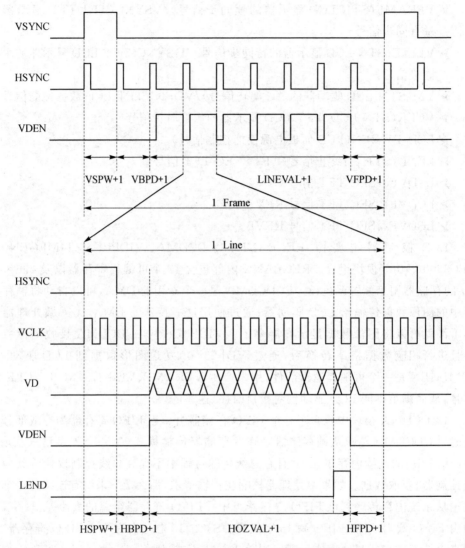

图 6.38　S3C2410 LCD 控制器 TFT 部分的控制时序

其中,VSYNC 是帧同步信号,VSYNC 每发出一个脉冲就意味着新的一帧数据开始。HSYNC 为行同步信号,每个 HSYNC 脉冲都表明新的一行数据开始。VDEN 则用来标明像素数据是否有效,VCLK 为像数时钟。

在帧同步以及行同步的头尾都必须留有回扫时间,例如,对于 VSYNC 来说前回扫时间就是(VSPW+1)+(VBPD+1),后回扫时间就是(VFPD+1),HSYNC 类似。这样的时序要求是由于当初 CRT 显示器电子枪偏转需要时间,但后来成了实际上的工业标准,乃至于后来出现的 TFT 屏为了在时序上与 CRT 兼容,也采用了这样的控制时序。

通过对比图 6.38 和图 6.39 可以看出:

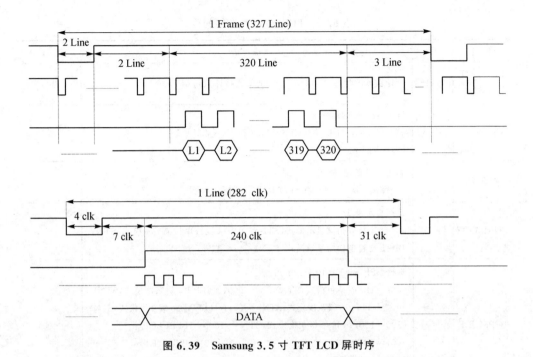

图 6.39 Samsung 3.5 寸 TFT LCD 屏时序

- ➤ VSPW+1=2 即 VSPW=1;
- ➤ VBPD+1=2 即 VBPD=1;
- ➤ LINVAL+1=320 即 LINVAL=319;
- ➤ VFPD+1=3 即 VFPD=2;
- ➤ HSPW+1=4 即 HSPW=3;
- ➤ HBPD+1=7 即 HBPW=6;
- ➤ HOZVAL+1=240 即 HOZVAL=239;
- ➤ HFPD+1=31 即 HFPD=30。

以上除了 LINVAL 和 HOZVAL 直接和屏的分辨率有关,其他的参数在实际操作过程中可以做适当调整,不应偏差太多。

6.5.3　S3C2410 LCD 寄存器

S3C2410 芯片内部的 LCD 控制器包含许多可编程的寄存器,用户可以通过编程设置这些寄存器从而控制 LCD 的显示。下面介绍这些寄存器的格式。

1. LCD 控制寄存器 1(LCDCON1)

LCDCON1 寄存器是可读/写的,其地址为 0x4D000000,初始值为 0x00000000。LCDCON1 寄存器的具体格式如表 6.15 所列。

表 6.15　LCDCON1 寄存器的格式

符　号	位	描　　　述	复位值
LINECNT (只读)	[27:18]	行计数器的状态,从 LINEVAL 的值递减计数到 0	0000000000
CLKVAL	[17:8]	确定 VCLK 的速率 STN:VCLK＝HCLK/(CLKVAL×2) CLKVAL≥2 TFT:VCLK＝HCLK/((CLKVAL+1)×2) CLKVAL≥0	0000000000
MMODE	[7]	确定 VM 的速率 0＝每帧一次　　　　1＝由 MVAL 确定速率	0
PNRMODE	[6:5]	选择显示模式 00＝4 比特双扫描显示模式(STN)　　01＝4 比特单扫描显示模式(STN) 10＝8 比特单扫描显示模式(STN)　　11＝TFT－LCD	00
BPPMODE	[4:1]	选择 BPP(Bit Per Prixel)模式 0000＝1BPP(单色模式,STN)　　　　0001＝2BPP(4 级灰度模式,STN) 0010＝4BPP(16 级灰度模式,STN)　　0011＝8BPP(256 级灰度模式,STN) 0100＝12BPP(4096 级灰度模式,STN)　1000＝1BPP(TFT) 1001＝2BPP(TFT)　　　　　　　　　1010＝4BPP(TFT) 1011＝8BPP(TFT)　　　　　　　　　1100＝16BPP(TFT) 1101＝24BPP(TFT)	0000
ENVID	[0]	确定 LCD 视频输出使能 0＝禁止输出 LCD 视频数据和 LCD 控制信号 1＝允许输出 LCD 视频数据 LCD 控制信号	0

2. LCD 控制寄存器 2(LCDCON2)

LCDCON2 寄存器是可读/写的,其地址为 0x4D000004,初始值为 0x00000000。LCDCON2 寄存器的具体格式如表 6.16 所列。

表 6.16　LCDCON2 寄存器的格式

符　号	位	描　　　述	复位值
VBPD	[31:24]	TFT LCD:每帧开始时的无效行数 STN LCD:这几位设置为 0	00000000
LINEVAL	[23:14]	TFT/STN:确定 LCD 显示屏的垂直尺寸	000000000
VFPD	[13:6]	TFT:每帧结尾时的无效行数 STN:这几位设置为 0	00000000
VSPW	[5:0]	TFT:垂直同步脉冲宽度,用来确定 VSYNC 信号脉冲宽度 STN:这几位设置为 0	000000

3. LCD 控制寄存器 3(LCDCON3)

LCDCON3 寄存器是可读/写的,其地址为 0x4D00008,初始值为 0x00000000。LCDCON3 寄存器的格式如表 6.17 所列。

表 6.17　LCDCON3 寄存器的格式

符 号	位	描 述	复位值
HBPD	[25:19]	TFT LCD:在 HSYNC 信号下降沿和有效数据开始之间的 VCLK 脉冲数	0000000
WDLY		STN LCD:WDLY[1:0]位确定 VLINE 信号和 VCLK 信号之间的延时 00:16 个 HCLK 周期　01:32 个 HCLK 周期 10:48 个 HCLK 周期　11:64 个 HCLK 周期 WDLY[7:2]位保留	
HOZVAL	[18:8]	TFT/STN:确定 LCD 显示屏的水平尺寸	00000000000
HFPD	[7:0]	TFT LCD:在 HSYNC 信号上升沿和有效数据结束之间的 VCLK 脉冲数	00000000
LINEBLANK		STN LCD:确定水平行期间的空白时间,它修正了 VLINE 的频率	

4. LCD 控制寄存器 4(LCDCON4)

LCDCON4 寄存器是可读/写的,其地址为 0x4D00000C,初始值为 0x00000000。LCDCON4 寄存器的具体格式如表 6.18 所列。

表 6.18　LCDCON4 寄存器的格式

符 号	位	描 述	复位值
MVAL	[15:8]	STN LCD:在 MODE 位被设置成 1 时,MVAL 确定 VM 信号的速率	00000000
HSPW	[7:0]	TFT LCD:确定 HSYNC 脉冲的宽度	00000000
WLH		STN LCD:WLH[1:0]位确定 VLINE 信号的脉冲宽度 00:16 个 HCLK 周期　　01:32 个 HCLK 周期 10:48 个 HCLK 周期　　11:64 个 HCLK 周期 WLH[7:2]位保留	

5. LCD 控制寄存器 5(LCDCON5)

LCDCON5 寄存器是可读/写的,其地址为 0x4D000010,初始值为 0x00000000。

LCDCON5 寄存器的具体格式如表 6.19 所列。

表 6.19　LCDCON5 寄存器的格式

符　号	位	描　述	复位值
	[31:17]	保留	0x0000
VSTATUS	[16:15]	TFT LCD:垂直状态(只读) 00:VSYNC　　01:BACK Porch 10:ACTIVE　　11:FRONT Porch	00
HSTATUS	[14:13]	TFT LCD:水平状态(只读) 00:HSYNC　　01:BACK Porch 10:ACTIVE　　11:FRONT Porch	00
BPP24BL	[12]	TFT LCD:确定 24 bpp 视频存储器的顺序 0:低位有效　　1:高位有效	
FRM565	[11]	TFT LCD:选择 16 bpp 输出视频数据格式 0:为 5:5:5:1格式　　1:为 5:6:5格式	
INVVCLK	[10]	STN/TFT:确定 VCLK 信号的有效边沿 0:视频数据在 VCLK 信号的下降沿读取 1:视频数据在 VCLK 信号的上升沿读取	
INVVLINE	[9]	STN/TFT:确定 VLINE/HSYNC 脉冲极性 0:正常　　1:反向	
INVVFRAME	[8]	STN/TFT:确定 VFRAME/VSYNC 脉冲极性 0:正常　　1:反向	
INVVD	[7]	STN/TFT:确定 VD(视频数据)脉冲极性 0:正常　　1:反向	
INVVDEN	6]	TFT:确定 VDEN 脉冲极性 0:正常　　1:反向	
INVPWREN	[5]	STN/TFT:确定 PWREN 信号极性 0:正常　　1:反向	
INVLEND	[4]	TFT:确定 LEND 信号极性 0:正常　　1:反向	
PWREN	[3]	STN/TFT:LCD_PWREN 输出信号使能 0:不使能　1:使能	
ENLEND	[2]	TFT:LEND 输出信号使能 0:不使能　1:使能	
BSWP	[1]	STN/TFT:字节交换使能 0:不使能　1:使能	
HWSWP	[0]	STN/TFT:半字交换使能 0:不使能　1:使能	

6. 帧缓冲起始地址寄存器 1(LCDSADDR1)

LCDSADDR1 寄存器是可读/写的,其地址为 0x4D000014,初始地址为 0x00000000。LCDSADDR1 寄存器的具体格式如表 6.20 所列。

表 6.20　LCDSADDR1 寄存器的格式

符　号	位	描　述	复位值
LCDBANK	[29:21]	指示系统存储器中的视频缓冲区地址 A[30:22]	0x00
LCDBASEU	[20:0]	对于双扫描 LCD 显示模式: 指示上半部地址计数器的 A[21:1] 对于单扫描 LCD 显示模式: 指示 LCD 帧缓冲区开始地址的 A[21:1]	0x000000

7. 帧缓冲起始地址寄存器 2(LCDSADDR2)

LCDSADDR2 寄存器是可读/写的,其地址为 0x4D000018,初始值为 0x00000000。LCDSADDR2 寄存器的具体格式如表 6.21 所列。

表 6.21　LCDSADDR2 寄存器的格式

符　号	位	描　述	复位值
LCDBASEL	[20:0]	对于双扫描 LCD 显示模式: 指示帧存储区的开始地址 A[21:1] 对于单扫描 LCD 显示模式: 指示 LCD 帧缓冲区末地址 A[21:1]	0x000000

8. 帧缓冲起始地址寄存器 3(LCDSADDR3)

LCDSADDR3 寄存器是可读/写的,其地址为 0x4D00001C,初始值为 0x00000000。LCDSADDR3 寄存器的具体格式如表 6.22 所列。

表 6.22　LCDSADDR3 寄存器的格式

符　号	位	描　述	复位值
OFFSIZE	[21:11]	实际屏幕的偏移量大小	0x000000
PAGEWIDTH	[10:0]	实际屏幕的页宽度	

注意:PAGEWIDTH 和 OFFSIZE 的值在 ENVID 位为 0 时,必须进行改变。

例 6.1　LCD 面板=320×240,16 级灰度,单扫描情况下各符号的变化。
　　　　帧起始地址=0x0c500000
　　　　印刷点阵数=2 048 点阵(512 个半字)

例 6.2　LCD 面板＝320×240,16 级灰度,双扫描情况下各符号的变化。
　　　　帧起始地址＝0x0c500000 印刷点阵数＝2 048 点阵(512 个半字)
　　　　LINEVAL＝120＝0x77
　　　　PAGEWIDTH＝320×4/16＝0x50
　　　　OFFSIZE＝512＝0x200
　　　　LCDBANK＝0x0c500000＞＞22＝0x31
　　　　LCDBASEU＝0xl00000＞＞1＝0x80000
　　　　LCDBASEL＝0x80000＋(0x50＋0x200)×(0x77＋1)＝0xa91580

例 6.3　LCD 面板＝320×240,彩色,单扫描情况下各符号的变化。
　　　　帧起始地址＝0x0c500000
　　　　印刷点阵数＝2 048 点阵(512 个半字)
　　　　L1NFVAI＝240－1＝0xef
　　　　PAGEWIDTH＝320×8/16＝0xa0
　　　　OFFSIZF＝512＝0x200
　　　　LCDBANK＝0x0c500000＞＞22＝0x31
　　　　LCDBASEU＝0x100000＞＞1＝0x80000
　　　　LCDBASFL＝0x80000＋(0xa0＋0x200)×(0xef＋1)＝0xa7600

9. 红色表寄存器(REDLUT)

　　REDLUT 寄存器是可读/写的,其地址为 0x4D000020,初始值为 0x00000000。
REDLUT 寄存器的具体格式如表 6.23 所列。

表 6.23　REDLUT 寄存器的格式

符　号	位	描　　述	复位值
REDVAL	[31:0]	这些位定义选择 16 种色度当中的哪 8 种红色组合。 000＝REDVAL[3:0]　　　　　001＝REDVAL[7:4] 010＝REDVAL[11:8]　　　　011＝REDVAL[15:12] 100＝REDVAL[19:16]　　　101＝REDVAL[23:20] 110＝REDVAL[27:24]　　　111＝REDVAL[31:28]	0x00000000

10. 绿色表寄存器(GREENLUT)

　　GREENLUT 寄存器是可读/写的,其地址为 0x4D000024,初始值为 0x00000000。
GREENLUT 寄存器的具体格式如表 6.24 所列。

11. 蓝色表寄存器(BLUELUT)

　　BLUELUT 寄存器是可读/写的,其地址为 0x4D000028,初始值为 0x0000。

BLUELUT 寄存器的具体格式如表 6.25 所列。

表 6.24 GREENLUT 寄存器的格式

符　号	位	描　述	复位值
GREENVAL	[31:0]	这些位定义选择 16 种色度当中的哪 8 种绿色组合。 000＝GREENVAL[3:0]　　　　001＝GREENVAL[7:4] 010＝GREENVAL[11:8]　　　011＝GREENVAL[15:12] 100＝GREENVAL[19:16]　　101＝GREENVAL[23:20] 110＝GREENVAL[27:24]　　111＝GREENVAL[31:28]	0x00000000

表 6.25 BLUELUT 寄存器的格式

符　号	位	描　述	复位值
BLUEVAL	[15:0]	这些位定义选择 16 种色度当中的哪 4 种蓝色组合。 000＝BLUEVAL[3:0]　　　　001＝BLUEVAL[7:4] 010＝BLUEVAL[11:8]　　　011＝BLUEVAL[15:12]	0x0000

12.　抖动模式寄存器(DITHMODE)

DITHMODE 寄存器是 STN LCD 显示控制器的抖动模式寄存器,可进行读/写,其地址为 0x4D00004C,初始值为 0x00000,但用户可以编程设置为 0xl2210。DITHMODE 寄存器的具体格式如表 6.26 所列。

表 6.26 DITHMODE 寄存器的格式

符　号	位	描　述	复位值
DITHMODE	[18:0]	选择下面两个值之一:0x00000 或 0x12210	0x00000

13.　临时调色板寄存器(TPAL)

TPAL 寄存器是 TFT LCD 显示控制器的临时调色板寄存器,可进行读/写,其地址为 0x4D000050,初始值为 0x00000000。TPAL 寄存器的具体格式如表 6.27 所列。

表 6.27 TPAL 寄存器的格式

符　号	位	描　述	复位值
TPALEN	[24]	临时调色板寄存器使能位 0＝不使能　　　1＝使能	0
TPALVAL	[23:0]	临时调色板值 TPALVAL[23:16]:红色　　　TPALVAL[15:8]:绿色 TPALVAL[7:0]:蓝色	0x000000

14. LCD 中断未决寄存器(LCDINTPND)

LCDINTPND 寄存器是进行读/写的,其地址为 0x4D000054,初始值为 0x0。LCDINTPND 寄存器的具体格式如表 6.28 所列。

表 6.28　LCDINTPND 寄存器的格式

符　号	位	描　述	复位值
INT_FrSyn	[1]	LCD 帧同步中断未决位 0=未产生中断请求　1=帧提出中断请求	0
INT_FICnt	[0]	LCD 的 FIFO 中断未决位 0=未产生中断请求　1=当 LCD FIFO 已达到翻转值时提出中断请求	0

15. LCD 源未决寄存器(LCDSRCPND)

LCDSRCPND 寄存器是进行读/写的,其地址为 0x4D000058,初始值为 0x0。LCDSRCPND 寄存器的具体格式如表 6.29 所列。

表 6.29　LCDSRCPND 寄存器的格式

符　号	位	描　述	复位值
INT_FrSyn	[1]	LCD 帧同步中断源未决位 0=未产生中断请求　1=帧提出中断请求	0
INT_FICnt	[0]	LCD 的 FIFO 中断源未决位 0=未产生中断请求　1=当 LCD FIFO 已达到翻转值时提出中断请求	0

16. LCD 中断屏蔽寄存器(LCDINTMSK)

LCDINTMSK 寄存器是可读/写的,其地址为 0x4D00005C,初始值为 0x3。LCDINTMSK 寄存器的具体格式如表 6.30 所列。

表 6.30　LCDINTMSK 寄存器的格式

符　号	位	描　述	复位值
FIWSEL	[2]	确定 LCD FIFO 的翻转值 0=4 字　1=8 字	0
INT_FrSyn	[1]	LCD 帧同步中断屏蔽位 0=中断请求有效　1=中断请求被屏蔽	1
INT_FICnt	[0]	LCD 的 FIFO 中断屏蔽位 0=中断请求有效　1=中断请求被屏蔽	1

6.5.4　S3C2410 LCD 接口

图 6.40 是 S3C2410 与 240×320 的 256 色 TFT 显示器的接口示意图。下面的
程序完成了 LCD 控制器的初始化操作,并全屏显示某种颜色。

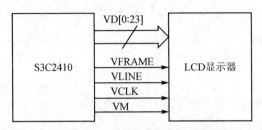

图 6.40　S3C2410 LCD 显示器接口

```c
# include "def.h"
# include "2410addr.h"
# include "config.h"
# include "board.h"
# include "utils.h"
// ************************************************************
// ** 函数名:Lcd_ClearScr(void)
// ** 参   数:无
// ** 返回值:无
// ** 功   能:屏幕清屏
// ** 备   注:无
// ************************************************************
void Lcd_ClearScr(void)
{
    unsigned int x,y ;
    for(y = 0 ; y < SCR_YSIZE_TFT_240320 ; y ++ )
    {
        for(x = 0 ; x < SCR_XSIZE_TFT_240320 ; x ++ )
        {
            LCD_BUFER[y * SCR_XSIZE_TFT_240320 + x] = 0xffff;
        }
    }
}
// ************************************************************
// ** 函数名:Glib_ClearScr()
// ** 参   数:U32 c
// ** 返回值:无
// ** 功   能:用某种颜色填充整个屏幕
// ** 备   注:无
// ************************************************************
void Glib_ClearScr(U32 c)
{
```

```
        unsigned int x,y ;
        for(y = 0 ; y < SCR_YSIZE_TFT_240320 ; y++)
        {
            for(x = 0 ; x < SCR_XSIZE_TFT_240320 ; x++)
            {
                LCD_BUFER[y * SCR_XSIZE_TFT_240320 + x] = c;
            }
        }
}
// ******************************************************
// ** 函数名:Lcd_Tft_Test(void)
// ** 参  数:无
// ** 返回值:无
// ** 功  能:240 * 320 16 bpp TFT LCD 显示某种颜色
// ** 备  注:无
// ******************************************************
void Lcd_Tft_Test(void)
{
    Lcd_ClearScr(0xffff);                      //clear screen
    Delay(500) ;
    Glib_ClearScr(0xaaaa);                     //fill all screen with some color
}
// ******************************************************
// ** 函数名:Lcd_Init(void)
// ** 参  数:无
// ** 返回值:无
// ** 功  能:240 * 320 16 bpp TFT LCD 功能模块初始化
// ** 备  注:无
// ******************************************************
void Lcd_Init(void)
{
    rLCDCON1 = (CLKVAL_TFT_240320<<8)|(MVAL_USED<<7)|(3<<5)|(12<<1)|0;
    // TFT LCD panel,12bpp TFT,ENVID = off
    rLCDCON2 = (VBPD_240320<<24)|(LINEVAL_TFT_240320<<14)|(VFPD_240320<<6)|
            (VSPW_240320);
    rLCDCON3 = (HBPD_240320<<19)|(HOZVAL_TFT_240320<<8)|(HFPD_240320);
    rLCDCON4 = (MVAL<<8)|(HSPW_240320);
    //FRM5;6;5,HSYNC and VSYNC are inverted
    rLCDCON5 = (1<<11)|(0<<9)|(0<<8)|(0<<6)|(BSWP<<1)|(HWSWP);
    rLCDSADDR1 = (((U32)LCD_BUFER>>22)<<21)|M5D((U32)LCD_BUFER>>1);
    rLCDSADDR2 = M5D(((U32)LCD_BUFER + (SCR_XSIZE_TFT_240320 * LCD_YSIZE_TFT_240320
            * 2))>>1);
    rLCDSADDR3 = (((SCR_XSIZE_TFT_240320 - LCD_XSIZE_TFT_240320)/1)<<11)|(LCD_
            XSIZE_TFT_240320/1);
    rLCDINTMSK | = (3);                         //屏蔽 LCD 子中断
    rLPCSEL&= (~7);                             //禁止 LPC3600
    rTPAL = 0;                                  //禁止调色板
    rLCDCON1 | = 1;                             //ENVID = ON
}
// ******************************************************
```

```
// ** 函数名:Lcd_Port_Init(void)
// ** 参  数:无
// ** 返回值:无
// ** 功  能:240 * 320 16 bpp TFT LCD 数据和端口初始化
// ** 备  注:无
// ********************************************************
void Lcd_Port_Init(void)
{
    rGPCUP = 0xffffffff;                        //禁止上拉电阻
    //初始化 VD[7:0],LCDVF[2:0],VM,VFRAME,VLINE,VCLK,LEND
    rGPCCON = 0xaaaa56a9 ;
    rGPDCON = 0xaaaaaaaa;                       //初始化 VD[15:8]
}
/* ******************************************************
【文 件 名 称】main.c
【功 能 描 述】S3C2410 LCD 程序代码
/* ******************************************************
voidmain(void)
{
    BoardInitStart();                           //系统初始化,MMU 初始化
    SystemClockInit();                          //系统时钟初始化
    MemCfgInit();                               //设置 NAND Flash 的配置寄存器
    PortInit();                                 //GPIO 初始化
    while(1)
    {
        Lcd_Port_Init();
        Lcd_Init();
        Lcd_Tft_Test();
    }.
}
```

6.5.5　S3C2410 ADC 和触摸屏

S3C2410 内置一个 8 通道的 10 bit 模数转换器(ADC),它将输入的模拟信号转换成 10 位的二进制数据。在 2.5 MHz 的 A/D 转换时钟下,最大转换速率可达到 500 kHz。同时,ADC 部分能与 CPU 的触摸屏控制器协同工作,完成对触摸屏绝对地址的测量。

S3C2410 内置 ADC 的特性如下

➢ 分辨率:10 bit;

➢ 积分线性误差:$+/-2$ LSB;

➢ 最大转换速率:500 kHz;

➢ 模拟量输入范围:0~3.3 V;

➢ 分步 X/Y 坐标测量模式;

➢ 自动 X/Y 坐标测量模式;

➤ 中断等待模式。

图 6.41 是 ADC 及触摸屏控制器部分的逻辑示意图。

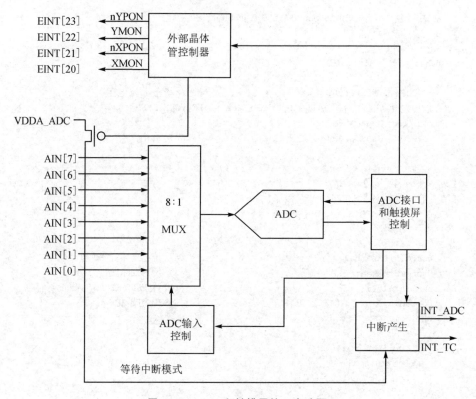

图 6.41　ADC 和触摸屏接口电路图

图 6.42 是在 S3C2410 的 ADC、触摸屏控制器的基础上外接触摸屏的示意图以及外部电路的实际原理图。需要补充说明的是,图中 Q1、Q2 为 P 沟道 MOS 管,开门电压为 1.8 V;Q3、Q4 为 N 沟道 MOS 管,开门电压为 2.7 V。当 MOS 管导通后(栅极电压达到开门电压之后),MOS 管的源－漏极之间可以认为是直通的(导通电阻为毫欧级),即可以把 MOS 管认为真正的"开关"。AVDD 是外部模拟参考源,一般接 3.3 V 电源,XP、XM 和 YP、YM 分别是触摸屏的 4 条引线,各自对应 X 轴和 Y 轴电阻。

1. ADC 及触摸屏控制器的工作模式

(1) ADC 普通转换模式(Normal Conversion Mode)

普通转换模式(AUTO_PST＝0,XY_PST＝0)用来进行一般的 ADC 转换,如通过 ADC 测量电池电压等。

(2) 独立 X/Y 轴坐标转换模式(Separate X/Y Position Conversion Mode)

独立 X/Y 轴坐标转换模式其实包含了 X 轴模式和 Y 轴模式两种模式。首先进

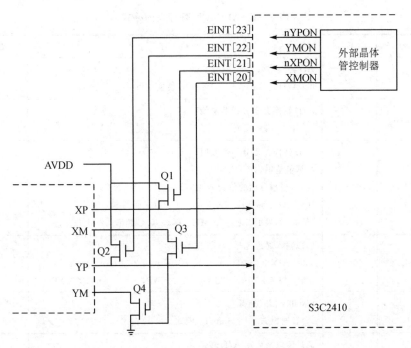

图 6.42　外接触摸屏的示意图

行 X 轴的坐标转换(AUTO_PST=0,XY_PST=1),X 轴的转换资料会写到 ADC-DAT0 寄存器的 XPDAT 中,等待转换完成后,触摸屏控制器会产生相应的中断。然后进行 Y 轴的坐标转换(AUTO_PST=0,XY_PST=2),Y 轴的转换资料会写到 ADCDAT1 寄存器的 YPDAT 中,等待转换完成后,触摸屏控制器会产生相应的中断。

(3) 自动 X/Y 轴坐标转换模式(Auto X/Y Position Conversion Mode)

自动 X/Y 轴坐标转换模式(AUTO_PST=1,XY_PST=0)将会自动进行 X 轴和 Y 轴的转换操作,随后产生相应的中断。

(4) 中断等待模式(Wait for Interrupt Mode)

在系统等待 Pen Down 即触摸屏按下的时候,其实是处于中断等待模式。一旦被按下,实时产生 INT_TC 中断信号。每次发生此中断后,X 轴和 Y 轴坐标转换资料都可以从相应的资料寄存器中读出。

(5) 闲置模式(Standby Mode)

在该模式下,转换资料寄存器中的值都被保留为上次转换时的资料。

2. ADC 及触摸屏控制器的寄存器

(1) ADCCON(ADC 控制寄存器)

ADCCON(ADC 控制寄存器)格式如表 6.31 所列。

表 6.31 ADCCON 寄存器的格式

符 号	位	描 述	复位值
ECLFG	[15]	AD 转换结束标志(只读) 0＝A/D 转换操作中　1＝A/D 转换结束	0
PRSCENe	[14]	A/D 转换器预分频器使能 0＝停止　1＝使能	0
PRSCVL	[13:6]	A/D 转换器预分频器数值： 数据值范围：1～255 注意，当预分频的值为 N 时，除数实际上为(N+1)。 注意，ADC 频率应该设置成小于 PLCK 的 5 倍 (例如，如果 PCLK＝10 MHz，那么 ADC 频率＜2 MHz)	0xFF
SEL_MUX	[5:3]	模拟输入通道选择。 000＝AIN 0　001＝AIN 1　010＝AIN 2　011＝AIN 3 100＝AIN 4　101＝AIN 5　110＝AIN 6　111＝AIN 7(XP)	0
STDBM	[2]	Standby 模式选择 0＝普通模式　1＝Standby 模式	1
READ_START	[1]	通过读取来启动 A/D 转换 0＝停止通过读取启动　1＝使能通过读取启动	0
ENABLE_START	[0]	通过设置该位来启动 A/D 操作。如果 READ_START 是使能的，那么这个值就无效。 0＝无操作　1＝A/D 转换启动,启动后该位被清零	0

(2) 触摸屏控制寄存器

触摸屏控制寄存器格式如表 6.32 所列。

表 6.32 ADCTSC 寄存器的格式

符 号	位	描 述	复位值
保留	[8]	该位应该为 0	0
YM_SEN	[7]	选择 YMON 的输出值 0＝YMON 输出是 0(YM＝高阻) 1＝YMON 输出是 1(YM＝GND)	0
YP_SEN	[6]	选择 nYPON 的输出值 0＝nYPON 输出是 0(YP＝外部电压) 1＝nYPON 输出是 1(YP 连接 AIN[5])	1
XM_SEN	[5]	选择 XMON 的输出值 0＝XMON 输出是 0(XM＝高阻) 1＝XMON 输出是 1(XM＝GND)	0

续表 6.32

符　号	位	描　述	复位值
XP_SEN	[4]	选择 nXPON 的输出值 0＝nXPON 输出是 0（XP＝外部电压） 1＝nXPON 输出是 1（XP 连接 AIN[7]）	1
PULL_UP	[3]	上拉切换使能 0＝XP 上拉使能　1＝XP 上拉禁止	1
PULL_UP	[2]	自动连续转换 X 轴坐标和 Y 轴坐标 0＝普通 ADC 转换　1＝自动（连续）X/Y 轴坐标转换模式	0
XY_PST	[1:0]	手动测量 X 轴坐标和 Y 轴坐标 00＝无操作模式　　　01＝对 X 轴坐标进行测量 10＝对 Y 轴坐标进行测量　11＝等待中断模式	0

（3）ADCDAT0（ADC 数据寄存器 0）

ADCDAT0（ADC 数据寄存器 0）格式如表 6.33 所列。

表 6.33　ADCDAT0 寄存器的格式

符　号	位	描　述	复位值
UPDOWN	[15]	等待中断模式下触笔的点击或提起状态 0＝触笔点击状态　1＝触笔提起状态	—
AUTO_PST	[14]	自动连续 X/Y 轴坐标转换模式 0＝普通 ADC 转换　1＝X/Y 轴坐标连续转换	—
XY_PST	[13:1]	手动 X/Y 轴坐标转换模式 00＝无操作　01＝X 轴坐标转换 10＝Y 轴坐标转换　11＝等待中断模式	—
保留	[11:10]	保留	—
XPDATA（或 普通 ADC 转换数据）	[9:0]	X 轴坐标转换数据值（或者是普通 ADC 转换数据值） 数据值范围：0～3FF	—

（4）ADCDAT1（ADC 数据寄存器 1）

ADCDAT1（ADC 数据寄存器 1）格式如表 6.34 所列。

表 6.34　ADCDAT1 寄存器的格式

符　号	位	描　述	复位值
UPDOWN	[15]	等待中断模式下触笔的点击或提起状态 0＝触笔点击状态　1＝触笔提起状态	—
AUTO_PST	[14]	自动连续 X/Y 轴坐标转换模式 0＝普通 ADC 转换　1＝X/Y 轴坐标连续转换	—

符　号	位	描　述	复位值
XY_PST	[13:1]	手动 X/Y 轴坐标转换模式 00＝无操作　　　　01＝X 轴坐标转换 10＝Y 轴坐标转换　　11＝等待中断模式	—
保留	[11:10]	保留	—
YPDATA	[9:0]	Y 轴坐标转换数据值 数据值范围：0～3FF	—

(5) ADCDLY(ADC 转换周期等待定时器)

ADCDLY(ADC 转换周期等待定时器)格式如表 6.35 所列。

表 6.35　ADCDLY 定时器的格式

符　号	位	描　述	复位值
ADCDLY	[15:0]	在正常转换模式、独立 X/Y 位置转换模式和自动(顺序)X/Y 位置转换模式下，X/Y 位置转换延时值。 当在等待中断模式中有触笔按下时，这个寄存器在间歇的几个毫秒时间内，为自动 X/Y 位置转换产生中断信号(INT_TC) 注意，不要使用零值(0x0000)	0x00ff

6.5.6　S3C2410 ADC 和触摸屏接口

图 6.43 为 S3C2410 连接四线式电阻式触摸屏的实际接线图。

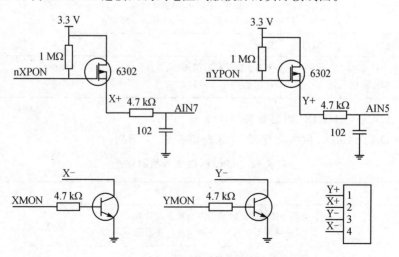

图 6.43　S3C2410 连接四线式电阻式触摸屏

```c
# include "def. h"
# include "2410addr. h"
# include "config. h"
# include "board. h"
# include "utils. h"
static U16 x_factor = 37 ;
static U16 y_factor = 27 ;
static U16 x_offset = 9726 ;
static U16 y_offset = 9702 ;
static U16 x_inverse = 1 ;
static U16 y_inverse = 1 ;
static int calibrate = 0 ;
static volatile U32 PenDown = 0;
# define wait_down_int()    do { rADCTSC = DOWN_INT|XP_PULL_UP_EN|\
                      XP_AIN|XM_HIZ|YP_AIN|YM_GND|\
                      XP_PST(WAIT_INT_MODE); } while(0)
# define wait_up_int() do { rADCTSC = UP_INT|XP_PULL_UP_EN|XP_AIN|XM_HIZ|\
                      YP_AIN|YM_GND|XP_PST(WAIT_INT_MODE); } while(0)
// ********************************************************
// ** 函数名:__irq Touch_Screen(void)
// ** 参　　数:无
// ** 返回值:无
// ** 功　　能:触摸屏中断处理函数
// ** 备　　注:设置触摸屏按下的标志信息
// ********************************************************
void __irq Touch_Screen(void)
{
    rINTSUBMSK | = (BIT_SUB_ADC|BIT_SUB_TC);    //屏蔽 ADC 和 TC 中断
    if(!PenDown) {
        PenDown = 1;
    } else {
        PenDown = 0;
        wait_down_int();
    }
    rSUBSRCPND | = BIT_SUB_TC;
    rINTSUBMSK   = ~(BIT_SUB_TC);               //消除屏蔽子中断
    ClearPending(BIT_ADC);                      //消除相应中断的申请位
}
// ********************************************************
// ** 函数名:Touch_Screen_Init(void)
// ** 参　　数:无
// ** 返回值:无
// ** 功　　能:触摸屏初始化函数
// ** 备　　注:无
// ********************************************************
void Touch_Screen_Init(void)
{
    rADCDLY = (30000);                          //ADC 转换开始
    rADCCON = (1<<14)|(ADCPRS<<6)|(0<<3)|(0<<2)|(0<<1)|(0);
    wait_down_int();                            //等待触笔按下
```

```
        rSUBSRCPND |= BIT_SUB_TC;
        rINTSUBMSK = ~(BIT_SUB_TC);
        pISR_ADC = (unsigned)Touch_Screen;
        rINTMSK & = ~(BIT_ADC);
        rINTSUBMSK & = ~(BIT_SUB_TC);
}
// ****************************************************
// ** 函数名:GetPenXY(void)
// ** 参    数:无
// ** 返回值:无
// ** 功    能:得到 X 通道,Y 通道的值
// ** 备    注:无
// ****************************************************
static __inline void GetPenXY(void)
{
    int i;
    for(i = 0;i<GET_XY_TIMES;i ++ )
    {
        rADCTSC = (1<<7)|(1<<6)|(0<<5)|(1<<4)|(1<<3)|(1<<2)|(0);
        rADCCON |= 0x1;                           //开始自动转换
        while(rADCCON & 0x1);                     //检查使能开始是否为低电平
        while(!(0x8000&rADCCON));                 //检查 ECFLG
        TP_BUF[i][0] = (0x3ff&rADCDAT0) * 10 ;
        TP_BUF[i][1] = (0x3ff&rADCDAT1) * 10 ;
    }
}
// ****************************************************
// ** 函数名:CheckTouchPanelEvent(U16 * x, U16 * y, U32 * tm)
// ** 参    数:x:存放触摸屏到 LCD 转换的 X 坐标值
// **            y:存放触摸屏到 LCD 转换的 Y 坐标值
// ** 返回值: 1 表示有转化数据;0 表示无转换数据
// ** 功    能:检测触摸屏时间,如果触摸屏按下,获取 X,Y 通道的坐标,并转换到对应 LCD 的
//            X,Y 坐标
// ** 备    注:无
// ****************************************************
int CheckTouchPanelEvent(U16 * x, U16 * y, U32 * tm)
{
    int i;
    U32 x_tot = 0, y_tot = 0;
    if(!PenDown)
        return 0;
    GetPenXY();                                   //获取触摸屏 X,Y 通道的值
    DisableInt();
    if(!PenDown)
        wait_down_int();
    else {
        wait_up_int();
    }
    EnableInt();
    Delay(1);
```

```
    if(!PenDown)
    {
        return 0;
    }
    for(i = 0; i<GET_XY_TIMES; i++)
    {
        if(!TP_BUF[i][0] || !TP_BUF[i][1])
            return -1;
        x_tot += TP_BUF[i][0];
        y_tot += TP_BUF[i][1];
    }
    *x = x_tot/GET_XY_TIMES;                    //取 5 次值,然后获取其平均值
    *y = y_tot/GET_XY_TIMES;
    if(calibrate)
        return 1;
    if(x_inverse)
    {
        if(*x > x_offset)
            *x = x_offset;
        *x = (x_offset - *x)/x_factor;
    }
    else
    {
        if(*x < x_offset)
            *x = x_offset;
        *x = (*x - x_offset)/x_factor;
    }
    if(y_inverse)
    {
        if(*y > y_offset)
            *y = y_offset;
        *y = (y_offset - *y)/y_factor;
    }
    else
    {
        if(*y < y_offset)
            *y = y_offset;
        *y = (*y - y_offset)/y_factor;
    }
    if(tm)
        *tm = 0;
    return 1;
}
// ************************************************************
// ** 函数名:TPDrawPixel(U32 a1, U32 a2, U32 a3, U32 a4)
// ** 参   数:U32 a1, U32 a2, U32 a3, U32 a4
// ** 返回值:无
// ** 功   能:在屏幕上画点函数
// ** 备   注:无
// ************************************************************
```

```
int TPDrawPixel(U32 a1, U32 a2, U32 a3, U32 a4)
{
    U16 lcd_x, lcd_y;
    Lcd_Tft_Init();                           //LCD 初始化
    Glib_ClearScr(0xf81f);                    //LCD 清屏
    Touch_Screen_Init();                      //触摸屏初始化
    while(1)
    {
        if(CheckTouchPanelEvent(&lcd_x, &lcd_y, NULL)>0) //触摸屏触发函数
        {
            /*下面的代码主要是实现将从触摸屏上获得的点在 LCD 上显示出来*/
            PutPixel((lcd_x + 0), (lcd_y + 0), 0);
            PutPixel((lcd_x + 0), (lcd_y + 1), 0);
            PutPixel((lcd_x + 1), (lcd_y + 0), 0);
            PutPixel((lcd_x + 1), (lcd_y + 1), 0);
        }
    }
    return 0;
}
/********************************************************
【文  件  名  称】main.c
【功  能  描  述】S3C2410A 触摸屏程序代码
/********************************************************
void Main(void)
{
    BoardInitStart();                         //系统初始化,MMU 初始化
    SystemClockInit();                        //系统时钟初始化
    MemCfgInit();                             //设置 NAND Flash 的配置寄存器
    PortInit();                               //GPIO 初始化
    EnableInt();                              //允许中断
    while(1)
    {
        TPDrawPixel(0,0,0,0);                 //屏幕画点函数
    }
}
```

习　题

1. SRAM 和 NOR Flash 的接口电路相对简单,举例说明它们的地址分配方法。

2. NAND Flash 的特点有哪些? 举例说明它们的接口电路如何设计。

3. S3C2410 的存储空间是如何分配的?

4. 以 S3C2410 处理器为核心设计嵌入式系统时,启动程序代码的存储空间可以采用哪几类存储器? 如何设计它们的接口电路?

5. 简述 S3C2410 存储器管理的特点。

6. 常见的存储器设备有哪些,各有哪些特点?

7. 试分析 NAND 和 NOR Flash 存储设备的主要特点及区别。

8. 什么是 MMU、TLB？MMU 管理单元的主要功能是什么？

9. 简述内存映射的概念。

10. S3C2410 具有哪些与 ADC 相关的寄存器,它们的作用分别是什么？

11. 试说明 LCD 的工作原理及常见类型。

12. 分析 S3C2410 的 A/D 转换器和触摸屏接口电路,简述其工作原理。

13. 简述 LED 数码管的工作原理。

14. 简述 S3C2410 的 LCD 控制器内部结构与功能。

15. 简述与 S3C2410 LCD 控制器相关的寄存器有哪些？各自的功能。

16. 简述电阻式触摸屏接口的结构与功能。

17. 试编写程序从 A/D 转换器的任意通道获取模拟数据,并将转换后的数字量通过串口发送出来。

第7章 中断与DMA技术

中断控制是为克服对 I/O 接口控制采用程序查询所带来的处理器低效率而产生的一种重要技术。定时部件是嵌入式系统中常用的部件,其主要用作定时功能或计数功能。DMA 技术是一种高速的数据传输方式,允许在外部设备和存储器之间、存储器与存储器之间等直接传输数据。本章主要在中断与定时技术基本概念的基础上详细介绍 S3C2410 芯片的中断和定时部件的工作原理、初始化编程及应用、DMA 的基本原理和 S3C2410 DMA 方式的基本操作方法。

7.1 中断概述

中断系统是为了让 CPU 能够快速处理系统中出现的某些随机事件而设置的硬件响应机制,因此,在带有中断处理的软件中,除了正常运行的主程序外,还应有对应于某些随机事件(中断源)而编写的处理程序,称为该事件的中断服务程序。一般来说,每个事件对应一个中断服务程序。它们在通常情况下都在内存中并不执行,只有在事件发生时(中断请求),微处理器系统根据当前的状态(中断屏蔽、中断优先级等)决定是否中断主程序的执行而转入该事件的中断服务程序(中断响应)。某个中断源的中断服务程序在内存中的入口地址称为该中断源的中断向量。中断机制还保留了系统被中断时的主程序断点(PC 值),以便微处理器在完成中断服务程序后能够返回到被中断的地方继续向下执行(中断返回)。

中断系统是微处理器系统的一个核心模块,不同的硬件平台有不同的中断系统。不管怎样,中断向量、中断优先级和中断屏蔽是中断系统的基本概念,下面分别介绍。

1. 中断向量

嵌入式系统中需要采用中断控制方式的 I/O 端口或部件有许多,如 S3C2410 芯片中就有 56 个中断源。而通常微处理器能够提供的中断请求信号线是有限的,如 ARM920T 核提供给外部的中断请求信号线仅有 IRQ 和 FIQ 两根。因此,当有中断产生时,微处理器就必须通过一定的方式识别出是哪个中断源发来的请求信号,以便转向其对应的中断服务程序程序。中断源的识别方法目前主要采用向量识别方法。

采用中断向量的方法识别中断就是当微处理器响应中断后,要求中断源提供一个地址信息,该地址信息称为中断向量(或中断矢量),微处理器根据这个中断向量转移到该中断源的中断服务程序处执行。所以中断向量在某种意义上来说就是中断服务程序的入口地址。

根据形成中断服务程序入口地址机制的不同,向量中断又分为固定中断向量和可变中断向量。

(1) 固定中断向量

固定中断向量,顾名思义,即各个中断源的中断服务入口地址是固定不变的,由微处理器设计时已经确定,系统设计者不能改变。如 ARM920T 微处理器核提供的 7 种异常中断、多数单片机系统的中断即是如此。

当中断源通过中断请求电路向微处理器发出中断申请信号,并且满足中断响应条件时,微处理器在执行完当前指令后便发出中断响应信号;中断源收到此响应信号后,向微处理器提供一个中断类型码,微处理器根据类型码固定转向响应的中断服务程序入口。固定中断向量方式具有中断响应速度快的优点,缺点是各中断服务程序的地址固定而不能修改。

(2) 可变中断向量

可变中断向量的中断服务程序的入口地址不是固定不变的,系统设计者可以根据自己的需要进行设置。通常,采用这类中断向量的微处理器中均有用于中断控制的寄存器或中断向量表,此向量表提供了所有支持的中断定义以及相应的中断服务程序入口地址。设计者通过初始化相应寄存器和设置中断向量表,达到改变中断源优先级和中断向量的目的。可变中断向量方式的优点是设计比较灵活,用户可根据需要设定中断向量表在主存中的位置;缺点是中断响应速度较慢。

2. 中断优先级

多数微处理器系统中都有多个中断源,为使系统能及时响应并处理发生的所有中断,系统根据引起中断事件的重要性和紧迫程度,将中断源分为若干个级别,称作中断优先级。一般指的是以下两层含义:

① 若有两个及两个以上的中断源同时提出中断请求,微处理器先响应哪个中断源,后响应哪个中断源。

② 若一个中断源提出中断请求,则微处理器给予响应并正在执行其中断服务程序时,又有一个中断源提出中断请求,后来的中断源能否中断前一个中断源的中断服务程序。

图 7.1 为专用硬件方式中断原理图。

3. 中断屏蔽

为了更灵活地运用中断,计算机采用中断屏蔽技术。屏蔽的基本意思是让某种中断不起作用。确切说就是,对每一个外部硬件中断源设置一个中断屏蔽位,约定该位为 0 表示开屏蔽状态,为 1 表示处于屏蔽状态,当然也可以反过来约定。一个中断源在对应中断屏蔽位为屏蔽状态的情况下,它的中断请求不能得到 CPU 的响应,或者干脆就不能向 CPU 提出中断请求。

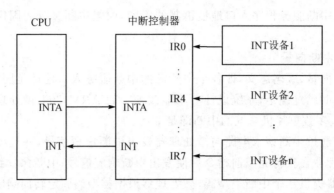

图 7.1 硬件方式中断原理图

一般中断控制器是将中断屏蔽位集中在一起,构成中断屏蔽寄存器。按照是否可以被屏蔽,可将中断分为两大类:不可屏蔽中断(又叫非屏蔽中断)和可屏蔽中断。不可屏蔽中断源一旦提出请求,CPU 必须无条件响应;而对可屏蔽中断源的请求,CPU 可以响应,也可以不响应。CPU 一般设置两根中断请求输入线:可屏蔽中断请求 INTR(Interrupt Require)和不可屏蔽中断请求 NMI(NonMaskable Interrupt)。对于可屏蔽中断,除了受本身的屏蔽位控制外,还都要受一个总的控制,即 CPU 标志寄存器中的中断允许标志位 IF(Interrupt Flag)的控制,IF 位为 1,可以得到 CPU 的响应,否则,得不到响应。IF 位可以由用户控制,指令 STI 或 Turbo c 的 Enable() 函数将 IF 位置 1(开中断),指令 CLI 或 Turbo_c 的 Disable()函数将 IF 位清 0(关中断)。

典型的非屏蔽中断源的例子是电源掉电,一旦出现,必须立即无条件响应,否则进行其他任何工作都是没有意义的。典型的可屏蔽中断源的例子是打印机中断,CPU 对打印机中断请求的响应可以快一些,也可以慢一些,因为让打印机等待儿是完全可以的。

7.2 S3C2410 中断系统

7.2.1 概 述

S3C2410 系统中支持复位、未定义指令、软中断、预取中止、数据中止、IRQ 和 FIQ 共 7 种异常中断,每种异常中断对应于不同的处理器模式有对应的异常向量(固定的存储器地址)。表 7.1 列出了 7 种异常中断类型。

因此,也可以把 S3C2410 的中断系统可以分成两部分,一部分是控制内部外围 I/O 端口、部件或者芯片外部中断引脚(EINTn)的中断控制器(处理 FIQ 和 IRQ 异常中断);另一部分是 ARM920T 核的异常中断控制(处理其他 5 种异常中断),采用固定向量中断方式。

表 7.1　异常中断类型

优先级	异常中断类型	对应的中断模式	中断向量入口地址
1	复位	特权模式(SVC)	0x0
2	数据访问终止	中止模式	0x10
3	快速中断请求	快速中断模式(FIQ)	0x1C
4	外部中断请求	外部中断模式(IRQ)	0x18
5	指令预取中止	中止模式	0xC
6	未定义指令	未定义指令中止模式	0x4
7	软件中断	特权模式(SVC)	0x8
未使用	未使用	未使用	0x14

本节主要介绍 FIQ 和 IRQ 异常中断,其他内容可参阅相关参考文献。

ARM920T 核提供给外部的中断请求信号线仅有 IRQ 和 FIQ 两根。FIQ 和 IRQ 的区别是:FIQ 必须尽快处理事情并离开这个模式,IRQ 可以被 FIQ 中断,而 IRQ 不能中断 FIQ。FIQ 又称为快速中断,IRQ 又称为普通中断。FIQ 中断通常在进行大批量的复制、数据传输等工作时使用。常见的例子中各种中断均使用 IRQ 模式,把 FIQ 模式保留备用。

ARM920T 处理器的外部中断(这里的外部指的是 ARM920T 核以外的中断,比如来自集成在处理器芯片内的定时器、UART 中断等)会让处理器进入 IRQ 或 FIQ 模式。具体哪个外部中断进入哪种模式(IRQ 或 FIQ),是可以通过处理器的寄存器进行设置定义的。例如,对于 S3C2410 处理器,任何一个外部中断都可以映射到 IRQ 或 FIQ 上,但某些处理器只能把一部分中断映射到 FIQ 上。通常操作系统都要求对外部中断有一个统一的处理,因此在移植操作系统时,一般会把所有的外部中断都映射到 IRQ 上。

S3C2410A 中的中断控制器能够接收 56 个中断源的请求,如表 7.2 所列,这些中断源分为来自片内(如 DMA 控制器、UART、IIC 等)和片外(如外部中断引脚)两大类中断。

表 7.2　中断控制器支持的 56 个中断源

中断源名称	描　述	仲裁判决器
INT_ADC	ADC 结束中断、触摸屏中断	ARB5
INT_RTC	RTC 闹钟中断	ARB5
INT_SPI1	SPI1 中断	ARB5

中断源名称	描　述	仲裁判决器
INT_UART0	串口 0 中断(ERR、RXD、TXD)	ARB5
INT_IIC	IIC 中断	ARB4
INT_USBH	USB 主机中断	ARB4
INT_USBD	USB 设备中断	ARB4
Reserved	保留	ARB4
INT_UART1	串口 1 中断(ERR、RXD、TXD)	ARB4
INT_SPI0	SPI0 中断	ARB4
INT_SDI	SDI 中断	ARB3
INT_DMA3	DMA 通道 3 中断	ARB3
INT_DMA2	DMA 通道 2 中断	ARB3
INT_DMA1	DMA 通道 1 中断	ARB3
INT_DMA0	DMA 通道 0 中断	ARB3
INT_LCD	LCD 中断(INT_FrSyn、INT_FiCnt)	ARB3
INT_UART2	串口 2 中断(ERR、RXD、TXD)	ARB2
INT_TIMER4	定时器 4 中断	ARB2
INT_TIMER3	定时器 3 中断	ARB2
INT_TIMER2	定时器 2 中断	ARB2
INT_TIMER1	定时器 1 中断	ARB2
INT_TIMER0	定时器 0 中断	ARB2
INT_WDT	看门狗定时器中断	ARB1
INT_TICK	RTC 定时中断	ARB1
nBATT_FLT	电池失效中断	ARB1
Reserved	保留	ARB1
EINT8_23	外部中断 8~23	ARB1
EINT4_7	外部中断 4~7	ARB1
EINT3	外部中断 3	ARB0
EINT2	外部中断 2	ARB0
EINT1	外部中断 1	ARB0
EINT0	外部中断 0	ARB0

　　这些中断源中,UARTn 中断(串行口中断)和 EINTn 中断(外部中断)对于中断控制器来说都是共用的(如 UART0 的 ERR、RXD、TXR 共用一个中断源)。实际中

断请求信号共 32 个,这 32 个中断请求的优先级仲裁判决机制采用了中断优先级编码判断电路原理。裁决逻辑由 7 个基本裁决器组成,其中有 6 个一级裁决器和一个二级裁决器。中断优先级裁决模块原理图如图 7.2 所示。

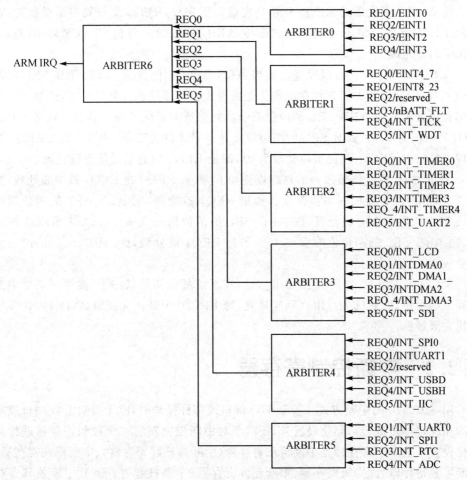

图 7.2　中断优先级裁决模块原理

图 7.2 中,ARBITER0～ARBITER5 为第一级裁决器,ARBITER6 为第二级裁决器。每个裁决器都有自己的控制寄存器,用其中一位设置裁决模式控制信号(ARB_MODE)、用其中两位设置选择控制信号(ARB_SEL)以确定中断优先级,共可确定 6 级中断请求的优先级:

如果 ARB_SEL 的 2 位是 00,则中断优先级顺序为 REQ0、REQ1、REQ2、REQ3、REQ4、REQ5。

如果 ARB_SEL 的 2 位是 01,则中断优先级顺序为 REQ0、REQ2、REQ3、REQ4、REQ1、REQ5。

如果 ARB_SEL 的 2 位是 10,则中断优先级顺序为 REQ0、REQ3、REQ4、

REQ1、REQ2、REQ5。

如果 ARB_SEL 的 2 位是 11，则中断优先级顺序为 REQ0、REQ4、REQ1、REQ2、REQ3、REQ5。

注意，每个裁决器的 REQ0 总是具有最高优先权，REQ5 总是具有最低优先权，这两个优先级是固定不变的。通过改变 ARB_SEL 的两位值，可以循环 REQ1～REQ4 的优先级。

ARB_MODE 位也可以设置。如果 ARB_MODE 位设为 0，则 ARB_SEL 的两位值不自动改变，裁决器工作在固定优先级模式。但即使在这种模式下，还是可以通过编程设置来改变 ARB_SEL 的两位值而达到重新配置优先级的目的。如果 ARB_MODE 位设为 1，则 ARB_SEL 的两位值按循环方式自动改变。例如，如果 REQ1 被处理，则 ARB_SEL 的两位被自动改为 01，即把 REQ1 放到最低优先级位置。

ARB_SEL 的 2 位值改变的详细规则如下：如果 REQ0 或 REQ5 被中断处理，则 ARB_SEL 的两位值根本不会改变。如果 REQ1 被处理，则 ARB_SEL 的两位值改变成 01。如果 REQ2 被处理，则 ARB_SEL 的两位值改变成 10。如果 REQ3 被处理，则 ARB_SEL 的两位值改变成 11。如果 REQ4 被处理，则 ARB_SEL 的两位值改变成 00。

S3C2410 芯片的 32 个中断请求信号，在系统复位初始状态下，按照图 7.2 中由上到下的顺序，中断优先级由高到底排列，即 EINT0 中断优先级最高，INT_ADC 中断优先级最低。

7.2.2　中断控制寄存器

用 S3C2410 的中断方式来控制 I/O 端口或部件操作时，除了要对 I/O 端口或部件的相应寄存器进行初始化设置外，还需要对中断控制器的 8 个控制寄存器进行初始化设置。这 8 个寄存器是中断请求寄存器（中断源挂起寄存器）、中断模式寄存器、中断屏蔽寄存器、优先级寄存器、中断允许寄存器（中断挂起寄存器）、中断偏移寄存器、子源挂起寄存器、中断子源屏蔽寄存器，如表 7.3 所列。

表 7.3　中断控制寄存器格式描述

寄存器	地　址	读/写	描　　述	复位值
SRCPND	0x4A000000	R/W	中断源挂起寄存器	0x00000000
INTMOD	0x4A000004	R/W	中断模式寄存器	0x00000000
INTMSK	0x4A000008	R/W	中断屏蔽寄存器	0xFFFFFFFF
PRIORITY	0x4A00000C	R/W	中断优先级寄存器	0x7F
INTPND	0x4A000010	R/W	中断挂起寄存器	0x00000000

续表 7.3

寄存器	地 址	读/写	描 述	复位值
INTOFFSET	0x4A000014	R	中断偏移寄存器	0x00000000
SUBSRCPND	0x4A000018	R/W	子源挂起寄存器	0x00000000
INTSUBMSK	0x4A00001C	R/W	中断子源屏蔽寄存器	0x7FF

1. 中断请求寄存器(SRCPND)

SRCPND 寄存器由 32 位构成,每一位与一个中断请求信号相关联。当某个中断源请求中断服务时,SRCPND 寄存器的相应位被置为 1,即首先在中断请求寄存器中登记。因此,该寄存器记录了哪个中断源的请求在等待处理。

注意,SRCPND 寄存器的每一位由中断源自动设置,而不管中断屏蔽寄存器(INTMASK)中对应的位是否被屏蔽。此外,SRCPND 寄存器也不受中断控制器的优先级逻辑影响。

当多个中断源提出中断请求后,SRCPND 寄存器中相应位均被置为 1,然后裁决逻辑基于优先级寄存器来处理,选中优先级最高的中断请求,对中断请求状态寄存器(INTPND)对应的位设为 1。注意,INTPND 寄存器中只有一位被设置为 1。如果该中断被屏蔽,则 SRCPND 寄存器的相应位被设为 1,但不会导致 INTPND 寄存器的相应位也被设为 1。

SRCPND 寄存器是可读/写的,在某个特定中断源的中断服务程序中,SRCPND 寄存器的相应位必须清除,从而保证能收到同一中断源的下一次中断请求。如果从中断服务程序返回时没有清除相应的请求状态位,则中断控制器会误以为该中断源产生了另一个中断请求。换句话说,如果 SRCPND 寄存器的某位始终设为 1,则被认为始终有一个与该位对应的中断源有一个有效的中断请求等待处理。何时进行清除相应的请求状态位取决于用户需求。如果想在中断服务时再收到相同的中断源提出的另一个有效的中断请求,则应该首先清除相应的请求位。用户可以通过写数据到 SRCPND 寄存器来清除请求位。数据位为 1 表示该位置的请求位将清除,为 0 表示该位置的请求位保持不变。

SRCPND 寄存器的地址是 0x4a000000,复位初始状态为 0x00000000。该寄存器每位的含义如表 7.4 所列。

表 7.4 SRCPND 寄存器的定义

位	描 述	复位值
[31]	确定 INT_ADC 中断请求。0=没有请求;1=请求	0
[30]	确定 INT_RTC 中断请求。0=没有请求;1=请求	0

位	描　述	复位值
[29]	确定 INT_SPI1 中断请求。0＝没有请求；1＝请求	0
[28]	确定 INT_UART0 中断请求。0＝没有请求；1＝请求	0
[27]	确定 INT_IIC 中断请求。0＝没有请求；1＝请求	0
[26]	确定 INT_USBH 中断请求。0＝没有请求；1＝请求	0
[25]	确定 INT_USBD 中断请求。0＝没有请求；1＝请求	0
[24]	保留	0
[23]	确定 INT_UART1 中断请求。0＝没有请求；1＝请求	0
[22]	确定 INT_SPI0 中断请求。0＝没有请求；1＝请求	0
[21]	确定 INT_SDI 中断请求。0＝没有请求；1＝请求	0
[20]	确定 INT_DMA3 中断请求。0＝没有请求；1＝请求	0
[19]	确定 INT_DMA2 中断请求。0＝没有请求；1＝请求	0
[18]	确定 INT_DMA1 中断请求。0＝没有请求；1＝请求	0
[17]	确定 INT_DMA0 中断请求。0＝没有请求；1＝请求	0
[16]	确定 INT_LCD 中断请求。0＝没有请求；1＝请求	0
[15]	确定 INT_UART2 中断请求。0＝没有请求；1＝请求	0
[14]	确定 INT_TIMER4 中断请求。0＝没有请求；1＝请求	0
[13]	确定 INT_TIMER3 中断请求。0＝没有请求；1＝请求	0
[12]	确定 INT_TIMER2 中断请求。0＝没有请求；1＝请求	0
[11]	确定 INT_TIMER1 中断请求。0＝没有请求；1＝请求	0
[10]	确定 INT_TIMER0 中断请求。0＝没有请求；1＝请求	0
[9]	确定 INT_WDT 中断请求。0＝没有请求；1＝请求	0
[8]	确定 INT_TICK 中断请求。0＝没有请求；1＝请求	0
[7]	确定 nBATT_FLT 中断请求。0＝没有请求；1＝请求	0
[6]	保留	0
[5]	确定 EINT8_23 中断请求。0＝没有请求；1＝请求	0
[4]	确定 EINT4_7 中断请求。0＝没有请求；1＝请求	0
[3]	确定 EINT3 中断请求。0＝没有请求；1＝请求	0
[2]	确定 EINT2 中断请求。0＝没有请求；1＝请求	0
[1]	确定 EINT1 中断请求。0＝没有请求；1＝请求	0
[0]	确定 EINT0 中断请求。0＝没有请求；1＝请求	0

2. 中断模式寄存器(INTMOD)

S3C2410 的中断模式有两种:FIQ 模式和 IRQ 模式。32 位的 INTMOD 寄存器中每一位都与一个中断源相关联,用来确定对应的中断源、中断请求采用哪种模式。如果某位被设置成 1,则相应的中断按 FIQ 模式处理。若设置成 0,则按 IRQ 模式处理,该模式又称为普通中断模式。

注意,S3C2410 中只能有一个中断源在 FIQ 模式下处理,即 INTMOD 寄存器中只有一位可以设置为 1。因此,设计者应该将最紧迫的中断源设置为 FIQ 模式使用。如果 INTMOD 寄存器中的某一位中断模式设为 FIQ 模式,则 FIQ 中断既不会影响 INTPND 寄存器也不会影响 INTOFFSET 寄存器。这两个寄存器只对 IRQ 模式下的中断源有效。

INTMOD 寄存器的地址是 0x4a000004,复位初始状态为 0x00000000。该寄存器每位的含义如表 7.5 所列。

表 7.5　INTMOD 寄存器的定义

位	描　　述	复位值
[31]	确定 INT_ADC 中断模式。0=IRQ;1=FIQ	0
[30]	确定 INT_RTC 中断模式。0=IRQ;1=FIQ	0
[29]	确定 INT_SPI1 中断模式。0=IRQ;1=FIQ	0
[28]	确定 INT_UART0 中断模式。0=IRQ;1=FIQ	0
[27]	确定 INT_IIC 中断模式。0=IRQ;1=FIQ	0
[26]	确定 INT_USBH 中断模式。0=IRQ;1=FIQ	0
[25]	确定 INT_USBD 中断模式。0=IRQ;1=FIQ	0
[24]	保留	0
[23]	确定 INT_UART1 中断模式。0=IRQ;1=FIQ	0
[22]	确定 INT_SPI0 中断模式。0=IRQ;1=FIQ	0
[21]	确定 INT_SDI 中断模式。0=IRQ;1=FIQ	0
[20]	确定 INT_DMA3 中断模式。0=IRQ;1=FIQ	0
[19]	确定 INT_DMA2 中断模式。0=IRQ;1=FIQ	0
[18]	确定 INT_DMA1 中断模式。0=IRQ;1=FIQ	0
[17]	确定 INT_DMA0 中断模式。0=IRQ;1=FIQ	0
[16]	确定 INT_LCD 中断模式。0=IRQ;1=FIQ	0
[15]	确定 INT_UART2 中断模式。0=IRQ;1=FIQ	0
[14]	确定 INT_TIMER4 中断模式。0=IRQ;1=FIQ	0

位	描　述	复位值
[13]	确定 INT_ TIMER3 中断模式。0＝IRQ；1＝FIQ	0
[12]	确定 INT_ TIMER2 中断模式。0＝IRQ；1＝FIQ	0
[11]	确定 INT_ TIMER1 中断模式。0＝IRQ；1＝FIQ	0
[10]	确定 INT_ TIMER0 中断模式。0＝IRQ；1＝FIQ	0
[9]	确定 INT_WDT 中断模式。0＝IRQ；1＝FIQ	0
[8]	确定 INT_TICK 中断模式。0＝IRQ；1＝FIQ	0
[7]	确定 nBATT_FLT 中断模式。0＝IRQ；1＝FIQ	0
[6]	保留	0
[5]	确定 EINT8_23 中断模式。0＝IRQ；1＝FIQ	0
[4]	确定 EINT4_7 中断模式。0＝IRQ；1＝FIQ	0
[3]	确定 EINT3 中断模式。0＝IRQ；1＝FIQ	0
[2]	确定 EINT2 中断模式。0＝IRQ；1＝FIQ	0
[1]	确定 EINT1 中断模式。0＝IRQ；1＝FIQ	0
[0]	确定 EINT0 中断模式。0＝IRQ；1＝FIQ	0

3. 中断屏蔽寄存器(INTMSK)

INTMSK 寄存器也由 32 位组成,每一位与一个中断源相对应。若某位设置为 1,则中断控制器不会处理该位所对应的中断源提出的中断请求。如果设置为 0,则对应的中断源提出的中断请求可以被处理。即某屏蔽位设置为 1,其对应的中断源产生中断请求时,相应的中断请求位将设置成 1。

INTMSK 寄存器的地址是 0x4a000008,复位初始状态为 0xffffffff。该寄存器每位的含义如表 7.6 所列。

表 7.6　INTMSK 寄存器的定义

位	描　述	复位值
[31]	确定 INT_ADC 中断屏蔽位。0＝允许中断；1＝屏蔽中断	1
[30]	确定 INT_RTC 中断屏蔽位。0＝允许中断；1＝屏蔽中断	1
[29]	确定 INT_SPI1 中断屏蔽位。0＝允许中断；1＝屏蔽中断	1
[28]	确定 INT_UART0 中断屏蔽位。0＝允许中断；1＝屏蔽中断	1
[27]	确定 INT_IIC 中断屏蔽位。0＝允许中断；1＝屏蔽中断	1
[26]	确定 INT_USBH 中断屏蔽位。0＝允许中断；1＝屏蔽中断	1
[25]	确定 INT_USBD 中断屏蔽位。0＝允许中断；1＝屏蔽中断	1

续表 7.6

位	描 述	复位值
[24]	保留	1
[23]	确定 INT_UART1 中断屏蔽位。0＝允许中断；1＝屏蔽中断	1
[22]	确定 INT_SPI0 中断屏蔽位。0＝允许中断；1＝屏蔽中断	1
[21]	确定 INT_SDI 中断屏蔽位。0＝允许中断；1＝屏蔽中断	1
[20]	确定 INT_DMA3 中断屏蔽位。0＝允许中断；1＝屏蔽中断	1
[19]	确定 INT_DMA2 中断屏蔽位。0＝允许中断；1＝屏蔽中断	1
[18]	确定 INT_DMA1 中断屏蔽位。0＝允许中断；1＝屏蔽中断	1
[17]	确定 INT_DMA0 中断屏蔽位。0＝允许中断；1＝屏蔽中断	1
[16]	确定 INT_LCD 中断屏蔽位。0＝允许中断；1＝屏蔽中断	1
[15]	确定 INT_UART2 中断屏蔽位。0＝允许中断；1＝屏蔽中断	1
[14]	确定 INT_TIMER4 中断屏蔽位。0＝允许中断；1＝屏蔽中断	1
[13]	确定 INT_ TIMER3 中断屏蔽位。0＝允许中断；1＝屏蔽中断	1
[12]	确定 INT_ TIMER2 中断屏蔽位。0＝允许中断；1＝屏蔽中断	1
[11]	确定 INT_ TIMER1 中断屏蔽位。0＝允许中断；1＝屏蔽中断	1
[10]	确定 INT_ TIMER0 中断屏蔽位。0＝允许中断；1＝屏蔽中断	1
[9]	确定 INT_WDT 中断屏蔽位。0＝允许中断；1＝屏蔽中断	1
[8]	确定 INT_TICK 中断屏蔽位。0＝允许中断；1＝屏蔽中断	1
[7]	确定 nBATT_FLT 中断屏蔽位。0＝允许中断；1＝屏蔽中断	1
[6]	保留	1
[5]	确定 EINT8_23 中断屏蔽位。0＝允许中断；1＝屏蔽中断	1
[4]	确定 EINT4_7 中断屏蔽位。0＝允许中断；1＝屏蔽中断	1
[3]	确定 EINT3 中断屏蔽位。0＝允许中断；1＝屏蔽中断	1
[2]	确定 EINT2 中断屏蔽位。0＝允许中断；1＝屏蔽中断	1
[1]	确定 EINT1 中断屏蔽位。0＝允许中断；1＝屏蔽中断	1
[0]	确定 EINT0 中断屏蔽位。0＝允许中断；1＝屏蔽中断	1

4. 优先级寄存器(PRIORITY)

PRIORITY 寄存器是 IRQ 中断模式下的中断优先级控制寄存器,每个中断源在寄存器中有 3 位对应,分别代表 ARB_SEL 的 2 位和 ARB_MODE 的 1 位。该寄存器的地址是 0x4a00000c,复位初始状态为 0x0000007f,每位的含义如表 7.7 所列。

表 7.7　PRIORITY 寄存器的定义

位	描　述	复位值
[20:19]	确定仲裁判决器 Arbiter6 的优先级顺序。 00＝REQ0－1－2－3－4－5；01＝REQ0－2－3－4－1－5； 10＝REQ0－3－4－1－2－5；11＝REQ0－4－1－2－3－5	00
[18:17]	确定仲裁判决器 Arbiter5 的优先级顺序。 00＝REQ1－2－3－4；01＝REQ2－3－4－1； 10＝REQ3－4－1－2；11＝REQ4－1－2－3	00
[16:15]	确定仲裁判决器 Arbiter4 的优先级顺序。 00＝REQ0－1－2－3－4－5；01＝REQ0－2－3－4－1－5； 10＝REQ0－3－4－1－2－5；11＝REQ0－4－1－2－3－5	00
[14:13]	确定仲裁判决器 Arbiter3 的优先级顺序。 00＝REQ0－1－2－3－4－5；01＝REQ0－2－3－4－1－5； 10＝REQ0－3－4－1－2－5；11＝REQ0－4－1－2－3－5	00
[12:11]	确定仲裁判决器 Arbiter2 的优先级顺序。 00＝REQ0－1－2－3－4－5；01＝REQ0－2－3－4－1－5； 10＝REQ0－3－4－1－2－5；11＝REQ0－4－1－2－3－5	00
[10:9]	确定仲裁判决器 Arbiter1 的优先级顺序。 00＝REQ0－1－2－3－4－5；01＝REQ0－2－3－4－1－5； 10＝REQ0－3－4－1－2－5；11＝REQ0－4－1－2－3－5	00
[8:7]	确定仲裁判决器 Arbiter0 的优先级顺序。 00＝REQ1－2－3－4；01＝REQ2－3－4－1； 10＝REQ3－4－1－2；11＝REQ4－1－2－3	00
[6]	确定仲裁判决器 Arbiter6 的循环优先级。 0＝优先级不循环；1＝优先级循环	1
[5]	确定仲裁判决器 Arbiter5 的循环优先级。 0＝优先级不循环；1＝优先级循环	1
[4]	确定仲裁判决器 Arbiter4 的循环优先级。 0＝优先级不循环；1＝优先级循环	1
[3]	确定仲裁判决器 Arbiter3 的循环优先级。 0＝优先级不循环；1＝优先级循环	1
[2]	确定仲裁判决器 Arbiter2 的循环优先级。 0＝优先级不循环；1＝优先级循环	1
[1]	确定仲裁判决器 Arbiter1 的循环优先级。 0＝优先级不循环；1＝优先级循环	1
[0]	确定仲裁判决器 Arbiter0 的循环优先级。 0＝优先级不循环；1＝优先级循环	1

5．中断允许寄存器（INTPND）

INTPND 寄存器是一个 32 位寄存器，寄存器中的每一位对应一个中断源。只有未被屏蔽且具有最高优先级、在中断请求寄存器中等待处理的中断请求可以把其对应的中断允许寄存器位置 1。因此，INTPND 寄存器中只有一位可以设置为 1，同时中断控制器产生 IRQ 信号给 ARM920T 核。在 IRQ 的中断服务例程里，设计者可以读取该寄存器，从而获知哪个中断源被处理。

像 SRCPND 寄存器一样，在中断服务例程里该寄存器的中断允许位也必须清除。可以通过写数据到该寄存器来清除 INTPND 寄存器的特定位。数据中的 1 表示该位置的位将清除，而 0 表示该位置的位保持不变。

INTPND 寄存器的地址是 0x4a000010，复位初始状态为 0x00000000。该寄存器每位的含义如表 7.8 所列。

表 7.8　INTPND 寄存器的定义

位	描　述	复位值
[31]	确定 INT_ADC 中断请求未决。0＝没有请求；1＝请求	0
[30]	确定 INT_RTC 中断请求未决。0＝没有请求；1＝请求	0
[29]	确定 INT_SPI1 中断请求未决。0＝没有请求；1＝请求	0
[28]	确定 INT_UART0 中断请求未决。0＝没有请求；1＝请求	0
[27]	确定 INT_IIC 中断请求未决。0＝没有请求；1＝请求	0
[26]	确定 INT_USBH 中断请求未决。0＝没有请求；1＝请求	0
[25]	确定 INT_USBD 中断请求未决。0＝没有请求；1＝请求	0
[24]	保留	0
[23]	确定 INT_UART1 中断请求未决。0＝没有请求；1＝请求	0
[22]	确定 INT_SPI0 中断请求未决。0＝没有请求；1＝请求	0
[21]	确定 INT_SDI 中断请求未决。0＝没有请求；1＝请求	0
[20]	确定 INT_DMA3 中断请求未决。0＝没有请求；1＝请求	0
[19]	确定 INT_DMA2 中断请求未决。0＝没有请求；1＝请求	0
[18]	确定 INT_DMA1 中断请求未决。0＝没有请求；1＝请求	0
[17]	确定 INT_DMA0 中断请求未决。0＝没有请求；1＝请求	0
[16]	确定 INT_LCD 中断请求未决。0＝没有请求；1＝请求	0
[15]	确定 INT_UART2 中断请求未决。0＝没有请求；1＝请求	0
[14]	确定 INT_TIMER4 中断请求未决。0＝没有请求；1＝请求	0
[13]	确定 INT_TIMER3 中断请求未决。0＝没有请求；1＝请求	0
[12]	确定 INT_TIMER2 中断请求未决。0＝没有请求；1＝请求	0

续表 7.8

位	描　述	复位值
[11]	确定 INT_TIMER1 中断请求未决。0＝没有请求;1＝请求	0
[10]	确定 INT_TIMER0 中断请求未决。0＝没有请求;1＝请求	0
[9]	确定 INT_WDT 中断请求未决。0＝没有请求;1＝请求	0
[8]	确定 INT_TICK 中断请求未决。0＝没有请求;1＝请求	0
[7]	确定 nBATT_FLT 中断请求未决。0＝没有请求;1＝请求	0
[6]	保留	0
[5]	确定 IEINT8_23 中断请求未决。0＝没有请求;1＝请求	0
[4]	确定 EINT4_7 中断请求未决。0＝没有请求;1＝请求	0
[3]	确定 EINT3 中断请求未决。0＝没有请求;1＝请求	0
[2]	确定 EINT2 中断请求未决。0＝没有请求;1＝请求	0
[1]	确定 EINT1 中断请求未决。0＝没有请求;1＝请求	0
[0]	确定 EINT0 中断请求未决。0＝没有请求;1＝请求	0

以上 5 个寄存器是 S3C2410 中断控制器中的主要寄存器,在每个中断源的处理时,设计者均须根据设计需要通过编程进行设定,即确定寄存器中每一位设为 0 还是设为 1。另外还有以下几个寄存器,在中断源控制时有时需要使用。

6. 中断偏移寄存器(INTOFFSET)

中断偏移寄存器的值代表了中断源号,即在 IRQ 模式下,INTPND 寄存器中某位置 1, 则 INTOFFSET 寄存器中的值是其对应中断源的偏移量。该寄存器可以通过清除 SRCPND 寄存器和 INTPND 寄存器的允许位操作来自动清除。

INTOFFSET 寄存器的地址是 0x4a000014,复位初始状态为 0x00000000,只允许读取操作,不允许写入操作。该寄存器中的值所对应的中断源如表 7.9 所列。

表 7.9　INTOFFSET 寄存器的值与中断源的对应关系

偏移量值	中断源	偏移量值	中断源
31	INT_ADC	15	INT_UART2
30	INT_RTC	14	INT_TIMER4
29	INT_SPI1	13	INT_TIMER3
28	INT_UART0	12	INT_TIMER2
27	INT_IIC	11	INT_TIMER1
26	INT_USBH	10	INT_TIMER0
25	INT_USBD	9	INT_WDT

偏移量值	中断源	偏移量值	中断源
24	Reserved	8	INT_TICK
23	INT_UART1	7	nBATT_FLT
22	INT_SPI0	6	Reserved
21	INT_SDI	5	EINT8_23
20	INT_DMA3	4	EINT4_7
19	INT_DMA2	3	EINT3
18	INT_DMA1	2	EINT2
17	INT_DMA0	1	EINT1
16	INT_LCD	0	EINT0

7. 子中断请求寄存器(SUBSRCPND)

　　SUBSRCPND 寄存器用于那些共用中断请求信号的中断源控制,其作用、操作与 SRCPND 寄存器相同,该寄存器的地址是 0x4a000018,复位初始状态为 0x000000。该寄存器每位的含义如表 7.10 所列。

表 7.10　SUBSRCPND 寄存器的定义

位	描　述	复位值
[31:11]	没有用到	0
[10]	确定 INT_ADC 中断请求。0＝没有请求;1＝请求	0
[9]	确定 INT_TC 中断请求。0＝没有请求;1＝请求	0
[8]	确定 INT_ERR2 中断请求。0＝没有请求;1＝请求	0
[7]	确定 INT_TXD2 中断请求。0＝没有请求;1＝请求	0
[6]	确定 INT_RXD2 中断请求。0＝没有请求;1＝请求	0
[5]	确定 INT_ERR1 中断请求。0＝没有请求;1＝请求	0
[4]	确定 INT_TXD1 中断请求。0＝没有请求;1＝请求	0
[3]	确定 INT_RXD1 中断请求。0＝没有请求;1＝请求	0
[2]	确定 INT_ERR0 中断请求。0＝没有请求;1＝请求	0
[1]	确定 INT_TXD0 中断请求。0＝没有请求;1＝请求	0
[0]	确定 INT_RXD0 中断请求。0＝没有请求;1＝请求	0

8. 中断子屏蔽寄存器(INTSUBMSK)

　　INTSUBMSK 寄存器也用于那些共用中断请求信号的中断源控制,该寄存器有

11 位,每一位与一个子中断源相对应。其作用和操作与 INTMSK 相同。如果某位设为 1,那么对应的中断源产生的中断请求将不会被中断控制器处理。如果某位为 0,则对应的中断请求可以被处理。

INTSUBMSK 寄存器的地址是 0x4a00001c,复位初始状态为 0x000007ff。该寄存器每位的含义如表 7.11 所列。

表 7.11 INTSUBMSK 寄存器的定义

位	描 述	复位值
[31:11]	没有用到	0
[10]	确定 INT_ADC 中断屏蔽位。0=允许中断;1=屏蔽中断	1
[9]	确定 INT_TC 中断屏蔽位。0=允许中断;1=屏蔽中断	1
[8]	确定 INT_ERR2 中断屏蔽位。0=允许中断;1=屏蔽中断	1
[7]	确定 INT_TXD2 中断屏蔽位。0=允许中断;1=屏蔽中断	1
[6]	确定 INT_RXD2 中断屏蔽位。0=允许中断;1=屏蔽中断	1
[5]	确定 INT_ERR1 中断屏蔽位。0=允许中断;1=屏蔽中断	1
[4]	确定 INT_TXD1 中断屏蔽位。0=允许中断;1=屏蔽中断	1
[3]	确定 INT_RXD1 中断屏蔽位。0=允许中断;1=屏蔽中断	1
[2]	确定 INT_ERR0 中断屏蔽位。0=允许中断;1=屏蔽中断	1
[1]	确定 INT_TXD0 中断屏蔽位。0=允许中断;1=屏蔽中断	1
[0]	确定 INT_RXD0 中断屏蔽位。0=允许中断;1=屏蔽中断	1

7.2.3 中断举例

下面介绍一个 S3C2410 芯片中断源的中断控制程序的编写。本程序使用外部中断 EINT2,其硬件电路如图 7.3 所示。在没有按下开关时,其一直是高电平;按下开关时,管脚电平拉低,产生中断。

当要使用外部中断 EINT2 时,其初始化软件流程如图 7.4(b)所示。首先系统时钟初始化,接着将相应的端口设置为中断方式,最后开中断。当中断发生时,CPU 跳转到中断程序,并处理中断,最后中断返回。

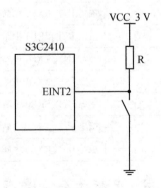

图 7.3 外部中断 EINT2 电路

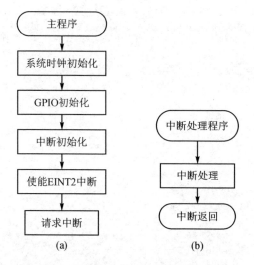

图 7.4 外部中断 EINT2 软件流程

程序如下：

```
// *************************************************
// ** 函数名:Isr_Init(void)
// ** 参  数:无
// ** 返回值:无
// ** 功  能:中断初始化功能
// ** 备  注:无
// *************************************************
void Isr_Init(void)
{
    pISR_UNDEF = (unsigned)HaltUndef;
    pISR_SWI = (unsigned)HaltSwi;
    pISR_PABORT = (unsigned)HaltPabort;
    pISR_DABORT = (unsigned)HaltDabort;

    rINTMOD = 0x0;                      //IRQ 中断模式
    rINTMSK = BIT_ALLMSK;               //屏蔽所有中断
    rINTSUBMSK = BIT_SUB_ALLMSK;        //屏蔽所有子中断
}
// *************************************************
// ** 函数名:Irq_Request(int irq_no, void * irq_routine)
// ** 参  数:irq_n:中断号 irq_routine:中断处理函数
// ** 返回值:无
// ** 功  能:注册中断函数
// ** 备  注:IRQ_EINT2      3
// *************************************************
void Irq_Request(int irq_no, void * irq_routine)
{
    if(irq_no > = IRQ_MIN && irq_no < = IRQ_MAX)
```

```
    * (unsigned int * )((irq_no —1) * sizeof(unsigned int) + (unsigned int)(_ISR_
STARTADDRESS + 0x20)) = (unsigned int)irq_routine;
}
// *******************************************************
// ** 函数名:Irq_Enable(int irq_no)
// ** 参   数:irq_n:中断号
// ** 返回值:无
// ** 功   能:中断允许函数
// ** 备   注:IRQ_EINT2      3
// *******************************************************
void Irq_Enable(int irq_no)
{
    if(irq_no > = IRQ_MIN && irq_no < = IRQ_MAX)
    rINTMSK & = ~(1 << (irq_no - 1));
}
// *******************************************************
// ** 函数名:Irq_Clear(int irq_no)
// ** 参   数:irq_n:中断号
// ** 返回值:无
// ** 功   能:中断清除函数
// ** 备   注:IRQ_EINT2      3
// *******************************************************
void Irq_Clear(int irq_no)
{
    rSRCPND = (1 << (irq_no - 1));          //清中断请求寄存器
    rINTPND = (1 << (irq_no - 1));          //清中断允许寄存器
}
// *******************************************************
// ** 函数名:eint2_isr(void)
// ** 参   数:irq_n:中断号
// ** 返回值:无
// ** 功   能:IRQ_EINT2 中断处理函数
// ** 备   注: IRQ_EINT2      3
// *******************************************************
void eint2_isr(void)
{
    Irq_Clear(IRQ_EINT2);                   //中断清除
    ......                                  //中断处理操作
}
// *******************************************************
// ** 函数名:main()
// ** 参   数:无
// ** 返回值:无
// ** 功   能:主函数
// ** 备   注:无
// *******************************************************
voidMain(void)
{
    BoardInitStart();                       //系统初始化,MMU 初始化
    SystemClockInit();                      //系统时钟初始化
```

```
    PortInit();                         //GPIO初始化
    Isr_Init();                         //中断初始化
    Irq_Request(IRQ_EINT2,eint2_isr);   //请求中断
    Irq_Enable(IRQ_EINT2);              //使能中断
    while(1)
    {
        }
}
```

7.3 定时器工作原理

1. 概　述

　　定时器是嵌入式系统中的常用部件,也称为定时/计数器,主要用作定时功能或计数功能。不同的定时/计数器在使用上有所差异,但它们的逻辑原理是相同的。本节在介绍一般定时/计数器基本工作原理的基础上,详细介绍 S3C2410 芯片内部的定时器工作原理。

2. 工作原理

　　定时器或计数器的逻辑电路本质上是相同的,它们之间的区别主要在用途上,主要由加 1 或减 1 计数器组成。在应用时,定时器的计数信号由内部的、周期性的时钟信号承担,以便产生具有固定时间间隔的脉冲信号,从而实现定时的功能。而计数器的计数信号由非周期性的信号承担,通常是外部事件产生的脉冲信号,以便对外部事件发生的次数进行计数。因为同样的逻辑电路可用于这两个目的,所以该功能部件通常被称为"定时/计数器"。

　　图 7.5 是一个定时/计数器内部工作原理图,以一个 N 位的加 1 或减 1 计数器为核心,计数器的初始值由初始化编程设置。计数脉冲的来源有两类:系统时钟和外部事件脉冲。

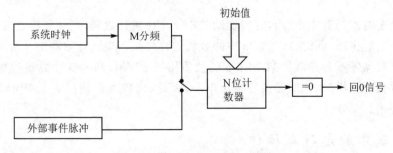

图 7.5　定时/计数器内部原理图

　　若编程设置定时/计数器为定时工作方式,则 N 位计数器的计数脉冲来源于内

部系统时钟,并经过 M 分频。每个计数脉冲使计数器加 1 或减 1,当 N 位计数器里的数加到 0 或减到 0 时,则会产生一个"回 0 信号",该信号有效时表示 N 位计数器里的当前值是 0。因为系统时钟的频率是固定的,其 M 分频后所得到的计数脉冲频率也就是固定的,因此通过对该频率脉冲的计数就转为定时,从而实现了定时功能。

若编程设置定时/计数器为计数方式,则 N 位计数器的计数脉冲来源于外部事件产生的脉冲信号。有一个外部事件脉冲,计数器就加 1 或减 1,直到 N 位计数器中的值为 0,产生"回 0 信号"。

7.4　S3C2410 定时器

S3C2410 芯片中的定时部件有多个,不同的定时部件有不同的应用,主要分为定时器及 PWM、看门狗定时器、实时钟 RTC。下面分别介绍它们的工作原理。

7.4.1　定时器及 PWM

S3C2410 芯片内部拥有 5 个 16 位的 Timer 部件,其中,Timer0、Timer1、Timer2、Timer3 具有脉宽调制(PWM)功能。Timer4 仅用作定时器,不具有 PWM 功能,因为它没有输出引脚。Timer0 有一个死区(dead-zone)发生器,通常用于大电流设备。

Timer0 和 Timer1 共享一个 8 位的预分频器,而 Timer2、Timer3、Timer4 共享另一个 8 位的预分频器。另外还有两个具有 5 种分频系数的时钟分割器,5 种不同的分频系数分别是 1/2、1/4、1/8、1/16 和 TCLK。其中,Timer0 和 Timer1 共享一个 4 位的分割器,Timer2、Timer3、Timer4 共享另一个 4 位的分割器。每个 Timer 部件接收的时钟是经过预分频器、分割器分频后的、仅提供给自己的时钟信号。8 位的预分频器、分割器均可编程设定。S3C2410 芯片内部的 Timer 部件功能框图如图 7.6 所示。

每个定时器都有一个各自时钟驱动的 16 bit 递减计数器,当计数器数值为 0 时,产生一个定时中断,同时 TCNTBn 中的数值被再次载入递减计数器中开始计数。只有关闭定时器才不会重载。TCMPBn 的数值用于 PWM,当递减计数器的数值和比较寄存器数值一样时,定时器改变输出电平,因此,比较寄存器决定了 PWM 输出的开启和关闭。

1. 基本的定时器操作

每个定时器(除了定时器 4 外)都有 TCNTBn、TCNTn、TCMPBn 和 TCMPn。在 TCNTn 的值到达 0 时,TCNTBn 和 TCMPBn 被分别加载到 TCNTn 和 TCMPn

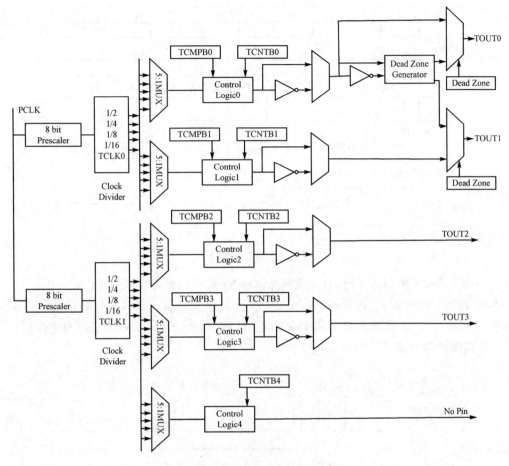

图 7.6　Timer 部件内部功能框图

中。同时如果中断使能,则将会提出中断请求。

　　TCNTn 和 TCMPn 是内部寄存器,TCNTn 计数器的值可以通过 TCNTOn 寄存器读出。定时器基本操作的过程如图 7.7 所示。

2. 自动重载和双缓冲器

　　S3C2410 芯片的 PWM 定时器有双缓冲功能,该功能可以在不停止当前定时器操作的情况下重新加载为下一轮定时器操作而改变的值。在这种机制下,尽管设置了新的定时器计数值,但是当前定时器的操作不受影响,还是按原计数值完成操作。

　　定时器计数值可以写入定时器计数缓冲寄存器(TCNTBn)中,而当前定时器的计数值可以从定时器计数观察寄存器(TCNTOn)中读到。如果读取 TCNTBn 的值,则读到的值不一定是当前定时器的计数值,但一定是下一轮定时器操作的计数值。

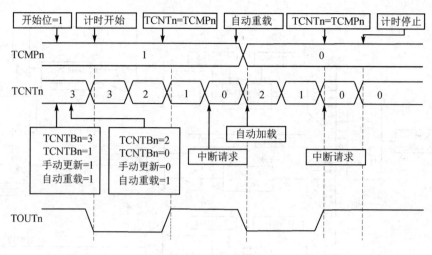

图 7.7　定时器操作

当 TCNTn 值到达 0 时,自动重载操作将 TCNTBn 的值复制到 TCNTn 中。写入到 TCNTBn 中的值,仅在 TCNTn 值为 0 并且自动重载使能时被加载到 TCNTn 中。如果 TCNTn 值变为 0 并且自动重载不使能,那么,TCNTn 就不会进一步操作。一个双缓冲功能的例子如图 7.8 所示。

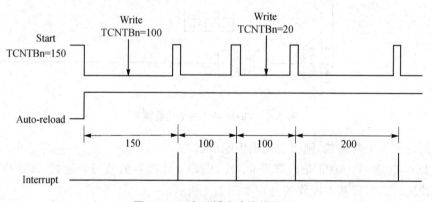

图 7.8　一个双缓冲功能的例子

3. 采用手动更新方式初始化定时器

当递减计数器的值为 0 时,定时器自动重载操作就会发生。但若在重载发生之前 TCNTn 的初始值还没有设置,则必须通过手动更新位来加载 TCNTn 的初值。启动一个定时器操作的步骤如下:

① 将初始值写到 TCNTBn 和 TCMPBn 中。

② 设置相应定时器的手动更新位。

③ 设置相应定时器的启动位来启动定时器,并清除手动更新位。

如果定时器被强制停止,则 TCNTn 仍保持当前计数值,不会从 TCNTBn 重新加载计数值。如果需要重新启动定时操作,则必须设置新的计数值,这也要采用手动更新的方式。

若要产生图 7.9 中所示脉冲信号波形,则要进行如下步骤的操作:

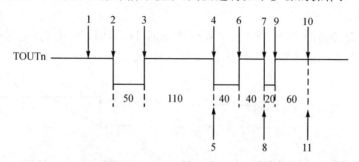

图 7.9 定时器产生的一个脉冲信号

① 使能自动重载功能位。设置 TCNTBn 的值为 160(50+110),TCMPBn 的值为 110。设置手动更新位和配置反转器位(开/关)。手动更新位分别设置 TCNTn 和 TCMPn 为 TCNTBn 和 TCMPBn 的值。然后,分别设置 TCNTBn 的值和 TC-NPBn 的值为 80(40+40)和 40,用作下一轮的重载值。

② 设置启动位,将手动更新位清为 0,反转器置为 off,自动重载使能。定时器的递减计数器开始启动工作。

③ 当 TCNTn 的值达到与 TCMPn 的值相同时,TOUTn 的逻辑电平由低变高。

④ 当 TCNTn 的值达到 0 时,产生中断请求,同时 TCNTBn 的值加载到一个临时寄存器中。在下一节拍的定时器操作开始时,TCNTn 从临时寄存器中重新加载计数值。

⑤ 在中断服务程序中,TCNTBn 和 TCNPBn 的值分别设置为 80(20+60)和 60,用于下一轮的定时操作。

⑥ 当 TCNTn 的值达到与 TCMPn 的值相同时,TOUTn 的逻辑电平由低变高。

⑦ 当 TCNTn 的值达到 0 时,TCNTn 自动重载 TCNTBn 中的值,并触发一个中断请求。

⑧ 在中断服务程序中,自动重载和中断请求被禁止,从而停止定时器的工作。

⑨ 当 TCNTn 的值达到与 TCMPn 的值相同时,TOUTn 的逻辑电平由低变高。

⑩ 当 TCNTn 的值递减计数到 0 时,由于自动重载被禁止,因此 TCNTn 不再重载计数值,并且定时器停止。

⑪ 不再产生中断请求。

4. 脉宽调制(PWM)

PWM 脉冲宽度由 TCMPBn 确定,而 PWM 脉冲频率值由 TCNTBn 确定,如

图 7.10 所示。若要得到一个较高的 PWM 脉宽输出值,则需要增加 TCMPBn 的值。若要得到一个较低的 PWM 脉宽输出值,则需要减少 TCMPBn 的值。如果输出反转器被使能,则增加和减少的结果将是反转的,即若要得到一个较高的 PWM 脉宽输出值,则需要减少 TCMPBn 的值;若要得到一个较低的 PWM 脉宽输出值,则需要增加 TCMPBn 的值。

基于双缓冲器的功能,下一轮 PWM 周期的 TCMPBn 的值可以通过中断服务程序或其他方法在当前 PWM 周期内任何时刻写入。

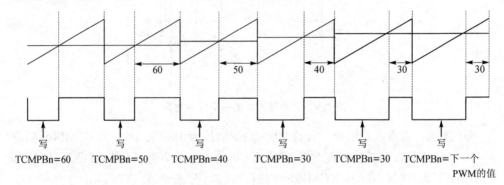

图 7.10　PWM 的脉宽实例

5．输出电平控制

以下方法用来保持 TOUT 的电平为高或低(假设反转器关闭)。关闭自动加载位,然后,TOUTn 的电平变为高,定时器在 TCNTn 递减到 0 时停止,推荐使用这种模式。

通过将定时器的启动/停止位清 0 来停止定时器工作。如果 TCNTn 的值小于等于 TCMPn 的值,则输出电平为高。如果 TCNTn 大于 TCMPn 的值,则输出电平为低。

TOUTn 可以通过设置 TCON 中的反转器 on/off 位来反转。经过反转的 PWM 信号如图 7.11 所示。

图 7.11　反转器反转后的效果

6．死区发生器

死区发生器用于对大功率设备进行 PWM 控制。这个功能用于在一个开关设备的断开和另一个开关设备的闭合之间插入一个时间间隙。这个时间间隙使得两个开关设备不可能同时被打开,即使是很短的一段时间。

图 7.12 所示的是死区使能时的输出波形图。TOUT0 是 PWM 的输出,nTOUT0 是 TOUT0 的反转输出。如果死区被使能,那么从 TOUT0 和 nTOUT0 输出的波形将分别是 TOUT0_DZ 和 nTOUT0_DZ。在死区的间隙中,TOUT0_DZ 和 nTOUT0_DZ 不可能同时出现高电平。

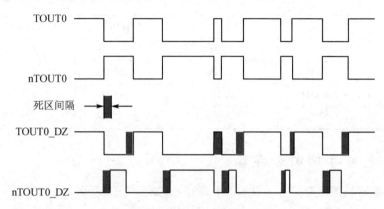

图 7.12　死区使能时的输出波形

7. DMA 请求模式

S3C2410 中定时器的 DMA 功能:系统中的 5 个定时器都有 DMA 请求功能,但是在同一时刻只能设置一个使用 DMA 功能,通过设置其 DMA 模式位来实现。

DMA 请求过程:定时器可以在任意时间产生 DMA 请求,并且保持 DMA 请求信号(nDMA_REQ)为低直到定时器收到 ACK 信号。当定时器收到 ACK 信号时,它使请求信号变得无效。

DMA 请求与中断的关系:如果一个定时器被配置为 DMA 模式,则该定时器不会产生中断请求,其他的定时器会正常的产生中断。

8. 计数时钟和输出计算

1) 定时器输入时钟频率 f_{Tclk}(即计数时钟频率)

$$f_{Tclk} = [f_{pclk}/(Prescaler+1)] \times 分频值$$

式中,Prescaler(预分频值)范围为 0~255,分频值为 1/2、1/4、1/8、1/16。

2) PWM 输出时钟频率

$$PWM 输出时钟频率 = f_{Tclk}/TCNTBn$$

3) PWM 输出信号占空比(即高电平持续时间所占信号周期的比例)

$$PWM 输出信号占空比 = TCMPBn/TCNTBn$$

9. 定时器最大及最小输出周期

设 PCLK 的频率为 50 MHz,经过预分频和分频器后,定时器的最大、最小定时时间间隔由表 7.12 给出。

表 7. 12　定时器的定时时间间隔

分频值	预分频器=0		预分频器=255	
	TCNTBn=1	TCNTBn=65 535	TCNTBn=1	TCNTBn=65 535
1/2	25.00 MHz	381 Hz	97 656 Hz	1.49 Hz
1/4	12.50 MHz	191 Hz	48 828 Hz	0.74 Hz
1/8	6.250 MHz	95 Hz	24 414 Hz	0.37 Hz
1/16	3.125 MHz	48 Hz	12 207 Hz	0.18 Hz

10. 定时器控制寄存器

定时器控制寄存器共有 6 种、17 个寄存器,如表 7.13 所列。

表 7.13　定时器控制寄存器

寄存器	地　址	读/写	描　述	复位值
TCFG0	0x51000000	R/W	配置寄存器 0	0x00000000
TCFG1	0x51000004	R/W	配置寄存器 1	0x00000000
TCON	0x51000008	R/W	控制寄存器	0x00000000
TCNTBn	0x510000xx	R/W	计数初值寄存器(5 个)	0x0000
TCMPBn	0x510000xx	R/W	比较寄存器(4 个)	0x0000
TCNTOn	0x510000xx	R	观察寄存器(5 个)	0x0000

TCNTBn 为 Timern 计数初值寄存器(计数缓冲寄存器)、16 位,TCMPBn 为 Timern 比较寄存器(比较缓冲寄存器)、16 位,TCNTOn 为 Timern 计数读出寄存器(观察缓冲寄存器)、16 位。

(1) 定时器配置寄存器 0(TCFG0)

定时器配置寄存器 0(TCFG0)是可读/写的,主要用来设置预分频系数,其地址为 0x51000000,复位后的初值为 0x00000000。TCFG0 寄存器的具体格式如表 7.14 所列。

(2) 定时器配置寄存器 1(TCFG1)

定时器配置寄存器 1(TCFG1)是可读/写的,主要用来设置分割器值,其地址为 0x51000004,复位后的初值为 0x00000000。TCFG1 寄存器的具体格式如表 7.15 所列。

表 7.14　TCFG1 寄存器的格式

符　号	位	描　述	复位值
Reserved	[31:24]	保留	0x00
Dead zone length	[23:16]	这 8 位用于确定死区长度,死区长度的一个单位等于 Timer0 的定时间隔	0x00
Prescaler 1	[15:8]	这 8 位确定 Timer2、Timer3、Timer4 的预分频器值	0x00
Prescaler 0	[7:0]	这 8 位确定 Timer0、Timer1 的预分频器值	0x00

表 7.15　TCFG1 寄存器的格式

符　号	位	描　述	复位值
Reserved	[31:24]	保留	0x00
DMA mode	[23:20]	选择产生 DMA 请求的定时器 0000=不选择(所有采用中断请求)　0001=Timer0　0010=Timer1 0011=Timer2　0100=Timer3　0101=Timer4　0110=保留	0000
MUX4	[19:16]	选择 Timer4 的分割器值 0000=1/2　0001=1/4　0010=1/8　0011=1/16 01XX=外部 TCLK1	0000
MUX3	[15:12]	选择 Timer3 的分割器值 0000=1/2　0001=1/4　0010=1/8　0011=1/16 01XX=外部 TCLK1	0000
MUX2	[11:8]	选择 Timer2 的分割器值 0000=1/2　0001=1/4　0010=1/8　0011=1/16　01XX=外部 TCLK1	0000
MUX1	[7:4]	选择 Timer1 的分割器值 0000=1/2　0001=1/4　0010=1/8　0011=1/16　01XX=外部 TCLK1	0000
MUX0	[3:0]	选择 Timer0 的分割器值 0000=1/2　0001=1/4　0010=1/8　0011=1/16　01XX=外部 TCLK1	0000

通过 TCFG0、TCFG1 的设置可以确定预分频系数和分割器值,最终通过下面公式计算定时器输入时钟频率。

$$定时器输入时钟频率 = PCLK/(预分频系数 + 1)/(分割器值)$$

其中,预分频系数的范围为 0~255,分割器值的取值范围为 2、4、8、16。

(3) 定时器控制寄存器(TCON)

定时器控制寄存器(TCON)是可读/写的,其地址为 0x51000008,复位后的初值为 0x00000000。TCON 寄存器的具体格式如表 7.16 所列。

表 7.16　TCON 寄存器的格式

符　号	位	描　　述	复位值
Timer4	[22]	确定 Timer4 的自动装载功能位 1=自动装载　0=一次停止	0
Timer4	[21]	确定 Timer4 的手动更新位 1=更新 TCNTB4　0=不操作	0
Timer4	[20]	确定 Timer4 的启动/停止位 1=启动　0=停止	0
Timer3	[19]	确定 Timer3 的自动装载功能位 1=自动装载　0=一次停止	0
Timer3	[18]	确定 Timer3 的输出反转位 1=TOUT3 反转　0=不反转	0
Timer3	[17]	确定 Timer3 的手动更新位 1=更新 TCNTB3/TCMPB3　0=不操作	0
Timer3	[16]	确定 Timer3 的启动/停止位 1=启动　0=停止	0
Timer2	[15]	确定 Timer2 的自动装载功能位 1=自动装载　0=一次停止	0
Timer2	[14]	确定 Timer2 的输出反转位 1=TOUT2 反转　0=不反转	0
Timer2	[13]	确定 Timer2 的手动更新位 1=更新 TCNTB2/TCMPB2　0=不操作	0
Timer2	[12]	确定 Timer2 的启动/停止位 1=启动　0=停止	0
Timer1	[11]	确定 Timer1 的自动装载功能位 1=自动装载　0=一次停止	0
Timer1	[10]	确定 Timer1 的输出反转位 1=TOUT1 反转　0=不反转	0
Timer1	[9]	确定 Timer1 的手动更新位 1=更新 TCNTB1/TCMPB1　0=不操作	0
Timer1	[8]	确定 Timer1 的启动/停止位 1=启动　0=停止	0
Reserved	[7:5]	保留	000
Dead zone	[4]	确定死区操作位 1=使能　0=不使能	0

符　号	位	描　　　述	复位值
Timer0	[3]	确定 Timer0 的自动装载功能位 1＝自动装载　0＝一次停止	0
Timer0	[2]	确定 Timer0 的输出反转位 1＝TOUT01 反转　0＝不反转	0
Timer0	[1]	确定 Timer0 的手动更新位 1＝更新 TCNTB0/TCMPB1　0＝不操作	0
Timer0	[0]	确定 Timer0 的启动/停止位 1＝启动　0＝停止	0

（4）Timer0 计数缓冲寄存器和比较缓冲寄存器（TCNTB0/TCMPB0）

Timer0 计数缓冲寄存器（TCNTB0）是可读/写的,其地址为 0x5100000C,复位后的初值为 0x00000000。Timer0 比较缓冲寄存器（TCMPB0）是可读/写的,其地址为 0x51000010,复位后的初值为 0x00000000。TCNTB0 和 TCMPB0 寄存器的具体格式如表 7.17 所列。

表 7.17　TCNTB0/TCMPB0 寄存器的格式

符　号	位	描　　　述	复位值
TCNTB0	[15:0]	存放 Timer0 的计数初始值	0x0000
TCMPB0	[15:0]	存放 Timer0 的比较缓冲值	0x0000

（5）Timer0 计数观察寄存器（TCNTO0）

Timer0 计数观察寄存器（TCNTO0）是只读的,其地址为 0x51000014,复位后的初值为 0x00000000。TCNTO0 寄存器的具体格式如表 7.18 所列。

表 7.18　TCNTO0 寄存器的格式

符　号	位	描　　　述	复位值
TCNTO0	[15:0]	存放 Timer0 的当前计数值	0x0000

定时器通道 Timer1、Timer2、Timer3 的计数缓冲寄存器（TCNTBn）、比较缓冲寄存器（TCMPBn）、计数观察寄存器（TCNTOn）与 Timer0 对应的寄存器格式相同。地址分别为 0x51000018（TCNTB1）、0x5100001C（TCMPB1）、0x51000020（TCNTO1）；0x51000024（TCNTB2）、0x51000028（TCMPB2）、0x5100002C（TCNTO2）；0x51000030（TCNTB3）、0x51000034（TCMPB3）、0x51000038（TCNTO3）。Timer4 没有比较缓冲寄存器,但有计数缓冲寄存器（TCNTB4）和计数观察寄存器（TCNTO4）,寄存器格式与 Timer0 对应的寄存器格式相同,地址分别

为 0x5100003C(TCNTB4)、0x5100000040(TCNTO4)。

7.4.2　看门狗定时器

S3C2410 芯片看门狗定时器的作用是,当系统程序出现功能错乱而引起系统程序死循环时,看门狗定时器产生一个具有一定时间宽度的复位信号,迫使系统复位,恢复系统正常运行。

S3C2410 芯片的看门狗定时器有两种工作模式:

➤ 带中断请求信号的常规时隙定时器。

➤ 产生内部复位信号的定时器,即当定时器中的计数器值变为 0 时,产生一个宽度为 128 个 PCLK(系统时钟周期)的复位脉冲信号。

图 7.13 是看门狗定时器逻辑功能框图。从图中可以知道,看门狗定时器使用了系统时钟 PCLK 作为唯一的时钟源,PCLK 信号经过预分频后再分割产生相应的看门狗计数器的时钟信号,该时钟信号控制计数器进行计数,计数值变为 0 后产生中断请求信号或复位信号。

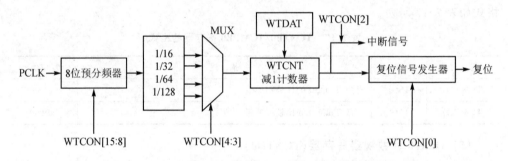

图 7.13　看门狗定时器

预分频器的值和频率分解因子可由看门狗定时器的控制寄存器(WTCON)编程设定。预分频器值的可选范围是 0～28－1。频率分割因子可选择的值为 16、32、64、128。使用下面公式来计算看门狗定时器的计数时钟周期:

$$计数时钟周期=1/[(PCLK/(预分频器值+1)/分割因子)]$$

一旦看门狗定时器被启动工作,看门狗定时器中的计数常数寄存器(WTDAT)就无法自动重载到计数寄存器(WTCNT)中。因此应该在看门狗定时器启动工作之前,通过初始化编程使计数常数写入计数寄存器(WTCNT)中。

S3C2410 芯片的看门狗定时器逻辑中含有 3 个控制其操作的专用寄存器:看门狗控制寄存器(WTCON),计数常数寄存器(WTDAT)和看门狗计数器寄存器(WTCNT)。下面分别介绍各寄存器的格式。

1. 看门狗控制寄存器(WTCON)

看门狗控制寄存器用来控制看门狗定时器是否允许工作,如果不希望系统在出现程序紊乱时重启,则看门狗定时器的看门狗功能可能被禁止工作。WTCON 寄存器是可读/写的,地址为 0x53000000,复位后的初值为 0x8021。WTCON 寄存器的具体格式如表 7.19 所列。

表 7.19　WTCON 寄存器的格式

符　号	位	描　　述	复位值
Prescaler Value	[15:8]	预分频器值,值的范围是 0~255	0x80
Reserved	[7:6]	保留,这两位必须是 00	00
Watchdog Timer	[5]	确定看门狗定时器使能/不使能 1=使能 0=不使能	1
Clock Select	[4:3]	确定分割器因子 00=16　01=32　10=64　11=128	00
Interrupt Generation	[2]	确定中断请求使能/不使能 1=使能　0=不使能	0
Reserved	[1]	保留,这一位必须是 0	0
Reset Enable/Disable	[0]	确定看门狗定时器复位信号输出使能/不使能 1=在看门狗定时器为 0 时复位信号有效; 0=禁止看门狗定时器的复位功能	1

2. 计数常数寄存器(WTDAT)

计数常数寄存器用来存储看门狗定时器的溢出时间间隔值,即从定时器的计数器开始工作,到计数器值变为 0 的时间间隔。WTDAT 寄存器通常存储的是一个计数常数,该常数是通过下面公式计算求得:

计数常数 = 所需时间间隔 / 计数时钟周期

= 所需时间间隔 × (PCLK/(预分频器值 + 1)/ 分割因子)

WTDAT 寄存器是可读/写的,地址为 0x53000004,复位后的初值为 0x8000。WTDAT 寄存器的具体格式如表 7.20 所列。

表 7.20　WTDAT 寄存器的格式

符　号	位	描　　述	复位值
Count Reload Value	[15:0]	看门狗定时器计数常数值	0x8000

WTDAT 寄存器是 16 位的,它不能在看门狗定时器初始化过程中被自动装载到计数器中。但是,使用 0x8000(初始值)将促使第一次时间溢出。在这种情况下,

WTDAT 寄存器的值将自动重载到 WTCNT 中。

3. 看门狗计数器寄存器(WTCNT)

看门狗计数器寄存器正常情况下用作减 1 计数器,它对计数时钟信号进行减 1 计数,即每来一个计数时钟脉冲,计数器内的值减 1。WTCNT 寄存器是可读/写,地址为 0x53000008,复位后的初值为 0x8000。WTCNT 寄存器的具体格式如表 7.21 所列。

表 7.21　WTCNT 寄存器的格式

符　号	位	描　述	复位值
Count Value	[15:0]	计数器当前值	0x8000

WTCNT 寄存器在看门狗定时器工作时存储当前计数值。注意,WTDAT 寄存器的值在看门狗定时器初始使能时,不能自动装载到 WTCNT 寄存器中,因此 WTCNT 寄存器必须在使能之前设置一个初始值。

4. 使用实例

使用看门狗功能时,必须事先进行初始化。初始化的主要工作是设置看门狗控制寄存器(WTCON)和看门狗计数常数寄存器(WTDAT)。

若一个采用 S3C2410 芯片为核心开发的嵌入式系统需要使用看门狗功能,且监测系统程序的周期不大于 40 μs,PCLK=50 MHz,则需要使用下面的一段程序来完成初始化看门狗:

```
WTDAT = 0x7d;          //计数器初始值
WTCON = 0x0021;        //使能看门狗及复位功能,分割器值设置为1
```

上面的计数器初始值是通过前面介绍的计数常数计算公式求得。初始化后看门狗电路即启动工作,40 μs 之前若没有对看门狗定时器进行重置操作,则在 40 μs 时产生"回 0 信号",从而引起系统复位。

除了上面初始化程序外,设计者需要在系统程序的适当地方设置重置看门狗定时器的指令。本例中,"适当地方"的含义是指上一次执行看门狗计数器重置指令到本次执行看门狗计数器重置指令的间隔应小于 40 μs。

7.4.3　RTC

实时时钟部件 RTC 是用于提供年、月、日、时、分、秒、星期等实时时间信息的定时部件,通常在系统电源关闭后由后备电池供电。下面将对 S3C2410 芯片内部的 RTC 部件的工作原理、工作控制寄存器及应用进行介绍。

RTC 部件可以将年、月、日、时、分、秒、星期等信息的 8 位数据以 BCD 码格式输出,由外部时钟驱动工作,外部时钟频率为 32.768 kHz 晶振。同时,RTC 部件还可以具有报警功能。它的主要特点有:

> 年、月、日、时、分、秒、星期等信息采用 BCD 码表示。
> 闰年发生器。
> 具有报警功能,能提供报警中断或者系统在节电模式下的唤醒。
> 具有独立的电源引脚(RTCVDD)。
> 支持 RTOS 内核时间片所需的毫秒计时中断。
> 进位复位功能。

S3C2410 芯片内部的 RTC 部件功能框图如图 7.14 所示。

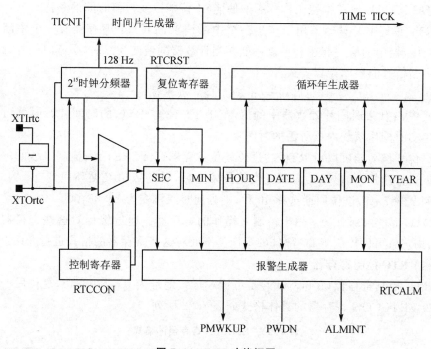

图 7.14　RTC 功能框图

图 7.14 中的 XTIrtc、XTOrtc 是外部时钟的引脚,可以外接 32.768 kHz 的晶振,如图 7.15 所示,它为 RTC 内部提供基准工作频率。

RTC 部件内部的闰年发生器(Leap Year Generator)可以通过年、月、日的 BCD 码确定每个月份的天数是 28、29、30,还是 31。因为一个 8 位的计数器只能表示两位 BCD 码,因此仅仅通过判断年的末尾两位是否为零来确定闰年是行不通的。例如,计数器内部两位是 00,它不能具体指明是 1900 还是 2000。为了解决这个问题,S3C2410 芯片内部的 RTC 部件通过硬件逻辑电路来处理 2000 的闰年的问题,即计数器的两位为 00 表示的是 2000 而非 1900。

　　在 RTC 部件可以由后备电池提供电力。后备电池通过 RTCDVD 引脚接到 RTC 部件,当系统电源关闭时,微处理器接口和 RTC 逻辑电路均是断开的,后备电池仅驱动 RTC 部件的晶振器电路和 BCD 计数器,以使功耗降到最小。

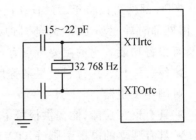

图 7.15　实时时钟振荡频率 32.768 Hz

　　在节电模式或正常运行模式下,RTC 可以在特定的时候触发蜂鸣器。在正常运行模式下,激活的是报警中断信号(ALMINT)。在节电模式下,电源管理部件的唤醒信号(PMWKUP)激活的同时激活中断信号(ALMINT)。RTC 内部的报警寄存器(RTCALM)可以设置报警工作状态的使能/不使能以及报警时间的条件。

　　RTC 的时间片计时器用于产生一个中断请求,TICNT 寄存器有一个中断使能位,和计数器中的值一起用来控制中断。当计数器的值变为 0 时,引起时间片计时中断。中断信号的周期计算公式:

$$周期=(n+1)/128　（单位:s）$$

　　式中,n 代表时间片计数器中的值,范围 1～127。RTC 的时间片计时器可以用来产生实时操作系统内核所需的时间片。

　　进位复位功能可以由 RTC 的进位复位寄存器(RTCRST)来控制。秒的进位周期可以进行选择(30、40、50),在进位复位发生后,秒的数值又循环回到 0。例如,当前时间 23:37:47,进位周期选择 40 秒,则当前时间将变为 23:38:00。

　　RTC 部件内部有许多用于控制其操作的寄存器。通过编程对这些寄存器进行设定,用户就可以控制 RTC 部件的工作。下面对这些寄存器的格式进行介绍。

(1) RTC 控制寄存器

　　RTC 控制寄存器(RTCCON)是可读/写的,地址为 0x57000040,复位后的初值为 0x0。RTCCON 寄存器的具体格式如表 7.22 所列。

表 7.22　RTCCON 寄存器的格式

符　号	位	描　　述	复位值
CLKRST	[3]	确定 RTC 时钟计数器是否复位 1=复位　0=不复位	0
CNTSEL	[2]	选择 BCD 码 1=保留　0=合并 BCD 码	0
CLKSEL	[1]	选择 BCD 时钟 1=保留(仅在测试时选择 XTAL 时钟)　0=XTAL 的 1/215	0
RTCEN	[0]	确定 RTC 使能/不使能 1=使能　0=不使能	0

该寄存器只包括 4 位,即 RTCEN、CLKSEL、CNTSEL、CLKRST。RTCEN 控制 BCD 寄存器读/写使能,同时控制微处理器核和 RTC 间所有接口的读/写使能。因此,在系统复位后需要对 RTC 内部寄存器进行读/写时,该位必须设置为 1。而在其他时间,该位应该被清 0,以防数据无意地写入 RTC 寄存器中。CLKSEL、CNT-SEL 和 CLKRST 用于测试。

(2) 时间片计数器

时间片计数器(TICNT)是可读/写的,地址为 0x57000044,复位后的初值为 0x0。TICNT 寄存器的具体格式如表 7.23 所列。

表 7.23　TICNT 寄存器的格式

符　号	位	描　述	复位值
TICNT INT ENABLE	[7]	时间片计数器中断使能 1=使能　0=不使能	0
TICK TIMECOUNT	[6:0]	时间片计数器的值,范围 1~127 该计数器是减 1 计数,在计数过程中不能进行读操作	0000000

(3) 报警控制寄存器

报警控制寄存器(RTCALM)是可读/写的,用来确定报警功能和报警时间,其地址为 0x57000050,复位后的初值为 0x0。RTCALM 寄存器的具体格式如表 7.24 所列。注意,在节电模式下,RTCALM 寄存器通过 ALMINT 和 PMWKUP 来产生报警信号,而在正常操作模式下,只通过 ALMINT 来产生报警信号。

表 7.24　RTCALM 寄存器的格式

符　号	位	描　述	复位值
Reserved	[7]	保留	0
ALMEN	[6]	全局报警使能位 1=使能 0=不使能	0
YEAREN	[5]	年报警使能位 1=使能 0=不使能	0
MONEN	[4]	月报警使能位 1=使能 0=不使能	0
DATEEN	[3]	日报警使能位 1=使能 0=不使能	0
HOUREN	[2]	时报警使能位 1=使能 0=不使能	0
MINEN	[1]	分报警使能位 1=使能 0=不使能	0
SECEN	[0]	秒报警使能位 1=使能 0=不使能	

(4) 报警秒数据寄存器

报警秒数据寄存器(ALMSEC)是可读/写的,用来存储报警定时器的秒信号数据,其地址为 0x57000054,复位后的初值为 0x0。ALMSEC 寄存器的具体格式如表 7.25 所列。

表 7.25 ALMSEC 寄存器的格式

符 号	位	描 述	复位值
Reserved	[7]	保留	0
SECDATA	[6:4]	报警定时器秒数据的十位数 BCD 值,值范围为 0~5	000
	[3:0]	报警定时器秒数据的个位数 BCD 值,值范围为 0~9	0000

(5) 报警分数据寄存器

报警分数据寄存器(ALMMIN)是可读/写的,用来存储报警定时器的分信号数据,其地址为 0x57000058,复位后的初值为 0x0。ALMMIN 寄存器的具体格式如表 7.26 所列。

表 7.26 ALMMIN 寄存器的格式

符 号	位	描 述	复位值
Reserved	[7]	保留	0
MINDATA	[6:4]	报警定时器分数据的十位数 BCD 值,值范围为 0~5	000
	[3:0]	报警定时器分数据的个位数 BCD 值,值范围为 0~9	0000

(6) 报警时数据寄存器

报警时数据寄存器(ALMHOUR)是可读/写的,用来存储报警定时器的时信号数据,其地址为 0x5700005C,复位后的初值为 0x0。ALMHOUR 寄存器的具体格式如表 7.27 所列。

表 7.27 ALMHOUR 寄存器的格式

符 号	位	描 述	复位值
Reserved	[7:6]	保留	0
HOURDATA	[5:4]	报警定时器时数据的十位数 BCD 值,值范围为 0~2	000
	[3:0]	报警定时器时数据的个位数 BCD 值,值范围为 0~9	0000

(7) 报警日数据寄存器

报警日数据寄存器(ALMDATE)是可读/写的,用来存储报警定时器的日信号数据,其地址为 0x57000060,复位后的初值为 0x01。ALMDATE 寄存器的具体格式如表 7.28 所列。

表 7. 28 ALMDATE 寄存器的格式

符　号	位	描　述	复位值
Reserved	[7:6]	保留	0
DATEDATA	[5:4]	报警定时器日数据的十位数 BCD 值,值范围为 0~3	000
	[3:0]	报警定时器日数据的个位数 BCD 值,值范围为 0~9	0001

(8) 报警月数据寄存器

报警月数据寄存器(ALMMON)是可读/写的,用来存储报警定时器的月信号数据,其地址为 0x57000064,复位后的初值为 0x01。ALMMON 寄存器的具体格式如表 7.29 所列。

表 7. 29 ALMMON 寄存器的格式

符　号	位	描　述	复位值
Reserved	[7:5]	保留	0
MONDATA	[4]	报警定时器月数据的十位数 BCD 值,值范围为 0~1	000
	[3:0]	报警定时器月数据的个位数 BCD 值,值范围为 0~9	0001

(9) 报警年数据寄存器

报警年数据寄存器(ALMYEAR)是可读/写的,用来存储报警定时器的年信号数据,其地址为 0x57000068,复位后的初值为 0x0。ALMYEAR 寄存器的具体格式如表 7.30 所列。

表 7. 30 ALMYEAR 寄存器的格式

符　号	位	描　述	复位值
YEARDATA	[7:0]	报警定时器年数据的 BCD 值,值范围为 00~99	0x0

(10) 循环复位寄存器

循环复位寄存器(RTCRST)是可读/写的,其地址为 0x5700006C,复位后的初值为 0x0。RTCRST 寄存器的具体格式如表 7.31 所列。

表 7. 31 RTCRST 寄存器的格式

符　号	位	描　述	复位值
SRSTEN	[3]	秒循环复位使能位 1=使能　0=不使能	0
SECCR	[2:0]	确定秒循环进位的周期 011=超过 30 秒　100=超过 40 秒　101=超过 50 秒 注意:如果该 3 位设置为(000、001、010、110 或 111),则不会发生进位,但是秒值还是可以复位	000

（11）秒数据寄存器

秒数据寄存器（BCDSEC）是可读/写的，用来存储当前时间的秒数据（合并 BCD 码格式），其地址为 0x57000070，复位后的初值不确定。BCDSEC 寄存器的具体格式如表 7.32 所列。

表 7.32　BCDSEC 寄存器的格式

符　号	位	描　述	复位值
SECDATA	[6:4]	秒数据的十位的 BCD 码值，值范围为 0~5	—
	[3:0]	秒数据的个位的 BCD 码值，值范围为 0~9	

（12）分数据寄存器

分数据寄存器（BCDMIN）是可读/写的，用来存储当前时间的分数据（合并 BCD 码格式），其地址为 0x57000074，复位后的初值不确定。BCDMIN 寄存器的具体格式如表 7.33 所列。

表 7.33　BCDMIN 寄存器的格式

符　号	位	描　述	复位值
MINDATA	[6:4]	分数据的十位的 BCD 码值，值范围为 0~5	—
	[3:0]	分数据的个位的 BCD 码值，值范围为 0~9	

（13）时数据寄存器

时数据寄存器（BCDHOUR）是可读/写的，用来存储当前时间的时数据（合并 BCD 码格式），其地址为 0x57000078，复位后的初值不确定。BCDHOUR 寄存器的具体格式如表 7.34 所列。

表 7.34　BCDHOUR 寄存器的格式

符　号	位	描　述	复位值
Reserved	[7:6]	保留	
HOURDATA	[5:4]	时数据的十位的 BCD 码值，值范围为 0~2	—
	[3:0]	时数据的个位的 BCD 码值，值范围为 0~9	

（14）日数据寄存器

日数据寄存器（BCDDATE）是可读/写的，用来存储当前日期的日数据（合并 BCD 码格式），其地址为 0x5700007C，复位后的初值不确定。BCDDATE 寄存器的具体格式如表 7.35 所列。

（15）星期数据寄存器

星期数据寄存器（BCDDAY）是可读/写的，用来存储当前日期对应的星期数据（合并 BCD 码格式），其地址为 0x57000080，复位后的初值不确定。BCDDAY 寄存器的具体格式如表 7.36 所列。

表 7.35　BCDDATE 寄存器的格式

符　号	位	描　述	复位值
Reserved	[7:6]	保留	
DATEDATA	[5:4]	日数据的十位的 BCD 码值,值范围为 0~3	—
	[3:0]	日数据的个位的 BCD 码值,值范围为 0~9	

表 7.36　BCDDAY 寄存器的格式

符　号	位	描　述	复位值
Reserved	[7:3]	保留	
DAYDATA	[2:0]	星期数据的 BCD 码值,范围为 1~7	—

(16) 月数据寄存器

月数据寄存器(BCDMON)是可读/写的,用来存储当前日期的月数据(合并 BCD 码格式),其地址为 0x57000084,复位后的初值不确定。BCDMON 寄存器的具体格式如表 7.37 所列。

表 7.37　BCDMON 寄存器的格式

符　号	位	描　述	复位值
Reserved	[7:5]	保留	
MONDATA	[4]	月数据的十位的 BCD 码值,值范围为 0~1	—
	[3:0]	月数据的个位的 BCD 码值,值范围为 0~9	

(17) 年数据寄存器

年数据寄存器(BCDYEAR)是可读/写的,用来存储当前日期的年数据(合并 BCD 码格式),其地址为 0x57000088,复位后的初值不确定。BCDYEAR 寄存器的具体格式如表 7.38 所列。

表 7.38　BCDYEAR 寄存器的格式

符　号	位	描　述	复位值
YEARDATA	[7:0]	年数据的 BCD 码值,值范围为 00~99	—

RTC 部件的主要功能是产生实时时间,提供年、月、日、时、分、秒等信息。在使用 RTC 部件之前,需要对其进行初始化。下面程序段完成的是对 RTC 内部寄存器初始化的工作。

```
volatile char year, month, day, wkday, hour, minute, second, falg;
// ***************************************************************
```

```
// ** 函数名:rtcinit()
// ** 参   数:无
// ** 返回值:无
// ** 功   能:初始化 RTC,同时可以在此设定当前时间,但是需要用户写入
// ** 备   注:无
// ***********************************************************
void rtcinit(void)
{
    //** 用变量记录当前时间:2006.9-10 14:48:28
    year = 6;
    month = 9;
    day = 10;
    wkday = 7;
    hour = 14;
    minute = 48;
    second = 28;
    //** 初始化设置,首先使能 RTC 读/写操作
    rRTCCON = (INT8U)(rRTCCON|0x01);
    //** 关闭提醒设置
    rRTCALM = (INT8U)0x00;
    //** 关闭复位操作
    rRTCRST = (INT8U)0x00;
    //** 关闭定时中断
    rTICINT = (INT8U)0x00;
    //** 关闭 RTC 读/写操作
    rRTCCON = (INT8U)(rRTCCON&0xfe);
}
```

下面一段程序完成的是对 RTC 内部寄存器写入操作。

```
// ***********************************************************
// ** 函数名:rtcwrite()
// ** 参   数:无
// ** 返回值:无
// ** 功   能:将当前时间写到 RTC
// ** 备   注:无
// ***********************************************************
void rtcwrite(void)
{
    //** 为了快速写好 RTC,定义部分中间变量,首先完成转换格式的工作
    INT8U Y,MO,D,W,H,MI,S;
    //** 完成十进制数到合并 BCD 码的转换工作
    if (year>1999)  year = year-2000;
    Y = (INT8U)(year/10 * 16 + year % 10);
    MO = (INT8U)(month/10 * 16 + month % 10);
    D = (INT8U)(day/10 * 16 + day % 10);
    W = (INT8U)(wkday);
    H = (INT8U)(hour/10 * 16 + hour % 10);
    MI = (INT8U)(minute/10 * 16 + minute % 10);
    S = (INT8U)(second/10 * 16 + second % 10);
```

```
        //** 使能 RTC 读/写操作
        rRTCCON = (INT8U)(rRTCCON|0x01);
        //** 将当前时间写入 RTC 对应的寄存器中
        rBCDYEAR = Y;
        rBCDMON = MO;
        rBCDDAY = D;
        rBCDDATE = W;
        rBCDHOUR = H;
        rBCDMIN = MI;
        rBCDSEC = S;
        //** 关闭 RTC 读/写操作
        rRTCCON = (INT8U)(rRTCCON&0fe);
}
```

下面程序段完成的是对 RTC 内部寄存器读取操作。

```
// ***********************************************************
// ** 函数名:rtcread(void)
// ** 参    数:无
// ** 返回值:无
// ** 功    能:读取 RTC 的当前值
// ** 备    注:无
// ***********************************************************
void rtcread(void)
{
//** 为了快速读到数据,定义部分中间变量,转换格式的工作就放在后面
INT8U Y,MO,D,W,H,MI,S;
//** 使能 RTC 读/写操作
rRTCCON = (INT8U)(rRTCCON|0x01);
//** 读取日期和时间
        Y = rBCDYEAR;
        MO = rBCDMON;
        D = rBCDDAY;
        W = rBCDDATE;
        H = rBCDHOUR;
        MI = rBCDMIN;
        S = rBCDSEC;
//** 关闭 RTC 读/写操作
rRTCCON = (INT8U)(rRTCCON&0fe);
//** 将合并 BCD 码转换为十进制数,放到对应的变量中
year = (Y&0x0f) + (Y&0xf0)/16 * 10 + 2000;
month = (MO&0x0f) + (MO&0x10)/16 * 10;
day = (D&0x0f) + (D&0x30)/16 * 10;
wkday = W&0x07;
hour = (H&0x0f) + (H&0x30)/16 * 10;
minute = (MI&0x0f) + (MI&0x70)/16 * 10;
second = (S&0x0f) + (S&0x70)/16 * 10;
}
```

本例中涉及的内部寄存器使用了变量表示,其定义一般在系统文件 reg2410.h

中。下面一段程序是一个主程序的例子,初始化 RTC 部件后即把当前的时间写入
RTC 内部对应的寄存器中,RTC 部件即在当前时间的基础上开始进行计时。若在
某一时刻需要读出 RTC 的计时值,则调用 rtcread()函数。

```
// **************************************************
// ** 函数名:main()
// ** 参  数:无
// ** 返回值:无
// ** 功  能:主函数
// ** 备  注:无
// **************************************************
void main()
{
  rtcinit();
  mydelay();            //延时函数
  rtcwrite();
  …
}
```

7.5　DMA 概述

7.5.1　DMA 简介

程序查询方式和中断方式下外设和内存之间的数据传输是由 CPU 来控制的,
而在 DMA 模式下,CPU 只须向 DMA 控制器下达指令,让 DMA 控制器来处理数的
传送,数据传送完毕再把信息反馈给 CPU,这样就很大程度上减轻了 CPU 资源占有
率。DMA 模式与程序查询方式和中断方式的区别就在于,DMA 模式不过分依赖
CPU,可以大大节省系统资源。

DMA 传送方式的优先级高于程序中断,两者的区别主要表现在对 CPU 的干扰
程度不同。中断请求不但使 CPU 停下来,而且要 CPU 执行中断服务程序为中断请
求服务,这个请求包括了对断点、现场的处理以及 CPU 与外设的传送,所以 CPU 付
出了很多的代价;DMA 请求仅仅使 CPU 暂停一下,不需要对断点和现场处理,并且
是由 DMA 控制外设与主存之间的数据传送,无需 CPU 的干预,DMA 只是借用了一
点 CPU 的时间而已。还有一个区别就是,CPU 对这两个请求的响应时间不同,对中断
请求一般都在执行完一条指令的时钟周期末尾响应,而对 DMA 的请求,由于考虑它的
高效性,CPU 在每条指令执行的各个阶段之中都可以让给 DMA 使用,是立即响应。

DMA 过程主要由硬件来实现,此时高速外设和内存之间进行数据交换不通过
CPU 的控制,而是利用系统总线。由 DMA 硬件控制器控制总线直接完成外设和内
存之间的数据交换。

7.5.2　DMA 传输过程

1. DMA 方式传输特点

DMA 方式与中断方式传送数据相比较有以下的特点：

➤ 中断方式下，CPU 需要执行多条指令，占用一定的时间；而 DMA 传送一个字节只占用 CPU 的一个总线周期，占用 CPU 的时间少。

➤ DMA 的响应速度比中断快。I/O 设备发出中断请求后，CPU 要执行完当前指令后才给予响应并且要保护现场，而 DMA 请求是在总线周期执行完后即可响应。

➤ 对于快速的 I/O 设备，以中断方式进行的数据传输在速度上已无法满足要求，必须采用 DMA 方式来完成快速 I/O 设备的数据传送操作。

2. DMA 传送过程

DMA 传送过程一般分为申请阶段、响应阶段、数据传送阶段及传送结束阶段 4 个阶段，如图 7.16 所示。其中，HOLD 和 HLDA 用于 DMA 方式请求和响应，DMAC（DMA 控制器）是 DMA 传送的核心电路。

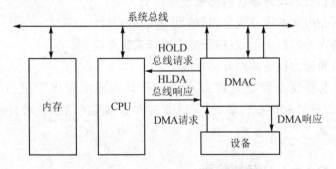

图 7.16　DMA 访问的原理框图

3. DMA 方式传送的工作过程

DMA 方式传送的工作过程如下：

① I/O 设备接口向 DMA 控制器发出请求信号，请求 DMA 传送。

② DMA 控制器接到 I/O 设备请求后，向 CPU 发出总线请求信号 HOLD，请求取得总线控制权。

③ CPU 在执行完当前总线周期后响应请求，向 DMA 控制器发出总线响应信号 HLDA；释放总线的控制权，暂停执行主程序，处于等待状态。由 DMA 控制器取得对总线的控制权。

④ DMA 控制器接到 CPU 的总线响应信号后,向 I/O 设备接口发出 DMA 响应信号。

⑤ 由 DMA 控制器发出 DMA 传送所需的总线控制信号。当内存储器向 I/O 设备传送时,DMA 控制器向地址总线送出内存地址,并向控制总线发出存储器读信号。

⑥ DMA 控制器内部的地址寄存器值加 1,字节计数器值减 1;如果计数器值不为 0,则继续下个地址单元的传送。

⑦ 当设定的字节数传送完成时,结束 DMA 传送。DMA 控制器释放对总线的控制权,CPU 重新获得总线的控制权,于是主程序从中断了的当前指令的总线周期开始继续执行。

7.6   S3C2410 DMA

S3C2410 芯片的 DMA 系统拥有 4 个独立通道的 DMA 控制器,每个通道的 DMA 控制器都可以控制处理芯片内部与内部之间、芯片内部与外部之间、芯片外部与外部之间的数据传输。也就是说,每一个 DMA 通道都可以处理以下 4 种情况的 DMA 操作:

➢ 源设备和目的设备都在内部系统总线上。

➢ 源设备在内部系统总线上,目的设备在外部总线上。

➢ 源设备在外部总线上,目的设备在内部系统总线上。

➢ 源设备和目的设备都在外部总线上。

DMA 的主要优点就是它可以在没有微处理器的干涉下进行数据的传递。DMA 操作可以通过软件来启动,也可以通过内部部件的请求或者外部请求引脚的请求信号来启动。

7.6.1   DMA 请求源

在 H/W 请求模式(硬件请求模式,该模式可通过设置 DMA 控制寄存器获得)下,S3C2410 芯片中 4 个 DMA 通道的每一个通道都可以从 5 个 DMA 源中选择一个 DMA 请求源。但在 S/W 请求模式(软件请求模式)下,DMA 请求源就没有任何意义。表 7.39 给出了每个 DMA 通道的 5 种 DMA 请求源。

表 7.39 中,nXDREQ0 和 nXDREQ1 分别代表了两个外部 DMA 请求源,即外部部件或设备,可以通过这两条信号线提出 DMA 操作请求。I2SSDO 和 I2SSDI 分别代表 IIS 的传送和接收的 DMA 请求源。每个 DMA 通道用于哪个 DMA 请求源的 DMA 传输,用户可以通过编程进行设定。

表 7.39　每个 DMA 通道的 DMA 请求源

	请求源 0	请求源 1	请求源 2	请求源 3	请求源 4
通道 0	nXDREQ0	UART0	SDI	Timer	USB 设备 EP1
通道 1	nXDREQ1	UART1	I2SSDI	SPI0	USB 设备 EP2
通道 2	I2SSDO	I2SSDI	SDI	Timer	USB 设备 EP3
通道 3	UART2	SDI	SPI1	Timer	USB 设备 EP4

7.6.2　DMA 模式

S3C2410 芯片涉及 DMA 的操作模式有 3 类:DMA 请求模式、DMA 传输模式和 DMA 服务模式,分别用于控制 DMA 操作何时启动、DMA 传输数据如何同步、DMA 操作如何结束。

1. DMA 请求模式

DMA 请求模式表明一个 DMA 操作是由谁发起的。S3C2410 芯片支持两种 DMA 请求模式:S/W 请求模式和 H/W 请求模式。对于每个 DMA 通道来说,某一时刻只能使用其中一种请求模式。需要使用哪种模式,用户可以通过初始化程序设置 DMA 控制寄存器(DCONn)的[23]位确定。若该位置为 1,则选择 H/W 请求模式;若该位设置为 0,则选择 S/W 请求模式。

S/W 请求模式是软件请求模式,即 DMA 操作的触发是通过软件设置屏蔽寄存器(DMASKTRIGn)的[0]位来实现的。H/W 请求模式是硬件触发 DMA 操作。每一个 DMA 通道可以通过初始化程序设置 DMA 控制寄存器(DCONn)的[26:24]这 3 位选择一个 DMA 请求源,当该请求产生一个 DMA 请求信号(XnXDREQ)时,触发 DMA 操作。

2. DMA 传输模式

DMA 传输模式描述了 DMA 操作触发后数据传输的同步。DMA 传输模式也有两种:询问模式(demand mode)和握手模式(handshake mode)。对于每个 DMA 通道来说,某一时刻只能使用其中一种传输模式。需要使用哪种模式,用户可以通过初始化程序设置 DMA 控制寄存器(DCONn)的[31]位确定。若该位设置为 1,则选择握手模式;若该位设置为 0,则选择询问模式。

这两种模式下,DMA 控制器在收到一个有效的 DMA 请求信号(XnXDREQ)后启动 DMA 传输操作,同时使 DMA 应答信号(XnXDACK)有效。它们之间不同的是:在握手模式下,DMA 控制器在启动一个新的 DMA 操作之前,必须要等到 XnX-

DREQ 信号无效,当 DMA 控制器发现 XnXDREQ 信号无效时,它就使 XnXDACK 信号无效,然后等待下一个有效的 XnXDREQ 信号来启动一次新的 DMA 传输操作;而在询问模式下,DMA 控制器不需要等到 XnXDREQ 信号无效就可以使 XnXDACK 无效,XnXDACK 无效后,若 XnXDREQ 又为有效,则可以启动一次新的 DMA 传输操作。

3. DMA 服务模式

DMA 传输模式描述了 DMA 传输操作如何结束。DMA 服务模式也有两种:单独服务模式和整体服务模式。对于每一个 DMA 通道来说,某一时刻只能使用其中一种服务模式。需要使用哪种模式,用户可以通过初始化程序设置 DMA 控制寄存器(DCONn)的[27]位确定。若该位设置为 1,则选择整体服务模式;若该位设置为 0,则选择单独服务模式。

单独服务模式下,每一次基本的 DMA 传输操作完成后,DMA 通道停止操作,等待下一次的 DMA 请求信号到来。而整体服务模式下,一个 DMA 请求信号启动 DMA 传输操作后就一直重复进行,直到终点计数器的值变为 0 时为止,这种模式下不需要另外的 DMA 请求信号。

7.6.3　DMA 操作过程

S3C2410 芯片的 DMA 操作可以用包含 3 个状态的有限状态机(finite state machine,FSM)来表述,具体描述如下。

状态 1(state-1):作为一个初始状态。在初始状态中 DMA 控制器等待 DMA 请求,如果有 DMA 请求,则进入状态 2(state-2)。初始状态下,XnXDACK 信号(DMA 应答信号)和 INT REQ 信号(终点请求信号)均为 0。

状态 2(state-2):在状态 2 下,XnXDACK 信号变为 1,并且 DMA 终点计数器(CURR_TC)从 DMA 控制器(DCON)中加载其[19:0]位的内容作为计数初值。注意:XnXDACK 信号一直保持为 1,直至后面被清除。

状态 3(state-3):在这个状态下,进入 DMA 基本传输操作。描述 DMA 基本操作的子有限状态机(sub-FSM)被启动。一个基本的 DMA 传输操作完成从源地址读取数据,然后将其写入目的地址。在这个基本的 DMA 传输操作过程中,要考虑数据宽度(即字节、半字还是字)和传输的大小(即单发传输模式还是阵发传输模式)。在整体服务模式下,DMA 传输操作要不断地重复进行,直至终点计数器(CURR_TC)变为 0。而在单独服务模式下,DMA 传输操作只执行一次。主 FSM 在子 FSM 每完成一个基本的 DMA 操作后,将终点计数器的值进行减数操作。另外,当终点计数器的值减为 0,并且 DMA 控制器寄存器(DCON)的[29]位设置为 1 时,主 FSM 把 INT REQ 信号设置为有效,向微处理器提出中断请求。

DMA 控制器如果遇到以下任何一种情况,它都将清除 XnXDACK 信号:

➤ 在整体服务模式下,终点计数器的值变为 0;

➤ 在单独服务模式下,基本的 DMA 传输操作完成。

在单独服务模式下,主 FSM 的 3 个状态执行完成,DMA 通道就会停止操作,然后等待另外一个 XnXDACK 信号无效。相反,在整体服务模式下,当 DMA 操作启动后,主 FSM 一直处于状态 3(state-3),直到终点计数器的值变为 0。因此,在整个 DMA 传输操作过程中,XnXDACK 信号始终有效,直到终点计数器的值变为 0 后 XnXDACK 信号才无效。但是 INT REQ 信号仅在终点计数器的值变为 0 后才有效,而不管处于何种 DMA 服务模式(单独服务模式或者整体服务模式)。

7.6.4　DMA 时序

DMA 操作时序清晰地描述了 DMA 传输操作中各型号之间的先后关系,本小节将详细介绍 DMA 的几种时序。

1. 基本的 DMA 时序

一个基本的 DMA 传输操作是指在 DMA 操作期间执行成对的读/写周期。图 7.17 给出了 S3C2410 芯片的 DMA 基本传输操作的时序。可见,在所有模式下 XnXDREQ 信号和 XnXDACK 信号的启动时间和延时均相同。如果 XnXDREQ 信号完毕时恰好遇上一个新的启动时间,则它将会被同步两次后再使 XnXDACK 信号有效。在 XnXDACK 信号有效之后,DMA 请求(获取)总线,如果 DMA 控制器获取总线,则执行 DMA 传输操作。在 DMA 传输操作完成之后使 XnXDACK 信号无效。

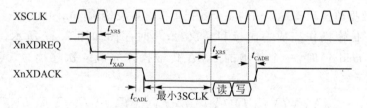

图 7.17　基本的 DMA 时序

2. 询问模式/握手模式时序

询问模式(demand mode)和握手模式(handshake mode)取决于 XnXDREQ 信号和 XnXDACK 信号之间的关系。图 7.18 给出了这两种模式的时序,可以清楚地看到两种模式之间的区别。

从图 7.18 的时序上可以看到,在一个基本的 DMA 传输操作(即单发传输或阵发传输)结束阶段,DMA 控制器要检查 XnXDREQ 信号的状态。

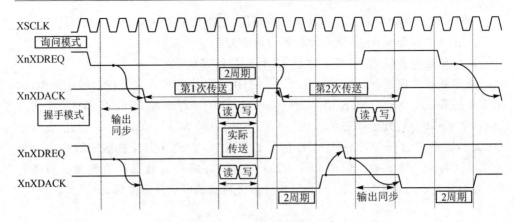

图 7.18　询问/握手模式时序

　　在询问模式下,若 XnXDREQ 信号一直有效,则前一个基本的 DMA 操作结束后,下一个基本的 DMA 传输操作会立即开始(此时 XnXDACK 信号会有效)。若 XnXDREQ 信号不是一直有效(即 XnXDREQ 信号无效),则须等待 XnXDREQ 信号有效后,再在 XnXDACK 信号有效后启动一次 DMA 基本传输操作。

　　在握手模式下,一个基本的 DMA 传输操作(即单发传输或阵发传输)结束后,DMA 控制器要判断 XnXDREQ 信号的状态。若 XnXDREQ 信号无效,则 DMA 控制器在经过两个周期后使 XnXDACK 信号无效;否则就等待,直到 XnXDREQ 信号无效。也只有 XnXDACK 信号无效以后,XnXDREQ 信号才能再次有效。

3. 单发传输/阵发传输时序

　　S3C2410 芯片的一个基本 DMA 传输操作中,所传的数据大小有两种:单发传输的一个数据单位和阵发传输的 4 个数据单位。单发传输(unit transfer)时,一个基本的 DMA 传输操作完成一次读和一次写,其时序图如图 7.17 所示。阵发传输(burst 4 transfer)时,一个基本的 DMA 传输操作完成 4 次连续写,其时序图如图 7.19 所示。

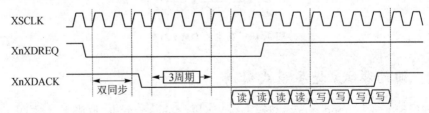

图 7.19　阵发传输方式时序

4. 外部 DMA 请求/应答时序

　　S3C2410 芯片主要有 3 种类型的外部 DMA 请求、应答时序:询问模式下单独服务、握手模式下单独服务、握手模式下整体服务。图 7.20～图 7.22 分别是这 3 种类型的时序,传输的数据大小为一个单位。

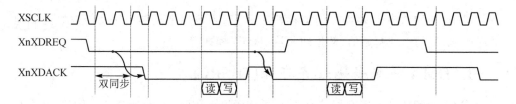

图 7.20　询问模式下单独服务时序(一个数据单位)

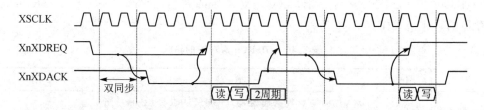

图 7.21　握手模式下单独服务时序(一个数据单位)

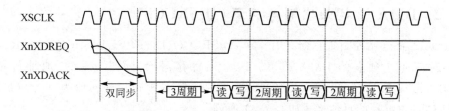

图 7.22　握手模式下整体服务时序

　　从图 7.20、图 7.21 中可以看到,对于单独服务模式来说,每一次基本的 DMA 传输操作都需要使 XnXDREQ 信号有效。而从图 7.22 中可以看到,一旦 XnXDREQ 信号有效启动了 DMA 操作,DMA 基本传输操作就一直进行,直到 XnXDACK 信号无效(通常情况下终点计数器的值变为 0)。

7.7　S3C2410 DMA 寄存器

　　S3C2410 芯片中有 4 个独立的 DMA 通道,每个 DMA 通道均有 9 个控制寄存器(其中 6 个用于控制 DMA 传输,3 个用于监视 DMA 控制器的状态),因此,其 DMA 控制器共有 36 个寄存器。用户均可通过访问这些寄存器的值来控制每个 DMA 通道的操作。本节将详细介绍每个寄存器的格式。

7.7.1　传输控制寄存器

用于控制 DMA 传输操作的寄存器有 6 个,主要用来控制 DMA 传输时的源地址起始值、目的地址起始值、数据块长度、DMA 模式等信息。

1. DMA 源起始地址寄存器(DISRCn)

DMA 源起始地址寄存器共有 4 个:DISRC0、DISRCl、DISRC2、DISRC3,分别对应 4 个独立的 DMA 通道。这 4 个寄存器均是可读/写的,地址分别为 0x4B000000、0x4B000040、0x4B000080、0x4B0000C0,复位后的初值为 0x00000000。DISRCn 寄存器的具体格式如表 7.40 所列。

表 7.40　DISRCn 寄存器的格式

符　号	位	描　　述	复位值
S_ADDR	[30:0]	DMA 传输的源数据起始地址。若 CURR_SRC 是 0 并且 DMAACK 是 1,则这些位的值仅加载到 CURR_SRC	0x00000000

2. DMA 源起始控制寄存器(DISRCCn)

DMA 源起始控制寄存器共有 4 个:DISRCCO、DISRCCl、DISRCC2、DISRCC3,分别对应 4 个独立的 DMA 通道。这 4 个寄存器均是可读/写的,地址分别为 0x4B000004、0x4B000044、0x4B000084、0x4B0000C4,复位后的初值为 0x00000000。DISRCCn 寄存器的具体格式如表 7.41 所列。

表 7.41　DISRCCn 寄存器的格式

符　号	位	描　　述	复位值
LOC	[1]	位 1 用来选择 DMA 源的位置 1:DMA 源在内部总线(AHB)上　0:DMA 源在外部总线(APB)上	0
INC	[0]	位 0 用来选择源地址是否增加。 1=固定,0=增加。 在阵发传输模式和单发传输模式下,若该位设置为 0,则每个 DMA 传输之后源地址值加 1(依据数据宽度)。若该位设置为 1,则每个 DMA 传输之后源地址不变	0

3. DMA 目的起始地址寄存器(DIDSTn)

DMA 目的起始地址寄存器共有 4 个:DIDST0、DIDST1、DIDST2、DIDST3,分别对应 4 个独立的 DMA 通道。这 4 个寄存器均是可读/写的,地址分别为

0x4B000008、0x4B000048、0x4B000088、0x4B0000C8，复位后的初值为 0x00000000。DIDSTn 寄存器的具体格式如表 7.42 所列。

表 7.42　DIDSTn 寄存器的格式

符　号	位	描　述	复位值
D_ADDR	[30:0]	DMA 传输的目的起始地址。若 CURR_SRC 是 0 并且 DMAACk 是 1,则这些位的值仅加载到 CURR_SRC	0x00000000

4. DMA 目的起始控制寄存器(DIDSTCn)

DMA 目的起始控制寄存器共有 4 个:DIDSTC0、DIDSTCl、DIDSTC2、DID-STC3,分别对应 4 个独立的 DMA 通道。这 4 个寄存器均是可读/写的,地址分别为 0x4B00000C、0x4B00004C、0x4B00008C、0x4B0000CC,复位后的初值为 0x00000000。DIDSTCn 寄存器的具体格式如表 7.43 所列。

表 7.43　DIDSTCn 寄存器的格式

符　号	位	描　述	复位值
LOC	[1]	位 1 用来选择 DMA 目的的位置 1:DMA 目的在内部总线(AHB)上 0:DMA 目的在外部总线(APB)上	0
INC	[0]	位 0 用来选择目的地址是否增加。 1=固定,0=增加。 在阵发传输模式和单发传输模式下,若该位设置为 0,则每个 DMA 传输之后,目的地址值加 1(依据数据宽度)。若该位设置为 1,则每个 DMA 传输之后,目的地址值不变	0

5. DMA 控制寄存器(DCONn)

DMA 控制寄存器共有 4 个:DCON0、DCONl、DCON2、DCON3,分别对应 4 个独立的 DMA 通道。这 4 个寄存器均是可读/写的,地址分别为 0x4B000010、0x4B000050、0x4B000090、0x4B0000D0,复位后的初值为 0x00000000。DCONn 寄存器的具体格式如表 7.44 所列。

表 7.44　DCONn 寄存器的格式

符　号	位	描　述	复位值
DMD_HS	[31]	用来选择 DMA 传输模式。 1:选择握手模式;　0:选择查问模式	0

续表 7.44

符　号	位	描　述	复位值
SYNC	[30]	用来选择 DREQ/DACK 的同步信号。 1:DREQ/DACK 被 HCLK 同步(AHB 时钟); 0:DREQ/DACK 被 PCLK 同步(APB 时钟)	0
INT	[29]	用来使能/不使能终点计数器(terminal Count)产生中断。 1:使能,当所有 DMA 传输完成产生中断; 0:不使能	0
TSZ	[28]	用来选择基本 DMA 传输的大小。 1:阵发长度为 4 的 DMA 传输; 0:一个单元的 DMA 传输	0
SERVMODE	[27]	用来选择服务模式。 1:整体服务模式; 0:单独服务模式	0
HWSRCSEL	[26:24]	用来选择 DMA 请求源。每个 DMA 通道含义不同,分别列出如下: 通道 0:000:nXDREQ0　001:UART0　010:SDI　011:Timer 100:USB device EP1 通道 1:000:nXDREQ1　001:UART1　010:I2SSDI　011:SPI 100:USB device EP2 通道 2:000:I2SSDO　001:I2SSDI　010:SDI　011:Timer　100: USB device EP3 通道 3:000:UART2　001:SDI　010:SPI 011:Timer　100:USB device EP4	000
SWHW_SEL	[23]	用来选择 S/W 还是 H/W 模式。 1:H/W 模式(硬件请求模式); 0:S/W 模式(软件请求模式)	0
RELOAD	[22]	用来选择终点计数器是否重新装入。 1:当前 DMA 传输完后,DMA 通道关闭; 0:当前 DMA 传输完后,终点计数器自动重装入	0
DSZ	[21:20]	用来选择 DMA 传输的数据宽度。 00=字节;01=半字;10=字;11=保留	00
TC	[19:0]	初始 DMA 传输计数值,实际 DMA 传输的字节数用下面公式计算: DMA 传输的字节=DSZ×TSZ×TC	0x00000

6. DMA 屏蔽寄存器(DMASKTRIG)

　　DMA 屏蔽寄存器共有 4 个:DMASKTRIG0、DMASKTRIGl、DMASKTRIG2、DMASKTRIG3,分别对应 4 个独立的 DMA 通道。这 4 个寄存器均是可读/写的,地址分别为 0x4B000020、0x4B000060、0x4B0000A0、0x4B0000E0,复位后的初值为 0x0。DMASKTRIGn 寄存器的具体格式如表 7.45 所列。

表 7.45　DMASKTRIGn 寄存器的格式

符　号	位	描　　述	复位值
STOP	[2]	用来停止 DMA 操作。 1:当一个基本 DMA 传输完成后停止 DMA 操作；　0:正常	0
ON_OFF	[1]	用来控制 DMA 通道的打开/关闭。 1:打开 DMA 通道；　0:关闭 DMA 通道	0
SW_TRIG	[0]	用来在 S/W 请求模式下触发 DMA 通道。 1:触发 DMA 操作；　0:不触发	0

7.7.2　状态寄存器

用于记录 DMA 传输状态的寄存器有 3 个,可以通过这些寄存器来了解 DMA 传输时的信息,以便于进行控制。

1. DMA 状态寄存器(DSTATn)

DMA 状态寄存器共有 4 个:DSTAT0、DSTAT1、DSTAT2、DSTAT3,分别对应 4 个独立的 DMA 通道。这 4 个寄存器均是只读的,地址分别为 0x4B000014、0x4B000054、0x4B000094、0x4B0000D4,复位后的初值为 0x000000。DSTATn 寄存器的具体格式如表 7.46 所列。

表 7.46　DSTATn 寄存器的格式

符　号	位	描　　述	复位值
STAT	[21:20]	DMA 控制器的状态。 00:指示 DMA 控制器准备好接受下一个 DMA 请求 01:指示 DMA 控制器忙	00
CURR_TC	[19:0]	当前 DMA 计数器的值	0x00000

2. DMA 当前源地址寄存器(DCSRCn)

DMA 当前源地址寄存器共有 4 个:DCSRC0、DCSRC1、DCSRC2、DCSRC3,分别对应 4 个独立的 DMA 通道。这 4 个寄存器均是只读的,地址分别为 0x4B000018、0x4B000058、0x4B000098、0x4B0000D8,复位后的初值为 0x00000000。DCSRCn 寄存器的具体格式如表 7.47 所列。

3. DMA 当前目的地址寄存器(DCDSTn)

DMA 当前目的地址寄存器共有 4 个:DCDST0、DCDST1、DCDST2、DCDST3,

分别对应 4 个独立的 DMA 通道。这 4 个寄存器均是只读的,地址分别为 0x4B00001C、0x4B00005C、0x4B00009C、0x4B0000DC,复位后的初值为 0x00000000。DCDSTn 寄存器的具体格式如表 7.48 所列。

表 7.47　DCSRCn 寄存器的格式

符　号	位	描　　述	复位值
CURR_SRC	[30:0]	当前 DMA 通道的源地址值	0x00000000

表 7.48　DCDSTn 寄存器的格式

符　号	位	描　　述	复位值
CURR_DST	[30:0]	当前 DMA 通道的目的地址值	0x00000000

7.8　DMA 操作编程

DMA 是一种数据传送方式,适用于需要进行高速、大量的数据传送场合。S3C2410 芯片内部就有许多 I/O 部件可以采用 DMA 传送方式,当然也可以支持芯片外部 I/O 部件的 DMA 传送需求。下面通过一个实例来说明使用 DMA 操作时所需的编程步骤。

7.8.1　DMA 操作初始化

控制 DMA 操作的程序的关键步骤是 DMA 启动,如下:

① 设置 DMA 操作的源地址。

② 设置 DMA 操作的源地址位置及源地址是否增 1。

③ 设置 DMA 操作的目的地址。

④ 设置 DMA 操作的目的地址位置及目的地址是否增 1。

⑤ 设置 DMA 工作方式及 DMA 传送的数据长度。

⑥ 开放 DMA 操作结束中断。

⑦ 使能 DMA 操作,启动 DMA。

7.8.2　DMA 操作编程举例

DMA 数据传输的本质就是在 DMA 传输期间,DMA 控制器直接控制总线来实现存储器(或 I/O)之间的数据相互搬移,而不需要微处理器的干预。下面实例程序的功能是采用 DMA 传输方式将一个内存块的数据搬移到另一个内存块中。

程序代码如下:

```
// ********************************************************
// ** 函数名:DMA0Int(int srcAddr,int dstAddr,int length,int dw)
// ** 参    数:srcAddr:源地址,dstAddr:目的地址,length:长度
// **      dw:传送单位  0：32 位    1：16 位    2：8 位
// ** 返回值:无
// ** 功    能:DMA0 的初始化及启动
// ** 备    注:无
// ********************************************************
void DMA0Int(int srcAddr,int dstAddr,int length,int dw)
{
    dma0Done = 0;
    rlNTMSK = ~(BIT_GLOBA1|BIT_ZDMA0);          //开放中断
    rD1SRC0 = srcAddr;                          //源地址
    rDIDES0 = dstAddr;                          //目的地址
    rD1CNT0 = length |(2<<28)|(1<<26)|(3<<22)|(0<<20);   //长度
    rDICNT0| = (1<<20);
    rDCON0 = 0x1;                               //启动
    while(dma0Done == 0);                       //等待 DMA 操作完成
    rINTMSK = B1T_GLOBAL;
}
// ********************************************************
// ** 函数名:Zdma0Done(void)
// ** 参    数:无
// ** 返回值:无
// ** 功    能:DMA0 的 DMA 操作完成中断处理程序
// ** 备    注:无
// ********************************************************
void  _irq Zdma0Done(void)
{
    rI_ISPC = BIT_ZDMA0;                        //清除中断未决位
    dma0Done = 1;                               //传送结束标志
}
// ********************************************************
// ** 函数名:main(void)
// ** 参    数:无
// ** 返回值:无
// ** 功    能:DMA 操作主函数,将一个内存块的数据搬移到另一个内存块中
// ** 备    注:无
// ********************************************************
voidMain(void)
{
    unsigned char * src, * dst;
    int I;
    rlNTMSK = BIT_GLOBAL;                       //关闭所有外部中断
    plSR_DMA0 = (int)DMA0Done;                  //赋值 DMA0 操作完成的中断入口表
    dst = (unsigned chr * )malloc(0x80000);     //分配目标内存块 512 KB
    src = (unsigned char * )malloc(0x80000);    //分配源数据内存块 512 KB
    /* 把目标内存块区域设为 no-cache,不然如果系统 cache 是开发的,有可能会使源数
       据搬到内部 cache */
    rNCACHBEI = (((((unsigned)dst + 0x100000)>>12) + 1)<<16|((unsigned)dst>'>12);
```

```
/* 验证 32 位传输,先把源数据全部赋 1。传送完后看目标区域的和 */
for(i=0;i<0x80000;i++)
    *(src+i)=0x1;
DMA0Int((Int)src,(int)dst,0x80000,2);              //启动 DMA 搬移
/*** 通过查看内存单元等方法验证结果 ***/
while(1);
}
```

习　题

1. 简述中断控制器的作用。

2. 描述 IRQ 异常的处理过程。

3. 在 S3C2410 芯片中采用中断方式控制 I/O 端口或部件操作时,其中断处理编程应该涉及哪些方面? 举例说明。

4. 描述定时/计数器的内部工作原理。

5. S3C2410 芯片的看门狗电路有哪些工作方式? 若希望系统程序的周期不大于 50 μs,PCLK=100 MHz,写出相应的看门狗初始化程序。

6. S3C2410 芯片中的 RTC 部件有哪些主要功能? 说明如何计算 RTC 的时间片周期。

7. 描述 S3C2410 芯片中的 Timer 部件的定时操作过程。

8. 若需要利用 S3C2410 芯片 Timer 部件中的 Timer2 通道产生一个周期约为 1 000 ms 的脉冲信号,系统的 PCLK=66 MHz,写出初始化程序。

9. S3C2410 芯片的 DMA 操作有哪些特点?

10. 描述 S3C2410 芯片的 DMA 操作的 3 类模式。

11. S3C2410 芯片中有些 I/O 部件可以支持 DMA 方式来控制数据的传输,给出这些 I/O 部件的名称。

12. S3C2410 芯片通过内部寄存器来控制 DMA 操作,用文字描述 DMA 控制寄存器有哪些,它们的作用是什么。

13. 说明 S3C2410 芯片 DMA 方式的初始化步骤。

14. 简述采用 DMA 方式进行数据传输的过程。

第8章　串行通信与网络接口技术

S3C24xx 集成了 3 个独立的异步串行 UART(Universal Asynchronous Receiver and Transmitter)端口,一个 8/16 位立体声音频接口(CODEC IIS),另外,还有 IIC 接口和以太网接口。本章主要内容有串行和网络通信技术简介、S3C24xx UART 工作原理、IIS 串行数字音频接口原理、IIC 芯片互联总线工作原理、嵌入式以太网协议和 TCP/IP 协议、Linux 环境下的 socket 网络编程等。

8.1　串行通信基础知识

串行通信是指数据的各位按顺序一位一位传送,其优点是只需要一对传输线就可以双向传输数据。与并行通信相比,串行通信具有传输线少、成本低等优点,特别适用于远距离通信,如设备间的远距离通信;其缺点是传递速率较慢。

串行通信中,数据通常是在两个站(如终端和计算机)之间进行传送。一般来说,终端都需要有发送命令和接收数据的能力,但有时也可能只需要单方面的能力就够了。所以按照同一时刻数据流的方向可分成 3 种基本传送模式:单工、半双工和全双工传送。

1. 串行通信方式

串行通信在信息格式的约定上可以分为两种方式,一种是异步串行通信,另一种是同步串行通信。

(1) 异步串行通信方式

异步式传输把每一个字符当作独立的信息来传送,并按照一个固定且预定的时序传送,但在字符之间却取决于字符与字符的任意时序。而一个完整的字符传送包含起始位、欲传送的字符、校验位和停止位。以下将说明单个字节经异步传输的位时序。

当一个字符要传送到某接收器时,则以其最低有效位(LSB)先送出(即 D0),但为使接收器能事先知道开始传送,须先使串行通信数据线在无数据传送时都固定保持在一个状态上。假设无数据在串行数据线上时,其状态固定保持"1",则称此数据线在空闲状态,而为使接收器知道数据开始传送,须在传送第一个位(D0)时,先传送一个与空闲状态相反的状态,即状态"0",作为起始位。当串行数据线由空闲状态"1"转变到所传送的起始位"0"时,接收器就能通过检测状态的变化而知道数据即将开始传送。假设有如下位串需要传送:

$$D7 \quad D6 \quad D5 \quad D4 \quad D3 \quad D2 \quad D1 \quad D0$$
$$1 \quad 1 \quad 1 \quad 0 \quad 1 \quad 0 \quad 1 \quad 1$$

则传送顺序为先传送起始位"0",再传送"11010111"。当传送完 D7 后,可以再接着传送一个奇偶校验位检测误码。最后发送至少一个停止位"1",以区分下一个字符的起始位"0",这样构成的一串数据称之为一帧。一帧数据的各位代码间的时间间隔是固定的,每帧字符的传送靠起始位来同步。在异步通信的数据传送中,传输线上允许空字符。

异步通信必须遵循的 3 项规定为:

① 帧格式。每个字符传送时,必须在前面加一位起始位,后面加上 1、1.5 或 2 位停止位,构成完整的帧,如图 8.1 所示。例如,ASCII 码传送时,一帧应该是前面一个起始位,接着 7 位 ASCII 编码,再接着一位奇偶校验位,最后一位停止位,共 10 位。

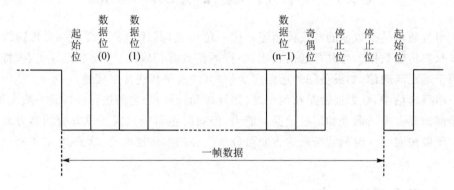

图 8.1　字符帧格式

② 波特率。波特率就是传送数据位的速率,用位/秒(bit/s)表示,称之为波特。例如,数据传送的速率为 120 字符/秒,每帧包括 10 个数据位,则传送波特率为:

$$10 \text{ 位/字符} \times 120 \text{ 字符/秒} = 1\,200 \text{ 位/秒} = 1\,200 \text{ 波特}$$

每一位的传送时间是其倒数 $1/1\,200 = 0.833$ ms。一般情况下,异步通信的波特率的值为 150、300、600、1 200、2 400、4 800、9 600、14 400 和 28 800 等,数值成倍数变动,这是因为采用一个基准时序再做 2 次方分频后的结果。

③ 校验位。由于对字符传送做正确性检查时,可以分为奇校验和偶校验。奇校验就是字符中有奇数个"1",该位置 1,否则为 0;偶校验就是字符中有偶数个"1",该位置 1,否则为 0。

一般校验位的产生和检查由串行通信控制器内部自动产生,除了加上校验位以外,通信控制器还自动加上停止位,用来指明欲传送字符的结束。对接收器而言,若未能检测到停止位,则意味着传送过程发生了错误。而停止位会根据计算机的设置取 1、1.5 或 2 位。奇偶校验位可选择为奇校验、偶校验和无校验。

(2) 同步串行通信方式

同步串行通信方式中一次连续传输一块数据(常称为信息帧),开始前使用同步字符作为同步的依据。字符块之后再加入适当的错误检测数据才传送出去。采用同步通信时,在传输线上没有字符传输时,要发送专用的"空闲"字符或同步字符,其原因是同步传输字符必须连续传输,不允许有间隙。所以,同步串行通信方式传输效率高,但电路结构复杂,对硬件要求高。

与异步串行通信中奇偶校验的误码检测方法不同,同步串行通信方式中通常将一个数据块作为一个整体进行误码检测,一般采用 CRC(循环冗余校验)校验法,即假设欲传送的数据为被除数,而发送器本身产生固定的除数,将前者除以后者所得的余数即为"冗余"字符。"冗余"字符放在数据后与数据一起被传送到接收器时,接收器产生和发送器相同的除数,接收的数据和"冗余"字符作为被除数与除数相除;如果商为 0,表明接收的数据无误,否则接收的数据有误码。统计表明,CRC 校验的误码检测率可达 99% 以上。

2. RS - 232C 串行通信接口

RS - 232C 是由美国电子工业协会(Electronic Industries Association, EIA)于 1969 年制定的一种串行通信接口标准,并被推荐为串行通信接口的国际标准,得到了广泛应用。EIA 把 RS - 232C 定义为:"在数据终端设备(DTE)和数据通信设备(DCE)之间使用串行二进制数据交换的接口"。RS - 2323C 标准包括了接口的机械特性、电气信号特征和交换功能特征,用于连接数据终端设备和数据通信设备。

(1) RS - 232C 接口信号

最初,RSS - 232C 采用 25 针 D 型连接器,但实际上仅用了其中 9 针。因此,IBM 公司在 20 世纪 80 年代中期推广 IBM PC/AT 时采用一种 9 针连接器,这也是现在最常用的接口。

如图 8.2 所示,9 针连接器中把信号分为以下 3 类:
➤ 串行数据信号 RXD 和 TXD,接收和发送串行数据。
➤ 流控制信号 RTS、CTS、DTR 和 DSR,用于辅助控制数据传输。
➤ Modem 信号 CD 和 RI 用于连接串行 Modem。

RS - 232C 最初定义了数据终端设备(DTE)和数据通信设备(DCE),这两种设备的接口是配对连接的,即它们可以直接(或者通过串口延长线)连接。因此,数据终端设备和数据通信设备的引脚定义刚好是配对的。例如,RXD 信号要与 TXD 信号连接,RTS 要与 CTS 连接,DSR 要与 DTR 连接。可是,很多时候通过 RS - 232 连接的设备是对等的,很难定义它是数据终端设备还是数据通信设备。不同的工程师在设计硬件时选择了不同的定义和接口方式,这就给同为 RS - 232C 标准的串行设备之间的连接带来了很大的麻烦,需要 6 种不同的连接电缆来满足不同情况的连接。

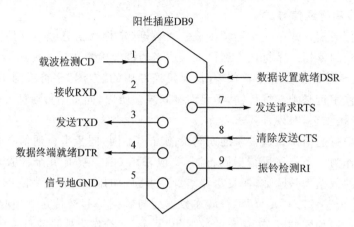

图 8.2　RS-232C 接口引脚定义

　　因此,建议在给嵌入式设备设计串行接口时,要按照一个统一的标准,即所有的板载串口(通常是由带处理器的 PCB 板上引出)都按照 PC 端标准(见图 8.2),使用 DB9 阳性插座。这样,设备和设备直接通信只需使用一种电缆,即两端都为阴性插座的交叉电缆,其连接方式如图 8.3 所示。此电缆也可用于 PC 机串口之间的直接连接。

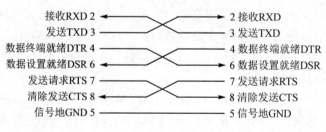

图 8.3　交叉电缆

(2) RS-232C 接口电气规格

表 8.1 为 EIA 制定的 RS-232C 串口电气规格。

表 8.1　EIA 制定的 RS-232C 串口电气规格

OM[3:2]	MPLL 状态	UPLL 状态
电压范围	$-25\sim-3$ V	$+3\sim+25$ V
逻辑	1	0
名称	SPACE	MARK

　　通常,RS-232C 所用的驱动芯片以 ±12 V 的电源来驱动信号线,但是实际上,因为传输线的连接状态及接收端负载阻抗的影响均会造成电压的下降,最终仍要保持 ±5 V 的范围。

　　计算机系统外围接口一般采用 TTL 标准,即以 +5 V 代表逻辑"1",而接地电压代表逻辑"0";而 RS - 232C 以 +12 V 的电压视为逻辑"0",-12 V 的电压视为逻辑"1"。所以,串行接口电路中需要将 TTL 标准与 RS - 232C 标准之间进行电平转换。典型的转换电路是利用集成芯片 MAX232 实现,典型电路如图 8.4 所示。

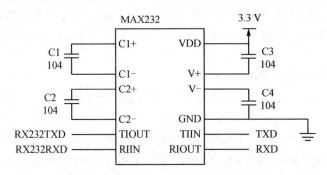

图 8.4　RS - 232C 和 TTL 之间的电平转换

3. RS - 422 和 RS - 485 标准

　　RS - 422 和 RS - 485 都是在 RS - 232C 的基础上发展起来的串行数据接口标准,都是由 EIA 制定并发布的。RS - 422 是为弥补 RS - 232C 的不足而提出的,主要是为了改进 RS - 232C 通信距离短、速率低的缺点,RS - 422 定义了一种"平衡"通信接口,将速率提高到 10 Mbit/s,传输距离延长到 1 220 m(速率低于 100 kbit/s 时),并允许在一条总线上连接最多 10 个接收器。RS - 422 是一种单机发送、多机接收的单向平衡传输规范,被命名为 TIA/EIA - 422 - A 标准。

　　RS - 422 采用的"平衡"信号即指差分信号。差分传输使用一对电平反向变化的信号线传输数据,对比 RS - 232C(使用参考地的电平信号),能更好地抗噪声和获得更远的传输距离。

　　为扩展应用范围,EIA 又于 1983 年在 RS - 422 基础上制定了 RS - 485 标准,它增加了总线上设备的个数,定义了在最大设备个数情况下的电气特性(以保证足够的信号电压)和双向通信的能力(允许多个发送器连接到同一条总线上),同时增加了发送器的驱动能力和冲突保护特性,扩展了总线共模范围,后命名为 TIA/EIA - 485 - A 标准。

　　由于 EIA 提出的建议标准都是以 RS 作为前缀,所以在通信工业领域仍然习惯将 TIA/EIA - 422 - A 和 TIA/EIA - 485 - A 标准以 RS 作前缀,称为 RS - 422 和 RS - 485。

　　RS - 422 和 RS - 485 标准只有电气特性的规定,而不涉及接插件、电缆和上层协议标准,在此基础上用户可以建立自己的高层通信协议,如 MODBUS 协议。

8.2　S3C24xx 串行接口

S3C24xx 内部具有 3 个独立的 UART 控制器,每个 UART 通道包含两个 16 位的接收和发送 FIFO,数据接收和发送的波特率可编程。UART 也可实现红外(IR)接收和发送。串行数据包括 1 位或 2 位停止位,5 位、6 位、7 位或 8 位数据位和 1 位奇偶校验位。

S3C24xx 的 UART 特性如下:

➤ RxD0、TxD0、RxD1、TxD1、RxD2 和 TxD2 可以工作在中断模式或 DMA 模式。

➤ 通道 0、1 和 2 包含了 IrDA 1.0 和 16 位 FIFO。

➤ 通道 0 和 1 拥有 nRTS0、nCTS0、nRTS1 和 nCTS1 信号。

➤ 支持发送和接收握手协议。

8.2.1　S3C24xx UART 结构

S3C24xx 的每个 UART 包含一个波特率发生器、一个发送器、一个接收器和一个控制单元,如图 8.5 所示。波特率发生器可以由 PCLK 或 UEXTCLK 提供时钟。

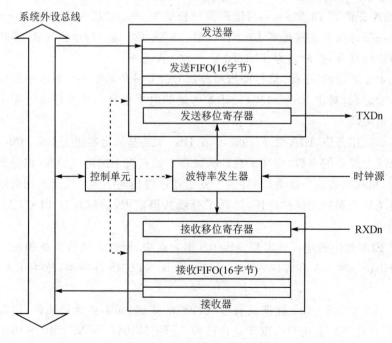

图 8.5　UART 结构(带 FIFO)

接收器和发送器包含 16 字节的 FIFO 和数据移位器,在发送之前,数据被写入 FIFO 然后复制到数据移位器中,数据通过发送引脚(TxDn)被移出。同样,接收数据从接收引脚(RxDn)移进,然后复制到移位器的 FIFO 中。

每个 UART 控制器都可以工作在中断模式或 DMA 模式,也就是说,内部 CPU 与 UART 控制器传送数据的时候可以产生中断或 DMA 请求。并且,每个 UART 均具有 16 字节的 FIFO,支持的最高波特率可达到 230.4 kbps。

8.2.2　S3C24xx UART 工作原理

S3C24xx UART 的基本工作包括数据发送、数据接收、自动流控制、中断/DMA 请求产生、波特率产生、回环模式和红外模式。

1. 数据发送

发送的数据帧是可编程的,包含一位起始位、5~8 位数据位、一位可选的校验位和 1~2 位的停止位,这些可以在线路控制寄存器(ULCONn)中指定。发送器也可以产生一个暂停状态,将输出在一个帧的时间内强制为逻辑 0。前帧发送完后,才能发送产生暂停。在暂停状态结束后,可以继续发送 FIFO 中的数据(或继续发送无 FIFO 模式下发送保持寄存器中的数据)。

2. 数据接收

与发送过程类似,接收数据的帧格式也是可编程的,编程后与发送方的数据帧格式相呼应。

接收器在接收数据的同时检测溢出错误、奇偶校验错误、帧错误和暂停错误。每种错误都可以设置相应的错误标志位。溢出错误是指在前面数据被读取之前,刚收到的数据覆盖了前面的数据。奇偶校验错误是指接收端对接收到的数据进行校验时产生了与发送端不同的校验标志。帧错误是指接收到的数据没有一个有效的停止位。暂停错误是指 RxDn 维持逻辑 0 的时间超过了一个帧的时间长度。

当 3 个字的接收时间内(这个时间间隔由 Word Length 位的设定)未收到任何数据且在 FIFO 模式下接收 FIFO 不为空时,那么会产生接收超时。

3. 自动流控制

流控制指的是数据流控制。当数据在两个串口之间传输时,常常会由于接收端数据处理来不及而造成接收缓冲区满,此时发送端如果继续发送数据,则接收端就会丢失数据。流控制可以解决这个问题,当接收端数据处理不过来时,就发出"不再接收"的信号给发送端,发送端收到后就停止发送,直到收到"可以继续发送"的信号再发送数据。因此,流控制可以控制数据传输进程,防止数据丢失。自动流控制

(AFC)是流控制过程由双方硬件自动协商完成的。

S3C24xx 的 UART0 和 UART1 通过 nRTS 和 nCTS 信号支持自动流控制,可以连接另一个 UART 设备。此时,发送端的 nCTS 与接收端的 nRTS 连接,nRTS 依赖于接收端,而 nCTS 信号控制着发送端。支持自动流控制时,发送端的 UART 发送器仅当 nCTS 信号有效时才发送 FIFO 中的数据;接收端的 UART 接收数据之前,当它的接收 FIFO 有不少于 2 字节的空余空间时,nRTS 发出此时可以接收数据的信号;而当它的接收 FIFO 空余空间不多于一个字节时,nRTS 发出此时不能接收数据的信号。

S3C24xx 的 UART2 不支持自动流控制功能。UART0 和 UART1 也可以设置为无自动流控制功能。

4. 中断/DMA 请求产生

S3C24xx 的每一个 UART 有 7 个状态(发送/接收/错误)信号:溢出错误、奇偶校验错误、帧错误、暂停错误、接收缓冲数据准备就绪、发送缓冲空和发送移位器空。每种状态都可以在 UTRSTATn 或 UERSTATn 寄存器中的相应标志位设置。

对于以上 7 个状态中的 4 个错误状态,如果控制寄存器(UCONn)中的错误中断请求使能位置 1,则发生任何一个错误时都会引起中断,再通过查询 UERSTATn 寄存器来确定具体发生了哪一类错误,然后进行相应的错误处理。

在 FIFO 模式下,如果 UCONn 寄存器中接收方式位置 1,则意味着采用中断或轮询方式接收数据;当接收器将接收到的数据传送到 FIFO 并且数量达到了接收 FIFO 的接收门限值时,就会产生接收中断。在非 FIFO 模式下,如果允许接收中断或轮询,则接收到的数据从接收移位寄存器传送到接收保持寄存器后将产生接收中断。

在 FIFO 模式下,如果 UCONn 寄存器中发送方式位置 1,则意味着采用中断或轮询方式发送数据;当发送器将发送数据从发送 FIFO 传送到移位器中并且发送 FIFO 中的数据数量达到了发送 FIFO 的发送门限值时,则产生发送中断。在非 FIFO 模式下,如果允许发送中断或轮询,则发送保持寄存器将数据发送到移位器后将产生发送中断。

如果 UCONn 寄存器中发送方式和接收方式的 DMAn 位都置 1,那么接收和发送完成后将产生 DMAn 请求,执行 DMA 操作,而不是中断请求。

5. 波特率产生

波特率产生器提供时钟给发送器和接收器。波特率的时钟源可以选择为 S3C24xx 的内部系统时钟或 UCLK,也就是分频源可以通过设置 UCONn 中的时钟选择位来选择。波特率时钟是由时钟源除以 16 和一个由 UART 波特率分频系数寄存器(UBRDIVn)指定的 16 位分频系数产生的。

当使用 S3C24xx 的内部系统时钟时,UBRDIVn 中的分频系数由下式计算得出:

$$UBRDIVn=(int)(PCLK/(bps\times16))-1$$

这里的分频系数必须是从 $1\sim2^{16}-1$。

当使用时钟源 UCLK 时,UBRDIVn 中的分频系数由下式计算得出:

$$UBRDIVn=(int)(UCLK/(bps\times16))-1$$

这里的分频系数必须是从 $1\sim2^{16}-1$,并且 UCLK 必须要小于 PCLK。

例如,如果串口波特率是 115 200 bps,PCLK 或 UCLK 为 40 MHz,则 UBRDI-Vn 中的分频系数为:

$$UBRDIVn=(int)((40\ 000\ 000/(115\ 200\times16))-1$$
$$=(int)(21.7)-1$$
$$=20$$

6. 回环模式

回环模式主要用来对 S3C24xx 的 UART 提供测试,为解决通信连接中的错误提供辅助手段。这种模式从结构上使 UART 中 RXD 和 TXD 之间直接连接。这种模式下,发送数据通过 RXD 被接收器接收,以便处理器验证每一个串行口的内部发送和接收数据的正确性。这种模式可以通过设置 UCONn 寄存器的反馈位来实现。

7. 红外模式

S3C24xx UART 模块支持红外(IR)发送和接收,可以通过设置 UART 线路控制寄存器(ULCONn)中的红外模式位来选择。

IR 发送时,数据中的逻辑 1 不发送脉冲,逻辑 0 发送脉冲,发送的脉冲宽度是通常串口发送数据位的 3/16。IR 接收时,接收器检测到通常串口数据位 3/16 的脉冲宽度作为逻辑 0 值,检测到没有脉冲作为逻辑 1 值。

8.2.3　S3C24xx UART 专用寄存器

S3C24xx UART 专用寄存器主要包括线路控制寄存器(ULCON0、ULCON1 和 ULCON2)、控制寄存器(UCON0、UCON1 和 UCON2)、FIFO 控制寄存器(UF-CON0、UFCON1 和 UFCON2)、MODEM 控制寄存器(UMCON0 和 UMCON1)、发送接收状态寄存器(UTRSTAT0、UTRSTAT1 和 UTRSTAT2)、错误状态寄存器(UERSTAT0、UERSTAT1 和 UERSTAT2)、FIFO 状态寄存器(UFSTAT0、UF-STAT1 和 UFSTAT2)、MODEM 状态寄存器(UMSTAT0 和 UMSTAT1)、发送缓存寄存器(UTXH0、UTXH1 和 UTXH2)、接收缓存寄存器(URXH0、URXH1 和 URXH2)以及波特率分频系数寄存器(UBRDIV0、UBRDIV1 和 UBRDIV2)。

1. UART 线路控制寄存器

S3C24xx UART 中有 3 个线路控制寄存器,包括 ULCON0、ULCON1 和 UL-CON2。对 3 个寄存器描述及其相应位描述分别如表 8.2 和表 8.3 所列。

表 8.2　ULCON0、ULCON1 和 ULCON2 寄存器描述

寄存器	地　址	读/写	描　述	复位值
ULCON0	0x50000000	R/W	UART 通道 0 线路控制寄存器	0x00
ULCON1	0x50004000	R/W	UART 通道 1 线路控制寄存器	0x00
ULCON2	0x50008000	R/W	UART 通道 2 线路控制寄存器	0x00

表 8.3　ULCON0、ULCON1 和 ULCON2 寄存器相应位描述

ULCONn	位	描　述	复位值
保留	7		0
红外模式	6	指示是否使用红外模式。 0:正常操作模式　1:红外接收发送模式	0
校验模式	5:3	指示 UART 发送和接收操作中校验位的产生和校验类型。 0xx:不进行校验　100:奇校验　101:偶校验 110:强制为 1　111:强制为 0	000
停止位数目	2	指示帧结束的停止位有几位。 0:每帧一位　1:每帧两位	0
Word Length	1:0	指示每帧发送和接收的数据位有多少位。 00:5 位　01:6 位　10:7 位　11:8 位	00

2. UART 控制寄存器

S3C24xx UART 中共有 3 个控制寄存器,包括 UCON0、UCON1 和 UCON2。对 3 个寄存器描述及其相应位描述分别如表 8.4 和表 8.5 所列。

表 8.4　UCON0、UCON1 和 UCON2 寄存器描述

寄存器	地　址	读/写	描　述	复位值
UCON0	0x50000004	R/W	UART 通道 0 控制寄存器	0x00
UCON1	0x50004004	R/W	UART 通道 1 控制寄存器	0x00
UCON2	0x50008004	R/W	UART 通道 2 控制寄存器	0x00

表 8.5　UCON0、UCON1 和 UCON2 寄存器相应位描述

UCONn	位	描　　　述	复位值
时钟选择	10	选择 PCLK 或 UCLK 作为产生 UART 波特率的时钟源。 0:PCLK　1:UCLK	0
发送中断请求方式	9	中断请求方式。 0:脉冲　1:电平	0
接收中断请求方式	8	中断请求方式。 0:脉冲　1:电平	0
接收超时中断使能	7	在 UART 的 FIFO 模式下,允许或禁用接收超时中断。 0:禁止　1:允许	0
接收错误中断使能	6	允许或禁止接收操作异常引起的错误中断。 0:禁止　1:允许	0
回环模式	5	0:正常操作　1:回环模式	0
暂停模式	4	指示是否发送一个暂停帧,如果发送,则发送后该位自动清 0。 0:正常发送　1:发送一个暂停帧	0
发送模式	3:2	指示 UART 发送允许或禁用,以及写发送数据到 UART 发送缓存寄存器的方式。 00:禁止发送　01:中断或轮询方式 10:DMA0 请求(仅 UART0),DMA3 请求(仅 UART2) 11:DMA1 请求(仅 UART1)	00
接收模式	1:0	指示 UART 接收允许或禁用,以及当前从 UART 缓存寄存器读取数据的方式。 00:禁止接收　01:中断或轮询方式 10:DMA0 请求(仅 UART0),DMA3 请求(仅 UART2) 11:DMA1 请求(仅 UART1)	00

3. UART FIFO 控制寄存器

S3C24xx UART 中有 3 个 FIFO 控制寄存器,包括 UFCON0、UFCON1 和 UF-CON2。对 3 个寄存器描述及其相应位描述分别如表 8.6 和表 8.7 所列。

表 8.6　UFCON0、UFCON1 和 UFCON2 寄存器描述

寄存器	地址	读/写	描　　　述	复位值
UFCON0	0x50000008	R/W	UART 通道 0 FIFO 控制寄存器	0x0
UFCON1	0x50004008	R/W	UART 通道 1 FIFO 控制寄存器	0x0
UFCON2	0x50008008	R/W	UART 通道 2 FIFO 控制寄存器	0x0

表 8.7　UFCON0、UFCON1 和 UFCON2 寄存器相应位描述

UFCONn	位	描　述	复位值
发送 FIFO 门限值	7:6	指示发送 FIFO 的门限值 00:空　　01:4 字节 10:8 字节　11:12 字节	00
接收 FIFO 门限值	5:4	指示接收 FIFO 的门限值。 00:4 字节　　01:8 字节 10:12 字节　11:16 字节	00
保留	3	保留	0
发送 FIFO 复位	2	该位在 FIFO 复位后自动清除。 0:正常工作　1:发送 FIFO 复位	0
接收 FIFO 复位	1	该位在 FIFO 复位后自动清除。 0:正常工作　1:接收 FIFO 复位	0
FIFO 允许	0	0:禁止 FIFO 工作　1:允许 FIFO 工作	0

4. UART 调制解调控制寄存器

S3C24xx UART 中有两个 MODEM 控制寄存器,包括 UMCON0 和 UM-CON1。对 3 个寄存器描述及其相应位描述分别如表 8.8 和表 8.9 所列。

表 8.8　UMCON0 和 UMCON1 寄存器描述

寄存器	地　址	读/写	描　述	复位值
UMCON0	0x5000000C	R/W	UART 通道 0 MODEM 控制寄存器	0x0
UMCON1	0x5000400C	R/W	UART 通道 1 MODEM 控制寄存器	0x0
保留	0x5000800C	—	保留	未定义

表 8.9　UMCON0 和 UMCON1 寄存器相应位描述

UMCONn	位	描　述	复位值
保留	7:5	这些位必须为 0	000
自动流控制(AFC)	4	0:禁止　1:允许	0
保留	3:1	这些位必须为 0	000
请求发送	0	如果允许 AFC,则该位将被忽略,S3C24xx 会自动控制 nRTS。如果禁止 AFC,则 nRTS 必须由软件控制。 0:nRTS 无效　1:nRTS 有效	0

5. UART 发送接收状态寄存器

S3C24xx UART 中有 3 个 UART 发送接收状态寄存器,包括 UTRSTAT0、UTRSTAT1 和 UTRSTAT2。对 3 个寄存器描述及其相应位描述分别如表 8.10 和表 8.11 所列。

表 8.10　UTRSTAT0、UTRSTAT1 和 UTRSTAT2 寄存器描述

寄存器	地　址	读/写	描　述	复位值
UTRSTAT0	0x50000010	R	UART 通道 0 发送接收状态寄存器	0x6
UTRSTAT1	0x50004010	R	UART 通道 1 发送接收状态寄存器	0x6
UTRSTAT2	0x50008010	R	UART 通道 2 发送接收状态寄存器	0x6

表 8.11　UTRSTAT0、UTRSTAT1 和 UTRSTAT2 寄存器相应位描述

UTRSTATn	位	描　述	复位值
发送器为空	2	当发送缓存和发送移位寄存器为空时,自动置1。 0:不为空　1:发生器为空	1
发送缓存为空	1	当发送缓存为空时,自动置1。 0:发送缓存不为空　1:发送缓存为空	1
接受缓存数据准备就绪	0	接收缓存寄存器包含有效数据,自动置1。 0:接收缓存寄存器空 1:接收缓存寄存器有接收到的有效数据	0

6. UART 错误状态寄存器

S3C24xx UART 中有 3 个错误状态寄存器,包括 UERSTAT0、UERSTAT1 和 UERSTAT2。对 3 个寄存器描述及其相应位描述分别如表 8.12 和表 8.13 所列。

表 8.12　UERSTAT0、UERSTAT1 和 UERSTAT2 寄存器描述

寄存器	地　址	读/写	描　述	复位值
UERSTAT0	0x50000014	R	UART 通道 0 接收错误状态寄存器	0x0
UERSTAT1	0x50004014	R	UART 通道 1 接收错误状态寄存器	0x0
UERSTAT2	0x50008014	R	UART 通道 2 接收错误状态寄存器	0x0

表 8.13　UERSTAT0、UERSTAT1 和 UERSTAT2 寄存器相应位描述

UERSTATn	位	描　述	复位值
保留	3	保留	0

续表 8.13

UERSTATn	位	描　述	复位值
帧错误	2	在接收操作中,任何时候发生帧错误则该位都将自动置 1。 0:接收时未发生帧错误 1:接收时发生帧错误	0
保留	1	保留	0
溢出错误	0	在接收操作中,任何时候发生帧错误则该位都将自动置 1。 0:接收时未发生溢出错误 1:接收时发生溢出错误	0

7. UART FIFO 状态寄存器

S3C24xx UART 中有 3 个 FIFO 状态寄存器,包括 UFSTAT0、UFSTAT1 和 UFSTAT2。对 3 个寄存器描述及其相应位描述分别如表 8.14 和表 8.15 所列。

表 8.14　UFSTAT0、UFSTAT1 和 UFSTAT2 寄存器描述

寄存器	地　址	读/写	描　述	复位值
UFSTAT0	0x50000018	R	UART 通道 0 FIFO 状态寄存器	0x00
UFSTAT1	0x50004018	R	UART 通道 1 FIFO 状态寄存器	0x00
UFSTAT2	0x50008018	R	UART 通道 2 FIFO 状态寄存器	0x00

表 8.15　UFSTAT0、UFSTAT1 和 UFSTAT2 寄存器相应位描述

UFSTATn	位	描　述	复位值
保留	15:10	保留	0
发送 FIFO 满	9	发送操作中,发送 FIFO 满的任何时候,该位都将自动置 1 0:0 字节≤发送 FIFO 数据≤15 字节 1:满	0
接收 FIFO 满	8	接收操作中,接收 FIFO 满的任何时候,该位都将自动置 1。 0:0 字节≤接收 FIFO 数据≤15 字节 1:满	0
发送 FIFO 计数	7:4	发送 FIFO 中数据的数目	0
接收 FIFO 计数	3:0	接收 FIFO 中数据的数目	0

8. UART MODEM 状态寄存器

S3C24xx UART 中有两个 MODEM 状态寄存器,包括 UMSTAT0 和 UM-STAT1。对两个寄存器描述及其相应位描述分别如表 8.16 和表 8.17 所列。

表 8.16　UMSTAT0 和 UMSTAT1 寄存器描述

寄存器	地　址	读/写	描　述	复位值
UMSTAT0	0x5000001C	R	UART 通道 0 MODEM 状态寄存器	0x0
UMSTAT1	0x5000401C	R	UART 通道 1 MODEM 状态寄存器	0x0
保留	0x5000801C	—	保留	未定义

表 8.17　UMSTAT0 和 UMSTAT1 寄存器相应位描述

UMSTATn	位	描　述	复位值
CTS	4	指示输入给 S3C24xxn 的 CTS 信号自从上次被 CPU 读后发生了状态改变。 0:没发生变化　1:发生变化	0
保留	3:1		0
清除 CTS 信号	0	0:CTS 信号无效(nCTS 引脚为高电平) 1:CTS 信号有效(nCTS 引脚为低电平)	0

9. UART 发送缓存寄存器

S3C24xx UART 中有 3 个 UART 发送缓存寄存器,包括 UTXH0、UTXH1 和 UTXH2。对两个寄存器描述及其相应位描述分别如表 8.18 和表 8.19 所列。

表 8.18　UTXH0、UTXH1 和 UTXH2 寄存器描述

寄存器	地　址	读/写	描　述	复位值
UTXH0	0x50000020(L) 0x50000023(B)	W(字节)	UART 通道 0 发送缓存寄存器	—
UTXH1	0x50004020(L) 0x50004023(B)	W(字节)	UART 通道 1 发送缓存寄存器	—
UTXH2	0x50008020(L) 0x50008023(B)	W(字节)	UART 通道 2 发送缓存寄存器	—

注:(L)表示小端模式,(B)表示大端模式。

表 8.19　UTXH0、UTXH1 和 UTXH2 寄存器相应位描述

UTXHn	位	描　述	复位值
TXDATAn	7:0	UARTn 的发送数据	—

10. UART 接收缓存寄存器

S3C24xx UART 中有 3 个 UART 接收缓存寄存器,包括 URXH0、URXH1 和

URXH2。对两个寄存器描述及其相应位描述分别如表 8.20 和表 8.21 所列。

表 8.20 URXH0、URXH1 和 URXH2 寄存器描述

寄存器	地　址	读/写	描　述	复位值
URXH0	0x50000024(L) 0x50000027(B)	R(字节)	UART 通道 0 接收缓存寄存器	—
URXH1	0x50004024(L) 0x50004027(B)	R(字节)	UART 通道 1 接收缓存寄存器	—
URXH2	0x50008024(L) 0x50008027(B)	R(字节)	UART 通道 2 接收缓存寄存器	—

表 8.21 URXH0、URXH1 和 URXH2 寄存器相应位描述

URXHn	位	描　述	复位值
RXDATAn	7:0	UARTn 接收的数据	—

11. UART 波特率分频系数寄存器

S3C24xx UART 中有 3 个波特率分频系数寄存器,包括 UBRDIV0、UBRDIV1 和 UBRDIV2。对两个寄存器描述及其相应位描述分别如表 8.22 和表 8.23 所列。

表 8.22 UBRDIV0、UBRDIV1 和 UBRDIV2 寄存器描述

寄存器	地址	读/写	描　述	复位值
UBRDIV0	0x50000028	R/W	波特率分频系数寄存器 0	—
UBRDIV1	0x50004028	R/W	波特率分频系数寄存器 1	—
UBRDIV2	0x50008028	R/W	波特率分频系数寄存器 2	—

表 8.23 UBRDIV0、UBRDIV1 和 UBRDIV2 寄存器相应位描述

UBRDIVn	位	描　述	复位值
UBRDIV	15:0	波特率分频系数 UBRDIVn>0	—

8.3　串行通信举例

8.3.1　RS-232C 接口设计

因为 UART 控制器集成到芯片中通过嵌入式处理器总线连接,所以通常从

UART 发出的异步串口时序的逻辑电平都是处理器 I/O 电压标准（如 TTL、LVT-TL 等标准）。要想符合 RS-232C、RS-422 或 RS-485 的电气特性,则需要有接口电路作转换。

　　这里以 RS-232C 接口为例说明电平转换的方法。从 3.3 V 或者 5 V 逻辑转换到 RS-232C 逻辑需要有直流到直流（DC-DC）的转换模块,因为信号线对电流要求不大,通常这个 DC-DC 是通过电荷泵来实现的。现在几乎所有这类转换芯片内部都集成了电荷泵,可直接产生符合 RS-232C 逻辑要求的电平。常用的转换芯片有 Maxim 公司的 MAX3232、MAX232、MAX485 等。

　　一片 MAX3232 可实现两路 3 线串口或者一路 5 线串口的电平转换,如图 8.6 所示。其中,网络 RS232TXD0、RS232TXD1、RS232RXD0 和 RS232RXD1 为 RS-232C 的逻辑电平,这样就可以使用 S3C24xx 芯片内部的 UART0 或 UART1 来实现符合 RS-232C 标准的串行通信。

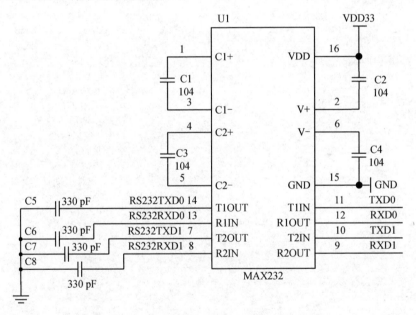

图 8.6　MAX3232 实现两路 3 线串口电平转换

8.3.2　串口初始化

　　有了上面的接口电路,还需要编程设置 UART0 或 UART1 内部的寄存器,才能使 UART0 或 UART1 模块按照 RS-232C 标准控制串行通信。

　　初始化编程需要设置的内容主要有根据 RS-232C 数据格式要求,确定本次通信需要采用的数据位数、奇偶校验方式、停止位,并且还需要设置通信波特率以及是否开放中断等。

例 8.1:下面以 UART0 为例说明串口初始化函数。该函数虽然设计成通用的串口初始化函数,即对 UART0、UART1、UART2 均可以初始化,但本例子中只给出 UART0 和 UART1 初始化对应的代码,UART2 的初始化代码与 UART1 初始化代码类似,只不过涉及的寄存器不同而已。

函数中,Uartnum 参数用来确定初始化的是 UART0 模块、UART1 或 UART2 模块,其他参数是双方约定好的数据格式和波特率。

```
/************************************************************
        功能:初始化串口(不使用 FIFO,不产生接收错误中断)
        参数:
        Uartnum:选择 UART0/UART1/UART2(0/1/2)
        parity:选择奇偶校验方式(0:无校验,4:奇校验,5:偶校验)
        stop:选择停止位(0:1 位停止位,1:2 位停止位)
        data:选择数据位(0:5 位,1:6 位,2:7 位,3:8 位)
        baud:波特率
 ************************************************************/
void rs232_Init(INT8U com ,INT32U parity ,INT32U stop ,INT32U data ,int baud)
{
    if(Uartnum == 0)                                 //初始化 UART0
    {
        rGPHCON = (rGPHCON&0xffffff00)|0xaa;          //设置 GPH 端口为 UART
        rUFCON0 = 0x0;                                //不使用 FIFO
        rUMCON0 = 0x0;                                //禁止自动流控制
        rULCON0 = (parity<<3)|(stop<<2)|(data);       //8 个数据位,1 个停止位,奇偶
                                                      //校验位
                                                      //不采用红外线传输模式
        rUCON0 = 0x205;    //当 Tx 缓冲为空时,以电平信号触发发送中断请求
                           //当 Rx 缓冲有数据时,以脉冲信号触发接收中断请求
                           //禁止超时中断,禁止产生接收出错状态的中断请求
                           //禁止回环模式,禁止发送暂停信号,发送数据操作按中断方式
                           //接收数据操作按中断方式
        rUBRDIV0 = (int)(PCLK/(baud * 16)) - 1 ;      //设置波特率
        rINTMSK = rINTMSK&(~(BIT_GLOBAL|BIT_URXD0));  //开中断
        pISR_URXD0 = (int)rxCharDone_0;               //设置中断入口
    }
    else if (Uartnum == 1)                            //UART1 的初始化
    {
        rUFCON1 = 0x0;
        rUMCON1 = 0x0;
        rULCON1 = (parity<<3)|(stop<<2)|(data);
        rUCON1 = 0x205;
        rUBRDIV0 = (int)(PCLK/(baud * 16)) - 1 ;
    }
    else
    {

                                          //UART2 的初始化与 UART1 类似,略

    }
}
```

8.3.3　发送/接收程序举例

例 8.2:发送和接收程序。

```
/*********************************************
功能:字符发送
参数:
Uartnum:选择 UART0/UART1/UART2(0/1/2)
data:要发送的字符
*********************************************/
/*字符发送程序 Uart_SendByte*/
#define WrUTXH0 (ch)( *(volatile unsigned char* )0x50000020) = (unsigned char)(ch)
#define WrUTXH1 (ch)( *(volatile unsigned char* )0x50004020) = (unsigned char)(ch)
#define WrUTXH2 (ch)( *(volatile unsigned char* )0x50008020) = (unsigned char)(ch)
void Uart_SendByte (INT8U Uartnum , INT8U data)
{
  if (Uartnum == 0)                         //UART0
  {
    while ((rUTRSTAT0 & 0x2));              //当发送数据缓冲区不空,执行下一条指令
    Delay(2);
    WrUTXH0 (data);
  }
  else if (Uartnum == 1)
  {
    while ((rUTRSTAT1 & 0x2));              //UART1
    Delay(2);
    WrUTXH1 (data);
  }
  else if (Uartnum == 2)
  {
    while ((rUTRSTAT2 & 0x2));              //UART2
    Delay(2);
    WrUTXH2 (data);
  }
}
/*********************************************
    功能:字符接收
    参数:
    Uartnum:选择 UART0/UART1/UART2(0/1/2)
    *Revdata:接收字符
    Uart_GetByte:正确接收
*********************************************/
/*字符接收程序 Uart_GetByte*/
#define RdURXH0 () ( *(volatile unsigned char *)0x50000024)
#define RdURXH1 () ( *(volatile unsigned char *)0x50004024)
#define RdURXH2 () ( *(volatile unsigned char *)0x50008024)
char Uart_GetByte(char *Revdata,int Uartnum)
{
```

```
int i = 0;
if (Uartnum == 0)                            //UART0
  while((Rutrstat0 &0x1));                   //读接收数据
  * Revdata = RdURXH0();
  return TRUE;
}
else (Uartnum == 1)                          //UART1
{
  while((rUTRSTAT1 & 0x1));
  * Revdate = RdURXH1();
  return TRUE;
}
else (Uartnum == 2)                          //UART2
{
  while((rUTRSTAT2 & 0x1));
  * Revdate = RdURXH2();
  return TRUE;
}
}
```

8.4 IIS 串行数字音频接口

IIS(Inter – IC Sound bus,集成电路内置音频总线)又称 I2S,是飞利浦公司提出的串行数字音频总线协议。目前很多音频芯片和 MCU 都提供了对 IIS 的支持,是工业领域或嵌入式系统领域常采用的音频总线之一。

IIS 总线一般有 4 根信号线,分别是 IISDI(串行数据输入线)、IISDO(串行数据输出线)、IISLRCK(左/右声道选择线)及 IISCLK(串行数据位时钟线)。

IIS 总线接口是典型的主从模式,但在 IIS 总线上最多只能有一个主设备,由它产生时钟信号 IISLRCK 和 IISCLK。数据总是在时钟的触发下从发送端流向接收端。典型的 IIS 总线连接如图 8.7 所示。

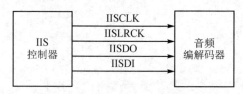

图 8.7 典型的 IIS 总线连接

S3C24xx 中 IIS 总线接口的结构如图 8.8 所示。图中各部分的功能描述如下

➤ BRFC:指总线接口、寄存器区和状态机。总线接口逻辑和 FIFO 访问由该状态机控制。

➤ IPSR:指两个 5 位预分频器 IPSR_A 和 IPSR_B,一个预分频器作为 IIS 总线接口的主时钟发生器,另一个预分频器作为外部 CODEC 的时钟发生器。

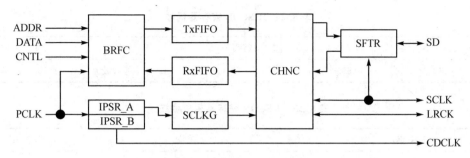

图 8.8　IIS 总线接口的结构图

➤ TxFIFO 和 RxFIFO：指两个 64 字节的 FIFO，发送数据时，数据写入 TxFIFO；接收数据时，数据从 RxFIFO 读取。

➤ SCLKG：指 IISCLK 发生器，由主设备产生该串行位时钟。

➤ CHNC：指左/右声道通道发生器和状态机，用于产生并控制 IISCLK 和 IISL-RCK。

➤ SFTR：指 16 位移位寄存器。发送时，并行数据移入 SFTR 并转换成串行数据输出；接收时，输入的串行数据移入 SFTR 并转换成并行数据。

S3C24xx 的 IIS 总线可以连接一个外部 8 或 16 位立体声音频编解码器（CO-DEC），既可支持 IIS 总线数据格式，也可支持 MSB - justified 数据格式。IIS 接口对 FIFO 的访问采用 DMA 传输模式，而没有使用中断模式。它可以只发送或只接收数据，也可以同时发送数据和接收数据。

对于只发送或只接收数据模式，又可以分为正常传输模式和 DMA 传输模式。

➤ 在正常传输模式下，IIS 控制寄存器有一个 FIFO 准备好标志位。当发送数据时，如果发送 FIFO 不空，则该标志为 1，FIFO 准备好发送数据；如果发送 FIFO 为空，则该标志为 0。当接收数据时，如果接收 FIFO 不满，则该标志为 1，指示可以接收数据；若 FIFO 满，则该标志为 0。通过该标志位可以确定 CPU 读/写 FIFO 的时间。

➤ 在 DMA 传输模式下，FIFO 寄存器组控制权掌握在 DMA 控制器上，发送和接收 FIFO 的存取由 DMA 控制器来实现，由 FIFO 就绪标志自动请求 DMA 服务。

对于同时发送和接收数据模式，IIS 总线接口可以同时发送和接收数据。因为只有一个 DMA 源，因此在该模式只能是一个通道（如发送通道）用正常传输模式，另一个通道（如接收通道）用 DMA 传输模式。

利用 S3C24xxA IIS 总线接口实现音频数据接收和发送时，首先要对 IIS 总线接口的相关寄存器进行正确配置。这些寄存器包括 IIS 控制寄存器（IISCON）、IIS 模式寄存器（IISMOD）、IIS 分频寄存器（IISPSR）、IIS FIFO 控制寄存器（IISFCON）和 IIS FIFO 寄存器（IISFIFO）。各寄存器的含义分别如表 8.24～表 8.33 所列。

表 8.24　IISCON 寄存器描述

寄存器	地　址	读/写	描　述	复位值
IISCON	0x55000000	R/W	IIS 控制寄存器	0x100

表 8.25　IISCON 寄存器相应位描述

IISCONn	位	描　述	复位值
左/右声道选择(只读)	8	0:左声道;1:右声道	1
发送 FIFO 就绪标志(只读)	7	0:发送 FIFO 空;1:发送 FIFO 不空	0
接收 FIFO 就绪标志(只读)	6	0:接收 FIFO 满;1:接收 FIFO 未满	0
发送 DMA 服务请求	5	0:禁止;1:使能	0
接收 DMA 服务请求	4	0:禁止;1:使能	0
发送通道空闲命令	3	在空闲状态,IISLRCK 无效(暂停发送)。 0:不空闲;1:空闲	0
接收通道空闲命令	2	在空闲状态,IISLRCK 无效(暂停接收)。 0:不空闲;1:空闲	0
IIS 预分频器	1	0:无效;1:使能	0
IIS 接口	0	0:无效(停止);1:使能(启动)	0

表 8.26　IISMOD 寄存器描述

寄存器	地　址	读/写	描　述	复位值
IISMOD	0x55000004	R/W	IIS 模式寄存器	0 x 000

表 8.27　IISMOD 寄存器相应位描述

IISMODn	位	描　述	复位值
主/从模式选择	8	0:主模式(IISLRCK 和 IISCLK 为输出模式) 1:从模式(IISLRCK 和 IISCLK 为输入模式)	0
发送/接收模式选择	7:6	00:不传输;01:接收模式 10:发送模式;11:发送和接收模式	00
左/右声道的激活电平	5	0:左声道为低(右通道为高);1:左声道为高(右通道为低)	0
串口格式	4	0:IIS 格式;1:MSB－justified 格式	0
每个声道的串行数据位	3	0:8 位;1:16 位	0
主时钟频率选择	2	0:256 f_s;1:384 f_s(f_s 为采样频率)	0
串行时钟频率选择	1:0	00:16 f_s;01:32 f_s;10:48 f_s;11:N/A	00

表 8.28　IISPSR 寄存器描述

寄存器	地　址	读/写	描　述	复位值
IISPSR	0x55000008	R/W	IIS 分频寄存器	0x000

表 8.29　IISPSR 寄存器相应位描述

IISPSRn	位	描　述	复位值
预分频控制 A	9:5	数据值范围:0~31 注:预分频器 A 使用内部主时钟,并且除数因子为 N+1	00000
预分频控制 B	4:0	数据值范围:0~31 注:预分频器 B 使用外部时钟,并且除数因子为 N+1	00000

表 8.30　IISFCON 寄存器描述

寄存器	地　址	读/写	描　述	复位值
IISFCON	0x4800000C	R/W	IIS FIFO 控制寄存器	0x0000

表 8.31　IISFCON 寄存器相应位描述

IISFCONn	位	描　述	复位值
发送 FIFO 访问模式选择	15	0:正常模式;1:DMA 模式	0
接收 FIFO 访问模式选择	14	0:正常模式;1:DMA 模式	0
发送 FIFO 使能位	13	0:禁止;1:使能	0
接收 FIFO 使能位	12	0:禁止;1:使能	0
发送 FIFO 数据计数值(只读)	11:6	数据计数值:0~32	000000
接收 FIFO 数据计数值(只读)	5:0	数据计数值:0~32	000000

表 8.32　IISFIFO 寄存器描述

寄存器	地　址	读/写	描　述	复位值
IISFIFO	0x48000010	R/W	IIS FIFO 寄存器	0x0000

注:IISFIFO 寄存器也称为 FENTRY 寄存器,该寄存器是 IIS FIFO 的数据入口寄存器,负责把 FIFO 得到的数据发送出去,同时也负责把接收的数据送入 FIFO。

表 8.33　IISFIFO 寄存器相应位描述

IISFIFOn	位	描　述	复位值
FENTRY	15:0	IIS 接收和发送的数据	0x0000

8.4.1　IIS 接口总线格式

　　S3C24xx 的 IIS 总线接口支持 IIS 总线数据格式和 MSB－justified(MSB－调整)总线数据格式,如图 8.9 所示。

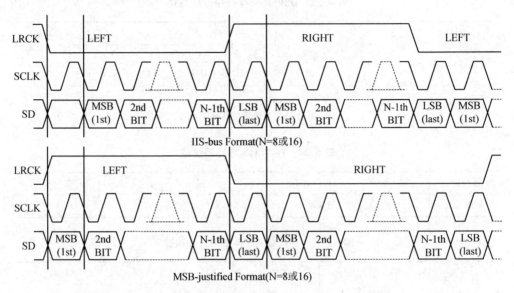

图 8.9　IIS 总线格式和 MSB－justified 格式数据格式

1. IIS 总线格式

　　IIS 总线包含 4 条信号线：IISDI、IISDO、IISLRCK 和 IISCLK,其中 IISLRCK 和 IISCLK 信号由主设备产生。串行数据以 2 的补码发送,首先发送最高位。首先发送最高位是因为发送方和接收方可以有不同的字长度。

　　发送方不必知道接收方能处理的位数,同样接收方也不必知道发送方正发来多少位的数据。

　　当系统字长度大于发送器的字长度时,字被切断(最低数据位设置为 0)发送。如果接收器接收到比它的字长更多的数据位,则多的位忽略。另一方面,如果接收器收到的数据位数比它的字长小,则不足的位由内部补 0。因此,高位有固定的位置,而低位的位置依赖于字长度。发送器总是在 IISLRCK 变化的下一个时钟周期发送下一个字的高位。

　　发送器对串行数据的发送可以在串行时钟信号的上升沿或下降沿同步。然而,串行数据必须在串行时钟信号的上升沿锁存进接收器,所以发送数据时应使用串行时钟上升沿进行同步。

　　左/右通道选择线指示当前要发送数据的通道。IISLRCK 既可以在串行时钟的上升沿变化,也可以在下降沿变化,不需要同步。在从模式下,这个信号在串行时钟的上升沿锁存。IISLRCK 在最高位发送的前一个时钟周期内发生变化,这样从发送器可以为发送数据建立同步时序。另外,接收器可以存储前面的字,并清空输入以接收下一个字。

2. MSB - justified 格式

MSB - justified 格式与 IIS 总线格式结构相同,唯一不同的是,IISLRCK 无论什么时候一旦有变化,MSB - justified 格式要求发送器总是发送下一个字的最高位。

8.4.2　IIS 接口应用举例

1. 音频接口电路设计

S3C24xx 的 IIS 总线接口与 Philips 公司的 UDA1341TS 音频 CODEC 芯片的接口电路是典型的音频接口电路,如图 8.10 所示。UDA1341TS 可把通过 MIC 输入的立体声音频模拟信号转化为数字信号,同样也能把数字音频信号转换成模拟信号,通过音频输出通道输出。利用 UDA1341TS 内部的可编程增益放大器、自动增益控制功能对模拟信号进行处理。对于数字信号,UDA1341TS 提供数字音频处理功能。

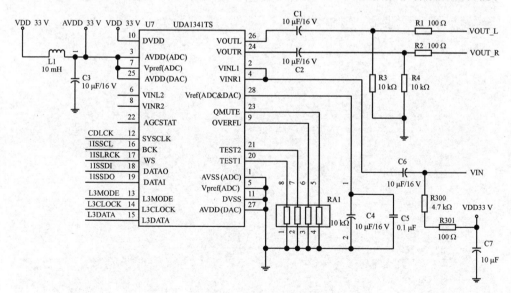

图 8.10　IIS 总线与 UDA1341TS 的接口电路

S3C24xx 的 IIS 接口线分别与 UDA1341TS 的 BCK、WS、DATAI 和 SYSCLK 相连。当 UDA1341TS 芯片工作在微处理器输入模式时,可以使用 UDA1341TS 的 L3 总线,即 L3DATA、L3MODE 和 L3CLOCK,L3DATA 为与微处理器接口的数据

线,L3MODE 为模式控制线,L3CLOCK 为时钟线。L3 接口相当于一个混音器控制接口,可以通过微处理器控制输入/输出音频信号的音量大小、低音等。S3C24xx 没有与 L3 总线配套的专用接口,可以利用通用 I/O 口进行控制,如 GPB2、GPB3 和 GPB4。

2. 音频录放的编程实例

在使用 IIS 总线接口发送和接收音频数据时,首先要启动 IIS 操作,传输数据结束后应结束 IIS 操作。

启动 IIS 操作,需要执行如下过程:

➤ 允许 IISFCON 寄存器的 FIFO;

➤ 允许 IISFCON 寄存器的 DMA 请求;

➤ 允许 IISFCON 寄存器的启动。

结束 IIS 操作,需要执行如下过程:

➤ 禁止 IISFCON 寄存器的 FIFO,若还想发送 FIFO 的剩余数据,则跳过这一步;

➤ 禁止 IISFCON 寄存器的 DMA 请求;

➤ 禁止 IISFCON 寄存器的启动。

例 8.3:本实例实现了对语音的实时录制和实时播放功能。该功能主要是通过函数 IIS_RxTx(void)来实现的,具体代码如下:

```
Void IIS_RxTx (void) {
  Unsigned int I;
  Unsigned short * rxdata;
  Rx_Done = 0;
  Tx_Done = 0;
  //由于使用 DMA 方式进行语音录放,因此这里需要注册 DMA 中断
  PISR_DMA2 = (unsigned) TX_Done;
  PISR_DMA1 = (unsigned) TX_Done;
  rINTMSK & = ~(BIT_DMA1);
  rINTMSK & = ~(BIT_DMA2);
  rxdata = (unsigned short *) malloc (0x80000); //384 KB
  for (i = 0 ; i< 0xffff0 ; i++)
  * (rxdata + i) = 0 ;
  While (1) {
    //录音过程,DMA1 用于音频输入
    rDMASKTRIG1 = (1<<2)|(0<<1);
    //初始化 DMA 通道 1
    rDISRC1 = (U32) IISFIFO;            //接收 FIFO 地址
    rDISRCC1 = (1<<1)|(1<<0);          //源 = APB,地址固定
    rDIDSTC1 = (0<<1)|(0<<0);          //目录 = AHB,地址增加
    rDCON1 = (0<<31)|(0<<30)|(1<<29)|(0<<28)|(0<<27)|(2<<24)|(1<<
        23)|(1<<22)|(1<<20)|(0xffff0);
      //握手模式,与 APB 同步,中断使能,单元发送,单个服务模式,目标 = IISSDI
      //硬件请求模式,不自动重加载,半字
```

```
    rDMASKTRIG1 = (1<<1) ;              //DMA1 通道打开
    //初始化 IIS,用于接收
    rIISCON  = (0<<5)|(1<<4)|(1<<1) ;
        //发送 DMA 请求禁止,接收 DMA 请求使能,IIS 预分频器使能
    rIISMOD = (0<<8)|(1<<6)|(0<<5)|(4<<4)|(1<<3)|(0<<2)|(1<<0) ;
        //主模式,接收模式,IIS 格式,16 位,主时钟频率 256fs
        //串行数据位时钟频率 32fs
    rIISPSR  = (1<<8)|(1<<3) ;       //预分频值 A = 45 MHz/8
                                     //预分频值 B = 45 MHz/8
    rIISFCON = (0<<15)|(1<<14)|(0<<13)|(1<<12) ;
        //发送 FIFO = 正常,接收 FIFO = DMA,发送 FIFO 禁止,接收 FIFO 使能
    rIISCON | = (1<<0) ;             //IIS 使能
    while (!Rx_Done) ;
    Rx_Done = 0 ;
    //IIS 停止
    Delay (10) ;                     //用于结束半字/字接收
    rIISCON  = 0x0 ;                 //IIS 停止
    rDMASKTRIG1 = (1<<2) ;           //DMA1 停止
    rIISFCON     = 0x0 ;             //发送/接收 FIFO 禁止
    //放音过程,DMA2 用于音频输出
    rDMASKTRIG2 = (1<<2)|(0<<1) ;
    //初始化 DMA 通道 2
    rDISRC2 = (U32) (rxdate) ;
    rDISRCC2 = (0<<1)|(0<<0) ;       //源 = AHB,地址增加
    rDIDST2 = (U32) IISFIFO ;        //发送 = FIFO 地址
    rDIDSTC2 = (1<<1)|(1<< 0) ;      //目标 = APB,地址固定
    rDCON2 = (0<<31) (0<<30)|(1<<29)|(0<<28)|(0<<27) (0<<24)|(1<<
        23)|(1<<22)|(1<<20)|(0xffff0) ;
                    //握手模式,与 APB 同步,中断使能,单元发送,单个服务模式,
            目标 = IISSDO
        //硬件请求模式,不自动重加载,半字
    rDMASKTRIG1 = (1<<1) ;           //DMA2 通道打开
    //初始化 IIS,用于发送
    rIISCON = (1<<5)|(0<<4)|(1<<1) ;
        //发送 DMA 请求使能,接收 DMA 请求禁止,IIS 预分频器使能
    rIISMOD = (0<<8)|(1<<6)|(0<<4)|(1<<3)|(0<<2)|(1<<0)
        //主模式,发送模式,IIS 格式,16 位,主时钟频率 256fs
        //串行数据位时钟频率 32fs
    rIISPSR  = (1<<8)|(1<<3) ;       //预分频值 A = 45 MHz/8
                                     //预分频值 B = 45 MHz/8
    rIISFCON = (1<<15)|(0<<14)|(1<<13)|(0<<12) ;
        //发送 FIFO = DMA,接收 FIFO = 正常,发送 FIFO 使能,接收 FIFO 禁止
    rIISCON | = (1<<0) ;             //IIS 使能
    while (!Tx_Done) ;
    Tx_Done = 0 ;
    rIISCON = 0x0 ;                  //IIS 停止
    rDMASKTRIG2 = (1<<2) ;           //DMA2 停止
    rIISFCON = 0x0 ;                 //发送/接收 FIFO 禁止
}
free (rxdata) ;
```

```
    rINTMSK |=(BIT_DMA2);
    rINTMSK |=(BIT_DMA1);
    ChangeClockDivider (1, 1);            //1;2;4
    ChangeMPllValue (0xa1, 0x3 ,0x1);     //FCLK = 202.8 MHz
}
```

8.5　IIC 接口

IIC 接口是嵌入式系统中常用的网络接口之一,采用串行通信方式,使用多主从架构,用以连接 MCU 周边低速设备,支持 100 kbps 传输速率,最大可达 400 kbps。

8.5.1　IIC 总线

IIC /I^{2}C(Inter‐Integrated Circuit)总线是由 PHILIPS 公司针对 MCU 需要而研制的一种两线式串行总线。IIC 总线的主要特点如下:

➤ IIC 总线最主要的优点是其简单性和有效性。

➤ 由于接口直接在组件之上,因此 IIC 总线占用的空间非常小,减少了电路板的空间和芯片管脚的数量,降低了互联成本。

➤ 总线的长度可高达 25 英尺(约 7.6 m),并且能够以 100 kbps 的传输速率支持 40 个组件。

➤ IIC 总线的另一个优点是支持多主控(Multi‐master),其中任何能够进行发送和接收的设备都可以称为主总线。一个主控能够控制信号传输和时钟频率。当然,在任何时间点上只能有一个主控。

1. IIC 总线系统组成

IIC 总线协议包含两层协议:物理层和数据链路层。

在物理层,IIC 总线仅使用了两条信号线:一个是串行数据线 SDA (Serial DAta line),用于数据的发送和接收;另一个是串行时钟线 SCL (Serial Clock Line)构成的串行总线,用于指示何时数据线上是有效数据,即数据同步。MCU 与被控 IC 之间、IC 与 IC 之间进行双向传送,最高传送速率达 400 kbps。

在数据链路层,每个连接到 IIC 总线上的设备都有唯一的地址,设备的地址由系统设计者决定。在信息的传输过程中,IIC 总线上并接的每一设备既是主设备(或从设备)又是发送器(或接收器),这取决于它所要完成的功能。

由 IIC 总线所构成的系统可以有多个 IIC 节点设备,并且可以是多主系统,任何一个设备都可以为主 IIC;但是任一时刻只能有一个主 IIC 设备,IIC 具有总线仲裁功能,以保证系统正确运行。主 IIC 设备发出时钟信号、地址信号和控制信号,选择通信的从 IIC 设备并控制收发。IIC 总线要求:① 各个节点设备必须具有 IIC 接口功能；② 各个节点设备必须共地；③ 两根信号线必须接上拉电阻，如图 8.11 所示。

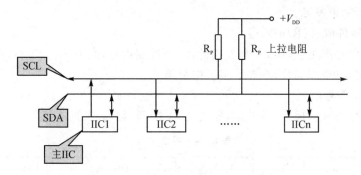

图 8.11　多 IIC 设备接口示意图

2. IIC 总线的状态及信号

(1) 空闲状态

SCL 和 SDA 均处于高电平状态，即为总线空闲状态（空闲状态为何是高电平的道理很简单，因为它们都接上拉电阻）。

(2) 占有总线和释放总线

若想让器件使用总线，则应当先占有它，即占有总线的主控器向 SCL 线发出时钟信号。数据传送完成后应当及时释放总线，即解除对总线的控制（或占有），使其恢复成空闲状态。

(3) 启动信号(S)

启动信号由主控器产生。在 SCL 信号为高时，SDA 产生一个由高变低的电平变化，产生启动信号。

(4) 结束/停止信号(P)

当 SCL 线高电平时，主控器在 SDA 线上产生一个由低电平向高电平跳变，产生停止信号。启动信号和停止信号的产生如图 8.12 所示。

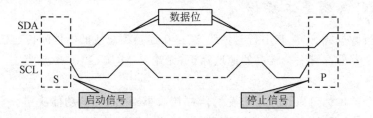

图 8.12　启动信号和停止信号的产生

(5) 应答/响应信号(A/NA)

应答信号是对字节数据传输的确认。应答信号占 1 位，数据接收者接收 1 字节数据后，应向数据发出者发送一个应答信号。对应于 SCL 第 9 个应答时钟脉冲，若

SDA 线仍保持高电平,则为非应答信号(NA/ACK)。低电平为应答,继续发送;高电平为非应答,结束发送。

(6) 控制位信号(R/nW)

控制位信号占 1 位,IIC 主机发出的读/写控制信号,高为读、低为写(对 IIC 主机而言)。控制位(或方向位)在寻址字节中给出。

(7) 地址信号

地址信号为从机地址,占 7 位,如表 8.34 所列,称为"寻址字节"。

表 8.34　寻址字节

寻址字节位	D7	D6	D5	D4	D3	D2	D1	D0
寻址位字段	DA3	DA2	DA1	DA0	A2	A1	A0	R/nW

器件地址(DA3～DA0):DA3～DA0 是 IIC 总线接口器件固有的地址编码,由器件生产厂家给定,如 AT24C××IIC 总线 EEPROM 器件的地址为 1010 等。

引脚地址(A2、A1、A0):引脚地址由 IIC 总线接口器件的地址引脚 A2、A1、A0 的高低来确定,接高电平者为 1,接地者为 0。

读/写控制位/方向位(R/n W):R/nW 为 1 表示主机读,R/nW 为 0 表示主机写。

7 位地址和读写控制位组成 1 个字节,即寻址字节。

(8) 等待状态

在 IIC 总线中,赋予接收数据的器件具有使系统进行等待状态的权力,但等待状态只能在一个数据字节完整接收之后进行。例如,当进行主机发送从机接收的数据传送操作时,若从机在接收到一个数据字节后,由于中断处理等原因而不能按时接收下一个字节,则从机可以通过把 SCL 下拉为低电平而强行使主机进入等待状态;在等待状态下,主机不能发送数据,直到从机认为自己能继续接收数据时再释放 SCL 线,使系统退出等待状态,主机才可以继续进行后续的数据传送。

3. IIC 总线基本操作

① 串行数据线 SDA 和串行时钟线 SCL 在连接到总线的器件间传递信息。

② 每个器件都有一个唯一的地址标识,无论是 MCU、LCD 驱动器、存储器或键盘接口。

③ 每个器件都可以作为一个发送器或接收器,由器件的功能决定。显然,LCD 驱动器只是一个接收器,而存储器则既可以接收又可以发送数据。

④ 除了将器件看作发送器和接收器外,在执行数据传输时它也可以被看作主机或从机。

⑤ 主机是初始化总线的数据传输并产生允许传输时钟信号的器件,此时任何被寻址的器件都被看作从机。

IIC 总线操作的有关术语如表 8.35 所列。

表 8.35　IIC 总线操作常用术语

术　语	描　述
发送器	发送数据到总线的器件
接收器	从总线接收数据的器件
主机	初始化发送产生时钟信号和终止发送的器件
从机	被主机寻址的器件
多主机	同时有多于一个主机尝试控制总线但不破坏报文
仲裁	是一个在有多个主机同时尝试控制总线但只允许其中一个控制总线并使报文不被破坏的过程
同步	两个或多个器件同步时钟信号的过程

4. 启动和停止条件

在 SCL 线是高电平时,SDA 线从高电平向低电平切换,这个情况称为启动条件。当 SCL 是高电平时,SDA 线由低电平向高电平切换,称为停止条件。

启动和停止条件一般由主机产生。总线在启动条件后被认为处于忙的状态,在停止条件的某段时间后,总线被认为再次处于空闲状态。如果产生重复启动条件 Sr 而不产生停止条件 P,则总线将一直处于忙状态。

5. IIC 总线数据传输格式

(1) 一般格式

IIC 总线数据传输一般格式如图 8.13 所示,其中,S 为启动信号,R/nW 为读/写控制位,A 为应答信号,P 为停止信号。

S	从IIC地址(7位)	R/nW	A	传输数据……	A	P

图 8.13　IIC 总线数据传输一般格式

(2) 主控制器写操作格式

IIC 总线主控制器写操作格式如图 8.14 所示,其中,启动信号 S、从 IIC 地址、控制信号 nW 以及各个数据均由主 IIC 设备发送,从 IIC 设备接收;应答信号 A/NA 由从 IIC 设备发送,主 IIC 设备接收。

S	从IIC地址(7位)	nW	A	数据1	A	数据2	A	……	数据n	A/NA	P

图 8.14　IIC 总线主控制器写操作格式

(3) 主控制器读操作格式

IIC 总线主控制器读操作格式如图 8.15 所示,启动信号 S、从 IIC 地址、控制信号 R、数据 1 后的应答信号 A/NA、停止信号 P 由主 IIC 设备发送,从 IIC 设备接收;数据 1 前的应答信号 A 和各个数据均由从 IIC 设备发送,主 IIC 设备接收。

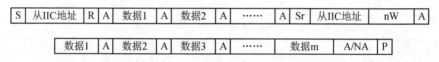

| S | 从IIC地址(7位) | R | A | 数据1 | A | 数据2 | A | …… | 数据n | NA | P |

图 8.15　IIC 总线主控制器读操作格式

(4) 主控制器读/写操作格式

从图 8.16 可以看出,由于在一次传输过程中要改变数据的传输方向,因此启动信号和寻址字节都要重复一次(这里重复启动信号用 Sr 表示),而中间可以不要结束信号。在一次传输中,可以有多次启动信号。

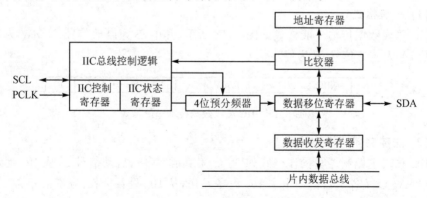

| S | 从IIC地址 | R | A | 数据1 | A | 数据2 | A | …… | A | Sr | 从IIC地址 | nW | A |

| 数据1 | A | 数据2 | A | 数据3 | A | …… | 数据m | A/NA | P |

图 8.16　IIC 总线主控制器读/写操作格式

8.5.2　S3C24xx IIC 接口

1. S3C24xx IIC 总线接口构成

S3C24xx IIC 总线控制器主要包括 5 部分:数据收发寄存器、数据移位寄存器、地址寄存器、时钟发生器和控制逻辑等部分,如图 8.17 所示。

图 8.17　S3C24xx IIC 串行总线控制器框图

S3C24xx IIC 总线接口具有一个专门的串行数据线和串行时钟线。它有主机发送模式、主机接收模式、从机发送模式和从机接收模式 4 种操作模式。控制 S3C24xx IIC 总线操作时,需要写数据到 IICCON(IIC 总线控制寄存器)、IICSTAT(IIC 总线控制/状态寄存器)、IICDS (IIC 总线 Tx/Rx 数据移位寄存器)和 IICADD (IIC 总线地址寄存器)等寄存器。

S3C24xx 芯片直接支持 IIC 总线序列接口,其端口 E 的 GPE15 用作数据线(SDA),GPE14 用作连续时钟线(SCL)。这两根信号线用于在 S3C24xx 芯片内部的总线主控器和连接到 IIC 总线上的外围设备之间传输信息,此数据线和连续时钟线均是双向的。

当 IIC 总线空闲时,GPE15 引脚(SDA 信号线)和 GPE14 引脚(SCL 信号线)都应设置成高电平。GPE15 引脚从高电平转换到低电平时,启动一次传输。当 GPE14 保持在高电平时,GPE15 引脚从低电平转换到高电平则表示传输结束。其传输协议遵循前面介绍的 IIC 总线协议。

2. S3C24xx IIC 总线的寄存器读/写操作

在发送器模式下,数据被发送之后,IIC 总线接口会等待直到 IICDS(IIC 数据移位寄存器)被程序写入新的数据。在新的数据被写入之前,SCL 线都被拉低。新的数据写入之后,SCL 线被释放。S3C24xx 可以利用中断来判断当前数据字节是否已经完全送出。在 CPU 接收到中断请求后,在中断处理中再次将下一个新的数据写入 IICDS,如此循环。

在接收模式下,数据被接收到后,IIC 总线接口将等待直到 IICDS 寄存器被程序读出。在数据被读出之前,SCL 线保持低电平。新的数据从读出之后,SCL 线才释放。S3C24xx 也可利用中断来判别是否接收到了新的数据。CPU 收到中断请求之后,处理程序将从 IICDS 读取数据。

3. IIC 总线仲裁

IIC 总线操作一般要进行仲裁。总线仲裁发生在两个主 IIC 设备中,如果一个主设备欲使用总线,而测得 SDA 为低电平,则该主设备仲裁不能够使用总线启动传输。这个仲裁过程会延长,直到 SDA 信号线变为高电平为止。

4. S3C24xx IIC 专用寄存器

S3C24xx 有 4 个 IIC 专用寄存器,各专用寄存器名描述如表 8.36 所列。

表 8.36　IIC 专用寄存器

寄存器名	地　　址	读/写	描　　述	复位值
IICCON	0x54000000	R/W	IIC 总线控制寄存器	0x0X
IICSTAT	0x54000004	R/W	IIC 总线控制/状态寄存器	0x0
IICADD	0x54000008	R/W	IIC 总线地址寄存器	0xXX
IICDS	0x5400000C	R/W	IIC 数据发送/接收寄存器	0xXX

这里以 IICCON 寄存器为例进行说明。从表 8.35 可以看出,IICCON 寄存器是可读/写的,地址为 0x54000000,复位的初值为 0x0X,即高 4 位为 0,低 4 位不确定。下面介绍这些专用寄存器的格式。

(1) IIC 控制寄存器(IICCON)

IICCON 寄存器格式如表 8.37 所列。

表 8.37　IICCON 寄存器格式

字段名	位	描　　述	复位值
Acknowledge generation	7	应答使能。0:禁止应答;1:自动应答 应答电平:Tx 时为高;Rx 时为低	0
Tx clock source selection	6	发送时钟分频选择。 0:IICCLK=$f_{PCLK}/16$; 1:IICCLK=$f_{PCLK}/512$	0
Tx/Rx Interrupt	5	收发中断控制位。0:禁止;1:允许	0
Interrupt Pending flag	4	中断标志位。读:0 表示无中断请求,1 表示有中断请求 写:写 0 清除中断标志,写 1 不操作	0
Transmit clock value	3:0	发送时钟预分频值。 Tx clock=IICCLK/(IICCON[3:0]+1)	0

注:① 应答使能问题:一般情况下为使能,在对 IIC EEPROM 读最后一个数据前可以禁止应答,以便于产生结束信号。

　　② 中断事件包括完成收发、地址匹配和总线仲裁失败。

　　③ 中断控制位问题。设为 0 时,中断标志位不能正确操作,故总设为 1。

　　④ 时钟预分频问题。当分频位选择为 0 时,预分频值必须大于 1。

(2) IIC 控制状态寄存器(IICSTAT)

IICSTAT 寄存器格式如表 8.38 所列。

表 8.38　IICSTAT 寄存器格式

字段名	位	描　　述	复位值
Mode selection	7:6	工作模式选择。00:从收;01:从发; 10:主收;11:主发	00
Busy/START STOP condition	5	忙状态/启、停控制。读:1 表示忙;0 表示闲 写:0 产生结束信号,1 产生启动信号	0
Serial output	4	数据输出控制。0:禁止;1:允许收发	0
Arbitration Status flag	3	仲裁状态标志。0:仲裁成功; 1:仲裁失败(因为在连续 I/O 中)	0
Address－as－slave status flag	2	从地址匹配状态。0:与 IICADD 不匹配 1:匹配。在收到 SART/STOP 时清 0	0

续表 8.38

字段名	位	描　述	复位值
Address zero status flag	1	0 地址状态标志。0:收到的为非 0 地址 1:收到 0 地址。在收到 SART/STOP 时清 0	0
Last – received bit status flag	0	最后收到位状态。0:最后位为 0,收到 ACK; 1:最后位为 1,未收到 ACK	0

这里给出 IICSTAT 几个常用的控制字:

➤ 启动主设备发送的控制字为 0xF0;

➤ 结束主设备发送的控制字为 0xD0;

➤ 启动主设备接收的控制字为 0xB0;

➤ 结束主设备接收的控制字为 0x90。

(3) IIC 地址寄存器(IICADD)

IICADD 寄存器格式如表 8.39 所列。

表 8.39　IICADD 寄存器格式

字段名	位	描　述	复位值
Slave address	7:1	7 位从地址	0xXX
Not mapped	0	不用	—

注:① 该地址对从设备有意义,对主设备无意义。

　② 只有在不发送数据时(数据传送控制位 IICSTAT[4]=0)才能对其写,任何时间都可以读。

(4) IIC 数据发送/接收寄存器 (IICDS)

IICDS 寄存器格式如表 8.40 所列。

表 8.40　IICDS 寄存器格式

字段名	位	描　述	复位值
Data shift	7:0	8 位移位接收或移位发送的数据	0xXX

注:① 在本设备接收时,对其作读操作得到对方发来的数据,任何时间都可以读。

　② 在本设备发送时,对其写操作,将数据发向对方。

　③ 欲发送数据,必须使数据传输控制位 IICSTAT[4]=1 才能对其写。

5. S3C24xx IIC 串行总线编程

(1) IIC 总线操作流程

IIC 主发送模式流程操作如图 8.18 所示,IIC 主接收模式操作流程如图 8.19 所示。

在图 8.18 中,主发送程序完成 IICCON 专用寄存器配置后即可向 IICDS 写入数据,一旦数据写入 IICDS,即启动 IIC 总线主传送(向 IICSTAT 寄存器写入

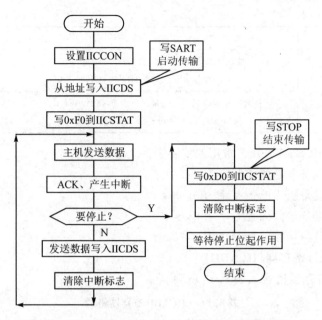

图 8.18　IIC 主发送模式流程

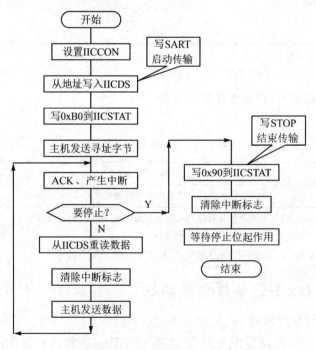

图 8.19　IIC 主接收模式流程

0xF0)。主机发送完一个字节数据后,判断 ACK 信号。若 ACK 信号之后还有数据要传送,则循环写入新的数据到 IICDS 寄存器;若没有新的数据需要传送,则向 IIC-

STAT 寄存器写入 0x0D,发停止信号,从而结束 IIC 总线主发送过程。

在图 8.19 中,IIC 主接收程序完成 IICCON 的配置后,即向 IICDS 寄存器写入从地址,并向 IICSTAT 寄存器写入 0x0B,即设置主接收模式并发送启动信号,随后传送 IICDS 寄存器中的数据(即寻址字节),判断 ACK 信号。若 ACK 信号之后还有数据需要接收,则循环接收新数据到 IICDS 寄存器;若没有新的数据需要接收,则向 IICSTAT 寄存器写入 0x09,发送停止信号,从而结束 IIC 总线主接收过程。

(2) IIC 总线编程

在任何 IIC 总线的传送和接收操作之前,必须执行初始化程序。初始化程序的主要功能有:

➢ 配置 S3C24xx 芯片相关的 I/O 引脚为 IIC 总线所需的功能引脚;

➢ 若有必要,则在 IICADD 寄存器中写入本芯片的从地址;

➢ 设置 IICCON 寄存器,用来使能中断、设定 SCL 周期等;

➢ 设置 IICSTAT 以使能传送模式等。

IIC 总线编程除了需要对 IIC 专用寄存器进行初始化编程外,还需要按照 IIC 总线的时序要求编写传送程序和接收程序。

例:试编写一程序片断,用 S3C24xx 的 IIC 接口对 AT24C04 串行 EPPROM 进行读/写操作。写入一组数据,然后读出并显示出来,查看是否正确。

分析:本例中,S3C24xx 的 IIC 为 IIC 主设备,AT24C04 为 IIC 从设备,进行的操作为主设备写(主发送模式)和主设备读(主接收模式)。

1) 设置 IIC 控制寄存器

● 收发传输:IICCON=0b 1 0 1 0 1111=0xAF

含义:应答使能、时钟分频为 $IICCLK=f_{PCLK}/16$、中断使能、清除中断标志、预分频值取 15。

● 接收结束传输:IICCON=0b 0 0 1 0 1111=0x2F

含义:禁止应答(非应答)、时钟分频为 $IICCLK=f_{PCLK}/16$、中断使能、清除中断标志、预分频值取 15。

2) IIC 控制状态寄存器

● 主模式发送、启动传输

IICSTAT=0b 11　1　1　0　0　0　0=0xF0

含义:主设备发送、启动传输、输出使能、低 4 位为状态位;

● 主模式发送、结束传输

IICSTAT=0b 11　0　1　0　0　0　0=0xD0

含义:主设备发送、结束传输、输出使能、低 4 位为状态位;

● 主模式接收、启动传输

IICSTAT=0b 10　1　1　0　0　0　0=0xB0

含义:主设备接收、启动传输、输出使能、低 4 位为状态位;

● 主模式接收、结束传输

IICSTAT＝0b 10　0　1　0　0　0　0＝0x90

含义：主设备接收、结束传输、输出使能、低 4 位为状态位。

3) 地址寄存器设置

● S3C24xx 地址寄存器。作为从设备，地址为 0x10(作为主设备无意义)。

● AT24C04 EEPROM 芯片地址。作为从设备，地址为 0xA0。

注：AT24C04 存储容量为 512 字节，该器件的编址为 1010A2A1P0，P0 为页地址，P0＝0 表示寻址低 256 字节单元，P0＝1 表示寻址高 256 字节单元。

(3) 寻址字节值

所寻址的"从设备地址＋操作控制命令"(R/W)：主设备发送的寻址字节为 0xA0；主设备接收的寻址字节为 0xA1。

根据上面的分析及 IIC 总线操作时序，满足题意的程序片断如下：

```
# include <string.h>
# include "2410addr.h"
# include "2410lib.h"
# include "def.h"
U32 _iicStatus;
......
void Test_Iic(void)
{   unsigned int i,j;
    static U8 data[256];
    Uart_Printf("[ IIC Test using AT24C02 ]\n");
    rGPEUP  | = 0xc000;                      //片内上拉电阻禁止
    rGPECON | = 0xa0000000;                  //GPE15：IICSDA, GPE14：IICSCL
    rIICCON  = (1<<7)|(0<<6)|(1<<5)|(0xf); //rIICCON = 0xAF
    rIICADD  = 0x10;                         //S3C24xx 作为 IIC 总线从设备的地址
    rIICSTAT = 0x10;                         //IIC 总线数据输出允许(Rx/Tx)
    Uart_Printf("Write test data into AT24C02(0 - 255)\n");
    for(i = 0;i<256;i ++ )
        _Wr24C02(0xa0,(U8)i,i);
     for(i = 0;i<256;i ++ )
        data[i] = 0;
    Uart_Printf("\nRead test data from AT24C02\n");
    for(i = 0;i<256;i ++ )
        _Rd24C02(0xa1,(U8)i,&(data[i]));
    for(i = 0;i<16;i ++ )
    {
        for(j = 0;j<16;j ++ )
            Uart_Printf(" %2x ",data[i * 16 + j]);
        Uart_Printf("\n");
    }
}
void _Wr24C02(U8 slvAddr,U8 addr,U8 data)
{   //slvAddr:从设备地址,此处为 0xa0
    //addr:待写入数据到芯片的地址
```

```
    //data:待写入的数据功能说明
    rIICDS = slvAddr;                   //发送从设备地址
    rIICSTAT = 0xf0;                    //启动发送
    while(rIICCON & 0x10 == 0);         //查询 Tx 中断状态
    rIICDS = addr;                      //发送存储器地址
    rIICCON = 0xaf;                     //清除中断状态
    while(rIICCON & 0x10 == 0);         //查询中断状态
    data = rIICDS;                      //接收数据
    rIICCON = 0xaf;                     //清除中断状态
    while(rIICCON & 0x10 == 0);         //查询中断状态
    while(rIICSTAT&1);                  //等待 IIC EEPROM 应答 ACK
    rIICSTAT = 0xd0;                    //Stop(Write)
    Delay(1);                           //等待停止结束生效
}
void _Rd24C02(U8 slvAddr,U8 addr,U8 * data)
{   //slvAddr:从设备地址,此处为 0xa1
    //addr:待读入数据的芯片地址
    //data:待读入数据功能说明
    rIICDS = slvAddr;                   //发送从设备地址
    rIICSTAT = 0xf0;                    //启动发送
    while(rIICCON & 0x10 == 0);         //查询 Tx 中断状态
    rIICDS = addr;                      //发送存储器地址
    rIICSTAT = 0xb0;                    //启动接收
    rIICCON = 0xaf;                     //清除中断状态
    while(rIICCON & 0x10 == 0);         //查询 Rx 中断状态
    rIICDS = data;                      //接收数据
    rIICCON = 0xaf;                     //清除中断状态
}
```

8.6　以太网接口

尽管我们可以利用 IIC、RS-232、RS-485 等总线将 EMCU 组网,但这种网络的有效半径小、相关的通信协议也较少且孤立于 Internet 之外。如果嵌入式系统能够连接到 Internet 上,则信息传递的范围将急剧扩大。在 Internet 众多协议中,以太网和 TCP/IP 协议族已经成为使用最广泛的协议,它的高速、可靠、分层以及可扩充性使得它在各个领域的应用越来越灵活。

8.6.1　嵌入式以太网基础知识

嵌入式系统接入 Internet 须做好硬件和软件两方面的准备,硬件上要给嵌入式系统设计一个以太网接口电路,软件上要提供相应的通信协议。

1. 以太网概述

最初的标准以太网是由 Xeros 公司开发的一种基带局域网技术,使用同轴电缆作为网络传输介质,采用带冲突检测的载波侦听多路访问(Carrier Sense Multiple Access with Collision Detection,CSMA/CD)机制,数据传输速率达 10 Mbps。所谓载波侦听(carrier sense),意思是网络上各个工作站在发送数据前都要检测总线上有没有数据传输。若有数据传输(称总线为忙),则不发送数据;若无数据传输(称总线为空闲),则立即发送准备好的数据。所谓多路访问(multiple access)意思是网络上所有工作站收发数据共同使用同一条总线,且发送数据是广播式的。所谓冲突(collision),意思是,若网上有两个或两个以上工作站同时发送数据,则在总线上必然产生信号的混合,哪个工作站都辨别不出真正的数据是什么,这种情况称数据冲突又称碰撞。为了减少冲突发生的影响,工作站在发送数据过程中还要不停地检测自己发送的数据有没有在传输过程中与其他工作站的数据发生冲突,这就是冲突检测(collision detected)。CSMA/CD 协议是一种随机争用型的介质访问控制方法,CSMA/CA 协议工作过程简述如下

① 载波检测:要发送报文的工作站必须监视以辨别何时通道可用(该时刻没有其他的网络工作站在发送);

② 当工作站检测到通道空闲时,它就发送报文,并以接收工作站设备的地址进行标记;

③ 所有空闲的工作站(没有进行传输的工作站)继续监视通道报文;

④ 被标记的工作站接收报文,并返回一个应答(确认)帧;

⑤ 当发送通道检测到冲突时,它们就停止传输,延时一个随机时间后重新发送;

⑥ 工作站在通知用户网络太忙时,典型情况是重发 16 次。

图 8.20 是 CSMA/CD 介质访问控制流程图。CSMA/CD 介质访问控制方法工作原理可简单概括为:① 先听后说,边听边说;② 一旦冲突,立即停说;③ 等待时机,然后再说。听,即监听、检测之意;说,即发送数据之意。CSMA/CD 协议与电话会议非常相似,许多人可以同时在线路上进行对话,但如果每个人都在同时讲话,则将听到一片噪声;如果每个人等其中一个人讲完话后再讲,则可以理解各人所说的话。

以太网所提供的服务主要对应于 OSI 七层参考模型的第一和第二层,即物理层和数据链路层;数据链路层又划分成 LLC (Logical Link Control)子层与介质访问控制 MAC(Media Access Control)子层。

在过去的 20 多年中,以太网技术作为局域网链路层标准已战胜令牌总线、令牌环等技术,成为局域网的事实标准。IEEE 802.3 是最早的以太网技术标准,该标准于 1980 年制定,所有以太网都遵循 IEEE 802.3 10BASE—T 标准。在 Internet 网络中,以太网是应用最广泛的数据链路层协议,现有的大多数操作系统均能支持该类型协议格式。

传统的标准以太网技术难以满足日益增长的网络数据流量速度需求。1995 年 3 月 IEEE 宣布了 IEEE802.3u 100BASE—T 快速以太网(Fast Ethernet)标准,数据传输速率达 100 Mbps,开始了快速以太网时代。另外,为了能支持无线局域网,

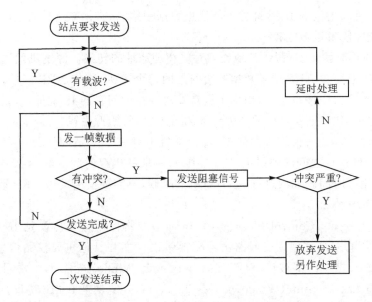

图 8.20　CSMA/CD 介质访问控制流程图

IEEE 还制定了 IEEE 802.11a/b/g 无线 LAN 标准。

连接到以太网上的各节点设备按 48 位寻址,每台设备分配一个唯一的地址,该地址称为以太网地址。网络上的数据以分组报文的方式传输,数据报文采用以太网帧格式和 IEEE802.3 协议规定的以太网帧格式封装。

2. TCP/IP 协议

TCP/IP 是一个分层的协议,包含应用层、传输层、网络(互连)层、数据链路层、物理层等。每一层实现一个明确的功能,对应一个或者几个传输协议。每层相对于它的下层都作为一个独立的数据包来实现。典型的分层和每层上的协议如表 8.41 所列。

表 8.41　TCP/IP 协议的典型分层和协议

分　层	每层上的协议	分　层	每层上的协议
应用层(Application)	BSD 套接字(BSD Sockets)	数据链路层(Data Link)	IEEE802.3 Ethernet MAC
传输层(Transport)	TCP、UDP	物理层(Physical)	
网络层(Network)	IP、ARP、ICMP、IGMP		

(1) ARP 协议

ARP(Address Resolution Protocol)地址解析协议是某些网络接口(如以太网和令牌环网)使用的特殊协议。ARP 协议网络层用 32 位的地址来标识不同的主机(即 IP 地址),而链路层使用 48 位的物理(MAC)地址来标识不同的以太网或令牌环网接口。只知道目的主机的 IP 地址并不能发送数据帧给它,必须知道目的主机网络接口的物理地址才能发送数据帧。

ARP 的功能就是实现从 IP 地址到对应物理地址的转换。源主机发送一份包含目的主机 IP 地址的 ARP 请求数据帧给网上的每个主机,称作 ARP 广播,目的主机的 ARP 收到这份广播报文后,识别出这是发送端在询问它的 IP 地址,于是发送一个包含目的主机 IP 地址及对应的物理地址的 ARP 回答给源主机。

为了加快 ARP 协议解析的数据,每台主机上都有一个 ARP cache 存放最近的 IP 地址到硬件地址之间的映射记录。其中,每一项的生存时间一般为 20 分钟,这样在 ARP 的生存时间内连续进行 ARP 解析的时候,不需要反复发送 ARP 请求了。

(2) ICMP 协议

ICMP(Internet Control Messages Protocol)网络控制报文协议是 IP 层的附属协议,IP 层用它来与其他主机或路由器交换错误报文和其他重要控制信息。ICMP 报文是在 IP 数据包内部被传输的。在 Linux 或者 Windows 中,两个常用的网络诊断工具 ping 和 traceroute(Windows 下是 Tracert),其实就是 ICMP 协议。

(3) IP 协议

IP(Internet Protocol)网际协议工作在网络层,是 TCP/IP 协议族中最为核心的协议。所有的 TCP、UDP、ICMP 及 IGMP 数据都以 IP 数据包格式传输(IP 封装在 IP 数据包中)。IP 数据包最长可达 65 535 字节,其中报头占 32 位,还包含各 32 位的源 IP 地址和 32 位的目的 IP 地址。

TTL(Time-To-Live,生存时间字段)指定了 IP 数据包的生存时间(数据包可以经过的最多路由器数)。TTL 的初始值由源主机设置,一旦经过一个处理它的路由器,它的值就减去 1。当该字段的值为 0 时,数据包就被丢弃,并发送 ICMP 报文通知源主机重发。

IP 提供不可靠、无连接的数据包传送服务,高效、灵活。不可靠(unreliable)的意思是它不能保证 IP 数据包能成功地到达目的地。如果发生某种错误,IP 有一个简单的错误处理算法:丢弃该数据包,然后发送 ICMP 消息报给信源端。任何要求的可靠性必须由上层来提供(如 TCP)。无连接(connectionless)的意思是 IP 并不维护任何关于后续数据包的状态信息。每个数据包的处理是相互独立的。IP 数据包可以不按发送顺序接收。如果一个信源向相同的信宿发送两个连续的数据包(先是 A,然后是 B),则每个数据包都独立地进行路由选择,可能选择不同的路线,因此 B 可能在 A 到达之前先到达。

IP 的路由选择:源主机 IP 接收本地 TCP、UDP、ICMP、IGMP 的数据,生成 IP 数据包,如果目的主机与源主机在同一个共享网络上,那么 IP 数据包就直接送到目的主机上;否则就把数据包发往一默认的路由器上,由路由器来转发该数据包,最终经过数次转发到达目的主机。IP 路由选择是逐跳(hop-by-hop)进行的。所有的 IP 路由选择只为数据包传输提供下一站路由器的 IP 地址。

（4）TCP 协议

TCP（Transfer Control Protocol）传输控制协议是一个面向连接的可靠的传输层协议。TCP 为两台主机提供高可靠性的端到端数据通信。它所做的工作包括：① 发送方把应用程序交给它的数据分成合适的小块，并添加附加信息（TCP 头），包括顺序号、源或目的端口、控制、纠错信息等字段，称为 TCP 数据包。并将 TCP 数据包交给下面的网络层处理。② 接收方确认接收到的 TCP 数据包，重组并将数据送往高层。

（5）UDP 协议

UDP（User Datagram Protocol）用户数据包协议是一种无连接不可靠的传输层协议。它只是把应用程序传来的数据加上 UDP 头（包括端口号、段长等字段），作为 UDP 数据包发送出去，但是并不保证它们能到达目的地。可靠性由应用层来提供。

与 TCP 协议相比，因为 UDP 协议开销少，UDP 更适用于低端的嵌入式应用领域中。很多场合（如网络管理 SNMP、域名解析 DNS、简单文件传输协议 TFTP），大都使用 UDP 协议。

（6）IP 地址和端口号

IP 地址：（IPv4：32 位）标识计算机等网络设备的网络地址，由 4 个 8 bit 组成，中间以小数点分隔，由网络标识（network ID）和主机标识（host ID）组成，分为 A、B、C、D、E 共 5 类，如 166.111.136.3 或 166.111.52.80。为解决 IP 地址耗尽问题，提出了 IPv6（128 位）。

端口号：网络通信时同一机器上的不同进程的标识。如 80（HTTP）、21（FTP）、23（Telnet）、25（SMTP），其中 1～1 024 为系统保留的端口号。

网络上的两个程序通过一个双向的通信连接实现数据的交换，这个双向链路的一端称为一个套接字（socket）。套接字通常用来实现客户端和服务端的连接。它是为了简化网络编程的复杂度而由开发语言提供的网络编程接口。一个套接字由一个 IP 地址和一个端口号唯一确定。

根据网络传输协议类型的不同，套接字也相应有不同的类型。目前最常用的套接字有如下几种：

① 字节流套接字（stream socket），基于 TCP 协议的连接和传输方式，又称为 TCP 套接字。字节流套接字提供的通信流能保证数据传输的正确性和顺序性。

② 数据报套接字（datagram socket），基于 UDP 协议的连接和传输方式，又称为 UDP 套接字。数据报套接字定义的是一种无连接的服务，数据相互独立地提出报文进行传输。由于不需要对传输的数据进行确认，因此传输速度较快。

③ 原始套接字，允许对底层协议（如 IP 或 ICMP）进行直接访问，提供 TCP 套接字和 UDP 套接字所不能提供的功能，主要用于对一些协议的开发，如构造自己的 TCP 或 UDP 分组等。

3. TCP/IP socket 编程

通过 TCP 协议传输得到的是一个顺序的无差错的数据流。发送方和接收方的两个成对的 socket 之间必须建立连接,以便在 TCP 协议的基础上进行通信。当一个 socket(通常都是 server socket)等待建立连接时,另一个 socket 可以要求进行连接,一旦这两个 socket 连接起来,它们就可以进行双向数据传输,双方都可以进行发送或接收操作。

4. UDP socket 编程

UDP 协议是一种面向非连接的协议,在正式通信前不必与对方先建立连接,不管对方状态就直接发送。每个数据报都是一个独立的信息,包括完整的源地址或目的地址,它在网络上以任何可能的路径传往目的地,因此能否到达目的地、到达目的地的时间以及内容的正确性都是不能被保证的。这与现在手机短信非常相似。UDP 适用于一次只传送少量数据、对可靠性要求不高的应用场合。

8.6.2　S3C24xx 以太网接口

在嵌入式系统中增加以太网接口,通常由两种方法实现。一种采用带以太网接口的嵌入式处理器实现。这种方法要求嵌入式处理器有通用的以太网接口,通常这种处理器是面向网络应用而设计的,通过内部总线的方法实现处理器和网络数据的交换。另一种采用嵌入式处理器和以太网控制芯片实现。这种方法对嵌入式处理器没有特殊要求,只要将以太网控制芯片连接到嵌入式处理器的总线上即可。此方法通用性强、不受处理器的限制,但是,处理器和网络数据交换通过外部总线进行。

S3C24xx 芯片内部并没有专用的以太网接口控制器,因此它需要通过并行总线来外接一个以太网控制器,以便将其连接到以太网。在嵌入式系统中,常用的几种以太网控制器芯片有:① RTL8019AS(10 Mbps),Realtek 公司生产的 16 位以太网控制器芯片。② CS8900A(10 Mbps),Cirrus Logic 公司生产的低功耗 16 位以太网控制器,芯片内集成了 RAM、10BASE-T 收发器,直接接 ISA 总线接口。该芯片的物理层接口、数据传输模式和工作模式等都能根据需要而动态调整,通过内部寄存器的设置来适应不同的应用环境。③ AX88796(10/100 Mbps),中国台湾 Asix 公司生产的低功耗 10/100 Mbps 自适应快速以太网控制器芯片。④ DM9000(10/100 Mbps),中国台湾 DAVICOM 公司生产的低功耗 10/100 Mbps 自适应快速以太网控制器芯片。

在 Linux 环境下,网络驱动程序分为网络设备初始化、打开和关闭、传输、发送/接收等几个部分。关于 Linux 环境下网络设备驱动程序编写,读者可参考相关 Linux 网络设备驱动编程方面的文献。

8.6.3　socket 网络编程

1. socket 网络函数

嵌入式 Linux 网络编程需要用到一系列的 socket 网络函数，下面介绍主要函数。

（1）socket 函数

为了建立网络通信的套接字连接，进程需要做的第一件事就是调用 socket 函数获得一个套接字描述符。通过调用 socket 函数所获得的套接字描述符也称为套接口。调用 socket 函数所需要的头文件为：

```
# include<sys/types,h>
# include<sys/socket,h>
```

其函数原型为：

```
int socket(int family, int type, int protocol);
```

函数返回值：若调用成功，则返回套接字描述符，它是一个非负整数；若出错，则返回−1。

socket 函数参数说明如下：

① family 参数指定使用的协议簇。目前支持 5 种协议簇，比较常见的有 AF_INET(IPv4 协议)和 AF_INET6(IPv6 协议)，另外还有 AF_LOCAL(UNIX 协议)、AF_ ROUTE(路由套接字)、AF_ KEY(密钥套接字)；

② type 参数指定使用的套接字类型。有 3 种类型可选：SOCK_STREAM(字节流套接字)、SOCK_DGRAM(数据报套接字)和 SOCK_RAW(原始套接字)；

③ protocol 参数，若套接字类型不是原始套接字，那么该参数为 0。

（2）bind 函数

该函数为套接字描述符分配一个本地 IP 地址和一个端口号，并将 IP 地址、端口号与套接字描述符绑定在一起。该函数仅适用于 TCP 连接，而对于 UTP 的连接则无必要。若指定的端口号为 0，则系统将随机分配一个临时端口号。

调用 bind 函数所需要的头文件夹为：

```
# include<sys/types,h>
# include<sys/socker,h>
```

其函数原型为：

```
int bind(int sockfd, struct sockaddr * myaddr, int addrlen);
```

函数返回值：若调用成功，由返回 0；若出错，则返回−1。

bind 函数参数说明如下：

① sockfd 参数是 socket 函数返回的套接字描述符；

② 第二和第三个参数分别是一个指向本地 IP 地址结构的指针和该结构的长度。

bind 函数使用的 IP 地址和端口号在地址结构 stryct sockaddr ＊ myaddr 中指定，其结构将在下面介绍。

(3) 地址结构

网络编程中有两个很重要的数据类型，它们是地址结构 struct sockaddr 和 struct sockaddr_in，这两个数据类型都用于存放 socket 信息。struct sockaddr 结构如下：

```
struct sockaddr
{    unsigned  short  sa_family;  /* 通信协议类型族,AF_xxx */
     char  sa_data[14];      /* 14 字节协议地址,包含该 socket 的 IP 地址和端口号 */
};
```

为了方便处理数据结构 struct sockaddr，经常使用与之并列的另一个数据结构 struct sockaddr_in(此处的 in 表示 Internet)：

```
struct  sockaddr_in
{    short  int      sin_family;    /* 通信协议类型族 */
     unsigned  short int  sin_port;  /* 端口号 */
     struct  in _addr sin_addr;     /* IP 地址 */
     unsigned  char sin_zero[8];    /* 填充 0 以保持与 socdaddr 结构的长度相同 */
}
```

其中，通信协议类型族为 AF_INET(IPv4 协议)、AF_INET6(IPv6 协议)、AF_LOCAL(UNIX 协议)、AF_ROUTE(路由套接字)和 AF_KEY(密钥套接字)。

(4) connect 函数

该函数用于在客户端通过套接字建立网络函数连接。若使用 TCP 服务的字节流套接字，则 connect 将使用 3 次握手建立一个连接；若使用 UDP 服务的数据报套接字，则由于没有 bind 函数，connect 有绑定 IP 地址和端口号的作用。

调用 bind 函数所需要的头文件为：

```
# include<sys/types.h>
# include<sys/socket.h>
```

其函数原型为：

```
int  connect(int  sockfd,const  struct  sockaddr * serv_addr,socklen_t  addrlen);
```

函数返回值：若连接成功，则返回 0；若连接失败，则返回—1。

connect 函数的参数说明如下：

① sockfd 参数是 socket 函数返回的套接字描述符；

② 第二和第三个参数分别是服务器 IP 地址结构的指针和该结构的长度。

connect 函数所使用的 IP 地址和端口号在地址结构 struct sockaddr ＊ myaddr 中指定。

（5）listen 函数

listen 函数应用于 TCP 连接的服务程序,其作用是通过 socket 套接字等待来自客户端的连接请求。

调用 listen 函数所需要的头文件为:

```
# include<sys/types.h>
# include<sys/socket.h>
```

其函数原型为:

```
int  listen(int  sockfd,int  backlog);
```

函数返回值:若连接成功则返回 0;若连接失败则返回−1。

listen 函数的参数说明如下:

① 第一个参数 sockfd 是 socket 函数经绑定 bind 后的套接字描述符;

② 第二参数 backlog 为设置可连接客户端的最大连接个数,当有多个客户端向服务器请求连接时,受到这个数值的制约,默认值为 20。

（6）accept 函数

accept 函数与 bind、listen 函数一样,是应用于 TCP 连接的服务程序的函数。accept 调用后,服务器程序会一直处于阻塞状态,等待来自客户端的连接请求。

调用 listen 函数所需要的头文件为:

```
# include<sys/types.h>
# include<sys/socket.h>
```

其函数原型为:

```
int accept(int  sockfd,struct  sockaddr ＊ cliaddr,socklen_t ＊ addrlen);
```

函数返回值:若接收到客户端的连接请求,则返回非负的套接字描述符;若失败,则返回−1。

accept 函数的参数说明如下:

① 第一个参数 sockfd 是 socket 函数经 listen 后的套接字描述符;

② 第二个和第三个参数分别是客户端的套接口地址结构和该地址结构的长度。

该函数返回一个全新的套接字描述符。原来的那个套接字描述符还在继续侦听指定的端口,而新产生的套接字描述符则准备发送或接收数据。

（7）send 和 recv 函数

这两个函数分别用于发送和接收数据。

调用 send 和 recv 函数所需要的头文件夹为:

```
# include<sys/types.h>
```

```
# include<sys/socket.h>
```

其函数原型分别为：

```
int send(int sockfd, const void * msg, int len, int  flags);
int recv(int sockfd, void * buf, int len, unsigned int flags);
```

函数返回值：send 函数返回发送的字节数，recv 函数返回接收的字节数。若出错，则返回—1。

函数中各参数说明如下：

① sockfd 参数是 socket 函数的套接字描述符；

② msg 参数是发送数据的指针，buf 存放接收数据的缓冲区；

③ len 参数表示数据的长度，把 flags 设置为 0。

(8) sendto 函数和 recvfrom 函数

这两个函数的作用与 send 函数、recv 函数类似，也用于发送和接收数据。

调用 sendto 函数和 recvfrom 函数需要的头文件为：

```
# include<sys/types.h>
# include<sys/socket.h>
```

其函数原型分别为：

```
int sendto(int sockfd,
           const void * msg,
           int len,
           unaigned int flags,
           const struct sockaddr * to,
           int tolen);
```

和

```
int recvfrom(int sockfd,
             void * byf,
             int len,
             unsigned int flags,
             struct sockaddr * from,
             int * fromlen);
```

函数返回值：sendto 函数返回发送的字节数，recvfrom 函数返回接收数据的字节数。若出错，则返回—1。

2. socket 网络编程举例

socket 网络程序常用的有基于 TCP 协议的 socket 网络程序与基于 UDP 协议的 socket 网络程序，二者是有区别的。这里仅介绍使用 TCP 协议的 socket 网络程序设计技术。

（1）编程步骤

使用 socket 方式进行网络数据通信大致分为如下几个步骤：

① 创建服务器 socket，绑定建立连接的端口。

② 服务器程序在一个端口处于阻塞状态，等待客户机的连接。

③ 创建客户端 socket 对象，绑定主机名称或 IP 地址，指定连接端口号。

④ 客户端 socket 发起连接请求。

⑤ 建立连接。

⑥ 利用 send/sendto 函数和 tecv/recvfrom 函数进行数据传输。

⑦ 关闭 socket。

（2）服务器程序 server. c

TCP socket 网络服务器程序编写步骤如下：

① 创建用于 TCP 协议通信的 socket 套接字描述符。创建套接字后反馈一个成功的提示信息。

```
sockfd = socket(AF_INET,SOCK_STREAM,0);
printf("socket success!,sockfd = % d\n",sockfd);
```

② 在服务器上初始化 sockaddr 结构体，设定套接字端口号，如设置端口号为 4321。

```
my_addr.sin_family = AF_INET;
my_addr.sin_port = htons(4321);
my_addr.sin_addr.s_addr = INADDR_ANY;
bzero(&(my_addr.sin_zero),8);
```

③ 将定义的 sockaddr 结构体与 socked 套接字描述符进行绑定。

```
bind(sockfd,(struct sockaddr * )& my_addr,sozeof(struct sockaddr));
```

④ 调用 listen 函数使 sockfd 套接字成为一个监听套接字，它与下一步骤的 ac-cept 函数共同完成对套接字端口的监听。

```
listen(sockfd,10);
```

⑤ 调用 accept 函数监听套接字端口，等待客户端的连接。一旦建立连接，将产生一个全新的套接字。以上 5 个步骤是 TCP 服务器的常用步骤。

```
new_fd = accept(sockfd,(struct sockaddr * )& their_addr,&sin_size);
```

⑥ 处理客户端的会话请求。将接收到的数据存放到字符型数组 buff 中。

```
/ * 读取客户端发来的信息 * /
numbytes = recv(new_fd,buff,strlen(buff),0);
/ * 向客户端发送信息 * /
send(sockfd,"Hello! I am Server.",19,0);
```

⑦ 终止连接。通信结束，断开连接。

```
close(sockfd);
```

例:编写 TCP socket 网络服务器程序。

根据前面所述服务器程序的设计步骤,编写 TCP socket 网络服务器程序如下:

```
/**********************************/
/*          服务器程序名: server.c          */
/**********************************/
#include<sys/types.h>
#include<sys/socket.h>
#include<stdio.h>
#include<stdlib.h>
#include<errno.h>
#include<string.h>
#include<unistd.h>
#include<netinet/in.h>
main()
{ int sockfd,new_fd,numbytes;
  struct sockaddr_in my_addr;
  struct sockaddr_in their_addr;
  int sin_size;
  char buff[100];
  //服务器建立 TCP 协议的 socket 套接字描述符
  if((sockfd = socket(AF_INET,SOCK_STREAM,0)) == -1)
    {
      perror("socket");
      exit(1);
    }
    printf("socket Success!,sockfd = %d\n",sockfd);
  //服务器初始化 sockaddr 结构体,绑定 4321 端口
  my_addr.sin_family = AF_INET;
  my_addr.sin_port = htons(4321);
  my_addr.sin_addr.s_addr = INADDR_ANY;
  bzero(&(my_addr.sin_zero),8);
  //绑定套接字描述符 sockfd
  if(bind(sockfd,(struct sockaddr * )&my_addr,sizeof(struct sockaddr)) == -1)
    {
      perror("bind");
      exit(1);
    }
  printf("bind Success! \n");
  //创建监听套接字描述符 sockfd
  if(listen(sockfd,10) == -1)
    {
      perror("listen");
      exit(1);
    }
  printf("Listening...\n");
  //服务器阻塞监听套接字,等待客户端程序连接
  while(1)
```

```
        {
        sin_size = sizeof(struct sockaddr_in);
        //如果建立连接,将产生一个全新的套接字
        if((new_fd = accept(sockfd,(struct sockaddr * )&their_addr,&sin_size)) == - 1)
            {
            perror("accept");
            exit(1);
            }
    //生成一个子程序来完成和客户端的会话,父程序继续监听
    if(!fork())
        {
        //读取客户端发来的信息
        if((numbytes = recv(new_fd,buff,100,0)) == - 1)
            {
            perror("recv");
            exit(1);
            }
        printf(" % s\n",buff);
        //发送信息到客户端
        if(send(new_fd,"Welcome,This is Server.",100,0) == - 1)
            perror("send");
        /* 本次通信结束 */
        close(new_fd);
        exit(0);
        }
        /* 下一个循环 */
        }
    close(sockfd);
}
```

(3) 客户端程序 client. c

TCP socket 网络客户端程序编程步骤如下:

① 创建 socked 套接字描述符。

```
sockfd = socket(AF_INET,SOCK_STREAM,0);
```

② 在客户端初始化 sockaddr 结构体,调用 gethostbyname 函数获取从命令行输入的服务器 IP 地址,设定与服务器程序相同的端口号。如前面服务器的端口号是4321,此处也必须设定成为 4321。

```
he = gethostbyname(argv[1]);
their_ addr. sin_family = AF_INET;
their_addr. sin_port = htons(4321);
their_addr. sin_addr = * ((struct in_addr * )he->h_addr);
```

③ 调用 connect 函数连接服务器。

```
connect(sockfd,(struct sockaddr * )&their_addr,sizeof(stuct sockaddr));
```

④ 发送或者接收数据,一般使用 send 和 recv 函数调用来实现(与服务器程序

相同)。

　　⑤ 终止连接(与服务器程序相同)。

　　例:编写 TCP socket 网络客户端程序。

　　根据上述客户端程序设计步骤,客户端程序如下:

```
/*******************************/
/*           客户端程序 client.c          */
/*******************************/
# include<sys/types.h>
# include<sys/socket.h>
# include<stdio.h>
# include<stdlib.h>
# include<errno.h>
# include<string.h>
# include<netdb.h>
# include<netinet/in.h>
int main(int argc,char * argv[])
{ int sockfd,numbytes;
  char buf[100];
  struct hostent * he;
  struct sockaddr_in their_addr;
  int i = 0;
  //从输入的命令行第 2 个参数获取服务器的 IP 地址
  he = gethostbyname(argv[1]);
  //客户端程序建立 TCP 协议的 socked 套接字描述符
  if((sockfd = socket(AF_INET,SOCK_STREAM,0)) == -1)
    {
      perror("socket");
      exit(1);
    }
  //客户端程序初始化 sockaddr 结构体,连接到 4321 端口
  their_addr.sin_family = AF_INET;
  their_addr.sin_port = htons(4321);
  their_addr.sin_addr = * ((struct in_addr * )he->h_addr);
  bzero(&(their_addr.sin_zero),8);
  //向服务器发起连接
  if(connect(sockfd,(struct sockaddr * )&their_addr,sizeof(struct sockaddr)) == -1)
    {
      perror("connect");
      exit(1);
    }
  //向服务器发送字符串"hello!"
  if(send(sockfd,"Hello! I am Client.",100,0) == -1)
    {
      perror("send");
      exit(1);
    }
  //接收从服务器返回的信息
  if((numbytes = recv(sockfd,buf,100,0)) == -1)
```

```
    {
      perror("recv");
      exit(1);
    }
  printf("result:%s\n",buf);
  /*通信结束*/
  close(sockfd);
  exit(0);
}
```

(4) 编译和运行程序

1) 编译服务器程序

编写、编译服务器程序的 makefile 文件时,需要注意的是服务器程序是在嵌入式系统开发板上运行的。以博创 UP - 2410 开发板为例,需要使用 armv4l - un-known - linux - gcc 编译器。Makefile 文件如下:

```
EXTRA_LIBS += - lpthread
CC = armv4l - unknown - linux - gcc
EXEC = ./server
OBJS = server.o
all: $(EXEC)
$(EXEC): $(OBJS)
    $(CC) $(LDFLAGS) - o $@ $(OBJS) $(EXTRA_LIBS)
install:
    $(EXP_INSTALL) $(EXEC) $(INSTALL_DIR)
clean:
- rm - f $(EXEC) *.elf *.gdb *.o
```

运行编译服务器程序的 Makefile。

```
root@ubuntu:/home/q/server# make
armv4l - unknown - linux - gcc    - c - o server.o server.c
armv4l - unknown - linux - gcc    - o server server.o - lpthread
```

2) 编译客户端程序

编写、编译客户端程序的 Makefile 文件。由于客户端程序在宿主机上运行,因此使用 GCC 编译器。Makefile 文件如下:

```
EXTRA_LIBS += - lpthread
CC = gcc
EXEC = ./client
OBJS = client.o
all: $(EXEC)
$(EXEC): $(OBJS)
    $(CC) $(LDFLAGS) - o $@ $(OBJS) $(EXTRA_LIBS)
install:
    $(EXP_INSTALL) $(EXEC) $(INSTALL_DIR)
clean:
- rm - f $(EXEC) *.elf *.gdb *.o
```

运行编译客户端程序的 Makefile。

```
root@ubuntu:/home/q/client # make
gcc    -c -o client.o client.c
gcc    -o client client.o -lpthread
```

把编译后的服务器执行程序复制到 nfs 共享目录 arm2410 下：

```
root@ubuntu:/home/q/server # cp server/arm2410
```

设置好宿主机的 ip 地址：

```
ifconfig eth0 192.168.0.250
```

启动 nfs 服务，把 arm2410 挂载到板子的目录下：

```
[/mnt/yaffs]inetd
[/mnt/yaffs]mount -t nfs -o nolock,rsize = 4096,wsize = 4096 192.168.0.250:/arm2410
/host
[/mnt/yaffs]cd /host
```

运行开发板上的服务器执行程序、服务器监听端口，等待客户端的连接。若客户端连接成功，则显示客户端发来的信息。

```
[/host]./server
socket Success!,sockfd = 3
bind Success!
Listening...
Hello! I am Client.
```

在宿主机上运行客户端执行程序，后面要跟嵌入式系统开发板的 IP 地址，设开发板的 IP 地址为 192.168.0.115，在宿主机上显示服务器回应的信息。

```
root@ubuntu:/home/q/client # ./client 192.168.0.115
result:Welcome,This is Server.
```

习　题

1. 将 S3C24xx 的 UART0 初始化为波特率 115 200 bps,8 位数据位,1 位停止位,1 位奇校验,不采用流控制,如何对相应的寄存器进行初始化,设 PCLK 为 40 MHz。

2. 按照习题 1 的要求编写 UART0 初始化的初始化程序。

3. 简述 IIS 启动操作和结束操作的过程。

4. 简述基于 S3C24xx 的 IIC 总线接口初始化编程步骤。

5. 结合实际应用问题,编写一个基于 Linux 环境下的 TCP socket 网络通信程序。

第 9 章　Linux 程序设计基础

Linux 是一个多用户、多任务的操作系统,内核精简稳定、支持多种体系架构、移植性良好、结构伸缩性大、对外接口统一。Linux 提供了丰富的网络功能,并且源代码开放、文档丰富、符合 POSIX 1003.1 标准。本章主要介绍 Linux 系统内核、Linux 系统安装及使用、ARM Linux 驱动程序设计以及 ARM Linux 字符设备驱动程序设计实例。

9.1　Linux 操作系统

9.1.1　Linux 的特点

1. 开放性

开放性不仅是指 Linux 遵守可移植操作系统接口 POSIX,更重要的是其源代码对外免费提供,任何人可以按照自己的需要自由修改、复制和发布程序的源码,并公布在 Internet 上,因此 Linux 操作系统可以从互联网上很方便地免费下载到。且由于可以得到 Linux 的源码,所以操作系统的内部逻辑可见,这样就可以准确地查明故障原因,及时采取相应对策。在必要的情况下,用户可以及时为 Linux 打"补丁",这是其他操作系统所没有的优势。同时,这也使得用户容易根据操作系统的特点构建安全保障系统,不用担心系统预留的"后门"。

2. 良好的可移植性和可裁剪性

可移植性是指将操作系统从一个硬件平台转移到另一个不同的硬件平台时使它仍然能按其自身的方式运行的能力。Linux 是一种可移植的操作系统,能够在从小型嵌入式设备、微型计算机到大型计算机的不同环境和不同平台上运行。这也意味着 Linux 拥有良好的可裁减性,可以在只数兆内存的设备上运行。

3. 多任务多用户

Linux 系统资源可以被不同用户使用,每个用户对自己的资源有特定的权限,相互之间没有影响。同时 Linux 能同时执行多个程序,而且各个程序的运行互相独立。Linux 系统调度每一个进程平等地访问微处理器。由于 CPU 的处理速度非常快,其结果是启动的应用程序看起来好像在并行运行。事实上，从处理器执行一个应用程序中的一组指令到 Linux 调度微处理器再次运行这个程序之间只有很短的时间延迟，用户是感觉不出来的。

4. 强大的网络功能

实际上，Linux 就是依靠互联网才迅速发展了起来，Linux 具有强大的网络功能也是自然而然的事情。它可以轻松地与 TCP/IP、LAN Manager、Windows for Workgroups、Novell Netware 或 Windows NT 网络集成在一起，还可以通过以太网或调制解调器连接到 Internet 上。Linux 不仅能够作为网络工作站使用，更可以胜任各类服务器，如 X 应用服务器、文件服务器、打印服务器、邮件服务器、新闻服务器等。

5. 开发功能强、应用众多

Linux 支持一系列的 Unix 开发，它是一个完整的 Unix 开发平台，几乎所有的主流程序设计语言都已移植到 Linux 上并可免费得到，如 C、C++、Fortran77、ADA、PASCAL、Modual2 和 Modual3、Tcl/TkScheme、SmallTalk/X 等。由于操作系统的开放，Linux 拥有众多的应用软件，绝大部分也是源码开放的。

9.1.2　Linux 内核的结构

Linux 的内核拥有自己的版本号，以版本 2.4.8 为例，2 代表主版本号，4 代表次版本号，8 代表改动较小的末版本号。在版本号中，次版本号为偶数的版本表明这是一个稳定的版本，为奇数一般是指测试版本。

Linux 操作系统由如下 4 个主要的子系统所组成：

① 用户应用程序，在某个特定的 Linux 系统上运行的应用程序集合，它将随着该计算机系统的用途不同而有所变化。

② OS 服务，这些服务一般认为是操作系统的一部分（开窗系统、命令外壳程序等）；此外，内核的编程接口（编译工具和库）也属于这个子系统。

③ Linux 内核，包括内核抽象和对硬件资源（如 CPU）的间接访问。

④ 硬件控制器，这个子系统包含在 Linux 实现中所有可能的物理设备，例如，CPU、内存硬件、硬盘以及网络硬件等都是这个系统的成员。

其中，Linux 内核主要由 5 个子系统组成：进程管理、内存管理、虚拟文件系统、网络接口、进程间通信。

1. 进程管理

程序是保存在一个磁盘的可执行映像中的机器代码指令和数据的集合，是为了完成某种任务而设计的软件。运行着的程序可有多个进程,进程一般分为交互进程、批处理进程和守护进程。

　　Linux 能让多个进程并发执行,由此必然会产生资源争夺的情况,而 CPU 是系统最重要的资源。进程调度就是进程调度程序按一定的策略,动态地把 CPU 分配给处于就绪队列中的某一个进程,使之执行,进程调度的目的是使处理机资源得到最高效的利用。

　　进程是动态的,总是随着处理器的执行而处于变化之中。除了程序的指令和数据,进程还包括程序计数器和所有 CPU 寄存器,以及含有例程参数、返回地址和保存变量等临时变量的进程栈。

　　Linux 中每个进程用一个 task_struct 的数据结构来管理系统中的进程。task 向量表是指向系统中每一个 task_struct 数据结构的指针的数组,这意味着系统中的最大进程数受到 task 向量表的限制。这个表使 Linux 可以查到系统中的所有进程。当新的进程创建时,从系统内存中分配一个新的 task_struct 并增加到 Task 向量表中,用 current 指针指向当前运行的进程。

　　Linux 内核定义了进程有以下状态

　　① TASK_RUNNING:正在运行的进程或准备运行的进程(在 Running 队列中,等待被安排到系统的 CPU),处于该状态的进程实际参与了进程调度。

　　② TASK_INTERRUPTIBLE:处于等待队列中的进程,待资源有效时唤醒,也可由其他进程被信号中断、唤醒后进入就绪状态。

　　③ TASK_UNINTERRUPTIBLE:处于等待队列中的进程,直接等待硬件条件,待资源有效时唤醒,不可由其他进程通过信号中断、唤醒。

　　④ TASK_ZOMBIE:终止的进程,是进程结束运行前的一个过渡状态(僵死状态)。虽然此时已经释放了内存、文件等资源,但是在 Task 向量表中仍有一个 task_struct 数据结构项;它不进行任何调度或状态转换,等待父进程将它彻底释放。

　　⑤ TASK_STOPPED:进程被暂停,通过其他进程的信号才能唤醒。正在调试的进程可以在该停止状态。

　　进程总是在进行系统调用,所以经常需要等待。即使如此,若一个进程执行直到它等待才让出 CPU,则仍可能使用了不合适的 CPU 时间,所以 Linux 使用抢先调度。在这种方案中,每个进程被允许运行少量的时间,当这段时间用完后另一个进程被选中来运行,而原先的进程要等待一会直到它可以再次运行,这段运行的少量时间被称为时间片。

　　Linux 调度时机有以下几种:

➢ 时间片完。

➢ 进程状态转换。

➢ 执行设备驱动程序。

➢ 进程从中断、异常或系统调用返回到用户态。

Linux 系统的绝大部分工作就是对进程状态的不断切换,图 9.1 为 Linux 系统进程切换方式。

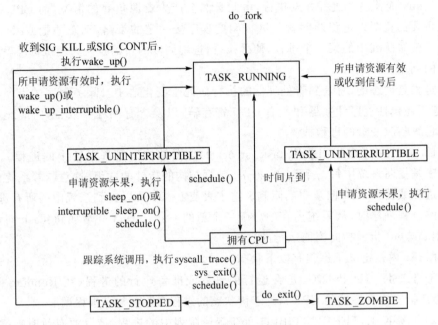

图 9.1　Linux 系统进程切换

进程调度的策略:

① SCHED_FIFO 适用于对响应时间要求比较高,运行所需时间比较短的实时进程。采用该策略时,进程按其进入可运行队列的顺序依次获得 CPU。除了因等待某个事件主动放弃 CPU 或者出现优先级更高的进程而剥夺其 CPU 之外,该进程将一直占用 CPU 运行。

② SCHED_RR 适用于对响应时间要求比较高,运行所需时间比较长的实时进程。采用该策略时,进程按时间片轮流使用 CPU。当一个运行进程的时间片用完后,进程调度程序停止其运行并将其置于可运行队列的末尾。

③ SCHED_OTHER 面向普通进程的时间片轮转策略。采用该策略时,系统为处于 TASK_RUNNING 状态的每个进程分配一个时间片。当时间片用完时,进程调度程序再选择下一个优先级相对较高的进程,并授予 CPU 使用权。

2. 内存管理

Linux 的内存管理支持虚拟内存,即在计算机中运行的程序的代码、数据、堆栈的总量可以超过实际内存的大小,操作系统只是把当前使用的程序块保留在内存中,其余的程序块则保留在磁盘中,必要时操作系统负责在磁盘和内存间交换程序块。

Linux 的内存管理使系统中的每一个进程都有自己的虚拟地址空间,这些虚拟地址空间是完全分开的,这样一个进程的运行不会影响其他进程。并且,硬件上的虚拟内存机制是被保护的,内存不能被写入,这样可以防止迷失的应用程序覆盖代码的数据。内存管理也可以让进程共享内存。

内存管理可以把文件映射到进程的地址空间,在内存映射中,文件的内容直接连接到进程的虚拟地址空间。

内存管理允许系统中每一个运行的进程都可以公平地得到系统的物理内存。

在虚拟内存系统中所有的地址都是虚拟地址而不是物理地址。处理器基于由操作系统维护的一组表中的信息,将虚拟地址转换成物理地址。为了使这种变换容易一些,虚拟内存和物理内存都被分为合适大小的块(叫作"页")。硬件和软件同时提供对虚拟地址的管理。

在这种分页方式下,一个虚拟内存地址由两部分组成:一部分是位移地址,另一部分是页帧号(Page Frame Number,PFN)。每当处理器遇到一个虚拟内存地址时,它都将分离出位移地址和 PFN 地址。然后再将 PFN 地址翻译成物理地址,以便正确地读取其中的位移地址。处理器利用页面表来完成上述工作。

图 9.2 是两个进程 A、B 虚拟内存示意图,两个进程分别有自己的页面表。这些页面表用来将进程的虚拟内存页映射到物理内存页中。可以看出,进程 A 的虚拟内存页 0 映射到了物理内存页 1,进程 B 的虚拟内存页 1 映射到了物理内存 4。

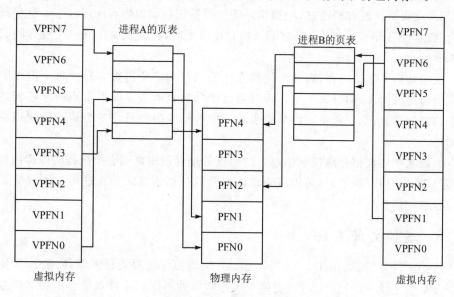

图 9.2　虚拟内存示意图

页面表的每个入口一般都包括以下的内容:

➤ 有效标志,此标志用于表明页面表入口是否可以使用。

➤ 物理页面号,页面表入口描述的物理页面号。

➤ 存取控制信息,用来描述页面如何使用,例如,是否可写、是否包括可执行代码等。处理器读取页面表时,使用虚拟内存页号作为页面表的位移。

由于物理内存要比虚拟内存小很多,所以操作系统一定要十分有效地利用系统的物理内存。一种节约物理内存的方法是只将执行程序时正在用到的虚拟内存页面装入到系统的物理页面中。当一个进程试图存取一个不在物理内存中的虚拟内存页面时,处理器将会产生一个页面错误给操作系统。如果发生页面错误的虚拟内存地址为无效的地址,那么说明处理器正在存取一个它不应该存取的地址。这时,有可能是应用程序出现了某一方面的错误,如写入一个内存中的随机地址。在这种情况下,操作系统将会中止进程的运行,以防止系统中的其他进程受到破坏。如果发生页面错误的虚拟内存地址为有效的地址,但此页面当前并不在物理内存中,则操作系统必须从硬盘中将正确的页面读到系统内存。相对来说,读取硬盘要花费很长的时间,所以处理器必须等待直到页面读取完毕。如果此时有另外的进程等待运行,则操作系统将选择一个进程运行。从硬盘中读取的页面将被写入到一个空的物理内存页中,然后在进程的页面表中加入一个虚拟内存页面号入口,此时进程就可以重新运行了。

当一个进程需要把一个虚拟内存页面装入物理内存而又没有空闲的物理内存时,操作系统必须将一个现在不用的页面从物理内存中扔掉,以便为将要装入的虚拟内存页腾出空间。如果将要扔掉的物理内存页一直没有被改写过,则操作系统将不保存此内存页,而只是简单地将它扔掉。需要此内存页时,再从文件镜像中装入。但是,如果此页面已经被修改过,则操作系统就需要把页面的内容保存起来。这些页面称为“脏页面”(dirty page)。当它们从内存中移走时,将会被保存到一个特殊的交换文件中。

由于使用了虚拟内存,则几个进程之间的内存共享变得很容易。每个内存的存取都要通过页面表,而且每个内存都有自己的单独页面表。如果希望两个进程共享一个物理内存页,则只需将它们页面表入口中的物理内存号设置为相同的物理页面号即可。

页面表中还包括存取控制信息,这样,在处理器使用页面表把进程的虚拟内存地址转换为物理内存地址时,可以方便地使用存取控制信息来检查进程是否存取了它不该存取的信息。

3. 虚拟文件系统

虚拟文件系统(Virtual File System,VFS)隐藏了各种硬件的具体细节,为所有的设备提供了统一的接口,VFS 提供了多达数十种不同的文件系统。虚拟文件系统可以分为逻辑文件系统和设备驱动程序。逻辑文件系统指 Linux 所支持的文件系统,如 EXT2、MINIX、HPFS 等,设备驱动程序指为每一种硬件控制器所编写的设备驱动程序模块。

VFS 对 Linux 的每个文件系统的所有细节进行抽象,使得不同的文件系统在 Linux 核心以及系统中运行的其他进程看来都是相同的。严格说来,VFS 并不是一种实际的文件系统,它只存在于内存中,不存在于任何外存空间。VFS 在系统启动时建立,在系统关闭时消亡。图 9.3 显示了内核中的 VFS 和实际文件系统之间的关系。

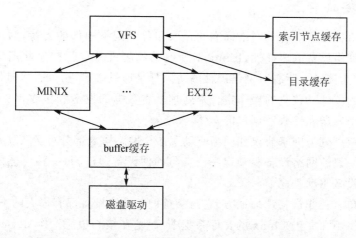

图 9.3　VFS 和实际文件系统之间的关系

　　VFS 使 Linux 同时安装、支持许多不同类型的文件系统成为可能。VFS 拥有关于各种特殊文件系统的公共界面,如用超级块(Super Block)和 inode 节点来描述和管理文件系统。超级块是整个文件系统的管理数据,而 inode 则描述了单个文件或目录。实际文件系统的细节统一由 VFS 的公共界面来索引,它们对系统核心和用户进程来说是透明的。

　　由于系统中每个文件与目录都使用一个 VFS inode 来表示,所以许多 inode 会被重复访问。这些 inode 被保存在 inode 缓存中以加快访问速度。如果某个 inode 不在 inode 缓存中,则必须调用一个文件系统相关例程来读取此 inode。对这个 inode 的读将把它放到 inode 缓存中以备下一次访问。不经常使用的 VFS inode 将会从 cache 中移出。所有 Linux 文件系统使用一个通用的 buffer 缓存来缓冲来自底层设备的数据,以便加速对包含此文件系统的物理设备的存取。

　　这个 buffer 缓存与文件系统无关,并被集成到 Linux 核心分配与读/写数据缓存的机制中。让 Linux 文件系统独立于底层介质和设备驱动好处很多。所有的块结构设备将其自身注册到 Linux 核心中,并提供基于块的一致性异步接口。像 SCSI 设备这种相对复杂的块设备也是如此。当实际文件系统从底层物理磁盘读取数据时,块设备驱动将从它们所控制的设备中读取物理块。buffer cache 也被集成到了块设备接口中。当文件系统读取数据块时,它们将被保存在由所有文件系统和 Linux 核心共享的全局 buffer 缓存中。这些 buffer 由其块号和读取设备的设备号来表示。所以当某个数据块被频繁使用时,则它很可能从 buffer 缓存而不是磁盘中读取出来,后者显然将花费更长的时间。

　　当某个进程发布了一个面向文件的系统调用时,核心将调用 VFS 中相应的函数。这个函数处理一些与物理结构无关的操作,并且把它重定向为真实文件系统中相应的函数调用,后者则用来处理那些与物理结构相关的操作。

4. 网络接口

网络接口提供了对各种网络标准的存取和各种网络硬件的支持,为了屏蔽网络环境中物理网络设备的多样性,Linux 对所有的物理设备进行抽象并定义了一个统一的概念,称为接口。所有对网络硬件的访问都是通过接口进行的,接口提供了一个对所有类型的硬件一致化的操作集合来处理基本数据的发送和接收,一个网络接口被看作是一个发送和接收数据包的实体。

网络接口可分为网络协议和网络驱动程序。网络协议部分负责实现每一种可能的网络传输协议。网络设备驱动程序负责与硬件设备通信,每一种可能的硬件设备都有相应的设备驱动程序。

网络接口有其非常特殊的地方,它与字符设备及块设备都有很大的不同:

网络接口不存在于 Linux 的文件系统中,而是在核心中用一个 device 数据结构表示的。每一个字符设备或块设备则在文件系统中都存在一个相应的特殊设备文件来表示该设备,如/dev/hda1、/dev/sda1、/dev/tty1 等。网络设备在做数据包发送和接收时,直接通过接口访问,不需要进行文件的操作;而对字符设备和块设备的访问都需通过文件操作界面。

网络接口是在系统初始化时实时生成的,对于核心支持但不存在的物理网络设备,将不可能有与之相对应的 device 结构。而对于字符设备和块设备,即使该物理设备不存在,在/dev 下也必定有相应的特殊文件与之相对应。且在系统初始化时,核心将会对所有内核支持的字符设备和块设备进行登记,初始化该设备的文件操作界面,而不管该设备在物理上是否存在。

以上是网络设备与其他设备之间存在的最主要不同。然而,它们之间又有一些共同之处,如在系统中一个网络设备的角色和一个安装的块设备相似。一个块设备在 blk_dev 数组及其他的核心数据结构中登记自己,然后根据请求,通过自己的 request_function 函数"发送"和"接收"数据块。相似地,为了能与外面世界进行数据交流,一个网络接口也必须在一个特殊的数据结构中登记自己。

系统内核中存在字符设备管理表 chardevs 和块设备管理表 blkdevs,这两张保存着指向 file_operations 结构的指针的设备管理表,分别用来描述各种字符驱动程序和块设备驱动程序。类似地,在内核中也存在着一张网络接口管理表 dev_base,但与前两张表不同,dev_base 是指向 device 结构的指针,因为网络设备是通过 device 数据结构来表示的。dev_base 实际上是一条 device 结构链表的表头,在系统初始化完成以后,系统检测到的网络设备将自动保存在这张链表中,其中每一个链表单元表示一个存在的物理网络设备。当要发送数据时,网络子系统将根据系统路由表选择相应的网络接口进行数据传输,而当接收到数据包时,通过驱动程序登记的中断服务程序进行数据的接收处理(软件网络接口除外)。图 9.4 是网络设备工作原理图。

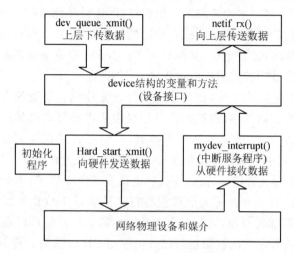

图 9.4　网络设备工作原理图

5. 进程间通信

进程间通信支持进程间各种通信机制。信号机制是 UNIX 系统使用最早的进程间通信机制之一,主要用于向一个或多个进程发异步事件信号;信号可以通过键盘中断触发或由进程访问虚拟内存中不存在的地址这样的错误来产生。信号机制还可以用于 shell 向它的子进程发送作业控制命令。系统内有一组可以由内核或其他的进程触发的预定义信号,并且这些信号都有相应的优先级。

管道是单向的字节流,它将某个进程的标准输出连接到另外进程的标准输入。但是使用管道的进程都不会意识到重定向的存在,并且其执行结果也不会有什么不同。shell 程序负责在进程间建立临时的管道。

在 Linux 中,管道是通过指向同一个临时 VFS inode 的两个 file 数据结构来实现的,此 VFS inode 指向内存中的一个物理页面,这样就隐藏了读/写管道和读/写普通的文件时系统调用的差别。当写入进程(下称写者)对管道写时,字节被复制到共享数据页面中;当读取进程从管道中读时,字节从共享数据页面中复制出来。Linux 必须同步对管道的访问。它必须保证读者和写者以确定的步骤执行,为此需要使用锁、等待队列和信号等同步机制。

当写者想对管道写入时,它使用标准的写库函数。表示打开文件和打开管道的描叙符用来对进程的 file 数据结构集合进行索引。Linux 系统调用由管道 file 数据结构指向的 write 过程。这个 write 过程用保存在表示管道的 VFS inode 中的信息来管理写请求。

如果没有足够的空间容纳所有写入管道的数据,只要管道没有被读者加锁,则 Linux 为写者加锁,然后从写进程的地址空间将写入的字节复制到共享数据页面中去。如果管道被读者加锁或者没有足够空间存储数据,则当前进程将在管道 inode 的等待队列中睡眠,同时调度管理器开始执行,以选择其他进程来执行。如果写入进程是可中断的,则当有足够的空间或者管道被解锁时,它将被读者唤醒。当数据被写入时,管道的 VFS inode 被解锁,同时任何在此 inode 的等待队列上睡眠的读者进程都将被唤醒。从管道中读出数据的过程和写入类似。

进程允许进行非阻塞读(这依赖于它们打开文件或者管道的方式),此时如果没有数据可读或者管道被加锁,则返回错误信息表明进程可以继续执行。阻塞方式则使读者进程在管道 inode 的等待队列上睡眠,直到写者进程结束。当两个进程对管道的使用结束时,管道 inode 和共享数据页面将同时被遗弃。

Linux 还支持命名管道(named pipe),也就是 FIFO 管道,因为它总是按照先进先出的原则工作。第一个被写入的数据将首先从管道中读出来。和其他管道不一样,FIFO 管道不是临时对象,它们是文件系统中的实体并且可以通过 mkfifo 命令来创建。进程只要拥有适当的权限就可以自由使用 FIFO 管道。打开 FIFO 管道的方式稍有不同。其他管道需要先创建(它的两个 file 数据结构是 VFS inode 和共享数据页面),而 FIFO 管道已经存在,只需要由使用者打开与关闭。在写者进程打开它之前,Linux 必须让读者进程先打开此 FIFO 管道,任何读者进程从中读取之前必须由写者进程向其写入数据。FIFO 管道的使用方法与普通管道基本相同,同时它们使用相同数据结构和操作。

Linux 支持 Unix 系统 V 版本中的 3 种进程间通信机制,它们是消息队列、信号灯以及共享内存。这些系统 V IPC 机制使用共同的授权方法。只有通过系统调用将标志符传递给核心之后,进程才能存取这些资源。这些系统 V IPC 对象使用与文件系统非常类似的访问控制方式。对象的引用标志符被用来作为资源表中的索引,这个索引值需要一些处理后才能得到。

9.1.3　Linux 设备管理

与 Unix 系统一样,Linux 系统采用设备文件统一管理硬件设备,从而把硬件设备的特性及管理细节对用户隐藏起来,实现用户程序与设备无关性。在概念上,硬件设备分为 3 种,即字符设备、块设备和网络设备。字符设备是指设备发送和接收数据以字符的形式进行,而块设备则以整个数据缓冲区的形式进行。图 9.5 为设备管理框图。

用户是通过文件系统与设备接口的,所有设备都作为特别文件,从而在管理上就具有一些共性。每个设备都对应文件系统中的一个索引节点,都有一个文件名。设备的文件名一般由两部分构成,第一部分是主设备号,第二部分是次设备号。

应用程序通常可以通过系统调用 open()打开设备文件,建立起与目标设备的连接。

对设备的使用类似于对文件的存取。打开设备文件以后,就可以通过 read()、write()、ioctl()等文件操作对目标设备进行操作。

1. 字符设备

可以像文件一样访问字符设备,字符设备驱动程序负责实现这些行为。这样的驱动程序通常会实现 open、close、read 和 write 系统调用。系统控制台和并口就是字符设备的例子,它们可以很好地用流概念描述。通过文件系统节点可以访问字符设备,如/dev/tty1 和/dev/lp1。字符设备和普通文件系统间的唯一区别是:普通文件允许在其上来回读/写,而大多数字符设备仅仅是数据通道,只能顺序读/写。当然,也存在这样的字符设备,看起来像个数据区,可以来回读取其中的数据。

当字符设备初始化时,设备驱动程序通过在由数据结构 device_struct 组成的 chrdevs 数组中添加一个入口来向系统内核注册。设备的主设备号用作 chrdevs 的索引。一个设备的主设备号是固定的。

数组 chrdevs 中的每一个入口都是一个 device_struct 结构。如图 9.6 所示,device_struct 结构包括两个指针元素:一个指向登记的设备驱动程序名;另一个指向一个包括各种文件操作过程的地址的数组,此数组中包括的地址指向设备驱动程序中处理文件的操作,如打开、读/写和关闭子过程。字符设备/proc/devices 中内容就来自于 chrdevs 数组。当代表一个字符设备的字符设备文件打开以后,系统必须知道如何正确地调用相应字符设备的文件操作过程。和一般的文件或者目录一样,每一个字符设备文件都由 VFS 索引节点来表示,VFS 索引节点包括设备的主标识符和从标识符。VFS索引节点是在文件系统检测到设备文件名时,由文件系统创建的。

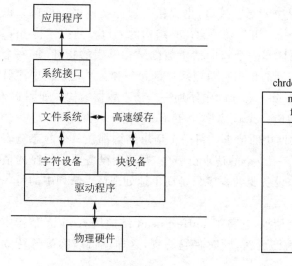

图 9.5　设备管理框图

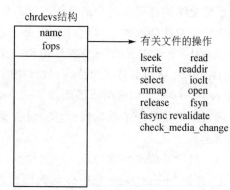

图 9.6　字符设备驱动程序

每一个 VFS 索引节点都和一系列的文件操作相连,并且这些文件操作随索引节点代表的文件的不同而不同。每当一个 VFS 索引节点所代表的字符设备文件创建时,它的有关文件的操作就设置为默认的字符设备操作。默认的文件操作只包含一个打开文件的操作。当应用程序打开一个字符设备文件时,通用的文件操作使用设备的主标识符作为 chrdevs 数组的索引,依此可以找到有关此设备的各种文件操作。它还将建立起描述此字符设备文件的文件数据结构,使得其中的文件操作指针指向此设备驱动程序中有关文件的操作。这样,应用程序中的文件操作将会映射到字符设备的文件操作调用中。

2. 块设备

块设备是文件系统的宿主,如磁盘。在大多数 Unix 系统中,只能将块设备看作多个块进行访问,一个块设备通常是 1 KB 数据。Linux 允许像字符设备那样读取块设备,即允许一次传输任意数目的字节。结果是,块设备和字符设备只在内核内部的管理上有所区别,因此也就是在内核/驱动程序间的软件接口上有所区别。就像字符设备一样,每个块设备也通过文件系统节点来读/写数据,它们之间的不同对用户来说是透明的。块设备驱动程序和内核的接口、字符设备驱动程序的接口是一样的,它也通过一个传统的面向块的接口与内核通信,但这个接口对用户来说是不可见的。

对于块设备的存取和对于文件的存取一样,它的机制和字符设备使用的机制相同。Linux 系统中有一个 blkdevs 数组,它描述了一系列在系统中注册的块设备。数组 blkdevs 也使用设备的主设备号作为索引,它的每一个入口均由数据结构 device_struct 组成。和字符设备不一样的是,块设备有几种类型,如 SCSI 设备和 I D E 设备。每一类的块设备都在 Linux 系统内核中注册,并向内核提供自己的文件操作。每一个块设备驱动程序必须既向缓冲区提供接口,也提供一般的文件操作接口。每一个块设备都在 blk_dev 数组中有一个 blk_dev_struct 结构的入口。数据结构 blk_dev_struct 包括一个请求过程的地址和一个指向请求数据结构链表的指针,每一个请求数据结构都代表一个来自缓冲区的请求。每当缓冲区希望和一个在系统中注册的块设备交换数据时,它都会在 blk_dev_struct 中添加一个请求数据结构。如图 9.7 所示,每一个请求都有一个指针指向一个或者多个 buffer_head 数据结构,每一个 buffer_head 结构都是一个读/写数据块的请求。每一个请求结构都在一个静态链表 all_requests 中。如果请求添加到了一个空的请求链表中,则调用设备驱动程序的请求函数来开始处理请求队列;否则,设备驱动程序只是简单地处理请求队列中的每一个请求。

一旦设备驱动程序完成了一个请求,它将把 buffer_head 结构从 request 结构中移走,并把 buffer_head 结构标记为已更新,同时将它解锁,这样就可以唤醒等待锁定操作完成的进程。

Linux 系统和设备驱动程序之间使用标准的交互接口。无论是字符设备、块设

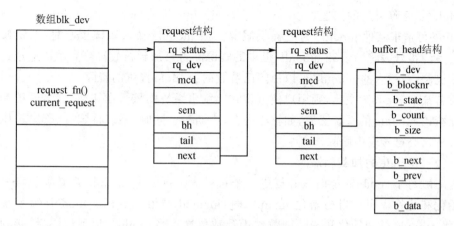

图 9.7　块设备驱动程序数据结构示意图

备还是网络设备的驱动程序,当内核请求它们提供服务时,都使用同样的接口。

3.　可安装模块

(1) Module 概述

Linux 提供了一种全新的机制,就是"可安装模块(Module)"。可安装模块是可以在系统运行时动态地安装和拆卸的内核模块。利用这个机制,可以根据需要在不必对内核重新编译连接的条件下,把可安装模块动态插入运行中的内核,成为其中一个有机组成部分,或者从内核卸载已安装的模块。设备驱动程序或与设备驱动紧密相关的部分(如文件系统)都是利用可安装模块实现的。

Linux 系统是一个动态的操作系统,用户根据工作中的需要对系统中设备重新配置,如安装新的打印机、卸载老式终端等。这样,每当 Linux 系统内核初启时,它都要对硬件配置进行检测,很可能检测到不同的物理设备,因此需要不同的驱动程序,在需要时载入。

在构建系统内核时,可以使用配置脚本把设备驱动程序包含在系统内核中。在系统启动时对这些驱动程序初始化,它们可能未找到所控制的设备,那么该设备驱动程序就变成冗余的驱动程序,除了占用一点系统存储空间以外,不会造成任何损害。而另外的设备驱动程序可以在需要时作为内核模块装入到系统内核中。

超级用户可以通过 insmod 和 rmmod 命令将 module 载入核心或从核心中将它卸载。动态地将代码载入核心可以减小核心代码的规模,使核心配置更为灵活。若在调试新核心代码时采用 module 技术,则用户不必每次修改后都重新编译核心和启动系统。

一旦 Linux module 载入核心,它就成为核心代码的一部分,与其他核心代码的地位是相同的。module 在需要的时候可通过符号表(symbol table)使用核心资源。系统内核将资源登记在符号表中,当 module 装载时,系统内核利用符号表来解决

module 中资源引用的问题。Linux 中允许 module 堆栈(module stacking),即一个 module 可请求其他 module 为之提供服务。当 module 载入系统核心时,系统修改核心中的符号表将新装载 module 提供的资源和符号加到核心符号表中。通过这种通信机制,新载入的 module 可以访问已装载的 module 提供的资源。

若某个 module 空闲,则用户便可将它卸载出系统内核。在卸载之前,系统释放分配给该 module 的系统资源,如核心内存、中断等。同时,系统将该 module 提供的符号从核心符号表中删除。

(2) Module 的加载和卸除

一般每个 module 都向核心提供一个符号表。每一个 module 都必须包含一个初始化和清除程序。当初始化 module 时,insmod 调用 sys_init_module()系统函数,将 module 的初始化和清除函数作为参数传递。当 module 加到核心后,必须修改核心的符号表,同时系统需要修改新 module 依赖的所有 module 中的相关指针。若一个 module 被其他 module 引用,则该 module 的数据结构中包含一个引用该 module 的指针列表。然后系统内核调用 module 的初始化函数。如果函数返回成功,则继续进行 module 的安装。该 module 的清除函数的指针存储在 module 的数据结构之中。然后,置该 module 的状态为 RUNNING。

当核心的某一部分在使用某个 module 时,该 module 是不能被卸载的。每一个 module 有一个计数器(module count),可以利用 lsmod 命令来得到它的值。module 的 AUTOCLEAN 和 VISITED 标志也保存在 module count 中,这两个标记只适用于由 kerneld 装入的 module。将 module 标记为 AUTOCLEAN,则系统可以将它们自动卸载。VISITED 标志表示该 module 被其他的系统部分使用。当有其他系统部分(component)使用该 module 时,则置位该标志。当 kerneld 请求系统卸载未被使用的且由 kerneld 装入的 module 时,它遍历系统中 module list,寻找候选 module。系统仅考察标记为 AUTOCLEAN 和 RUNNING 的 module。若候选 module 的 VISITED 标记未被置位,则将该 module 卸载;否则,系统清除该 module 的 VISITED 标记位,然后考察系统中的下一个 module。

当 module 被卸载时,系统会调用该 module 的 cleanup 子程序,可以在该子程序中释放系统分配给该 module 的核心资源。若 module 的状态为 DELETED,则将它从系统的 module list 中脱开,修改该 module 所依赖的所有 module 的 reference list,将卸载的模块从它们的 reference list 中脱开,释放分配给该 module 的核心内存。图 9.8 显示了设备驱动在内核中的加载、卸载和系统调用过程。

(3) Module 示例

这里介绍如何在一个设备驱动里面实现对 GPIO 的操作。功能是在模块加载时直流电机开始转动,在模块卸载时停止转动直流电机。这里使用简单的驱动框架,没有注册字符或块设备。

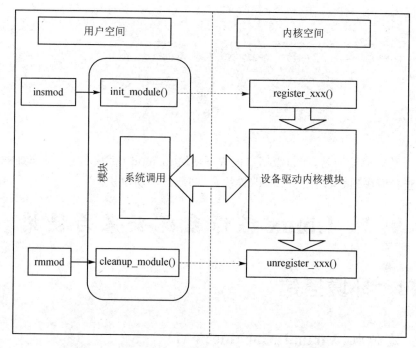

图 9.8　设备驱动在内核中的加载、卸载和系统调用过程

1）init_module 函数

该函数是模块的入口函数,用于启动直流电机,初始化正确则返回 0,这里没有出错的情况。

```
static int __init init_module(void)
{
    Init_GPIO_B();              //设置 GPB0,GPB1 为输出
    Start_DC_Motor();
    printk("module inited!");
    return 0;
}
```

2）cleanup_module 函数

设备驱动程序卸载时停止直流电机,该函数无返回值。

```
static void __exit cleanup_module(void)
{
    Stop_DC_Motor();
    printk("module removed!");
}
```

3）直流电机控制

电机的控制端口为 GPB0 和 GPB1,这里没有使用 PWM 控制。

```
void Start_DC_Motor()
{
    GPIOBDAT & = ~3;
    GPIOBDAT | = 1;            //GPB0,GPB1 不等,电机转动
}
Stop_DC_Motor()
{
    GPIOBDAT & = ~3;
}
```

当驱动完成编译后,在超级用户模式下使用 insmod〈模块名〉.o 动态加载,使用 lsmod 查看模块列表,使用 rmmod〈模块名〉卸载该驱动模块。

9.2　Linux 操作系统安装与使用

9.2.1　环境搭建

1. 虚拟机(Virtual Machine,VM)

虚拟机是指通过软件来模拟具有完整硬件系统功能的、运行在一个完全隔离环境中的完整计算机系统。目前流行的虚拟机有 VMware、Virtual PC 等。

一种安装在 Windows 系统上的虚拟 Linux 操作环境,被称为 Linux 虚拟机。它实际上只是一个或一组文件而已,是虚拟的 Linux 环境,而非真正意义上的操作系统,但它们与实际操作系统的使用效果是一样的。

例如,可在 Windows XP/Windows 7 等操作系统下利用虚拟机 VMware 安装 Linux。在实际的 Windows 中(即宿主计算机)再虚拟出一台计算机(即虚拟机),并在其上安装 Linux 系统,这样就可以放心大胆地进行各种 Linux 练习而无须担心操作不当而导致宿主计算机系统崩溃了。

运行虚拟机软件的操作系统称为 Host OS,在虚拟机上运行的操作系统称为 Guest OS。

2. VMware 虚拟机安装

VMware 分为 Server 和 Workstation 两种版本,PC 机一般使用 Workstation 版。以 VMware8.0 安装为例,打开 VMware_Workstation8.0 - installdisk 文件夹,双击 VMware Workstation 文件进行安装,安装步骤此处略。

3. VMware 下安装 Ubuntu Linux

以 Ubuntu Linux 10.04 LTS 为例,其 ISO 映像文件约 700 MB。安装步骤如

下:① 创建虚拟机;② 安装 Ubuntu Linux;③ 配置 Ubuntu Linux。

4. Ubuntu Linux 下建立嵌入式 ARM 交叉编译环境

以 FL2440 开发板为例,FL2440 使用的是 Linux2.6.12 内核,交叉编译器的压缩文件为 cross – 3.4.1.tar.bz2,设该文件已事先复制到/home/yuanzy/tmp 文件夹中。

① cd /usr/local↙进入 local 目录; sudo mkdir arm ↙,在 local 目录中建立名为 arm 的目录。

② cd arm ↙进入 arm 目录;将/home/yuanzy/tmp/下的 cross – 3.4.1.tar.bz2 交叉编译器压缩包复制到指定目录/usr/local/arm/。

```
sudo cp /home/yuanzy/tmp/cross – 3.4.1.tar.bz2 .↙
```

③ 用 tar 命令解压该压缩包

```
sudo tar  – jxvf cross – 3.4.1.tar.bz2↙
```

其中,–j 表示打包后直接用 bzip2 命令进行压缩或解压文件,– x 表示抽取.tar 文件的内容,–v 表示在打包后或解压后显示文件清单,–f 表示使用文件或设备。

④ sudo mkdir 3.4.1,并将解压缩后的文件放到指定目录/usr/local/arm/3.4.1。

⑤ 用 gedit、vim 等编辑器编辑/etc/bash.bashrc 文件(若不能编辑存盘,则用 sudo gedit /etc/bash.bashrc),在该文件的末尾添加路径:

```
export PATH = $ PATH:/usr/local/arm/3.4.1/bin
```

这样就把/usr/local/arm/3.4.1/bin 添加到命令的默认路径,在进行交叉编译时,则可直接使用 arm – linux – gcc 命令对程序进行编译(而不需要输入编译器所在的路径名):

```
$ arm – linux – gcc hello.c – o hello↙
```

5. 通过 NFS 网络文件系统实现 Ubuntu Linux 与开发板同步

在 PC 机一端 Ubuntu 平台进行如下设置:

① 安装 NFS 服务器

```
sudo apt – get install nfs – kernel – server
```

② 配置 NFS 服务器

```
sudo gedit /etc/exports
```

(或使用 vim 等编辑器)

在打开的带注释的空白文件中添加欲共享的目录:

```
/opt/FL2440 * (rw,sync,no_root_squash)
```

这里假设在 Ubuntu Linux 系统根目录中已事先建立了要共享的/opt/FL2400
目录文件夹（若未建立要共享的文件夹，则须用 mkdir 建立欲共享的文件夹目录），
其中，/opt/FL2440 是 Ubuntu 给其他平台（ARM 开发板、其他远程终端等）提供的
共享目录。rw 表示挂接此目录的客户机对该目录拥有读/写权限，no_root_squash
表示允许挂接此目录的客户机享有该主机的 root 身份。

③ 启动 NFS 服务

```
sudo /etc/init.d/nfs-kernel-server start
```

或者

```
sudo /etc/init.d/nfs-kernel-server restart
```

在 ARM 开发板（以 FL2440 为例）进行如下设置：

① 运行 Window 7 环境中的超级终端 Hyperterminal（超级终端是从 Windows
XP 中复制的 3 个文件：hypertrm.exe、hypertrm.dll、hticons.dll；Window 7 及以版
本已不带超级终端，可将这 3 个文件从有 Window XP 的 PC 机中复制出来存放在一
个文件夹中，使用时直接进入该文件夹执行 hypertrm.exe 即可）或者 DNW，保持串
口处于通信状态。

② 通过交叉网线连接 PC 和 ARM 开发板。此步是必须的，NFS 靠的就是这根
网线，线路不通是无法配置成功的。

③ 确保 PC 机 Windows 系统物理网卡的 IP 地址、Ubuntu 下的 IP 地址与开发
板的 IP 地址在同一网段。

设 PC 机中 Ubuntu 系统的 IP 地址为 192.168.1.150，用 ifconfig 可查询出该
地址。

设 ARM 开发板的 IP 地址为 192.168.1.15，在超级终端启动开发板的 ARM
Linux 系统后，用 ifconfig 可查询出该地址。

若 PC 机端 Ubuntu 的 IP 地址和 ARM 开发板的网段不同，则须人工用命令 if-
config eth0 192.1.168.1.XXX 将 Ubuntu 的 IP 地址和 ARM Linux 的 IP 地址设置
在同一网段。

完成 NFS 配置后，测试通信是否正常：

① 在开发板的 ARM Linux 启动后的命令行中输入如下命令：

```
mount -t nfs -o nolock 192.168.1.150:/opt/FL2440 /mnt↵
```

其中，192.168.1.150 为 PC 端 Ubuntu 的 IP 地址。若 ARM 开发板的 IP 地址
不在这一网段，则须用如下命令设置 IP 地址：

```
ifconfig eth0 192.168.1.15
```

此时,开发板的 IP 就设置成 192.168.1.15 了。若 mount 挂载命令执行成功,则 PC 机端 Ubuntu 下的/opt/FL2440 目录文件将挂载到 ARM 开发板的/mnt 目录。当然,前提是 ARM 开发板的 ARM Linux 系统必须事先设置了 mnt 目录。

这里可试验一下先在 Ubuntu 的/opt/FL2440 路径存放一个 hello.c 文件,然后在开发板的超级终端命令行键入 ls /mnt,测试一下是否看到了刚才所存放的 hello.c 文件。

② 若挂载 NFS 未能成功,须仔细检查前面①～③中的各个步骤。

有时需要启动关闭 Ubuntu Linux 防火墙,命令设置如下:

```
sudo ufw enable|disable
```

由于经典的 Linux 防火墙工具 iptables 使用过于繁琐,Ubuntu 默认提供了一种基于 iptables 的防火墙工具。

在 Ubuntu Linux 环境下用 ARM - Linux - GCC 交叉编译器生成可执行文件后,可将该文件用 NFS、超级终端等工具下载到 ARM 开发板某个目录,进入该目录键入“./可执行文件”。有时下载到开发板的可执行程序不能直接执行,此时可尝试使用“chmod u+x 可执行文件”给该文件增加可执行权限,再执行该程序。

9.2.2　Linux 的使用

1. Linux 常用命令

图像界面并不是 Linux 的一部分,Linux 只是个基于命令行的操作系统,因此了解 Linux 的命令非常必要。

(1) 更改帐号密码

语法: passwd

```
Old password: <输入旧密码>
New password: <输入新密码>
Retype new password: <再输入一次密码>
```

(2) 联机帮助

语法: man 命令

例如:

```
man ls
```

(3) 远程登录

语法:rlogin 主机名[-1 用户名]

例如:

```
rlogin doc                    远程登录到工作站 doc 中。
rlogin doc - l user           使用 user 帐号登录到工作站 doc 中。
```

语法：telnet 主机名或 telnet IP 地址

例如：

```
telnet doc
telnet202.104.12.12
```

(4) 文件或目录处理

列出文件或目录下的文件名。

语法：ls [- atFlgR] [name]

name：文件名或目录名。

例如：

```
ls        列出目前目录下的文件名。
ls - a    列出包括以.开始的隐藏文件的所有文件名。
ls - t    依照文件最后修改时间的顺序列出文件名。
ls - F    列出当前目录下的文件名及其类型。以/ 结尾表示为目录名,以 * 结尾表示为
          可执行文件,以@ 结尾表示为符号连接。
ls - l    列出目录下所有文件的权限、所有者、文件大小、修改时间及名称。
ls - lg   同上,并显示出文件的所有者工作组名。
ls - R    显示出目录下以及其所有子目录的文件名。
```

(5) 改变工作目录

语法：cd [name]

name：目录名、路径或目录缩写。

例如：

```
cd            改变目录位置至用户登录时的工作目录。
cd dir1       改变目录位置至 dir1 目录下。
cd ～user      改变目录位置至用户的工作目录。
cd ..         改变目录位置至当前目录的父目录。
cd ../user    改变目录位置至相对路径 user 的目录下。
cd /../..     改变目录位置至绝对路径的目录下。
cd ～          改变目录位置至用户登录时的工作目录。
```

(6) 复制文件

语法：cp [- r] 源地址目的地址

例如：

```
cp file1 file2     将文件 file1 复制成 file2。
cp file1 dir1      将文件 file1 复制到目录 dir1 下,文件名仍为 file1。
cp /tmp/file1.     将目录/tmp下的文件 file1 复制到当前目录下,文件名仍为 file1。
cp /tmp/file1 file2 将目录/tmp下的文件 file1 复制到当前目录下,文件名为 file2。
cp - r dir1 dir2   复制整个目录。
```

(7) 移动或更改文件、目录名称

语法：mv 源地址目的地址

例如：

mv file1 file2	将文件 file1 更名为 file2。
mv file1 dir1	将文件 file1 移到目录 dir1 下，文件名仍为 file1。
mv dir1 dir2	将目录 dir1 更改为目录 dir2。

(8) 建立新目录

语法：mkdir 目录名

例如：

mkdir dir1	建立一新目录 dir1。

(9) 删除目录

语法：rmdir 目录名或 rm 目录名

例如：

rmdir dir1	删除目录 dir1，但 dir1 下必须没有文件存在，否则无法删除。
rm − r dir1	删除目录 dir1 及其子目录下所有文件。

(10) 删除文件

语法：rm 文件名

例如：

rm file1	删除文件名为 file1 的文件。
rm file?	删除文件名中有 5 个字符且前 4 个字符为 file 的所有文件。
rm f *	删除文件名中以 f 为字首的所有文件。

(11) 列出当前所在的目录位置

语法：pwd

(12) 查看文件内容

语法：cat 文件名

例如：

cat file1	以连续显示方式查看文件名 file1 的内容。

(13) 分页查看文件内容

语法：more 文件名或 cat 文件名│ more

例如：

more file1	以分页方式查看文件名 file1 的内容。
cat file1│more 以	分页方式查看文件名 file1 的内容。

(14) 查看目录所占磁盘容量

语法：du [− s] 目录

例如：

du dir1	显示目录 dir1 的总容量及其子目录的容量(以 KB 为单位)。
du - s dir1	显示目录 dir1 的总容量。

2. vi 编辑器的使用

vi 命令是常用却又重要的命令,可在全屏幕方式下编辑一个或多个文件。若在 vi 执行时没有指定一个文件,则 vi 命令自动产生一个无名的空的工作文件。若指定的文件不存在,则按指定的文件名创建一个新的文件。若对文件的修改不保存,则 vi 命令并不改变原来文件的内容。vi 命令并不锁住所编辑的文件,因此多个用户可能在同时编辑一个文件,那么最后保存的文件版本将被保留。

(1) 文本输入模式

在此模式下可以修改一行的内容并增添新行。在命令模式下键入 a、i 或 c 键可进入文本输入模式,按 Escape 键可返回命令模式。

(2) 命令模式

命令模式是进入 vi 时所处的模式。在此模式下用户可输入各种子命令对文件内容进行操作,如删除行、粘贴行、移向下一个字、移向不同行等。

用户可在一个特殊的文件 .exrc 中定义特殊的 vi 命令。在 vi 中使用这些命令时,必须在该命令前加上一个冒号(:)。

3. gcc 编译器和 make 工具

(1) gcc 编译器

Linux 系统下的 gcc(GNU C Compiler)是 GNU 推出的功能强大、性能优越的多平台编译器,是 GNU 的代表作品之一;是可以在多种硬体平台上编译出可执行程序的超级编译器,其执行效率也很高。Gcc 编译器能将 C、C++语言源程序、汇编语言源程序和目标程序编译、链接成可执行文件。

对于 GUN 编译器来说,程序的编译要经历预处理、编译、汇编、链接 4 个阶段。从功能上分,预处理、编译、汇编是 3 个不同的阶段,但 gcc 的实际操作时可以把这 3 个步骤合并为一个步骤来执行。

在预处理阶段,输入的是 C 语言的源文件,通常为 ∗.c 和带有.h 之类头文件的包含文件。这个阶段主要处理源文件中的 ♯ ifdef、♯ include 和 ♯ define 命令,并不编译、汇编和链接。该阶段会生成一个中间文件 ∗.i,但实际工作中通常不专门生成这种文件,因为该文件基本用不到,但可以利用下面的示例命令来生成 ∗.i 文件：

```
GCC - E  test.c - o test.i
```

在编译阶段,输入的是中间文件 ∗.i,编译后生成汇编语言文件 ∗.s;如果想查看 C 代码是如何转化到汇编代码的,则可以使用该命令生成汇编代码。这个阶段对应的 gcc 命令如下所示：

```
GCC – S test.i – o test.s
```

在汇编阶段，将输入的汇编文件＊.s 转换成机器语言＊.o。这个阶段对应的 gcc 命令如下所示：

```
GCC – c test.s – o test.o
```

最后，在连接阶段将输入的机器代码文件＊.o（与其他的机器代码文件和库文件）汇集成一个可执行的二进制代码文件。这一步骤可以利用下面的示例命令完成：

```
GCC test.o – o test
```

（2）make 工具

在 Linux 环境下使用 GNU 的 make 工具能够比较容易地构建一个工程，整个工程的编译只需要一个命令就可以完成编译、链接以至于最后的执行。不过这需要完成一个或者多个称为 Makefile 文件的编写，此文件正是 make 正常工作的基础。

Makefile 文件描述了整个工程的编译、链接等规则。其中，包括工程中的哪些源文件需要编译、如何编译、需要创建哪些库文件以及如何创建这些库文件、如何最后产生我们想要的可执行文件。尽管看起来可能是很复杂的事情，但是为工程编写 Makefile 的好处是能够使用一行命令来完成"自动化编译"；一旦提供正确的 Makefile，编译整个工程时在 shell 提示符下输入 make 命令，整个工程就会完全自动编译，极大提高了效率。

例如，一个名为 prog 的程序由两个 C 源文件 a.c、b.c 以及库文件 LS 编译生成，这两个文件还分别包含自己的头文件 a.h、b.h。通常情况下，C 编译器将会输出两个目标文件 a.o、b.o。假设 a.c 声明用到一个名为 defs 的文件，但 b.c 不用，则在 a.c 有这样的声明：＃include "defs"。

那么下面的文档就描述了这些文件之间的相互联系：

```
prog : a.o b.o
     cc a.o b.o – LS – o prog
a.o : a.c a.h defs
     cc – c a.c
b.o : b.c b.h
     cc – c b.c
```

这个描述文档就是一个简单的 makefile 文件。

从上面的例子可以看到，第一行指定 prog 由二个目标文件 a.o、b.o 链接生成。第二行描述了如何从 prog 所依赖的文件建立可执行文件。接下来分别指定两个目标文件，它们所依赖的.c、.h 文件以及 defs 文件，并指定了如何从目标所依赖的文件建立目标。

当 a.c 或 a.h 文件在编译之后又被修改，则 make 工具可自动重新编译 a.o；如果在前后两次编译之间,a.c 和 a.h 均没有被修改,而且 a.o 还存在的话,则就没有必要重新编译。这种依赖关系在多源文件的程序编译中尤其重要。通过这种依赖关系的定义,make 工具可避免许多不必要的编译工作。当然,利用 shell 脚本也可以达到自动编译的效果,但是,shell 脚本将全部编译任何源文件,包括那些不必要重新编译的源文件;而 make 工具则可根据目标上一次编译的时间和目标所依赖的源文件的更新时间而自动判断应当编译哪个源文件。

　　Makefile 文件作为一种描述文档一般需要包含以下内容:宏定义、源文件之间的相互依赖关系、可执行的命令。

　　Makefile 中允许使用简单的宏指代源文件及其相关编译信息,在 Linux 中也称宏为变量。引用宏时只须在变量前加 $ 符号,注意,如果变量名的长度超过一个字符,则引用时就必须加圆括号()。

　　下面都是有效的宏引用:

```
$(CFLAGS)    $2 $Z $(Z)
```

其中,最后两个引用是完全一致的。

　　需要注意的是一些宏的预定义变量,在 Unix 系统中,$*、$@、$? 和 $〈这 4 个特殊宏的值在执行命令的过程中会发生相应变化,而在 GNU make 中则定义了更多的预定义变量。关于预定义变量的详细内容,宏定义的使用可以使我们脱离那些冗长乏味的编译选项,为编写 makefile 文件带来很大的方便。

```
OBJECTS = a.o b.o
LIBES = - LS
prog: $(OBJECTS)
    cc $(OBJECTS) $(LIBES) - o prog
```

此时如果执行不带参数的 make 命令,则将连接 3 个目标文件和库文件 LS;但是如果在 make 命令后带有新的宏定义:

```
make "LIBES = - LL - LS"
```

则命令行后面的宏定义将覆盖 makefile 文件中的宏定义。若 LL 也是库文件,则 make 命令将连接 3 个目标文件以及两个库文件 LS 和 LL。

　　make 工具中包含一些内置的或隐含的规则,这些规则定义了如何从不同的依赖文件建立特定类型的目标。Unix 系统通常支持一种基于文件扩展名(即文件名后缀)的隐含规则。这种后缀规则定义了如何将一个具有特定文件名后缀的文件(如.c 文件),转换成为具有另一种文件名后缀的文件(如.o 文件):

```
.c:.o
$(CC) $(CFLAGS) $(CPPFLAGS) - c - o $@ $<
```

系统中默认的常用文件扩展名及其含义为:

.o　　目标文件

.c 　　C 源文件

.f 　　FORTRAN 源文件

.s 　　汇编源文件

.y 　　Yacc – C 源语法

.l 　　Lex 源语法

GNU make 除了支持后缀规则外还支持另一种类型的隐含规则——模式规则。
这种规则更加通用,因为可以利用模式规则定义更加复杂的依赖性规则。也可用来
定义目标和依赖文件之间的关系,例如,下面的模式规则定义了如何将任意一个
file.c 文件转换为 file.o 文件:

```
%.c:%.o
$(CC) $(CFLAGS) $(CPPFLAGS) - c - o $@ $<
```

make 工作时的执行步骤如下:

① 读入所有的 Makefile;

② 读入被 include 的其他 Makefile;

③ 初始化文件中的变量;

④ 推导隐晦规则,并分析所有规则;

⑤ 为所有的目标文件创建依赖关系链;

⑥ 根据依赖关系,决定哪些目标要重新生成;

⑦ 执行生成命令。

①～⑤为第一个阶段,⑥～⑦为第二个阶段。第一个阶段中,如果定义的变量被
使用了,那么 make 会把其展开在使用的位置。但 make 并不会马上完全展开,其使
用的是拖延战术;如果变量出现在依赖关系的规则中,那么仅当这条依赖被决定要使
用了,变量才会在其内部展开。

4. gdb 调试

Linux 中包含一个很有用的调试工具 gdb(GNU Debuger),它可以用来调试 C
和 C++程序,功能不亚于 Windows 下许多图形界面的调试工具。和所有常用的调
试工具一样,gdb 包含了监视程序中变量的值、在程序中设置断点、程序的单步执行
这 3 种主要功能。

在使用 gdb 前,必须先载入可执行文件,因为要进行调试,文件中就必须包含调
试信息,所以在用 gcc 或 cc 编译时就需要用- g 参数来打开程序的调试选项。

调试开始时,必须载入要进行调试的程序,可以在启动 gdb 时后面跟可执行文
件路径名称载入或在启动 gdb 后使用命令载入被调试程序。

载入程序后,接下来就是要进行断点的设置、要监视的变量的添加等工作。下面
列出了 gdb 的基本命令:

file 　装入想要调试的可执行文件

kill　终止正在调试的程序

list　列出产生执行文件的源代码的一部分

next　执行一行源代码但不进入函数内部

step　执行一行源代码而且进入函数内部

clear　删除刚才停止处的断点

run　执行当前被调试的程序

continue　从断点开始继续执行

display　程序停止时显示变量和表达式

info　显示与该程序有关的各种信息

jump　在源程序中的另一点开始运行

quit　终止 gdb

watch　监视一个变量的值而不管它何时被改变

break　在代码里设置断点,这将使程序执行到这里时被挂起

make　不退出 gdb 就可以重新产生可执行文件

print　查看变量的值

shell　不离开 gdb 就执行 UNIX shell 命令

例如,要查看所有的 gdb 命令,则可以在 gdb 下键入两次 Tab(制表符),运行 help command 便可以查看命令 command 的详细使用格式。

9.3　Linux 程序设计

9.3.1　BootLoader 引导程序

BootLoader 是指在系统上电后运行的一段程序。通过这段程序初始化硬件设备,然后载入操作系统。PC 机的引导程序也就是我们常说的 BIOS(Basic Input Output System),用于 PC 机系统自检、初始化和将硬盘中的系统加载至内存的程序。

在嵌入式系统中,由于硬件的差异,建立一个像 PC BIOS 一样的通用引导程序几乎是不可能的,但是嵌入式设备的引导程序也有一些共性,主要是初始化硬件设备、建立内存空间的映射、系统的下载或调试测试等功能。

本节将从 BootLoader 的概念、BootLoader 的主要任务、BootLoader 的框架结构以及 BootLoader 的安装这 4 个方面来讨论嵌入式系统的 BootLoader。

1. BootLoader 的概念

简单地说,BootLoader 就是在操作系统内核运行之前运行的一段小程序。通过

这段小程序,我们可以初始化硬件设备、建立内存空间的映射图,从而将系统的软硬件环境设置成一个合适的状态,以便为最终调用操作系统内核准备好正确的环境。

通常,BootLoader 是严重地依赖于硬件而实现的,特别是在嵌入式世界。因此,在嵌入式世界里建立一个通用的 BootLoader 几乎是不可能的。尽管如此,我们仍然可以对 BootLoader 归纳出一些通用的概念来,以指导用户设计与实现特定的 Boot-Loader。

(1) BootLoader 支持的 CPU 和嵌入式板

每种不同的 CPU 体系结构都有不同的 BootLoader。有些 BootLoader 也支持多种体系结构的 CPU,比如 U‐BOOT 同时支持 ARM 体系结构和 MIPS 体系结构。除了依赖于 CPU 的体系结构外,BootLoader 实际上也依赖于具体的嵌入式板级设备的配置。也就是说,对于两块不同的嵌入式板而言,即使它们是基于同一种 CPU 而构建的,要想让运行在一块板子上的 BootLoader 程序也能运行在另一块板子上,通常也都需要修改 BootLoader 的源程序。

(2) BootLoader 的安装媒介(Installation Medium)

系统加电或复位后,所有的 CPU 通常都从某个由 CPU 制造商预先安排的地址上取指令。比如,基于 ARM7TDMI core 的 CPU 在复位时通常都从地址 0x00000000取它的第一条指令,而基于 CPU 构建的嵌入式系统通常都由某种类型的固态存储设备(比如 ROM、EEPROM 或 Flash 等)被映射到这个预先安排的地址上。因此在系统加电后,CPU 将首先执行 BootLoader 程序。

图 9.9 是一个同时装有 BootLoader、内核的启动参数、内核映像和根文件系统映像的固态存储设备的典型空间分配结构图。

图 9.9　固态存储设备的典型空间分配结构

(3) 用来控制 BootLoader 的设备或机制

主机和目标机之间一般通过串口建立连接,BootLoader 软件在执行时通常会通过串口来进行 I/O,比如输出打印信息到串口、从串口读取用户控制字符等。

(4) BootLoader 的启动过程是单阶段还是多阶段

通常多阶段(Multi‐Stage)的 BootLoader 能提供更为复杂的功能以及更好的可移植性。从固态存储设备上启动的 BootLoader 大多都是 2 阶段的启动过程,即启动过程可以分为 stage 1 和 stage 2 两部分。至于在 stage 1 和 stage 2 具体完成哪些任务将在后面讨论。

(5) BootLoader 的操作模式

大多数 BootLoader 都包含两种不同的操作模式(Operation Mode),分别是启动加载模式和下载模式,这种区别仅对于开发人员才有意义。但从最终用户的角度看,BootLoader 的作用就是用来加载操作系统,而并不存在所谓启动加载模式与下载工作模式的区别。

启动加载(Boot loading)模式:这种模式也称为自主(Autonomous)模式,即 BootLoader 从目标机上的某个固态存储设备上将操作系统加载到 RAM 中运行,整个过程并没有用户的介入。这种模式是 BootLoader 的正常工作模式,因此在嵌入式产品发布的时候,BootLoader 显然必须工作在这种模式下。

下载(Downloading)模式:在这种模式下,目标机上的 BootLoader 将通过串口连接或网络连接等通信手段从主机(Host)下载文件,比如下载内核映像和根文件系统映像等。从主机下载的文件通常首先被 BootLoader 保存到目标机的 RAM 中,然后再被 BootLoader 写到目标机上的 Flash 类固态存储设备中。BootLoader 的这种模式通常在第一次安装内核与根文件系统时被使用,此外,以后的系统更新也会使用 BootLoader 的这种工作模式。工作于这种模式下的 BootLoader 通常都会向它的终端用户提供一个简单的命令行接口。

像 Blob 或 U-Boot 等这样功能强大的 BootLoader 通常同时支持这两种工作模式,而且允许用户在这两种工作模式之间进行切换。例如,Blob 在启动时处于正常的启动加载模式,但是它会延时 10 秒等待终端用户按下任意键而将 Blob 切换到下载模式。如果在 10 秒内没有用户按键,则 blob 继续启动 Linux 内核。

(6) BootLoader 与主机之间进行文件传输所用的通信设备及协议

最常见的情况是目标机上的 BootLoader 通过串口与主机之间进行文件传输,传输协议通常是 xmodem、ymodem 或 zmodem 协议中的一种。但是,串口传输的速度是有限的,因此通过以太网连接并借助 TFTP 协议来下载文件是个更好的选择。

此外,在论及本话题时,主机方所用的软件也要考虑。例如,在通过以太网连接和 TFTP 协议来下载文件时,主机方必须有一个软件用来提供 TFTP 服务。

讨论完 BootLoader 的概念后,下面介绍 BootLoader 应该具体完成哪些任务。

2. BootLoader 的主要过程与典型结构框架

在继续本节的讨论之前,首先做一个假设:假定内核映像与根文件系统映像都被加载到 RAM 中运行。提出这样的假设前提是因为嵌入式系统中内核映像与根文件系统映像也可以直接在 ROM 或 Flash 这样的固态存储设备中直接运行,但这种做法无疑是以牺牲运行速度为代价的。

从操作系统的角度看,BootLoader 的总目标就是正确地调用内核来执行。

另外,由于 BootLoader 的实现依赖于 CPU 的体系结构,因此大多数 BootLoader 都分为 stage1 和 stage2 两大部分。依赖于 CPU 体系结构的代码,比如设备初始化代码等通常都放在 stage1 中,而且一般都用汇编语言实现,以达到短小精悍的目的。而 stage2 则通常用 C 语言来实现,这样一方面是能实现更复杂的功能,另一方面是代码拥有更好的可读性和可移植性。

BootLoader 的 stage1 通常包括以下过程。

(1) 硬件设备初始化

通常包括以下步骤(以执行的先后顺序):

➤ 屏蔽所有的中断。为中断提供服务通常是 OS 设备驱动程序的责任,因此在 BootLoader 的执行全过程中可以不必响应任何中断。中断屏蔽可以通过写 CPU 的中断屏蔽寄存器或状态寄存器(比如 ARM 的 CPSR 寄存器)来完成。

➤ 设置 CPU 的速度和时钟频率。

➤ RAM 初始化,包括正确地设置系统内存控制器的功能寄存器以及各内存库控制寄存器等。

➤ 初始化 LED。典型地,通过 GPIO 来驱动 LED,其目的是表明系统的状态是正确还是错误的。如果板子上没有 LED,那么也可以通过初始化 UART 向串口打印 BootLoader 的 Logo 字符信息来完成初始化。

➤ 关闭 CPU 内部指令/数据 Cache。

(2) 为加载 BootLoader 的 stage2 准备 RAM 空间

为了获得更快的执行速度,通常把 stage2 加载到 RAM 空间中来执行,因此必须为加载 BootLoader 的 stage2 准备好一段可用的 RAM 空间范围。

(3) 复制 BootLoader 的 stage2 到 RAM 空间中

复制时要确定两点:① stage2 的可执行映像在固态存储设备的存放起始地址和终止地址;② RAM 空间的起始地址。

(4) 设置好堆栈

堆栈指针的设置是为了执行 C 语言代码作好准备。通常,可以把 sp 的值设置为 (stage2_end−4),即在那个 1 MB 的 RAM 空间的最顶端(堆栈向下生长)。

此外,在设置堆栈指针 sp 之前,也可以关闭 LED 灯,以提示用户准备跳转到 stage2。

经过上述执行过程后,系统的物理内存布局如图 9.10 所示。

(5) 跳转到 stage2 的 C 入口点

上述过程准备就绪后,就可以跳转到 BootLoader 的 stage2 执行了。例如,在 ARM 系统中,跳转到 stage2 可通过修改 PC 寄存器为合适的地址来实现。

BootLoader 的 stage2 通常包括以下步骤(以执行的先后顺序):

➤ 初始化本阶段要使用到的硬件设备。

➤ 检测系统内存映射(memory map)。

➤ 将 kernel 映像和根文件系统映像从 Flash 上读到 RAM 空间中。

➤ 为内核设置启动参数。

➤ 调用内核。

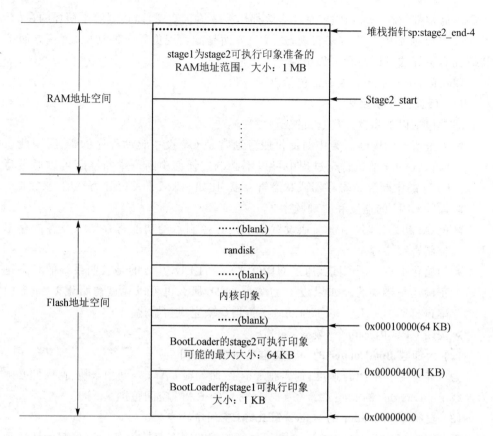

图 9.10　BootLoader 的 stage2 可执行映像刚被复制到 RAM 空间时的系统内存布局

3. 常见 BootLoader 简介

(1) U-BOOT 介绍

U-BOOT 是一个庞大的公开源码的软件,它支持一些系列的 ARM 体系,包含常见的外设的驱动,是一个功能强大的板极支持包,其代码可以从 http://source-forge.net/projects/u-boot 下载。

U-BOOT 是由 PPCBOOT 发展起来的,是 PowerPC、ARM9、Xscale、X86 等系统通用的 Boot 方案,从官方版本 0.3.2 开始全面支持 SC 系列单板机。U-BOOT 是一个开源的 BootLoader,目前版本是 0.4.0。U-BOOT 在 ppcboot 以及 armboot 的基础上发展而来,虽然宣称是 0.4.0 版本,却相当成熟和稳定,已经在许多嵌入式系统开发过程中被采用。由于其开放源代码,其支持的开发板众多,唯一遗憾的是并不支持 Samsung 44B0X ARM 7 开发板。

为什么我们需要 U-BOOT? 显然可以将 μcLinux 直接烧入 Flash,从而不需要额外的引导装载程序(BootLoader)。但是从软件升级以及程序修补的角度来说,软件的自动更新非常重要。事实上,引导装载程序(BootLoader)的用途不仅如此,但仅从软件的自动更新的需要就说明我们的开发是必要的。

同时,U－BOOT 移植的过程也是一个对嵌入式系统包括软硬件以及操作系统加深理解的过程。

(2) U－BOOT 的移植过程

为开发板取名为 crane2410,并在 U－BOOT 中建立自己的开发板类型。

1) 修改 Makefile

```
[uboot@localhost? uboot]#vi Makefile
# 为 crane2410 建立编译项
crane2410_config:unconfig
@./mkconfig $(@:_config = ) arm arm920t crane2410 NULL s3c24x0
```

各项的意思如下:

➢ arm：CPU 的架构(ARCH);

➢ arm920t：CPU 的类型(CPU),其对应于 cpu/arm920t 子目录;

➢ crane2410:开发板的型号(BOARD),对应于 board/crane2410 目录;

➢ NULL：开发者/或经销商(vender);

➢ s3c24x0：片上系统(SoC)。

2) 在 board 子目录中建立 crane2410

```
[uboot@localhost uboot]# cp - rf board/smdk2410 board/crane2410
[uboot@localhost uboot]# cd board/crane2410
[uboot@localhost crane2410]# mv smdk2410.c crane2410.c
```

3) 在 include/configs/中建立配置头文件

```
[uboot@localhost crane2410]#cd ../..
[uboot@localhost uboot]# cp include/configs/smdk2410.h
include/configs/crane2410.h
```

4) 定交叉编译工具的路径

```
[uboot@localhost uboot]#vi ~/.bashrc
Export PATH = /usr/local/arm/2.95.3/bin:$ PATH
```

5) 测试编译能否成功

```
[uboot@localhost uboot]# make crane2410_config
[uboot@localhost uboot]# make CROSS_COMPILE = arm - linux -
```

6) 修改 lowlevel_init.S 文件

依照开发板内存区的配置情况,修改 board/crane2410/lowlevel_init.S 文件,如下:

```
# include<config.h>
# include<version.h>
```

```
# define BWSCON 0x48000000
/ * BWSCON * /
# define DW8(0x0)
# define DW16(0x1)
# define DW32(0x2)
# define WAIT(0x1<<2)
# define UBLB(0x1<<3)
# define B1_BWSCON(DW16)
# define B2_BWSCON(DW16)
# define B3_BWSCON(DW16 + WAIT + UBLB)
# define B4_BWSCON(DW16)
# define B5_BWSCON(DW16)
# define B6_BWSCON(DW32)
# define B7_BWSCON(DW32)
/ * BANK0CON * /
# define B0_Tacs 0x3/ * 0clk * /
# define B0_Tcos 0x3/ * 0clk * /
# define B0_Tacc 0x7/ * 14clk * /
# define B0_Tcoh 0x3/ * 0clk * /
# define B0_Tah 0x3/ * 0clk * /
# define B0_Tacp 0x3
# define B0_PMC 0x3/ * normal * /
/ * BANK1CON * /
# define B1_Tacs 0x3/ * 0clk * /
# define B1_Tcos 0x3/ * 0clk * /
# define B1_Tacc 0x7/ * 14clk * /
# define B1_Tcoh 0x3/ * 0clk * /
# define B1_Tah 0x3/ * 0clk * /
# define B1_Tacp 0x3
# define B1_PMC 0x0
# define B2_Tacs 0x0
# define B2_Tcos 0x0
# define B2_Tacc 0x7
# define B2_Tcoh 0x0
# define B2_Tah 0x0
# define B2_Tacp 0x0
# define B2_PMC 0x0
# define B3_Tacs 0x0/ * 0clk * /
# define B3_Tcos 0x3/ * 4clk * /
# define B3_Tacc 0x7/ * 14clk * /
# define B3_Tcoh 0x1/ * 1clk * /
# define B3_Tah 0x0/ * 0clk * /
# define B3_Tacp 0x3/ * 6clk * /
# define B3_PMC 0x0/ * normal * /
# define B4_Tacs 0x0/ * 0clk * /
# define B4_Tcos 0x0/ * 0clk * /
# define B4_Tacc 0x7/ * 14clk * /
# define B4_Tcoh 0x0/ * 0clk * /
# define B4_Tah 0x0/ * 0clk * /
# define B4_Tacp 0x0
```

```
#define B4_PMC 0x0/ * normal * /
#define B5_Tacs 0x0/ * 0clk * /
#define B5_Tcos 0x0/ * 0clk * /
#define B5_Tacc 0x7/ * 14clk * /
#define B5_Tcoh 0x0/ * 0clk * /
#define B5_Tah 0x0/ * 0clk * /
#define B5_Tacp 0x0
#define B5_PMC 0x0/ * normal * /
#define B6_MT 0x3/ * SDRAM * /
#define B6_Trcd 0x1
#define B6_SCAN 0x1/ * 9bit * /
#define B7_MT 0x3/ * SDRAM * /
#define B7_Trcd 0x1/ * 3clk * /
#define B7_SCAN 0x1/ * 9bit * /
/ * REFRESH parameter * /
#define REFEN 0x1/ * Refresh enable * /
#define TREFMD 0x0/ * CBR(CAS before RAS)/Auto refresh * /
#define Trp 0x0/ * 2clk * /
#define Trc 0x3/ * 7clk * /
#define Tchr 0x2/ * 3clk * /
#define REFCNT 1113/ * period = 15.6us, HCLK = 60Mhz,(2048 + 1 - 15.6 * 60) * /
/ * * * * * * * * * * * * * * * * * * * * * * * * * * * * * * * * * * * * */
_TEXT_BASE:
.word TEXT_BASE
.globl lowlevel_init
lowlevel_init:
/ * memory control configuration * /
/ * make r0 relative the current location so that it * /
/ * reads SMRDATA out ofFLASH rather than memory!  * /
ldr r0, = SMRDATA
ldr r1,_TEXT_BASE
sub r0,r0,r1
ldr r1, = BWSCON/ * Bus Width Status Controller * /
add r2,r0, #13 * 4
0:
ldr r3,[r0], #4
str r3,[r1], #4
cmp r2,r0
bne 0b
/ * everything is fine now * /
mov pc,lr
.ltorg
/ * the literal pools origin * /
SMRDATA:
.word
(0 + (B1_BWSCON<<4) + (B2_BWSCON<<8) + (B3_BWSCON<<12) + (B4_BWSCON<<16) +
(B5_BWSCON<<20) + (B6_BWSCON<<24) + (B7_BWSCON<<28))
.word
((B0_Tacs<<13) + (B0_Tcos<<11) + (B0_Tacc<<8) + (B0_Tcoh<<6) + (B0_Tah<<4)
+ (B0_Tacp<<2) + (B0_PMC))
```

```
    .word
    ((B1_Tacs<<13)+(B1_Tcos<<11)+(B1_Tacc<<8)+(B1_Tcoh<<6)+(B1_Tah<<4)
+(B1_Tacp<<2)+(B1_PMC))
    .word
    ((B2_Tacs<<13)+(B2_Tcos<<11)+(B2_Tacc<<8)+(B2_Tcoh<<6)+(B2_Tah<<4)
+(B2_Tacp<<2)+(B2_PMC))
    .word
    ((B3_Tacs<<13)+(B3_Tcos<<11)+(B3_Tacc<<8)+(B3_Tcoh<<6)+(B3_Tah<<4)
+(B3_Tacp<<2)+(B3_PMC))
    .word
    ((B4_Tacs<<13)+(B4_Tcos<<11)+(B4_Tacc<<8)+(B4_Tcoh<<6)+(B4_Tah<<4)
+(B4_Tacp<<2)+(B4_PMC))
    .word
    ((B5_Tacs<<13)+(B5_Tcos<<11)+(B5_Tacc<<8)+(B5_Tcoh<<6)+(B5_Tah<<4)
+(B5_Tacp<<2)+(B5_PMC))
    .word((B6_MT<<15)+(B6_Trcd<<2)+(B6_SCAN))
    .word((B7_MT<<15)+(B7_Trcd<<2)+(B7_SCAN))
    .word((REFEN<<23)+(TREFMD<<22)+(Trp<<20)+(Trc<<18)+(Tchr<<16)+
REFCNT)
    .word 0x31
    .word 0x30
    .word 0x30
```

7) 重新编译 U-BOOT

```
[uboot@localhost uboot1.1.4]make CROSS_COMPILE=arm-linux-
```

8) 把 U-BOOT 烧入 Flash

① 通过仿真器烧入 U-BOOT:通过仿真器 U-BOOT 烧写到 Flash 中就可以从 NAND Flash 启动了。

② 通过 JTAG 接口,由工具烧入 Flash。

9.3.2　Linux 的移植

　　在交叉编译环境 BootLoader 建立后,后续的工作就是对操作系统的移植。与其他操作系统相比,Linux 最大的特点:它是一款遵循 GPL 的操作系统,我们可以自由地使用、修改、和扩展。正是由于这一特色,Linux 受到越来越多人士的青睐。于是一个经常会被探讨的问题出现了,即关于 Linux 系统的移植。对于操作系统而言,这种移植通常是跨平台的、与硬件相关的,即与硬件系统结构,甚至与 CPU 体系结构相关。

　　对于系统移植而言,Linux 系统实际上由两个比较独立的部分组成,即内核部分和系统部分。通常,启动一个 Linux 系统的过程是这样的:一个不隶属于任何操作系统的加载程序将 Linux 部分内核调入内存,并将控制权交给内存中 Linux 内核的第一行代码,加载程序的工作就完成了。此后 Linux 要将自己的剩余部分全部加载到内存、初始化所有的设备、在内存中建立好所需的数据结构(有关进程、设备、内存等)。到此为止,Linux 内核的工作告一段落,内核已经控制了所有硬件设备。至于操作和使用这些硬件设备,则轮到系统部分登场了。内核加载设备并启动 Init 守护进程,Init 守护进程会根据配置文件加载文件系统、配置网络、服务进程、终端等。一旦终端初始化完毕,就会看到系统的欢迎界面了。简而言之,内核部分初始化并控制大部分硬件设备,为内存管理、进程管理、设备读/写等工作做好一切准备;系统部分加载必需的设备,配置各种环境以便用户可以使用整个系统。

1. 内核移植

Linux 系统采用了相对来说并不是很灵活的单一内核机制,但这丝毫没有影响 Linux 系统的平台无关性和可扩展性。Linux 使用了两种途径分别解决这些问题,十分清晰易懂。一方面,分离硬件相关代码和硬件无关代码,使上层代码永远不必关心低层换用了什么代码、如何完成操作。例如,不论是在 x86 上还是在 Alpha 平台上,分配一块内存对上层代码而言没什么不同。而硬件相关部分的代码不多,占总代码量的很少一部分。所以对更换硬件平台来说,没有什么真正的负担。另一方面,Linux 使用内核机制很好地解决了扩展的问题,一系列代码可以在需要的时候轻松地加载或卸下。

Linux 内核可以视为由 5 个功能部分组成:进程管理(包括调度和通信)、内存管理、设备管理、虚拟文件系统、网络。它们之间有着复杂的调用关系,但幸运的是,在移植中不会触及太多,因为 Linux 内核良好的分层结构将硬件相关的代码独立出来。在做系统移植的时候,需要改动的就是进程管理、内存管理和设备管理中被独立出来的那部分与硬件相关的代码。虚拟文件系统和网络则几乎与平台无关,它们由设备管理中的驱动程序提供底层支持。开发者在完成自己的内核代码后,都将面临着同样的问题,即如何将源代码融入到 Linux 内核中,增加相应的 Linux 配置选项,并最终被编译进 Linux 内核,这就需要了解 Linux 的内核配置系统。

对于一个开发者来说,将自己开发的内核代码加入到 Linux 内核中,需要有 3 个步骤。首先,确定把自己开发的代码放入到内核中的位置;其次,把自己开发的功能增加到 Linux 内核的配置选项中,使用户能够选择此功能;最后,构建子目录 Makefile,根据用户的选择,将相应的代码编译到最终生成的 Linux 内核中去。

2. 系统移植

当内核移植完成后,可以说所有的移植工作就已经完成大半了。也就是说,当内核在交叉编译成功后,加载到目标平台上正常启动,并出现类似 VFS: Can't mount root file system 的提示时,则表示可以开始系统移植方面的工作了。

系统移植实际上是一个最小系统的重建过程。许多 Linux 爱好者有过建立 Linux 系统应急盘的经验,与其不同的是,在此需要使用目标平台上的二进制代码生成这个最小系统,包括 init、libc 库、驱动模块、必需的应用程序和系统配置脚本。一旦这些工作完成,移植工作就进入联调阶段了。

一个比较容易的系统部分移植的办法是:先着手建立开发平台上的最小系统,保证这套最小系统在开发平台上正确运行,这样可以避免由于最小系统本身的逻辑错误而带来的麻烦。由于在最小系统中是多个应用程序相互配合工作,有时出现的问题不在代码本身而在系统的逻辑结构上。

Linux 系统移植工作至少要包括上述的内容,除此之外,有一些看不见的开发工作也是不可忽视的,如某个特殊设备的驱动程序、为调试内核而做的远程调试工作等。另外,同样的一次移植工作,显然符合最小功能集的移植和完美移植是不一样的,向 16 位移植和向 64 位移植也是不一样的。

在移植中通常会遇到的问题是试运行时锁死或崩溃,在系统部分移植时要好办些,因为可以容易地定位错误根源,而在核心移植时确实很让人头疼。虽然可以通过串口对运行着的内核进行调试,但是多任务情况下有很多现象是不可重现的。又如,在初始化的开始,很多设备还无法确定状态,甚至串口还没有初始化。对于这种情况没有什么很好的解决办法,好的开发J仿真平台很重要,另外要多增加反映系统运行状态的调试代码、吃透硬件平台的文档。硬件平台厂商的专业支持也很重要。

还有一点很重要:Linux 本身是基于 GPL 的操作系统,移植时,可以充分发挥 GPL 的优势,让更多的爱好者参与进来,向共同的目标前进。

9.3.3　驱动程序开发

Linux 设备驱动属于内核的一部分,Linux 内核的一个模块可以以两种方式被编译和加载:

① 直接编译进 Linux 内核,随同 Linux 启动时加载;

② 编译成一个可加载和删除的模块,使用 insmod 加载(modprobe 和 insmod 命令类似,但依赖于相关的配置文件),rmmod 删除。这种方式控制了内核的大小,而模块一旦被插入内核,它就和内核其他部分一样。

下面给出一个内核模块的例子:

```
# include <linux/module.h>            //所有模块都需要的头文件
# include <linux/init.h>              // init&exit 相关宏
MODULE_LICENSE("GPL");
static int __init hello_init (void)
{
  printk("Hello module init\n");
  return 0;
}
static void __exit hello_exit (void)
{
```

```
    printk("Hello module exit\n");
}
module_init(hello_init);
module_exit(hello_exit);
```

分析上述程序会发现，一个 Linux 内核模块需要包含模块初始化和模块卸载函数，前者在 insmod 的时候运行，后者在 rmmod 的时候运行。初始化与卸载函数必须在宏 module_init 和 module_exit 使用前定义，否则会出现编译错误。

程序中的 MODULE_LICENSE("GPL") 用于声明模块的许可证。

如果要把上述程序编译为一个运行时加载和删除的模块，则编译命令为：

```
gcc – D__KERNEL__ – DMODULE – DLINUX – I /usr/local/src/linux2.4/include – c – o hel-
lo.o hello.c
```

由此可见，Linux 内核模块的编译需要给 gcc 指示– D__KERNEL__ – DMOD-ULE – DLINUX 参数。– I 选项跟着 Linux 内核源代码中 Include 目录的路径。

下列命令将可加载 hello 模块：

```
insmod ./hello.o
```

下列命令完成相反过程：

```
rmmod hello
```

如果要将其直接编译进 Linux 内核，则需要将源代码文件复制到 Linux 内核源代码的相应路径里，并修改 Makefile。

这里补充一些 Linux 内核编程的基本知识。

1. 内　存

在 Linux 内核模式下，我们不能使用用户态的 malloc() 和 free() 函数申请和释放内存。进行内核编程时，最常用的内存申请和释放函数为在 include/linux/kernel.h 文件中声明的 kmalloc() 和 kfree()，其原型为：

```
void * kmalloc(unsigned int len, int priority);
void kfree(void * __ptr);
```

kmalloc 的 priority 参数通常设置为 GFP_KERNEL，如果在中断服务程序里申请内存，则要用 GFP_ATOMIC 参数，因为使用 GFP_KERNEL 参数可能会引起睡眠，不能用于非进程上下文中（在中断中是不允许睡眠的）。

由于内核态和用户态使用不同的内存定义，所以二者之间不能直接访问对方的内存，而应该使用 Linux 中的用户和内核态内存交互函数（这些函数在 include/asm/uaccess.h 中被声明）：

```
unsigned long copy_from_user(void * to, const void * from, unsigned long n);
unsigned long copy_to_user (void * to, void * from, unsigned long len);
```

copy_from_user、copy_to_user 函数返回不能被复制的字节数，因此，如果完全复制成功，则返回值为 0。

include/asm/uaccess. h 中定义的 put_user 和 get_user 用于内核空间和用户空间的单值交互（如 char、int、long）。

2. 输　出

在内核编程中，我们不能使用用户态 C 库函数中的 printf()函数输出信息，而只能使用 printk()。但是，内核中 printk()函数的设计目的并不是和用户交流，它实际上是内核的一种日志机制，用来记录下日志信息或者给出警告提示。

每个 printk 都有个优先级，内核一共有 8 个优先级，它们都有对应的宏定义。如果未指定优先级，则内核会选择默认的优先级 DEFAULT_MESSAGE_LO-GLEVEL。如果优先级数字比 int console_loglevel 变量小，则消息打印到控制台上。如果 syslogd 和 klogd 守护进程在运行，则不管是否向控制台输出，消息都会被追加进/var/log/messages 文件。klogd 只处理内核消息，syslogd 处理其他系统消息，比如应用程序。

3. 模块参数

在 2.4 内核下，include/linux/module. h 中定义的宏 MODULE_PARM(var, type)用于向模块传递命令行参数。var 为接收参数值的变量名，type 为采取如下格式的字符串[min[-max]]{b,h,i,l,s}。min 及 max 用于表示当参数为数组类型时，允许输入的数组元素的个数范围；b 表示 byte；h 表示 short；i 表示 int；l 表示 long；s 表示 string。

在装载内核模块时，用户可以向模块传递一些参数：

```
insmod modname var = value
```

如果用户未指定参数，则 var 将使用模块内定义的默认值。

9.3.4　应用程序开发

在开发环境和操作系统建立后，就可以开始应用程序的开发了。应用程序的开发一般先在宿主机上调试完成，然后下载到目标板。为保证正常下载，必须建立可靠的连接。

1. 建立连接

应用程序的调试是在保证宿主机与目标机正确连接的基础上进行的，连接的方式主要有串口连接、网络连接和 JTAG 口连接等。在此介绍串口连接和网络连接两种方式。

(1) 串口连接

在 Linux 下以 root 身份运行 Minicom，加－s 选项配置 Minicom。然后从菜单中选择 Serial Port Setup 按回车键，此时按"A"可以设置"Serial Device"。如果使用串口 1，则输入/dev/ttyS0。如果使用串口 2，则输入/dev/ttyS1。

按"E"键进入设置"bps/par/Bits"（波特率）界面。再按"I"可以设置波特率为115 200。然后按回车退回上一级菜单，按"F"键设置"HardWare Flow Control"为"NO"，其他选项使用默认值。

设置完成后，按回车键返回到串口设置主菜单，选择"Save setup as df1"，按回车键保存刚才的设置。选择"Exit"退出设置模式。刚才的设置被保存到"/etc/minirc.dfl"。

要退出 Minicom，须同时按下 Ctrl＋"A"键，松开后紧接着再按下"Q"键，在跳出的窗口中选择"Yes"即可。Minicom 设置好后就可以用来下载程序了。

(2) 网络连接

文件传输协议（File Transfer Protocol，FTP），是一种广泛应用的协议，是通过网络从一台计算机向另一台计算机传输文件的一种十分流行的方法。由于所有的常用平台都编有相应的客户和服务程序，因此使得 FTP 成为执行文件传输的最方便的方式。为了实现 Linux 环境下的 FTP 服务器配置，绝大多数 Linux 发行套装中都选用的是性能优秀的服务器软件 Wu－Ftpd(Washington University FTP)。以下以 Red Hat Linux 为例来说明 Wu－FTP 的安装设置。

1) 安　装

根据服务对象的不同，FTP 服务可以分为两类：一类是系统 FTP 服务器，它只允许系统上的合法用户使用；另一类是匿名的 FTP 服务器，它允许任何人登录到FTP 服务器，与服务器连接后，在登录提示中输入 Anonymous 即可访问服务器。针对这两种服务，可以通过 RedHat 的第一张光盘安装 Wu－Ftpd 的 RPM 包，安装时只须以 Root 身份进入系统并运行下面的命令即可：

```
Rpm － ivh anonftp － x.x － x.i386.rpm
Rpm － ivh wu － ftpd － x.x.x － x.i386.rpm
```

其中－x.x－x.和－x.x.x－x.是版本号。

2) 启　动

与 Apache 一样，Wu－Ftpd 也可以配置为自动启动。执行 RedHat 附带的 Setup 程序，在"System Service"选项中选中 Wu－Ftpd 的配置文件后，需要手动启动：

启动:/usr/sbin/ftprestart

关闭:/usr/sbin/ftpshut

3) FTP 服务器配置

为了满足用户的需要，可以使用存放在/etc 目录中的配置文件来进行 FTP 服务器的配置。这些文件都是以 FTP 开头的。

/etc/ftpusers:该文件夹中包含的用户不能通过 FTP 登录服务器,有时将需要禁止的用户账号写入文件/etc/ftpuser 中,这样就可以禁止一些用户使用 FTP 服务。

/etc/ftpconversions:用来配置压缩/解压缩程序。

/etc/ftpgroups:创建用户组,这个组中的成员可以访问 FTP 服务器。

/etc/ftpphosts:用来禁止或允许远程主机对特定账户的访问。

/etc/ftpaccess:是非常重要的一个配置文件,用来控制存取权限,文件中的每一行定义一个属性,并对属性的值进行设置。

利用这些文件能够非常精确地控制不同用户、在不同时间、从不同地点连接服务器,并且可以对他们连接后所做的工作进行检查跟踪。

4) 验　证

安装、配置好 FTP 服务器后就可以进行验证,用图形工具和命令行均可访问 FTP 服务器。

在宿主机端 Linux 启动后需要配置 IP 地址:

```
# ifconfig eth0 192.168 .0.1
```

启动超级终端,配置目标板以太网 IP 地址:

```
# ifconfig eth0 192.168.0.***
```

配置以太网广播地址和子网掩码:

```
ifconfig eth0 broadcast 255.255.255.255 netmask 255.255.255.0
```

配置网关:

```
route add default gw192.168.***.***
```

进入目标板的 tmp 目录,输入"192.168.0.1"即可使用 FTP 命令行方式登录 FTP 服务器。随后可以使用"cd/home/ftp"进入服务器 ftp 目录,ls 列出服务器目录内文件,"get 文件名"下载文件到当前目录下。

2. 编写应用程序

首先建立工作目录,在此假设为/tmp。选用文本编译器 VI,编写程序源代码,当然也可以选择自己所熟悉的 vim 或者是 Xwindows 界面下的 gedit 等。

实际的源代码比较简单,如下所示:

```
# include <stdio.h>
int main(void)
{
  printf("Hello World! \n.");
  return  0;
}
```

保存文件名为 hello.c.

在宿主机端编译并运行 hello 程序：

```
gcc - o hello hello.c
hello
```

正确的结果将在主机的显示器上打印如下字符串：

```
Hello, World!
```

编译在目标机上运行的 hello 程序：

```
arm - linux - gcc - o hello hello.c
```

如果在 RedHat 中运行，则该程序将出现如下错误结果：

```
hello
bash: hello :cannot execute binary file
```

由于编译器采用的是 arm - linux - gcc 编译器，因此使用上述命令编译出来的程序只能在 ARM 处理器上运行，不能在 X86 平台下运行。

3. 下载应用程序

应用程序的下载调试可以选择串口方式，也可以采用网络方式。对于支持 USB 的目标板，还可以借助 U 盘复制生成的可执行文件。

(1) 串口下载

首先在目标板的 Linux 环境下建立可写目录/tmp，下载文件时在 Minicom 中操作进入该目录：

```
cd/tmp
zmrx
```

执行完 zmrx 后，目标板等待 Minicom 从串口向它发送数据。按"Ctrl＋A"，松开"A"后再按"S"；然后选择 Zmodem 协议按回车键，选择发送的程序后再按回车键，开始发送文件。发送结束后，执行修改文件属性命令：

```
Chmod + x hello
```

然后执行这个程序：

```
./hello
```

(2) 介质复制

这是一种借助介质复制的方式，在此以 U 盘为例，需要目标板已带有 USB 驱动程序。首先把 U 盘插入 PC 的 USB 口，执行挂接 U 盘的命令。然后复制 hello 程序到 U 盘中，最后执行卸载 U 盘的命令：

```
mount /dev/sdal/mnt              ;挂接 U 盘
cp hello /mnt                    ;复制 hello 到 u 盘
umount /mnt                      ;卸载 U 盘
```

把 U 盘拔下来插到目标板的 USB HOST 端口,按照以下命令操作:

```
mount /dev/sdal/mnt              ;挂接 U 盘
cp/mnt/hello /bin                ;把 hello 复制到 bin 目录
hello                            ;执行 hello
```

(3) 网络下载

通过网络下载的主要步骤是先把 hello 复制到 FTP 共享目录,然后在目标板上用 FTP 下载,并修改执行权限、运行。

在宿主机端执行:

```
cp hello /home/ftp               ;把 hello 复制到 ftp 共享目录
```

在目标板端执行:

```
cd /bin                          ;进入 bin 目录
ftp 192.168.0.1                  ;登录 ftp 服务器
>get hello                       ;下载 hello
>bye                             ;退出 ftp 登录
chmod a + x hello                ;改变 hello 的可执行权限
hello                            ;执行 hello
```

4. 调试应用程序

Linux 包含了一个名为 gdb 的 GNU 调试程序,gdb 是一个用来调试 C 和 C++ 程序的强力调试器。通过 gdb,在程序运行时观察程序的内部结构和内存的使用情况。以下是 gdb 所提供的一些功能:

➤ 启动程序,可以按照自定义的要求灵活地运行程序;
➤ 可使被调试的程序停在所设置的断点处;
➤ 当程序停止运行时,可以检查此时程序的状况;
➤ 动态地改变程序的执行环境。

运行 gdb 的宿主机通过串行端口(或网络连接,或其他方式)连接到目标板时,gdb 可以对应用程序进行调试。当 gdb 被适当地集成到某个嵌入式系统中的时候,其远程调试功能允许设计人员一步一步地调试程序代码、设置断点、检验内存,并且同目标板交换信息。gdb 同目标板交换信息的能力相当强,胜过绝大多数的商业调试内核,甚至功能相当于某些低端仿真器。

要想使用 gdb,则必须在对源码进行编译的时候,使用-g 编译选项开关来通知编译器,开发者希望进行程序调试。用了-g 选项后,程序在编译时就会包含调试信息。这些调试信息保存在目标文件中,描述了每个函数或变量的数据类型、源码行号和可执行代码地址间的对应关系。gdb 正是通过这些信息使源码和机器码相关联的，并以此实现了源码级的调试。

在命令行上键入 gdb 并按回车键就可以运行 gdb 了。启动 gdb 后，能在命令行上指定很多的选项，也可以以下面的方式来运行 gdb：

```
gdb <fname>
```

这种方式运行 gdb 可以直接指定想要调试的程序，这将告诉 gdb 装入名为 fname 的可执行文件。

下面给出了 gdb 调试时常用的一些命令：

. fil　e 装入想要调试的可执行文件；

. kill　终止正在调试的程序；

. list　列出产生执行文件的源代码的一部分；

. next　执行一行源代码但不进入函数内部；

. step　执行一行源代码而且进入函数内部；

. run　执行当前被调试的程序；

. quit　退出 gdb；

. watch　监视一个变量的值，不管它何时被改变；

. break　在代码里设置断点，这将使程序执行到这里时被挂起；

. make　不必退出 gdb 就可以重新产生可执行文件；

. shell　不必退出 gdb 就可以执行 UNIX shell 命令。

9.4　Linux 驱动程序设计实例

下面将通过两个基于 S3C2440 的综合实例来具体介绍 ARM Linux 驱动程序设计过程。

1. 平台设备

通常在 Linux 中，把 SoC 系统中集成的独立外设单元（如 IIC、IIS、RTC、看门狗等）都当作平台设备来处理。在 Linux 中用 platform_device 结构体来描述一个平台设备，在内核中定义在 include/linux/platform_device. h 中。Linux 中是用这个结构体来定义一些平台设备的。比如在 arch/arm/plat – s3c24xx/devs. c 中就定义了很多平台设备。

打开 arch/arm/mach – s3c2440/mach – smdk2440. c 这个 ARM 2440 平台的系统入口文件，可以看到，在系统初始化函数 smdk2440_machine_init 中是使用 platform_add_devices 函数将一些平台设备添加到系统中的。

2. 平台设备驱动

这里所讲的平台设备驱动是指具体的某种平台设备的驱动,比如上面讲的 RTC 平台设备,这里就是指 RTC 平台设备驱动。在 Linux 中,系统还为平台设备定义了平台驱动结构体 platform_driver,就好比系统为字符设备定义了 file_operations 一样,但不要把平台设备与字符设备、块设备、网络设备搞成并列的概念,因平台设备也可以是字符设备等其他设备。注意,在被定义为平台设备的字符设备的驱动中,除了要实现字符设备驱动中 file_operations 的 open、release、read、write 等接口函数外,还要实现平台设备驱动中 platform_driver 的 probe、remove、suspend、resume 等接口函数。下面就具体讲解 RTC 平台设备的驱动现实。

9.4.1　S3C2440 上 LED 驱动开发

1. 硬件原理分析

查看 FL2440 实验手册的 CPU 引脚的模式,按键对应的 CPU 引脚 GPF0～GPF4 占两位(如 GPF0[1:0])。按键是一种中断,若按键工作于中断模式,则设置 GPF0、GPF2、GPF3、GPF4 引脚工作于中断模式,即 GPF 对应引脚应设置为 10b。LED 对应的 CPU 引脚 GPB5、GPB6、GPB8、GPB10 同样占两位。若 LED 正常工作,则使 LED 工作于输出模式,即 GPB 对应引脚应设置为 01b.

2. LED 驱动实现

(1) 驱动程序

```
# include <linux/module.h>    /* Every Linux kernel module must include this head */
# include <linux/init.h>      /* Every Linux kernel module must include this head */
# include <linux/kernel.h>    /* printk() */
# include <linux/fs.h>        /* struct fops */
# include <linux/errno.h>     /* error codes */
# include <linux/cdev.h>      /* cdev_alloc() */
# include <asm/io.h>          /* ioremap() */
# include <linux/ioport.h>    /* request_mem_region() */
# include <asm/ioctl.h>       /* Linux kernel space head file for macro _IO() to gen-
                                 erate ioctl command */
# ifndef __KERNEL__
# include <sys/ioctl.h>       /* User space head file for macro _IO() to generate ioctl
                                 command */
# endif
//# include <linux/printk.h>    /* Define log level KERN_DEBUG, no need include
                                 here */
# define DRV_AUTHOR           "hulu <1334528355@qq.com>
```

```
#define DRV_DESC                "S3C24XX LED driver"
#define DEV_NAME                "led"
#define LED_NUM                 4
/* Set the LED dev major number */
//#define LED_MAJOR               79
#ifndef LED_MAJOR
#define LED_MAJOR               0
#endif
#define DRV_MAJOR_VER           1
#define DRV_MINOR_VER           0
#define DRV_REVER_VER           0
#define DISABLE                 0
#define ENABLE                  1
#define GPIO_INPUT              0x00
#define GPIO_OUTPUT             0x01
//使用魔术转换产生独一无二的命令
define PLATDRV_MAGIC            0x60
#define LED_OFF                 _IO(PLATDRV_MAGIC, 0x18)
#define LED_ON                  _IO(PLATDRV_MAGIC, 0x19)
//FL2440 上 LED 使用的寄存器地址为 GPBCON 0X56000010, GPBDAT 0X56000014,
  GPBUP 0X56000018
define S3C_GPB_BASE             0x56000010
#define GPBCON_OFFSET           0
#define GPBDAT_OFFSET           4
#define GPBUP_OFFSET            8
#define S3C_GPB_LEN             0x10     /* 0x56000010~0x56000020 */
int led[LED_NUM] = {5,6,8,10};   /* Four LEDs use GPB5,GPB6,GPB8,GPB10 */
//物理地址映射到虚拟地址变量
static void __iomem * s3c_gpb_membase;
//寄存器读/写
#define s3c_gpio_write(val, reg) __raw_writel((val), (reg) + s3c_gpb_membase)
#define s3c_gpio_read(reg)       __raw_readl((reg) + s3c_gpb_membase)
int dev_count = ARRAY_SIZE(led);
int dev_major = LED_MAJOR;
int dev_minor = 0;
int debug = DISABLE;
//该结构体是表示字符设备在内核的内部结构
static struct cdev     * led_cdev;
//led 硬件初始化,即寄存器初始化
static int s3c_hw_init(void)
{
    int             i;
    volatile unsigned long   gpb_con, gpb_dat, gpb_up;
    //申请一段长为 S3C_GPB_LEN 的内存
    if(!request_mem_region(S3C_GPB_BASE, S3C_GPB_LEN, "s3c2440 led"))
    {
        return -EBUSY;
    }
    //物理地址到虚拟地址的映射
    if(! (s3c_gpb_membase = ioremap(S3C_GPB_BASE, S3C_GPB_LEN)))
```

```
        {
            release_mem_region(S3C_GPB_BASE, S3C_GPB_LEN);
            return - ENOMEM;
        }
        for(i = 0; i<dev_count; i++)
        {
            /* Set GPBCON register, set correspond GPIO port as input or output mode */
            gpb_con = s3c_gpio_read(GPBCON_OFFSET);
            gpb_con &= ~(0x3<<(2 * led[i]));      /* Clear the currespond LED GPIO con-
                                                      figure register */
            gpb_con |= GPIO_OUTPUT<<(2 * led[i]); /* Set the currespond LED GPIO as out-
                                                      put mode */
            s3c_gpio_write(gpb_con, GPBCON_OFFSET);
    /* Set GPBUP register, set correspond GPIO port pull up resister as enable or
       disable */
            gpb_up = s3c_gpio_read(GPBUP_OFFSET);
            //gpb_up &= ~(0x1<<led[i]); /* Enable pull up resister */
            gpb_up |= (0x1<<led[i]);   /* Disable pull up resister */
            s3c_gpio_write(gpb_up, GPBUP_OFFSET);
    /* Set GPBDAT register, set correspond GPIO port power level as high level or low level */
            gpb_dat = s3c_gpio_read(GPBDAT_OFFSET);
            //gpb_dat &= ~(0x1<<led[i]); /* This port set to low level, then turn LED on */
            gpb_dat |= (0x1<<led[i]);   /* This port set to high level, then turn LED off */
            s3c_gpio_write(gpb_dat, GPBDAT_OFFSET);
        }
        return 0;
}
//LED 开关函数
static void turn_led(int which, unsigned int cmd)
{
    volatile unsigned long  gpb_dat;
    gpb_dat = s3c_gpio_read(GPBDAT_OFFSET);
    if(LED_ON == cmd)
    {
        gpb_dat &= ~(0x1<<led[which]); /*   Turn LED On */
    }
    else if(LED_OFF == cmd)
    {
        gpb_dat |= (0x1<<led[which]);  /*   Turn LED off */
    }
    s3c_gpio_write(gpb_dat, GPBDAT_OFFSET);
}
//驱动卸载初始化
static void s3c_hw_term(void)
{
    int                     i;
    volatile unsigned long  gpb_dat;
    for(i = 0; i<dev_count; i++)
    {
        gpb_dat = s3c_gpio_read(GPBDAT_OFFSET);
```

```
                gpb_dat | = (0x1<<led[i]);   /* Turn LED off */
                s3c_gpio_write(gpb_dat, GPBDAT_OFFSET);
        }
    //释放之前申请的内存
    release_mem_region(S3C_GPB_BASE, S3C_GPB_LEN);
    iounmap(s3c_gpb_membase);
}
//应用程序调用系统调用 open 通过设备文件名找到 iNode 结构,并且调用该函数
static int led_open(struct inode * inode, struct file * file)
{
    int minor = iminor(inode);
    file->private_data = (void *)minor;
    printk(KERN_DEBUG "/dev/led % d opened.\n", minor);
    return 0;
}
static int led_release(struct inode * inode, struct file * file)
{
    printk(KERN_DEBUG "/dev/led % d closed.\n", iminor(inode));
    return 0;
}
static void print_help(void)
{
    printk("Follow is the ioctl() commands for % s driver:\n", DEV_NAME);
    //printk("Enable Driver debug command: % u\n", SET_DRV_DEBUG);
    printk("Turn LED on command   : % u\n", LED_ON);
    printk("Turn LED off command : % u\n", LED_OFF);
    return;
}
//LED 控制函数,打开还是关闭 LED
static long led_ioctl(struct file * file, unsigned int cmd, unsigned long arg)
{
    int which = (int)file->private_data;
    switch (cmd)
    {
        case LED_ON:
            turn_led(which, LED_ON);
            break;
        case LED_OFF:
            turn_led(which, LED_OFF);
            break;
        default:
            printk(KERN_ERR " % s driver don't support ioctl command = % d\n", DEV_
NAME, cmd);
            print_help();
            break;
    }
    return 0;
}
//将 LED 的各个操作用该结构体联系起来
```

```
static struct file_operations led_fops =
{
    . owner = THIS_MODULE,
    . open = led_open,
    . release = led_release,
    . unlocked_ioctl = led_ioctl,
};
//安装驱动的时候调用该函数
static int __init s3c_led_init(void)
{
    int                     result;
    dev_t                   devno;
    if(0 ! = s3c_hw_init())
    {
        printk(KERN_ERR "s3c2440 LED hardware initialize failure. \n");
        return - ENODEV;
    }
    / *   Alloc the device for driver * /
    if (0 ! = dev_major) / *   Static * /
    {
        devno = MKDEV(dev_major, 0);
        result = register_chrdev_region (devno, dev_count, DEV_NAME);
    }
    else
    {
        result = alloc_chrdev_region(&devno, dev_minor, dev_count, DEV_NAME);
        dev_major = MAJOR(devno);
    }
    / * Alloc for device major failure * /
    if (result < 0)
    {
        printk(KERN_ERR "S3C % s driver can't use major % d\n", DEV_NAME, dev_major);
        return - ENODEV;
    }
    printk(KERN_DEBUG "S3C % s driver use major % d\n", DEV_NAME, dev_major);
    if(NULL == (led_cdev = cdev_alloc()))
    {
        printk(KERN_ERR "S3C % s driver can't alloc for the cdev. \n", DEV_NAME);
        unregister_chrdev_region(devno, dev_count);
        return - ENOMEM;
    }
    led_cdev - >owner = THIS_MODULE;
    cdev_init(led_cdev, &led_fops);
    result = cdev_add(led_cdev, devno, dev_count);
    if (0 ! = result)
    {
        printk(KERN_INFO "S3C % s driver can't reigster cdev: result = % d\n", DEV_
                NAME, result);
        goto ERROR;
```

```
    }
        printk(KERN_ERR "S3C %s driver[major=%d] version %d.%d.%d installed suc-
cessfully!\n",
        DEV_NAME, dev_major, DRV_MAJOR_VER, DRV_MINOR_VER,DRV_REVER_VER);
        return 0;
ERROR:
        printk(KERN_ERR "S3C %s driver installed failure.\n", DEV_NAME);
        cdev_del(led_cdev);
        unregister_chrdev_region(devno, dev_count);
        return result;
}
//卸载驱动默认调用此函数
tatic void __exit s3c_led_exit(void)
{
        dev_t devno = MKDEV(dev_major, dev_minor);
        s3c_hw_term();
        cdev_del(led_cdev);
        unregister_chrdev_region(devno, dev_count);
        printk(KERN_ERR "S3C %s driver version %d.%d.%d removed!\n",
                DEV_NAME, DRV_MAJOR_VER, DRV_MINOR_VER,DRV_REVER_VER);
        return ;
}
/* These two functions defined in <linux/init.h> */
module_init(s3c_led_init);
module_exit(s3c_led_exit);
module_param(debug, int, S_IRUGO);
module_param(dev_major, int, S_IRUGO);
MODULE_AUTHOR(DRV_AUTHOR);
MODULE_DESCRIPTION(DRV_DESC);
MODULE_LICENSE("GPL");
```

(2) 编译该驱动使用的 Makefile

```
ARCH = s3c2440
KERNEL_VER = linux-3.0
LINUX_SRC ? = /home/hulu/fl2440/kernel/$(KERNEL_VER)
PWD : = $(shell pwd)
obj-m += s3c_led.o
modules:
        @make -C $(LINUX_SRC) M=$(PWD) modules
        @make clear

clear:
        @rm -f *.o *.cmd *.mod.c
        @rm -rf *~ core .depend .tmp_versions
        Module.symvers modules.order -f
        @rm -f .*ko.cmd .*.o.cmd .*.o.d
clean: clear
        @rm -f *.ko
```

2. 基于 FL2440 加载驱动

在该驱动文件中使用的是动态获取主设备号具体步骤包括:

① 动态获取主设备号;

② result = alloc_chrdev_region(&devno, dev_minor, dev_count, DEV_NAME);

③ dev_major = MAJOR(devno)。

所以在安装驱动之前并不知道内核给我们分配哪一个主设备号,故只有在安装该驱动之后才能在/dev/目录下创建设备节点。因此,为了加载一个使用动态获取主设备号的设备驱动程序,对 insmod 的调用可替换为一个简单的脚本,该脚本在调用 insmod 之后读取/proc/devices 以获得新分配的主设备号,然后创建对应的设备文件。该脚本文件如下:

```
#!/bin/sh
insmod s3c_ied.ko
major = 'cat /proc/devices|grep led|awk '{print $1}''
//创建设备节点
mknod -m 755 /dev/led0 c $major 0
mknod -m 755 /dev/led1 c $major 1
mknod -m 755 /dev/led2 c $major 2
mknod -m 755 /dev/led3 c $major 3
```

3. 编写测试文件 led_test.c

```
#include <stdio.h>
#include <stdarg.h>
#include <fcntl.h>
#include <sys/types.h>
#include <sys/ioctl.h>
#include <termios.h>
#include <sys/stat.h>
#include <sys/time.h>
#include <unistd.h>
#include <stdlib.h>
#define buffer_num          20
#define PLATDRV_MAGIC       0x60
#define LED_ON              _IO(PLATDRV_MAGIC, 0x19)
#define LED_OFF             _IO(PLATDRV_MAGIC, 0x18)
int main(void)
{
    int  j,i;
    int  fd;
    char buffer[buffer_num];
    for(i=0;i<4;i++)
      {
```

```
        snprintf(buffer,sizeof(buffer),"/dev/led%d",i);
        fd = open(buffer,O_RDWR);
        if(fd<0)
        {    printf("open error");
             return -1;
        }
        ioctl(fd,LED_ON);

        close(fd);
    }
    return  0;
}
```

然后用自己的交叉编译器 arm – linux – gcc 编译该 c 文件会得到一个 LED 的 a.out 文件,使用 tftp 服务器把它送到开发板,然后使用 chmod 755 a.out（解权限）,在开发板下执行./a.out 即可。

9.4.2　S3C2440 上 ADC 驱动开发

1. 硬件原理分析

从图 9.11 所示的结构图和数据手册可以知道,该 ADC 模块总共有 8 个通道可以进行模拟信号的输入,分别是 AIN0、AIN1、AIN2、AIN3、YM、YP、XM、XP。那么 ADC 是怎么实现模拟信号到数字信号的转换呢? 首先模拟信号从任一通道输入,再设定寄存器中预分频器的值来确定 ADC 频率,最后 ADC 将模拟信号转换为数字信号保存到 ADC 数据寄存器 0 中（ADCDAT0）,ADCDAT0 中的数据可以通过中断或

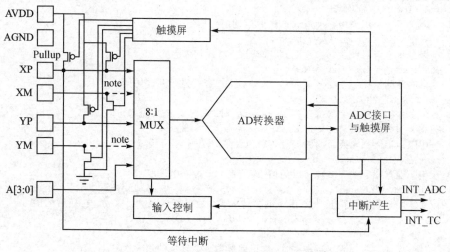

图 9.11　ADC 及触摸屏接口功能结构图

查询的方式来访问。对于 ADC 的各寄存器的操作和注意事项可参阅 S3C2440 数据手册。

图 9.12 是 FL2440 上的一个 ADC 应用实例,开发板通过一个 10 kΩ 的电位器(可变电阻)来产生电压模拟信号,然后通过第一个通道(即 AIN0)将模拟信号输入 ADC。

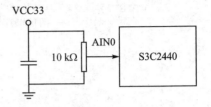

图 9.12　电压模拟信号产生

2. ADC 驱动实现

编写背光驱动 fl2440_adc.c：

```
# include <linux/errno.h>
# include <linux/kernel.h>
# include <linux/module.h>
# include <linux/init.h>
# include <linux/input.h>
# include <linux/serio.h>
# include <linux/clk.h>
# include <linux/miscdevice.h>
# include <linux/sched.h>
# include <plat/regs - adc.h>
# include <asm/io.h>
# include <asm/irq.h>
# include <asm/uaccess.h>
//设备名称
# define DEVICE_NAME "my2440_adc"
# define DEVICE_MINOR    6
//定义了一个用来保存经过虚拟映射后的内存地址
static void __iomem * adc_base;
//保存从平台时钟队列中获取 ADC 的时钟
staticstruct clk * adc_clk;
//申明并初始化一个信号量 ADC_LOCK,对 ADC 资源进行互斥访问
DECLARE_MUTEX(ADC_LOCK);
//定义并初始化一个等待队列 adc_waitq,对 ADC 资源进行阻塞访问
static DECLARE_WAIT_QUEUE_HEAD(adc_waitq);
//用于标识 A/D 转换后的数据是否可以读取,0 表示不可读取
static volatileint ev_adc = 0;
//用于保存读取的 A/D 转换后的值,该值在 ADC 中断中读取
staticint adc_data;
//ADC 中断服务程序,该服务程序主要是从 ADC 数据寄存器中读取 A/D 转换后的值
staticirqreturn_t adc_irq(int irq, void * dev_id)
{
    //保证了应用程序读取一次,这里就读取 A/D 转换的值一次
    //避免应用程序读取一次后发生多次中断多次读取 A/D 转换值
    if(!ev_adc)
```

```
        {
            /* 读取 A/D 转换后的值保存到全局变量 adc_data 中,S3C2410_ADCDAT0 定义在 re-
              gs - adc.h 中。这里要与上一个 0x3ff,是因为 A/D 转换后的数据是保存在 ADC-
              DAT0 的第 0 - 9 位,所以与上 0x3ff(即 1111111111)后就得到第 0 - 9 位的数据,
              多余的位就都为 0 */
            adc_data = readl(adc_base + S3C2410_ADCDAT0) & 0x3ff;
            //将可读标识为 1,并唤醒等待队列
            ev_adc = 1;
            wake_up_interruptible(&adc_waitq);
        }
        return IRQ_HANDLED;
}
//ADC 设备驱动的打开接口函数
staticint adc_open(struct inode * inode, struct file * file)
{
        int ret;

        /* 申请 ADC 中断服务,这里使用的是共享中断 IRQF_SHARED,因为触摸屏驱动中也使用
          了这个中断号。中断服务程序为 adc_irq。在下面实现中,IRQ_ADC 是 ADC 的中断号。
          注意,申请中断函数的最后一个参数一定不能为 NULL,否则中断申请会失败;如果中
          断服务程序中用不到这个参数,随便给个值就可以,这里就给个 1 */
        ret = request_irq(IRQ_ADC, adc_irq, IRQF_SHARED, DEVICE_NAME, (void * )1);
        if (ret)
        {
            printk(KERN_ERR "IRQ % d error % d\n", IRQ_ADC, ret);
            return - EINVAL;
        }
        return 0;
}
//设置 ADC 控制寄存器,开启 AD 转换
static voidstart_adc(void)
{
        unsignedint tmp;
        tmp = (1<<14) | (255<<6) | (0<<3);// 0 1 00000011 000 0 0 0
        writel(tmp, adc_base + S3C2410_ADCCON); //AD 预分频器使能、模拟输入通道设为 AIN0

        tmp = readl(adc_base + S3C2410_ADCCON);
        tmp = tmp | (1 << 0);                   // 0 1 00000011 000 0 0 1
        writel(tmp, adc_base + S3C2410_ADCCON); //AD 转换开始
}
//ADC 设备驱动的读接口函数
staticssize_t adc_read(struct file * filp, char * buffer, size_t count, loff_t * ppos)
{
        int ret;
        //试着获取信号量(即加锁)
        if (down_trylock(&ADC_LOCK))
        {
            return - EBUSY;
        }
        //表示还没有 A/D 转换后的数据,不可读取
```

```
    if(!ev_adc)
    {
        if(filp->f_flags & O_NONBLOCK)
        {
            //应用程序若采用非阻塞方式读取则返回错误
            return - EAGAIN;
        }
        else//以阻塞方式进行读取
        {
            //设置 ADC 控制寄存器,开启 A/D 转换
            start_adc();
            //使等待队列进入睡眠
            wait_event_interruptible(adc_waitq, ev_adc);
        }
    }
    //能到这里就表示已有 A/D 转换后的数据,则标识清 0,用于下一次读判断
    ev_adc = 0;
    //将读取到的 A/D 转换后的值发往上层应用程序
    ret = copy_to_user(buffer, (char *)&adc_data, sizeof(adc_data));
    //释放获取的信号量(即解锁)
    up(&ADC_LOCK);
    returnsizeof(adc_data);
}
//ADC 设备驱动的关闭接口函数
staticint adc_release(struct inode * inode, struct file * filp)
{
    return 0;
}
//字符设备的相关操作实现
staticstruct file_operations adc_fops =
{
    .owner = THIS_MODULE,
    .open = adc_open,
    .read = adc_read,
    .release = adc_release,
};
//misc 设备结构体实现
staticstruct miscdevice adc_miscdev =
{
    .minor = DEVICE_MINOR, /* 次设备号,定义在 miscdevice.h 中,为 255,表示在注册设
                              备的时候动态获得次设备号 */
    .name = DEVICE_NAME,    //设备名称
    .fops = &adc_fops,      //对 ADC 设备文件操作
};
staticint __init adc_init(void)
{
    int ret;
    /* 从平台时钟队列中获取 ADC 的时钟,要取得这个时钟是因为 ADC 的转换频率与时钟
       有关。系统的一些时钟定义在 arch/arm/plat - s3c24xx/s3c2410 - clock.c 中 */
    adc_clk = clk_get(NULL, "adc");
```

```
    if(!adc_clk)
    {
        printk(KERN_ERR "failed to find adc clock source\n");
        return - ENOENT;
    }
    //时钟获取后要使能后才可以使用,clk_enable 定义在 arch/arm/plat - s3c/clock.c 中
    clk_enable(adc_clk);
    /* 将 ADC 的 I/O 端口占用的这段 I/O 空间映射到内存的虚拟地址,ioremap 定义在 io.h
       中。注意:I/O 空间要映射后才能使用,以后对虚拟地址的操作就是对 I/O 空间的操
       作。S3C2410_PA_ADC 是 ADC 控制器的基地址,定义在 mach - s3c2410/include/mach/
       map.h 中,0x20 是虚拟地址长度大小 */
    adc_base = ioremap(S3C2410_PA_ADC, 0x20);
    if (adc_base == NULL)
    {
        printk(KERN_ERR "Failed to remap register block\n");
        ret = - EINVAL;
        goto err_noclk;
    }
    /* 把 ADC 注册成为 misc 设备,misc_register 定义在 miscdevice.h 中。adc_miscdev 结
       构体定义及内部接口函数在后面讲。MISC_DYNAMIC_MINOR 是次设备号,定义在 misc-
       device.h 中 */
    ret = misc_register(&adc_miscdev);
    if (ret)
    {
    printk(KERN_ERR "cannot register miscdev on minor = %d (%d)\n", MISC_DYNAMIC_MI-
          NOR, ret);
        goto err_nomap;
    }
    printk(DEVICE_NAME " initialized! \n");
    return 0;
//以下是上面错误处理的跳转点
err_noclk:
    clk_disable(adc_clk);
    clk_put(adc_clk);
err_nomap:
    iounmap(adc_base);
    return ret;
}
static void __exitadc_exit(void)
{
    free_irq(IRQ_ADC, (void *)1);          //释放中断
    iounmap(adc_base);                     //释放虚拟地址映射空间
    if (adc_clk)                           //屏蔽和销毁时钟
    {
        clk_disable(adc_clk);
        clk_put(adc_clk);
        adc_clk = NULL;
    }
    misc_deregister(&adc_miscdev);/* 注销 misc 设备 */
}
```

```
/ * 导出信号量 ADC_LOCK 在触摸屏驱动中使用,因为触摸屏驱动和 ADC 驱动公用相关的寄存
   器,为了不产生资源竞态,就用信号量来保证资源的互斥访问 * /
   EXPORT_SYMBOL(ADC_LOCK);
   module_init(adc_init);
   module_exit(adc_exit);
   MODULE_LICENSE("GPL");
   MODULE_AUTHOR("y.q.yang");
   MODULE_DESCRIPTION("FL2440 ADC Driver");
```

3. 把 ADC 驱动代码部署到内核中去

```
# cp - f fl2440_adc.c /linux - 2.6.33.7/drivers/misc  //把驱动源码复制到内核驱动的混
                                                          杂设备下
# vim /linux - 2.6.33.7/drivers/misc/Kconfig       //添加 ADC 设备配置
config FL2440_ADC
        tristate "FL2440Adc Conrols"
        depends on ARCH_S3C2440
        default y
        help
          FL2440Adc Driver
# vim /linux - 2.6.33.7/drivers/misc/Makefile      //添加 ADC 设备配置
obj - $ (CONFIG_FL2440_ADC) += fl2440_adc.o
```

① 配置内核,选择 ADC 设备选项:

```
# makemenuconfig
Device Drivers - - - >
   [ * ]Misc devices  - - - >
       < * >    FL2440Adc Conrols   (NEW)
```

② 编译内核并下载到开发板上。

查看已加载的设备:# cat /proc/devices,由于编译为混杂设备,所以无法看到
fl2440_adc 设备。

```
[root@yyq2440/] # cat /proc/devices
Character devices:
   1 mem
   2 pty
   3 ttyp
   4 /dev/vc/0
   4 tty
   4 ttyS
   5 /dev/tty
   5 /dev/console
   5 /dev/ptmx
   6 lp
   7 vcs
  10 misc
```

```
13 input
14 sound
21 sg
29 fb
90 mtd
99 ppdev
16 alsa
128 ptm
136 pts
180 usb
188 ttyUSB
189 usb_device
204 s3c2410_serial
230 fl2440_backlight
231 fl2440_leds
232 fl2440_buttons
253 fl2440_pwm
254 rtc
```

4. 测试驱动

① 编写应用程序测试驱动,文件名为 adc_test.c

```c
# include <stdio.h>
# include <stdlib.h>
# include <errno.h>
# include <linux/delay.h>
int main(int argc, char * * argv)
{
    int fd;
    //以阻塞方式打开设备文件,非阻塞时 flags = O_NONBLOCK
    fd = open("/dev/fl2440_adc", 0);
    if(fd < 0)
    {
        printf("Open ADC Device Faild! \n");
        exit(1);
    }
    while(1)
    {
        int ret;
        int data;
        //延时,控制 ADC 读取速度,使我们可以在终端上看清楚读出来的数据
        sleep(1);
        //读设备
        ret = read(fd, &data, sizeof(data));
        if(ret != sizeof(data))
        {
            if(errno != EAGAIN)
```

```
                {
                    printf("Read ADC Device Faild!\n");
                }
                continue;
            }
            else
            {
                printf("Read ADC value is: %d\n", data);
            }
        }
    return 0;
}
```

② 在开发主机上交叉编译测试应用程序,并复制到文件系统的/usr/sbin 目录
下,然后重新编译文件系统下载到开发板上:

```
# arm - linux - gcc    - o adc_test adc_test.c
```

③ 在开发板上的文件系统中创建一个 ADC 设备的节点,然后运行测试程序,调
节开发板上的电位器,可以观察到随着电阻的大小变化,ADC 转换后的数据也随着
变化。

```
[root@yyq2440 /]# mknod /dev/fl2440_adc c 10 6
[root@yyq2440 /]# adc_test
Read ADC value is: 572
Read ADC value is: 574
Read ADC value is: 573
Read ADC value is: 570
Read ADC value is: 578
Read ADC value is: 569
Read ADC value is: 570
Read ADC value is: 570
Read ADC value is: 571
Read ADC value is: 573
Read ADC value is: 583
Read ADC value is: 579
Read ADC value is: 599
Read ADC value is: 607
Read ADC value is: 603
Read ADC value is: 598
Read ADC value is: 601
Read ADC value is: 598
Read ADC value is: 601
Read ADC value is: 599
^C
```

习　题

1. 简述 Linux 的起源和发展。
2. 简述 Linux 的特点。
3. 在 Linux 系统中，什么是目录？文件结构是什么样的？
4. 最常用的获得帮助的命令是什么？
5. 简述 GUN 编译器的工作阶段。
6. 一般而言安装 Linux 至少要有哪两个分区？
7. Bootloader 有哪几种工作模式？比较其优缺点。
8. 编译并下载 U－BOOT 到目标板。
9. Linux 的内核移植过程。
10. 应用程序和设备驱动程序有什么不同。
11. 简述建立嵌入式 Linux 应用程序的开发步骤。
12. 简述嵌入式 Linux 字符设备驱动程序的开发步骤。

第 10 章　嵌入式技术综合应用

嵌入式系统的最终目的是应用。围绕不同的核心控制芯片,在具体应用系统设计中,需有针对性地设计出应用系统的硬件原理图,并基于硬件原理进一步设计出软件功能模块及控制流程。本章介绍基于 51 单片机和 ARM 的应用系统设计方案案例。

10.1　基于 51 单片机的模拟电梯控制系统

1. 系统概述

基于 51 单片机设计实现一个模拟电梯运行控制系统。该系统支持两部电梯联动运行,假设楼层为 3 层。根据日常电梯使用情况,系统输入包括每个楼层的请求按键和每部电梯轿厢内部的楼层按键;输出则包括显示电梯当前所在楼层,当前运行方向和开门情况。为更好地进行模拟展示,本系统设计使用 LED 灯作为区分上行、下行和开门的指示灯,七段 BCD 数码管作为楼层显示,同时使用蜂鸣器作为声音提示。

2. 系统硬件原理图

本系统核心控制芯片采用基于 51 单片机内核的 AT89C52 设计实现。系统总体硬件原理图如图 10.1 所示。

(1) 时钟电源与复位

如图 10.1 左侧区域所示,控制芯片 AT89C52 的 XTAL1 和 XTAL2 引脚接振荡电路。振荡电路由电容 C1、C2(22 pF)和石英晶体振荡器 X1(12 MHz)组成,为芯片提供时钟信号(1 MHz)。RST 引脚接复位按钮,高电平有效,使用微分型复位电路,需要接一个调节电阻 R1(200 Ω)。$\overline{EA}$ 接高电平,表示 ROM 的读操作从内部存储器开始。芯片其他未使用引脚可不予考虑。

(2) 电梯运行信息显示

如图 10.1 方区域所示,由于设定运行总楼层为 3 层,所以每部电梯的运行信息只需一个七段 BCD 数码管即可显示。两个 BCD 数码管的高两位分别接地,低两位分别接 P2.0、P2.1 和 P2.4,P2.5 用于接收控制芯片传来的显示数据。上行指示 LED 灯分别接 P2.2 和 P2.6,下行指示 LED 灯分别接 P2.3 和 P2.7。开门信号由 P1.6 和 P1.7 发出,经 NPN 三极管放大后接蜂鸣器和指示灯,电梯开门期间会发出声音并亮灯。

(3) 电梯运行控制按键

如图 10.1 下方区域所示,分别连接按键用于模拟两部电梯轿厢内部的楼层按键和每个楼层的外部按键。由于设定运行总楼层为 3 层,所以每部电梯的轿厢内部按键只需 3 个,分别对应 1 楼按键、2 楼按键和 3 楼按键。一部电梯按键连接 P0.0～P0.2,另一部电梯按键连接 P0.3～P0.5。由于 P0 内部没有上拉电阻,所以在外面补充上拉电阻 RP1(1 kΩ)。按钮旁边是对应的指示灯,左侧电梯的接 P1.0～P1.2,右侧电梯的接 P1.3～P1.5。

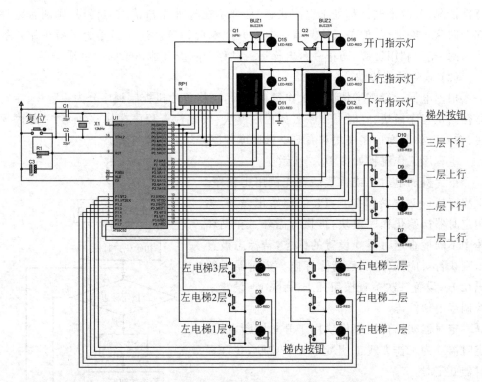

图 10.1　两部 3 层电梯模拟控制系统硬件原理图

3. 系统软件设计功能与流程

(1) 模拟控制电梯运行的工作过程

通过操作电梯内部按键或外部按键,模拟电梯运行情况。

① 假设人在电梯内部,操作轿厢内部按键去往指定楼层。

假设电梯在 1 楼,点击电梯内部的 3 层按键,上行指示灯亮,BCD 数码管依次显示 1～3,表示电梯运行至 3 层,此时开门指示灯亮,蜂鸣器发声。

电梯运行方向性原则:一旦确定运行方向,就一直沿此方向不改变,直到这一方向不再有请求。假设在电梯运行至 2 层时,点击 1 层按键,此时电梯继续响应原来至 3 层的按键请求,上行至 3 层后开门指示灯亮,蜂鸣器发声,再返回至 1 层。

② 假设人在某个楼层通过楼层按键呼叫电梯,模拟电梯调度运行情况。

本系统设计是两部电梯联动,调度运行时遵循就近原则,即如果两部电梯都空闲,则由较近的电梯响应呼叫,运行服务。

讨论几种常见情况。假设左电梯在 1 层,右电梯在 3 层,此时人在 3 层按下 3 层的下行按键,电梯运行情况为左电梯无变化、右电梯开门指示灯亮,指示调度运行的是右电梯并亮起下行指示灯。继续点击 2 层上行按键,表示有人在 2 层呼叫电梯,此时调度左电梯运行至 2 层,上行指示灯亮,数码显示为 2 时开门指示灯亮。考虑一种特殊情况,若两个电梯都处于空闲状态,且都不在梯外用户请求的楼层,则两台电梯都会向这一层运行,但是最终只有一台会开门响应请求。这样做是为了减少用户等待时间,充分利用资源,防止一台电梯运行过程中响应其他请求而产生延误。

(2) 软件功能模块

根据电梯运行基本情况和工作过程分析,可将单片机控制程序分为主程序、定时器初始化程序模块、定时器中断服务程序模块、按键检查程序模块、显示数字程序模块、左侧电梯调度程序模块和右侧电梯调度程序模块共计 7 个模块。

主程序工作流程如图 10.2 所示。

单片机加电启动或重置后首先调用主程序。主程序执行 I/O 端口 P0~P3 的初始化,然后调用定时器初始化程序模块,再执行循环。在循环体中不断检查定时器 0 设置的标志,若标志被置 1,则执行对应操作,然后清除标志。定时器 0 每隔 0.1 s 设置一次检查按钮标志,每隔 1 s 设置一次调度电梯标志。

定时器初始化程序模块用于开总中断,设置定时器 0 为工作方式 1,开定时器 0 中断,允许定时器 0 定时。

定时器中断服务程序模块每次设置定时器 0 的时间为 0.05 s,并记录中断发生的次数。每发生两次中断(0.1 s)就设置检查按钮标志,每发生 20 次中断(1 s)就设置调度电梯标志。

按键检查程序模块扫描所有按键,每 0.1 s 运行一次。若按键被按下,则开启对应的指示灯并设置请求标志。指示灯会常亮,直到请求被电梯响应。

显示数字程序模块接收两个整数(取值范围:1,2,3)作为参数,然后把这两个整数分别显示到两个数码管上。这个程序模块用于显示两

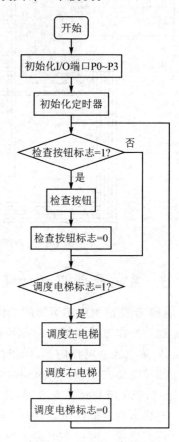

图 10.2　主程序工作流程

部电梯所在的楼层。

电梯调度程序模块每 1 s 运行一次,主要功能是根据调度算法调度电梯,控制电梯的上下移动和开门关门、开启或关闭各指示灯、更新数码管数字、更新请求标志和电梯状态标志。电梯调度的原则是在满足用户请求的情况下尽快向用户提供服务。左右两部电梯各有一个调度程序模块,使用的算法相同,调度流程如图 10.3 所示。主函数在调用时会先调用左电梯的调度程序(左电梯的优先级略高,相同条件下会优先调度左电梯)。

10.2　基于 S3C2410 的定位及北斗短报文系统

很多应用场景都需要进行实时的位置信息获取并进行信息传送。随着国内北斗系统的发展,尤其是北斗三号卫星系统的部署,使得在一些特定的场景下可以通过北斗短报文进行通信保障,增强应用系统的可靠性和安全性。本节设计一个嵌入式实时定位及北斗短报文通信系统作为应用案例,以增加对嵌入式系统应用设计的理解。限于篇幅,设计方案从硬件原理和软件流程方面只描述关键要素部分,一些比较通用的模块和未使用的接口,比如电源、转接辅助电路等未做详细设计,可参阅有关数据手册。

1. 系统概述

系统核心控制芯片采用 S3C2410,其自带的 Flash 及 RAM 资源、通信接口数量及工作主频均可以满足本系统的设计要求。

北斗模块采用一款 RDSS 单模模块 RD05W3035,其内部集成了北斗 RDSS 射频收发芯片、RDSS 基带芯片、5 W 功放芯片及 LNA 电路,通过外接 SIM 卡和无源天线即可实现北斗 RDSS 的短报文通信功能和卫星定位功能。该模块提供一个串口(LVTTL 电平 3.3 V)与上位机进行连接,串口支持 RDSS2.1 版本协议并且兼容 4.0 版本协议。该模块集成度高、功耗低,其短报文收发非常适应于如野外作业管理、灾区应急求救管理等特殊场景下的应急通信应用需求。因该模块的有源定位精度较低,系统采用另一专门的卫星定位模块实现定位功能,即由移远通信发布的 EC20 R2.1,其内置多星座高精度定位 GNSS 接收机,并封装了丰富的内置网络协议,支持 TCP、UDP、FTP、HTTP 等进行网络通信。

2. 系统硬件原理图

系统硬件连接原理较为简单,核心控制芯片与北斗模块和定位模块均采用串口连接,如图 10.4 所示。

其中,S3C2410 作为主控芯片,其 GPIO 端口中的 GPH2、GPH3、GPH4、GPH5 均为复用端口,初始化时由端口 H 的引脚配置寄存器 GPHCON 进行初始化设置,

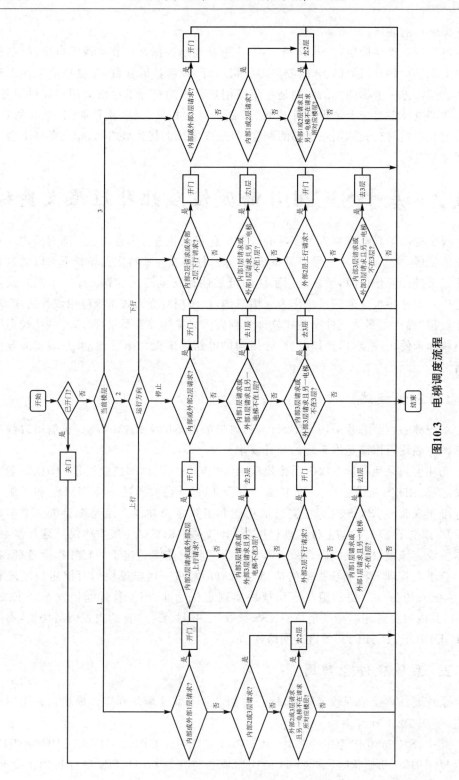

图10.3　电梯调度流程

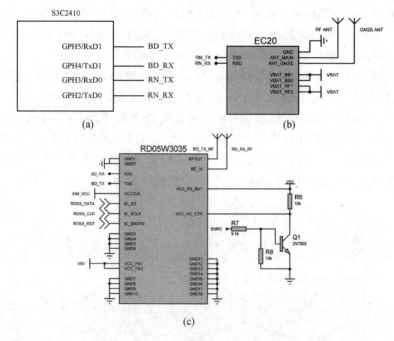

图 10.4　系统硬件连接原理图

将其 11～4 位设置为"10101010"，即配置 GPH5 对应 RxD1、GPH4 对应 TxD1、GPH3 对应 RxD0、GPH2 对应 TxD0，如图 10.4(a)所示。同时，再分别连接北斗模块 RD05W3035 的 RX0 和 TX0、EC20 模块的 TxD 和 RxD，如图 10.4(b)和(c)所示。

3. 系统软件设计

软件设计中，将各个相对独立的功能设计为不同的功能模块，便于调用，也可移植到某些更为复杂的嵌入式系统中通过嵌入式操作系统（如 Free RTOS 等）进行任务调度，以多线程的方式进行处理，达到更好的运行性能。具体功能实现涉及北斗短报文的协议与语句等，可另行参照相关数据手册。

(1) 设备初始化

设备上电后，应对 GPIO、DMA、USART、RTC 等外设进行初始化，进入正常工作状态，便于在 main 主函数中进行调用。

如由 RTOS 进行调度，则可在初始化中对线程空间进行初始化、分配堆栈空间、为消息队列申请内存等，最后注册并启动各个线程，分别对应后续设计的各个功能模块。在 RTOS 多任务调度中，可根据系统实际使用情况分别注册并启动初始化线程、串口通信线程、短报文发送线程、RD 模块监听线程、定位线程等。

(2) 串口通信

主控芯片与其他独立设备之间通过串口进行通信完成信息交互。本系统采用的是 UART 异步串行通信来实现系统与北斗短报文模块和 EC 定位模块的信息交互,可使用一个统一的串口通信线程来完成通信功能,具体对应哪个串口可通过预设标志模式位来区分。串行通信实现可参照本书 8.3 节内容。

　　串口收到信息后,可根据预设的标志位信息进行判断,从而决定下一步的操作。设定模式标志位 FLAG 分别对应 RD(读短报文)、RD_SEND(发短报文)、RN(读取定位)、RTC(时钟报警)。若标志位判断为短报文发送模式,则串口通信线程会把当前收到的消息和消息长度封装到一个结构体中,并将结构体送入邮箱队列,以达到通知短报文发送线程的目的。若标志位判断为定位模式,则说明需要获取当前定位信息,系统会将定位信息通过串口返回。串口通信流程参照如图 10.5 所示。

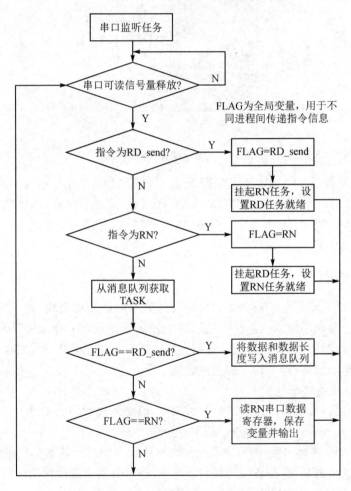

图 10.5　串口监听任务流程

(3) 短报文发送

为进行消息在线程间的转发和暂存,定义 COM_MSG_DATA 结构体(具体定义为一个 char 类型数组和一个 uint8 类型的整型）用于记录信息的内容和信息的实际长度。

　　短报文通信流程首先需要获取待发送信息，待发送信息为串口通信线程获取，并将 COM_MSG_DATA 结构体指针存入邮箱队列中。短报文发送线程通过等待获取邮箱队列以获取相应的数据，并将数据根据北斗协议中的通信申请指令语句格式生成对应的北斗指令备用。短报文发送流程参照如图 10.6 所示。

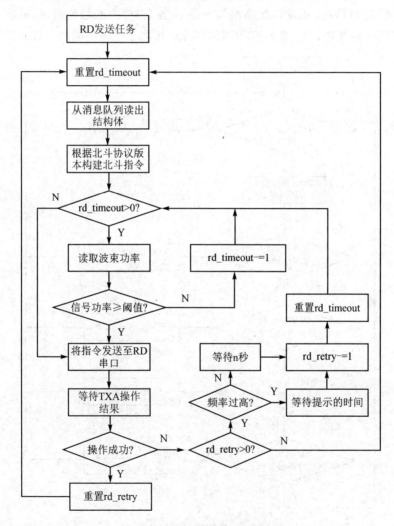

图 10.6　短报文发送流程

（4）短报文接收

　　北斗 RD 模块与定位模块的消息会分别通过两个串口回传给主控芯片 S3C2410，RD 模块所连接的串口中断处理函数每收到一次消息，便会把消息存入全局变量中，然后释放信号量。在 RD 线程中不断等待该信号量，当信号量释放后，RD

线程会读取接收到的消息,并按照预设程序进行解析,包括北斗卡信息、北斗模块状态、指令执行结果、北斗短报文收信的功能,是一个典型的"生产者-消费者"模型。具体执行流程如图 10.7 所示。

(5) RTC 处理

在一些长时间等待的场合,如系统待机、等待远程服务端返回等情况下,可以设置 RTC 时钟进行等待。它们设置 RTC 时会将相应的 RTC 报警情况一并设好,如服务器等待超时情况、正常待机唤醒情况等。当 RTC 中断触发时,这些值被 RTC 处理线程读取并处理,该功能将在不同的实际应用场景下做不同的设置和处理。

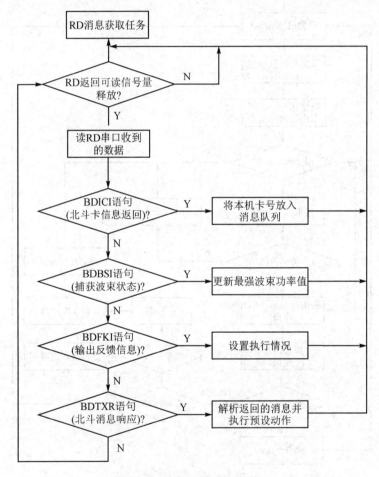

图 10.7　短报文监听接收流程

习　题

1. 以 51 单片机为核心芯片实现一个简易的计算器。只需要实现简单的四则运算,其他辅助器件或模块可自行扩展。

2. 某工厂需要设计一个对生产线上不停传送的物品进行计数的系统。以 S3C2410 为主控芯片,设计实现:① 使用红外对射计数器对物品计数,流水线上每经过一个物品则计数器加 1,由外部中断实现。假设流水线上每一时刻只经过一个物品。红外对射计数器是指一对红外管中一个发射、一个接收,正常对射时接收端输出为 0;有物体在两者之间阻挡时,接收端的电平会由 0 变为 1,物体经过后接收端电平会由 1 恢复到 0。② 计数值通过 LED 显示屏进行显示。请画出系统硬件原理图。在无操作系统的环境下,假如已有板级初始化程序,简要描述与系统应用程序相关的主程序初始化、中断初始化、主循环体和中断服务程序的流程。

附 录 ARM 汇编程序上机实验举例

实验一 ARM 汇编程序的上机过程实验

(1) 实验目的

① ADS 集成开发环境的使用；

② ADS 集成开发环境的设置；

③ 汇编上机过程：编辑源程序、汇编、链接、调试。

(2) 实验环境

① 硬件：PC 机一台；

② 软件：ADS 1.2 集成开发环境。

(3) 实验预习

① 汇编指令；

② 教材 3.4 节 ADS 的使用。

(4) 实验内容

① 使用 ADS 1.2 CodeWarrier 建立工程；

② 建立一个汇编程序，并添加到工程；

③ 设置编译连接选项；

④ 编译连接工程；

⑤ 使用 AXD 调试工程。

(5) 实验步骤

① 启动 ADS 1.2 开发环境 CodeWarrier，选择 File→New 菜单项，使用 ARM Executable Image 工程模板建立一个工程，设工程名为 test1，按"确定"按钮，如附图 1 所示。

② 选择 File→New 菜单项，切换到 File 选项卡，在 File Name 文本框中输入 test1_1.s，选中 Add to Project 复选项，Targets 栏变成可选，全部选中，按"确定"按钮，则建立好了 test1_1.s，如附图 2 所示。

③ 在编辑框中输入汇编源程序，如附图 3 所示。

test1_1.s 汇编源程序清单如下：

```
;test1_1.s 源程序
    area test1_1,code,readonly
```

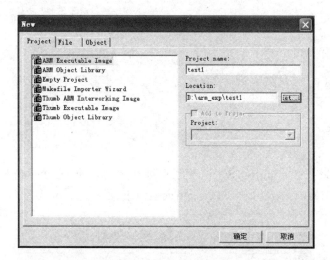

附图 1　建立工程

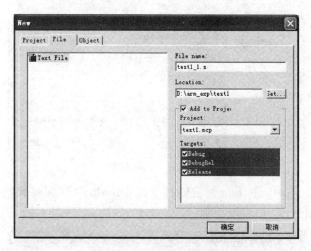

附图 2　建立汇编源程序文件

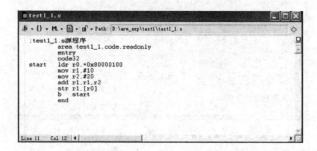

附图 3　录入汇编源程序

```
        entry
        code32
start       ldr r0, = 0x80000100
        mov r1, ♯10
        mov r2, ♯20
        add r1,r1,r2
        str r1,[r0]
        b    start
        end
```

④ 选择 Edit→DebugRel Settings 菜单项弹出对话框,在 DebugRel Settings 对话框中选择 ARM Assembler,在 Target 选项卡中设置 Target 型号为 ARM920T,如附图 4 所示。

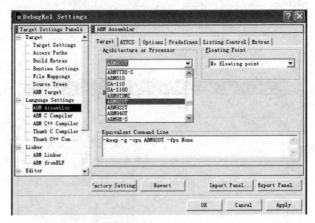

附图 4　Target 设置

⑤ 在 Target Settings Panels 栏选择 ARM Linker 项,观察其默认设置,这里不做任何修改,单击 OK,如附图 5 所示。

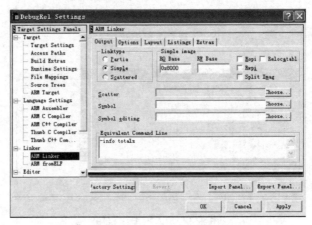

附图 5　ARM Linker 设置界面

⑥ 选择 Project→Make/F7,汇编链接工程,若汇编过程无误则表示汇编成功,如附图 6 所示。

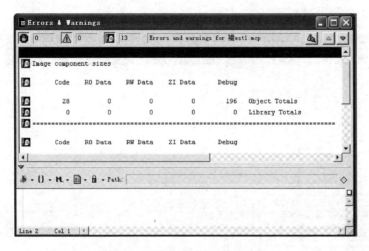

附图 6 汇编成功的界面显示

⑦ 启动 AXD 调试器,选择 Options→Configure Target 菜单项,则弹出如附图 7 所示的对话框,在图中选择 ARMUL 调试器;并在该界面下单击 Configure 配置 Processor 为 ARM920T,依次单击 OK 退出。

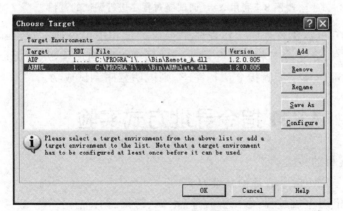

附图 7 选择调试器

需要说明的是,ADS 开发工具默认支持链接两种调试目标:① 选择 ARMUL 目标环境配置,AXD 链接到用软件模式的目标机 Armulator;② 选择 ADP 目标环境配置,AXD 使用 Angel 调试协议链接到开发板硬件进行调试。当使用博创公司 2410-S 开发板进行调试时,调试实际使用的是开发板上的 JTAG 接口。

⑧ 在 AXD 调试器界面中,选择 File→Load Image 菜单项将 D:\armexp\test1\test1_Data\DebugRel\test1.afx 文件加载到调试器。

⑨ 选择 Processor Views→Registors 菜单项打开寄存器观察器，并选择 Current 寄存器；选择 Processor Views→Memory 菜单项打开内存观察器，并输入地址 0x80000100，如附图 8 所示。

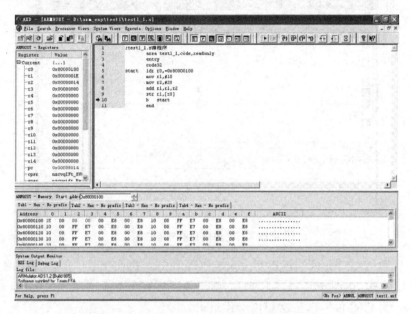

附图 8 利用 AXD 调试器对程序进行调试的过程

⑩ 按 F10 单步执行程序。在程序单步执行过程中可以通过寄存器观察器和内存观察器跟踪每条指令对相关寄存器或存储器值的影响过程，从而可以判断指令正确与否，当全部按预定步骤指令执行完毕，则说明程序调试成功。

实验二 ARM 指令寻址方式实验

(1) 实验目的
① 理解 ARM 指令的各种寻址方式；
② 巩固汇编上机过程：编辑源程序、汇编、链接、调试。
(2) 实验环境
① 硬件：PC 机一台；
② 软件：ADS 1.2 集成开发环境。
(3) 实验预习
① 寻址方式和汇编指令；
② ADS 的使用。
(4) 实验内容
① 使用 ADS 1.2 CodeWarrier 建立工程；

② 建立一个汇编程序,并添加到工程;

③ 设置编辑界面;

④ 汇编连接工程;

⑤ 使用 AXD 调试工程。

(5) 实验步骤

① 启动 ADS 1.2 开发环境 CodeWarrier,选择 File→New 菜单项,使用 ARM Executable Image 工程模板建立一个工程,设工程名为 test2,按"确定"按钮。

② 选择 File→New 菜单项,切换到 File 选项卡,在 File Name 文本框中输入 test2_1.s,选中 Add to Project 复选项,Targets 栏变成可选,全部选中,按"确定"按钮,则建立好了 test2_1.s。

③ 在编辑窗口中输入如下汇编源程序。

```
;test2_1.s源程序
        AREA    test2_1,CODE,READONLY
        ENTRY
        CODE32
START   LDR    R4, = 0x00090010          ;存储器访问地址
        LDR    R13, = 0x00090200         ;堆栈初始地址
        MOV    R0,#15                    ;立即数寻址
        MOV    R2,#10
        MOV    R1,R0                     ;寄存器寻址
        ADD    R0,R1,R2
        STR    R0,[R4]                   ;寄存器间接寻址
        LDR    R3,[R4]
        MOV    R0,R1,LSL #1              ;寄存器移位寻址
        STR    R0,[R4,#4]               ;基址变址寻址
        LDR    R3,[R4,#4]!
        STMIA  R4,{R0 - R3}             ;多寄存器寻址
        LDMIA  R4,{R5,R6,R7,R8}
        STMFD  R13!,{R5 - R8}           ;堆栈寻址
        LDMFD  R13!,{R1 - R4}
        B      START                     ;相对寻址
        END
```

④ 选择 Project→Make/F7 菜单项,汇编链接工程,若汇编过程无误则表示汇编成功。

⑤ 单击工具栏工程窗口中的[▶]Debug 按钮直接启动 AXD 调试器。

⑥ 在 AXD 调试器中选择 Processor Views→Registers 菜单项打开寄存器,并选择 Current 寄存器。按 F10 单步执行方式对程序进行调试,利用寄存器观察器调试

立即数寻址和寄存器寻址,注意观察寄存器中值的变化,如附图9所示。

附图9　利用寄存器观察器进行调试

⑦ 选择 Processor Views→Memory 菜单项打开内存观察器,并输入地址 0x90010,调试寄存器间接寻址、多寄存器寻址,注意观察内存或寄存器中数据的变化,如附图10所示。

附图10　利用内存观察器进行调试

⑧ 在内存观察器中,输入地址 0x901D0,调试堆栈寻址,注意观察堆栈中数据的变化,如附图11所示。

附图 11　观察堆栈的变化

参考文献

[1] 邱铁. ARM 嵌入式系统结构与编程 [M]. 北京：清华大学出版社，2020.

[2] 袁志勇，王景存，刘树波，等. 嵌入式系统原理与应用技术[M]. 3 版. 北京：北京航空航天大学出版社，2019.

[3] 马维华. 嵌入式系统原理及应用[M]. 3 版. 北京：北京邮电大学出版社，2017.

[4] 朱文忠，蒋华龙，符长友，等. 单片机原理与应用技术[M]. 北京：电子工业出版社，2017.

[5] Raj Kamal. 嵌入式系统：体系结构、编程与设计 [M]. 3 版. 北京：清华大学出版社，2017.

[6] Eben Upton，Jeff Duntenann. Learning Computer Architecture with Raspberry Pi[M]. USA：John Wiley & Sons，2016.

[7] 杜春雷. ARM 体系结构与编程[M]. 2 版. 北京：清华大学出版社，2015.

[8] 陆桂来，梁芳，张波. 嵌入式 Linux 从入门到精通[M]. 北京：电子工业出版社，2015.

[9] James A. Langbridge. Professional Embedded ARM Development[M]. USA：John Wiley & Sons，2014.

[10] 范书瑞，赵燕飞. ARM 处理器与 C 语言开发[M]. 2 版. 北京：北京航空航天大学出版社，2014.

[11] 李宁. ARM MCU 开发工具 MDK 使用入门[M]. 北京：北京航空航天大学出版社，2012.

[12] http://www.arm.com.

[13] https://developer.arm.com.

[14] https://www.keil.com.

[15] http://yuanyx.blog.csdn.net.